大道碳中和

全球减排与中国建筑碳中和之路

张伟宏 姚巍 司思源 张军 师海霞 著

中国建材工业出版社

图书在版编目（CIP）数据

全球减排与中国建筑碳中和之路/张伟宏等著．--北京：中国建材工业出版社，2022.8
 ISBN 978-7-5160-3524-5

Ⅰ.①全… Ⅱ.①张… Ⅲ.①二氧化碳—排气—研究—世界②建筑业—二氧化碳—研究—中国 Ⅳ.①X511②F426.9

中国版本图书馆 CIP 数据核字（2022）第 100625 号

全球减排与中国建筑碳中和之路
Quanqiu Jianpai yu Zhongguo Jianzhu Tanzhonghe Zhilu
张伟宏　姚巍　司思源　张军　师海霞　著

出版发行：中国建材工业出版社
地　　址：北京市海淀区三里河路 11 号
邮　　编：100831
经　　销：全国各地新华书店
印　　刷：北京天恒嘉业印刷有限公司
开　　本：787mm×1092mm　1/16
印　　张：17
字　　数：390 千字
版　　次：2022 年 8 月第 1 版
印　　次：2022 年 8 月第 1 次
定　　价：198.00 元

本社网址：www.jccbs.com，微信公众号：zgjcgycbs
请选用正版图书，采购、销售盗版图书属违法行为
版权专有，盗版必究。本社法律顾问：北京天驰君泰律师事务所，张杰律师
举报信箱：zhangjie@tiantailaw.com　举报电话：（010）57811389
本书如有印装质量问题，由我社市场营销部负责调换，联系电话：（010）57811387

作者团队

张伟宏　利勃海尔（中国）有限公司

姚　巍　北京启环嘉业科技发展有限公司

司思源　德国建筑可持续发展委员会（DGNB）

张　军　徐州利勃海尔混凝土机械有限公司

师海霞　中国混凝土及水泥制品协会

黄淑英　清华大学法学院

序一

城市是一个有机共生的空间整体，在紧凑度、多样性和宜居性之间顽强地寻找着平衡成长空间，过去简单快速生长的城市建筑"高度化"和大型高速公路网络无法体现本土化、民族性和中国师法自然的传统，城市也缺乏韧性、宜居和综合竞争力。

作为城市有机体的重要组成部分，建筑的绿色化，越来越成为全球城市可持续发展解决方案中的重要组成部分，绿色建筑发展也变得日新月异，从最初节能建筑、资源节约建筑到宏观气候中性建筑和生物多样性建筑及人类可持续和谐共生的建筑等。

本书从碳排放对全球气候影响的前世今生，到人类传统工业能源结构对碳排放的影响和全球绿色建筑技术发展进行了探讨，旨在从基础层面帮助读者理解绿色建筑对人类未来可持续发展的重要性。

千百年来，城市在自然和强力规划的力量间平衡成长，至今没有看到衰败的迹象，而在生态文明时代，城市宜居紧凑度和多样性成为新城市可持续发展的重要着力点，这需要创新推动全新的绿色建筑贡献力量。本书第5章的最新建筑建材技术，给出一些基础创新技术的应用思路，而第6章的成功案例，在给我们参考之外，也会给我们更坚定的信念，即为人类可持续发展城市创新是可以成功的，城市也会带给人类和自然更美好的持续发展空间。

本书可推荐给建筑规划院校师生、广大城市规划与建设参与者学习参考。

国际欧亚科学院院士、中国城市科学研究会理事长（仇保兴）

2022年4月

序二

气候变化是人类社会可持续发展面临的共同挑战，本书通过研究地球上"碳"的前世今生，阐述为什么人类需要共同应对碳排放增加，并通过对世界和中国能源体系的研究，进一步阐明人类社会可持续发展的重要性。

由于建设工程和人类活动所需要的能源消耗，建筑在全生命周期内会产生大量二氧化碳排放，目前占比已超过40%。这是不可持续的，也不符合中国"天人合一，厚德载物，师法自然，和谐共处"的文化观。本书3~5章对世界和中国建筑现状、未来节能技术、可持续绿色标准和案例及建材、建筑技术展开了全方位研究和讨论，为未来建筑技术的发展提供了理论及经验基础。

本书收集和整理的案例具备建筑与环境共生的特点，或大量采用可持续节能新技术，或灵活使用日光照明、自然通风，或利用废弃物循环建材、可再生能源等，都是在绿色建筑发展道路上所做的探索与实践。读者可以以此为参考，结合地域特点进行思考，汲取其中有价值的部分。

目前的中国正处在百年未有之大变局中，希望本书给读者带来启发，进一步理解时代赋予我们变革的重任。2006年中国碳排放量达 5.5×10^9 t，超过美国，居世界第一，多年来一直是世界上新增碳排放量最多的国家之一。作为中国建筑师，我们参与大量的城市建设活动，必须马上行动，建设"山清水秀"的城市家园，为未来可持续建筑奠定基础、铸就灵魂。希望大家在进行建筑创作时，要牢记"以人为本""以人类为本"，要"敢于创新，敢于竞争"，用设计让城市变得更加美好！

中国工程院院士、全国勘察设计大师（何镜堂）

2022 年 3 月

序三

2030年碳达峰、2060年碳中和（以下简称"双碳"目标）是我国应对全球气候变暖背景下提出的重大战略目标。建筑业作为碳排放大户，从宏观和微观层面全面了解碳排放与气候变化的深层逻辑、碳排放现状和发展趋势，深刻理解控制碳排放的国际性、科学性、必要性和紧迫性，充分认识自身在实现"双碳"目标中的作用和地位，从而加速建筑业实现绿色低碳转型。为"双碳"目标做出巨大努力，是一种历史使命，也是国家赋予的重大责任。

在此背景下，即将出版的《全球减排与中国建筑碳中和之路》是一部涉及"双碳"目标、内容相对完整的专业书籍。该书图文并茂，共分6章。前3章介绍碳排放对气候影响的前世今生，论述人类工业化以来传统能源系统形成后造成的巨量碳排放对人类生存环境产生的负面影响，介绍了国内外建筑业碳减排面临的严峻形势和我国建筑业碳排放的基本情况，揭示了碳减排的必要性和紧迫性，旨在促使读者对全球气候变化、能源结构与碳排放现状形成总体认知，深刻认识建筑业实现"双碳"目标的必要性和紧迫性。后3章通过对全球绿色标准、绿色建筑、绿色建造、建材生产及减碳技术的论述，以及对全球节能减排、城市规划、优秀工程和可持续建造成功案例的介绍，诠释建筑业绿色低碳发展的理念，并提出绿色低碳技术推进必须结合地域特点，因地制宜，以创新的思维方式进行。切实在工程建造的立项阶段为建筑全寿命周期制定碳排放目标和减碳路线图；设计阶段最大限度开发可再生能源，采用被动房、近零能耗等技术；施工阶段推进绿色施工，高度关注节能减排和减碳，最大限度实现废弃物的再生利用，最终为国家实现"双碳"目标做出建筑业的应有贡献。

建筑业实现"双碳"目标，必然有多条可能的实现路径，明智的选择必须基于跨学科的综合技术研究，提出系统的解决方案。该书作者基于全球视野对CO_2等温室气体排放及其控制，从纵、横两个方向，宏观和微观两个层面较系统地介绍控制碳排放的国际行动及国际协议情况，具有新颖性和较强的实践性，是一部建筑业碳减排领域兼具科学性、综合性和前瞻性的专业书籍。相信该书的出版必将为从事相关工作的读者提供借鉴，助力国家绿色化发展战略推进，加速"双碳"目标的实现。

中国工程院院士、中国建筑首席专家（肖绪文）

2022年5月

前言

在国际社会上,人类应对气候变化的共识经过了上百年的曲折发展,直到今天,共识之外还有很多质疑的杂音。针对气候变化的研究,可以追溯到1896年诺贝尔化学奖得主瑞典物理化学家斯凡特·奥古斯特·阿伦尼乌斯(Svante August Arrhenius)提交瑞典皇家科学院的一篇论文——《空气中二氧化碳对地表温度的影响》(On the Influence of Carbonic Acid in the Air upon the Temperature of the Ground)。该论文指出CO_2排放量可能导致全球剧烈变暖,并引发灾难性后果。[1] 阿伦尼乌斯是第一个获得诺贝尔奖的瑞典人,他的这篇论文观点在当时仍引起巨大争议。

今天共识才开始形成。1988年,联合国环境规划署(UNEP)协同世界气象组织(WMO),并组织各国科学家,共同成立"联合国政府间气候变化专门委员会"(IPCC)。在IPCC第一份科学报告的基础上,1992年5月9日,联合国通过《联合国气候变化框架公约》(UNFCCC),这是人类历史上第一个为全面控制CO_2等温室气体排放达成的共识,目标是应对全球气候变暖给人类经济和社会带来的不利影响。虽然这一公约没有具体约束力,但它能凝聚人类共识,奠定国际合作的基本框架,国际社会在此基础上才能采取果断行动,共同应对全球气候变化问题。截至2016年6月底,UNFCCC共有197个缔约方。

2014年,IPCC第五次评估报告提出:为实现世纪末气候温升低于2℃的控制目标,2030年全球温室气体排放至少要回到2010年的水平;2050年要比2010年降低40%~70%;2100年则须接近零排放。基于此共识,2015年12月12日,UNFCCC的178个缔约方在第21届联合国气候变化大会(COP21)上通过《巴黎协定》,这是《京都议定书》后第二份有法律约束力的气候协议,也是第三个里程碑式的国际法律文本,指导2020年后全球应对气候变化的行动,长期目标是将全球平均气温较前工业化时期上升幅度控制在2℃以内,并努力将温度上升幅度限制在1.5℃以内。

2016年IPCC启动1.5℃特别报告的编写,并于2020年10月8日在韩国仁川发布《IPCC全球升温1.5℃特别报告》,这一报告是IPCC第六次评估报告周期内一系列报告中的第一个,之后IPCC发布了关于海洋、冰冻圈和土地使用等系列报告。报告提出:当温升从1.5℃发展到2℃,气候变化的影响很可能从量变到质变,若将目标调整为1.5℃,人类将大概率避免大部分因气候变化带来的损失与风险。[2]

柏林Mercator研究所根据IPCC报告设置的碳钟显示,人类按照目前的碳排放速度,从2021年6月来看，离温升1.5℃只剩6年。因此，2021年4月17日发表的《中美应对气候危机联合声明》使用"危机"一词，人类的应对气候变化行动已经开始和时间赛跑。

基于以上人类基本共识，为更好理解碳排放和全人类社会的关系，本书第1章从地球上碳排放形成与影响出发，简要介绍了CO_2等温室气体排放的前世今生，以及为什么要控制碳排放，并且着重介绍了控制碳排放的国际行动及国际协议的背景和内含，深刻揭示控制碳排放的国际性、科学性、必要性和紧迫性。

控制碳排放并迈向碳中和，就需理解人类文明重要组成部分的传统化石能源体系，并研究这个体系转型的必要性和路径。2019年，全球一次能源CO_2排放占全球排放的83%，消费总量前三名依次是中国大陆、美国和印度，分别占全球一次能源总消费量的24.3%、16.2%和5.8%。根据《IPCC全球升温1.5℃特别报告》碳中和具体目标：到2050年，煤炭在全球电力供应中的比例需降至接近为零，可再生能源比例应达到70%~85%；工业的CO_2排放要比2010年低75%~90%；低碳能源技术和能效的年度投资，需比2015年多出5倍。2021年11月，中国和美国在联合国气候变化格拉斯哥大会期间发布《中美关于在21世纪20年代强化气候行动的格拉斯哥联合宣言》，宣言中提及：美国制定到2035年100%实现零碳污染电力的目标，中国将在"十五五"时期逐步减少煤炭消费，并尽最大努力加快此项工作。

本书第2章详细论述世界主流国家和中国的能源消费结构及碳排放现状，引述多家专业机构对未来能源消费结构的展望，着重研究氢能和生物质能在全球重点地区的政策法规、发展现状和未来该领域的技术发展趋势，这两种代表未来的可持续能源，由于其成本和技术成熟度的原因，市场推广仍存在障碍，在中国的建筑和建材领域的应用也几乎是空白，希望本书内容为读者提供一定的借鉴和信心。

早在2014年6月13日，中共中央总书记、国家主席、中央军委主席、中央财经领导小组组长习近平主持召开中央财经领导小组第六次会议，就提出中国能源革命的安全战略，并在讲话中强调，能源安全是关系国家经济社会发展的全局性、战略性问题。推动能源生产和消费革命是长期战略，必须从当前做起，加快实施重点任务和重大举措。中国现状是：2019年74%的石油需要进口，40%的天然气需要进口，煤的储量也只有美国的一半，中国水泥产量占全球70%，人均水泥是美国的6倍，从资源角度出发也必须低碳转型发展。中国从1990年以来，持续减少单位GDP CO_2排放量，但由于人口基数大，经济总量快速增长，2006年中国碳排放5.5×10^9 t，超过美国，成为世界第一，并多年保持世界新增碳排放量最多的国家。随着中国政府"双碳"目标的确立，如何消除争议，兑现承诺，从相对减排到绝对减排转型，全社会都需努力做出改变。转型过程中，建筑领域全生命周期的CO_2排放占比超过40%，建筑的低碳和零碳在这个深刻转型战略过程中是一个重中之重的环节，必须重点关注。

2019年全球建筑部门碳排放总量大约为1×10^{10} t，占全球能源相关的碳排放总量的28%，若加上建筑材料生产的工业排放部分，建筑的全生命周期碳排放量占全球年碳排放量的38%。到2060年，全球人口有望达到100亿，其中2/3会生活在城市，需新增建筑面积2.3×10^{12} m^2，建筑存量面积会翻倍，如按照排放现状，减排目标将无法实现。

据中国建筑节能协会《中国建筑能耗研究报告（2020）》，2018年建筑全过程碳排放4.93×10^{10} t，占全国51.3%，其中建材生产阶段碳排放2.72×10^9 t，占比28.3%；

建筑施工碳排放 1×10^8 t，占比 1‰；6.5×10^{10} m^2 存量建筑使用过程中的运营碳排放 2.11×10^9 t，占比 21.9%，减排需求和压力巨大，建筑业如不创新发展，则无法完成"双碳"目标。

建筑业低碳、零碳甚至负碳转型发展成为人类社会可持续转型的重要任务，也是本书的重点，第 3 章分析和总结了全球及我国建筑碳排放现状，详细介绍我国建筑目前节能减排技术和标准的发展应用情况，并引用一些权威机构的数据对未来进行简单的预测；同时研究全球建筑碳中和目标及实现路径，进一步探讨存量建筑节能减排改造优先的技术路径和标准简介。绿色可持续建筑标准是建筑业碳中和路径中的重要抓手，是建筑技术创新的指导目标，为了说明其重要性，本书第 4 章用一整章篇幅研究世界主流国家在建筑减排方面政策、法规、标准的发展经验及主流可持续绿色建筑标准在建筑领域的应用，分析其对我国建筑领域的借鉴意义。

我国的经济发展与西方及日本等发达国家不在同一个阶段，经济增速较快，碳排放仍在上升阶段，2020 年我国碳排放约 1.0376×10^{10} t，占世界的比例超过 30.7%，按 IPAT 模型的测算，2030 年我国碳排放将达到峰值，届时人均排放 9.72t，年排放 1.34×10^{10} t，减排的责任重大。保持经济快速增长的同时实现碳减排，两个步骤同步进行是我国特色，挑战巨大。

在高质量发展和城镇化进程双重驱动下，短期内，我国新建建筑数量仍超过每年 2×10^9 m^2，由此产生的隐含碳排放占全国碳排放比例超过 1/4，本书因此在第 5 章详细研究全球建筑碳中和最主流的建筑和建材技术对排放的影响，同时列举一些国际先进案例作为参考，如由瑞典大型钢铁公司 SSAB 联合欧洲最大的能源公司 VATTENFALL 公司、欧洲最大的铁矿石生产商 LKAB 成立的联合公司 HYBRIT 公司，总投资预算约 30 亿美元，打造全世界第一座量产零碳氢钢 H2GS（H2 Green Steel）制造企业，是一座从铁矿石矿山开采、运输到生产全生命周期的零碳钢材生产基地，用于汽车、交通、建筑、管道及白色家电等领域。只有全部或部分应用这些技术，才能实现新建建筑大幅减碳或实现碳中和。

本书第 6 章对全球优秀的可持续低碳建筑或社区的案例进行介绍，如德国埃斯林根西部新城低碳氢能源社区，采用建筑分布式光伏发电、绿氢制造及储能和热电联产技术合理用能等，最大限度减少人为碳排放。希望这些案例能在我国得到借鉴，未来只有当这些案例成为我国建筑或社区发展新常态，建筑才能实现零碳甚至负碳的未来，从用能者向赋能者转型升级，为人类构建低碳可持续高品质的生活提供帮助。

本书的写作特别感谢住房城乡建设部科技与产业化发展中心处长咸仁广在百忙之中多次参加编写会议，提供专业指导和支持，也非常感谢德国建筑可持续委员会主席 Johannes Kreissig 的大力帮助，参加编写细节研讨，给出细节帮助和指导并提供大量的案例线索，也感谢英国建筑研究院（BRE）中国北方区负责人李昂提供大量案例及对本书细节的修正，同时也感谢深圳市大道应对气候变化促进中心（C Team）主任杨培丹抽出大量宝贵时间修改指正。

张伟宏
2021 年 12 月 24 日于北京

目录

1 碳排放 ... 1
- 1.1 碳排放的前世今生 ... 1
- 1.2 要控制碳排放的原因 ... 5
- 1.3 控制温室气体的国际行动 ... 9

2 能源与碳排放 ... 18
- 2.1 国际能源与碳排放 ... 18
- 2.2 我国能源与碳排放 ... 27
- 2.3 未来能源结构与碳排放预测 ... 31

3 建筑业能源消耗与碳排放 ... 61
- 3.1 国际建筑业能源消耗与碳排放 ... 61
- 3.2 中国建筑业能源消耗与碳排放 ... 64

4 世界建筑业节能减排经验及中国的借鉴意义 ... 79
- 4.1 世界主要国家建筑业节能减排政策及法律法规 ... 79
- 4.2 世界建筑业主要节能减排绿色标准 ... 94
- 4.3 中国建筑业节能减排实施参考建议 ... 122

5 建筑、建材碳中和技术探讨 ... 130
- 5.1 碳中和路径中可行的建筑技术 ... 130

    5.2 建材行业碳中和转型技术路径 ·········· 161
    5.3 建筑能源使用技术 ·········· 214

6 世界优秀节能减排城市及社区规划设计 ·········· 223

    6.1 德国埃斯林根氢能源社区（Weststadt） ·········· 223
    6.2 瑞士 2000 瓦社区 ·········· 225
    6.3 丹麦哥本哈根北港（Nordhavn） ·········· 227
    6.4 瑞典哈马碧生态城（Hammarby） ·········· 229
    6.5 德国柏林西门子城 ·········· 232
    6.6 英国诺丁汉大学化学系碳中和实验室项目 ·········· 236
    6.7 英国曼彻斯特联合集团总部大楼项目 ·········· 237
    6.8 英国伦敦 Fenchurch 街 20 号商业综合体项目 ·········· 238
    6.9 新贝利的索尔福德中心 A3 地块 ·········· 239
    6.10 迪拜 2020 世博园可持续发展区 ·········· 240

参考文献 ·········· **248**

1

碳 排 放

碳排放一般指温室气体排放，它将造成温室效应，导致全球气温上升。地球在吸收太阳辐射的同时，本身也向外层空间辐射热量，其热辐射以 $3\sim30\mu m$ 的长波红外线为主，这样的长波辐射进入大气层时，可被分子量较大、极性较强的气体分子所吸收。由于红外线的能量较低，不足以导致分子键能断裂，因此气体分子吸收红外线辐射后不发生化学反应，而只阻挡热量自地球向外逃逸，起到地球和外层空间的绝热层的作用，即"温室"的作用。大气中某些微量组成分子对地球长波辐射吸收作用使近地面热量得以保持，从而导致全球气温升高的现象被称为"温室效应"。

1.1 碳排放的前世今生

世界银行发布报告 The Little Green Data Book 2007[3]，2003 年全球 CO_2 排放比 1990 年高 16%，1960 年，中低收入国家占世界排放量的 1/3，而中国在 1990—2003 年间排放总量增加 73%，印度排放总量增加 88%，美国和日本排放总量增加 20% 和 15%，欧盟国家排放总量增加 3%。因此目前的碳排放主要来源成为工业化国家和快速发展中国家共同作用的结果，在中国和印度，化石燃料用于发电占世界发电量的 66%；在中东，化石燃料用于发电占 93%，东亚和南亚占 82%，拉丁美洲和加勒比海地区占 38%。

发展中国家的温室气体还主要来自农业和土地使用及森林砍伐，世界银行及英国政府 2007 年发布报告，森林砍伐使印度尼西亚成为仅次于美国和中国的世界第三大排放国。1990—2005 年间，在低收入国家砍伐森林近 $4.5\times10^4\,km^2$。2021 年 11 月结束的 COP26 形成的第一项重要成果是《关于森林和土地利用的格拉斯哥领导人宣言》，承诺保护热带雨林，到 2003 年扭转和停止毁林。我国 2003 年 1 月 20 日就开始执行《退耕还林条例》，森林净面积逐年上升。

美国科学院于 2007 年发布的研究报告显示，进入 21 世纪以来世界 CO_2 排放的增加速率是 20 世纪 90 年代的近三倍。增加速率加大主要由于经济活动的密度增大，以及能力体系的碳密度增大，同时，人口增多、人均 GDP 增大也是造成这一问题的原因之一。2000—2004 年间，发展中国家占总排放量约为 40%，这些国家占世界人口的 80%，同年，发达国家占总排放量约为60%，这些国家自工业革命起至今占了累积排放量的77%。

数据对严峻问题有着清晰的显示，分析碳排放的前世今生和能源体系的结构将有助于更加系统地理解近期出现的"双碳"目标核心内涵。

1.1.1 温室气体

地球上的温室气体由二氧化碳（CO_2）、甲烷（CH_4）、氧化亚氮（N_2O）、氢氟碳化物（CHF_3）、全氟化碳（HFC）和六氟化硫（SF_6）等六类大气微量气体组分组成。由于CO_2对温室效应的贡献超过60%，故目前主要研究对象是降低CO_2的排放，或有些地方如本书的一些地方和概念将所有温室气体影响简称为碳排放影响。

地球大气层中温室气体对于太阳短波辐射几乎透明，并能大量吸收长波辐射且以大气逆辐射的形式将大部分热量返还地表，使地球表面从太阳辐射获得更多能量或者更少散失到大气层以外，维持适合人类生存的地表温度。目前，地球表面温度平均在15℃，CO_2是地球恒温器的主要成分，如果没有CO_2等温室气体，地球表面平均温度可能下降33℃，地球上的海洋（图1-1）就会结冰，大量生命就不会形成。

图1-1 太空中的人类家园
（资料来源：NASA）

大气中CO_2早期是天然的温室气体，早在40亿年前，碳循环的基本特征已经确立。火山爆发产生的气体、小行星撞击地球产生的气体，形成由N_2、CO_2和惰性气体组成的大气，大部分的CO_2溶解于水中，与钙、镁等金属发生反应，形成碳酸盐岩石沉积，即目前水泥的主要原材料石灰石，其主要成分为$CaCO_3$及少量$MgCO_3$，这个古老的碳循环过程也是目前碳捕捉封存利用CCUS技术的组成部分，如利用CO_2对混凝土进行养护等。

1.1.2 CO_2在地球的变迁历史

图1-2是5亿年前至推演到2500年的CO_2浓度变化图。温室气体含量越高，地球表面温度就越高，大约5亿年前，大气中有7×10^{-3}的CO_2，地球气候温暖潮湿，四季

不明显，那时的地球表面平均温度在 25℃ 左右，生命开始大爆发，海洋生物也首次踏上陆地，但大型植物的繁荣成长，根茎加速风化过程，将大气中的碳捕获在石灰岩等岩石中，引发 CO_2 含量的下降，大约每百万年下降 1.3×10^{-5}，形成巨大的大陆冰盖，海平面下降，冰川是生命大灭绝的部分原因。

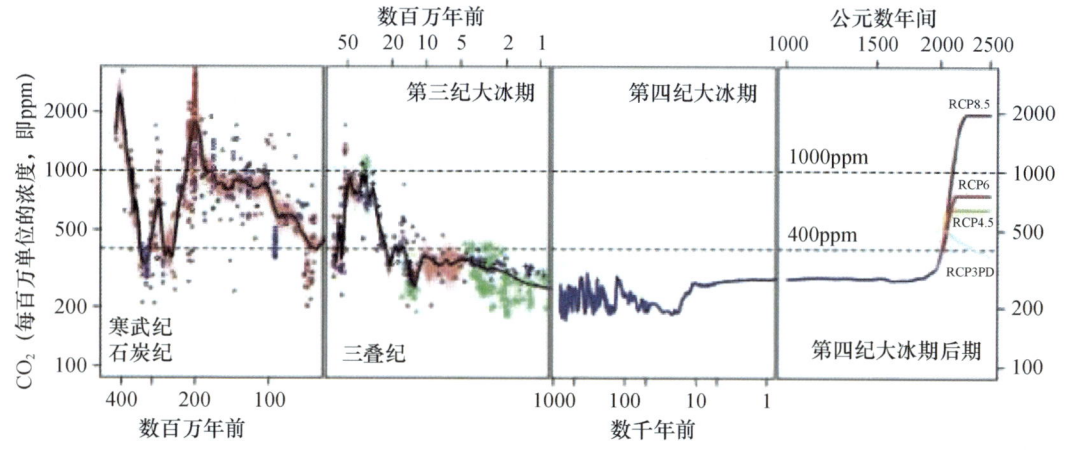

图 1-2　5 亿年前至推演到 2500 年的 CO_2 浓度变化图

（资料来源：https：//baijiahao.baidu.com/s? id＝1655897295276830897）

3 亿年前到 2 亿年前，地壳板块运动剧烈，超级大陆分裂，火山活动频繁，释放大量 CO_2，浓度增加几倍到 1.8×10^{-3}，二叠纪（2.99 亿～2.5 亿年前）地球表面温度已经达到 20℃ 左右，仍比现在温暖湿润。

300 万年前人类开始直立行走，当时的 CO_2 浓度约为 4×10^{-4} 和今天类似，之后缓慢下降，直到第一次工业革命爆发前的 1 万年内，CO_2 浓度维持在 2.8×10^{-4} 左右。

工业革命后，CO_2 浓度开始上升，尤其是近 100 年，增速更快（图 1-3～图 1-5）。1950 年开始年增长率约为 7×10^{-7}，1958 年为 3.1×10^{-4}；进入 21 世纪，年加速增加

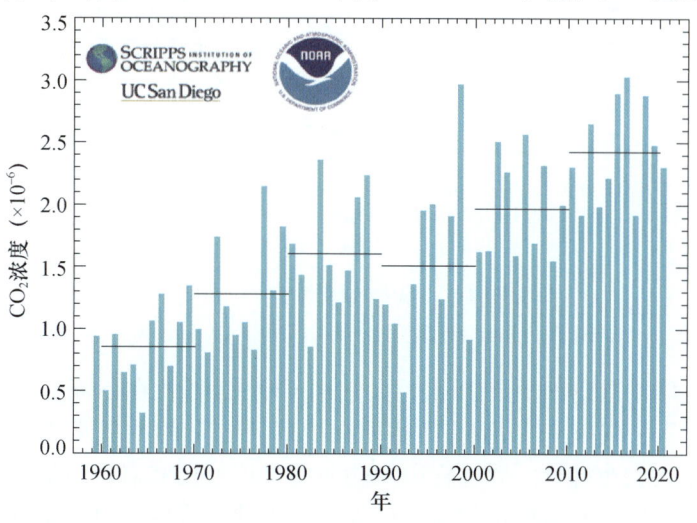

图 1-3　CO_2 年平均增长率[4]

（资料来源：美国商务部 US DEPARTMENT OF COMMERCE）

约为之前的3倍；2020年在新冠肺炎疫情的影响下仍然比上年增长2.3×10^{-6}，到2021年3月7日，浓度是4.1817×10^{-4}。如果按照目前速度，CO_2排放量将持续上升，最不利情况是到2500年，浓度将达到2×10^{-3}，地表温度会上升9℃。植物、海洋可以吸收部分CO_2，但目前的吸收量远小于人类排放量。

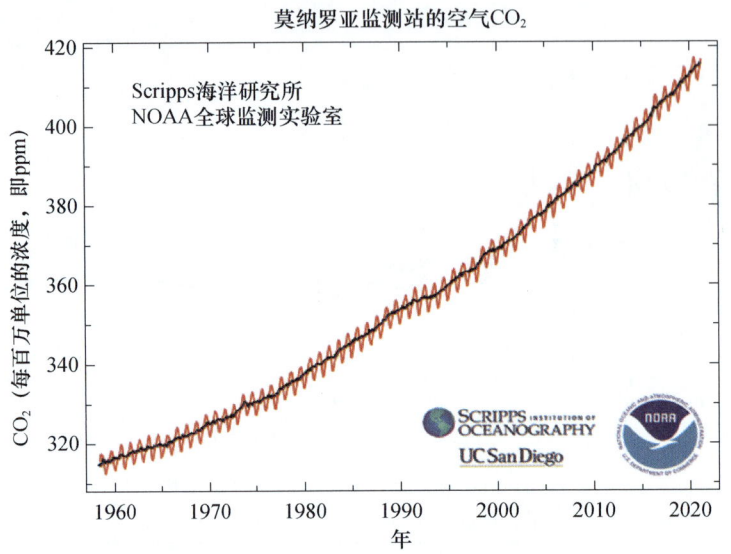

图1-4　2020基林曲线夏威夷莫纳罗亚（Mauna Loa）监测站
（资料来源：美国商务部 US DEPARTMENT OF COMMERCE）

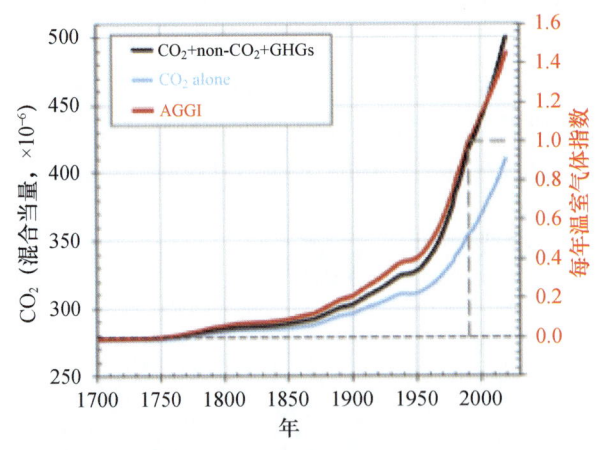

图1-5　温室气体当量变化曲线
（资料来源：美国商务部 US DEPARTMENT OF COMMERCE）

因此，从地球创造自然生态开始，大气中CO_2含量就在不断波动，有高有低，不是单一趋势，今天大气里CO_2含量仍然处在地球历史上的中低水平，目前全球气候变暖的主要原因是人类在自身发展过程中对能源的过度使用和对自然资源的过度开发，造成大气中温室气体的浓度以极快的速度增长，而由此造成的危机不是地球的危机，也不是大自然的危机，而是人类和大多数动植物面临的生存危机。[4]

1.2 要控制碳排放的原因

温室效应对环境的负面影响包括：对土地的影响，如干旱、森林野火、土地退化、沙尘暴、荒漠化和空气污染，对自然环境和野生生物及海洋系统也产生深远的影响，包括海平面上升、海洋酸化、海洋含氧量下降、红树林腐烂和珊瑚白化等。

全球科学家已识别多个由全球温室效应引发的气候变化临界点：北极海冰面积减少、格陵兰冰盖和南极西部冰盖加速消融、永久冻土层解冻、亚马逊热带雨林旱灾、北美北部森林火灾和虫害、大西洋环流减缓、全球珊瑚礁大规模死亡等。逾越临界点，生态系统将发生严重的、普遍的、不可逆转的变化，引发各种灾害和次生灾害。

1.2.1 地球表面升温

如前所述，温室气体排放导致的全球平均气温上升，对大自然的历史长河来讲只是一个小小的变化，但其引发冰盖融化、海洋生态变化、极端天气、干旱、洪水和海平面上升等影响，却会危及人类生命和生活。据估计，每年有 500 万人死于由气候变化及碳过度排放引起的空气污染、饥荒和疾病。如果当前的化石燃料消费模式不发生改变，到 2030 年死亡人数将会上升到 600 万人。其中超过 90% 将发生在发展中国家。

根据 NOAA-美国国家海洋和大气管理局 2020 年年度全球分析[5]：尽管有拉尼娜现象影响，2020 年全球陆地和海洋表面温度均偏离+0.98℃（+1.76℉），是 1880 年有记录以来的第二高，而拉尼娜现象正常的影响是降温，2020 年全球平均气温比工业化前（1850—1900 年）水平高出约 1.2℃，特别是西伯利亚北极地区，那里气温比平均气温高 5℃以上。2020 年 6 月下旬，西伯利亚高温达到了顶峰：20 日在韦尔科扬斯克达到 38.0℃，是北极圈以北已知的最高温度。近 10 年也是连续 141 年以来最热的 10 年。据 NOAA 气候监测与归属（MET）负责人彼得·斯托特说："今年是重要的一年，虽不意味着从现在起每年都将比工业化前的水平高一度或更多度，因为大自然的可变性仍将决定任何一年的温度。但在接下来的几十年里，世界将继续变暖，我们将看到越来越多的年份超过 1℃，最终将成为常态。"[6]

国际能源局（IEA）报告称，按照目前的排放速度（趋势见图 1-6），到 2030 年全球温室气体排放可能比现在增加 57%。这将使地球表面温度提高 3℃，如果中国或印度继续坚持发展以煤为主要能源，温度则要上升 6℃。因温度上升已引起阿尔卑斯山脉地区的冰川积雪和冰层覆盖快速下降，使北极海上冰层范围减少，引起西伯利亚和加拿大永久冻土解冻。所以可以预计在今后 100 年内，全球气温仍将提高 1.4～5.8℃[7]，海平面将继续上升，这说明今后的减排任务艰巨，责任重大。

1.2.2 海洋的影响

由于温室气体增加，气候系统中积聚的多余能量 90% 以上进入了海洋。2020 年的海洋热量在 1960 年以来的数据记录中最高，且近几十年热量吸收有明显加快的信号，海洋热浪可通过海面温度的卫星反演来监测，并将热浪分为中、强、严重或极端。监测

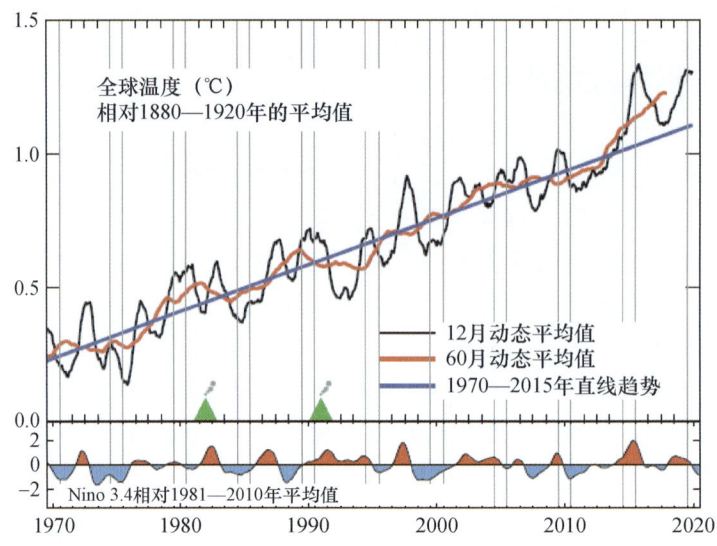

图 1-6　全球气候温度曲线与均值[6]

数据显示海洋各个区域在 2020 年的某个时间点都经历过至少一次强海洋热浪。

海洋每年可吸收大气中 CO_2 排放量的 20%~30%，给海洋带来高昂的生态代价，因为 CO_2 与海水发生反应，降低海水的 pH，造成海洋酸化。过去 40 年人类产生的碳排放加速海洋 pH 的下降。气象组织从 2015 年开始测量全球海洋酸化，其指标在稳步上升，而海洋温升和酸化都将导致更大面积的生态灾难，如大面积的珊瑚死亡等（图 1-7）。

图 1-7　珊瑚白化

（资料来源：https://www.sciencenews.org/。"How climate change is already altering oceans and ice, and what's to come" "气候变化已经改变海洋和冰，未来如何继续"）

海洋占地球表面积的 70% 以上，深刻影响着世界气候，气候变暖在远离赤道的地方影响最为显著，如南北极冰山溶化，2020 年北极夏季海冰量继续创造历史新低，海平面有明显升高，在过去的 50 年至少有 7 个大冰架消失，中国长江、黄河上游的冰川也正在加速溶化，1993 年以来，基于测高的全球海平面平均上升率达（3.3±0.3）mm/a，近年来，这一比率略有提高。冰盖大量损失是全球海平面加速上升的主要原因。2020 年的全球平均海平面与 2019 年相似，主要与拉尼娜气候有关，以往的拉尼娜气候往往导致海平面下降。IPCC《气候变化中的海洋和冰冻圈特别报道》[8]称：到 2100 年即使全球能够做到温升 2℃以内，海洋所吸收热量仍然是过去 50 年的 2~4 倍，海平面会上升 30~60cm，如果排放量继续升高，海洋吸收热量可增加 4~7 倍，海平面上升 60~110cm。而全球约 40％的人口生活在沿海 100 公里范围内，到 2050 年，预计将有 570 多个低洼沿海城市超过 8 亿人面临海平面上升和风暴潮影响风险，由此产生的全球城市经济成本可能超过 1 万亿美元。

1.2.3 极端气候：高温、干旱、火灾、洪水和极寒

温室效应产生的气候变化正如 WMO 秘书长佩特里·塔拉斯所说："不幸的是，2020 年对我们的气候而言又是非同寻常的一年。陆地、海洋，特别是北极都出现了新的极端温度。野火吞噬了澳大利亚、西伯利亚、美国西海岸和南美的大片地区，烟羽弥散全球。大西洋上飓风数量创了纪录，其中，11 月中美洲史无前例出现了连续的 4 级飓风。非洲和东南亚部分地区的洪灾导致了大量人口流离失所，数百万人陷入了粮食不安全的境地。"[9]

受温室效应影响，某些地区由于蒸发更迅速和风型改变等原因会变得更干燥，如我国北方地区近年来的持续干旱，水资源紧张和农作物歉收。2020 年，南美许多地区受到了严重干旱的影响，最严重的是阿根廷北部、巴拉圭和巴西西部边境地区。据估计，仅巴西的农业损失就接近 30 亿美元。在美国西南部 7—9 月为有记录以来最热和最干燥的月份。加利福尼亚州的死亡谷在 8 月 16 日达到了 54.4℃，这是 80 年里全球已知的最高温度。大范围干旱和酷热促成了火灾，整个地区都有显著的野火活动，如亚利桑那州山火（图 1-8）。

图 1-8 亚利桑那州山火（2020 年 6 月）

（资料来源：Sina 新闻中心 2020 年 6 月 17 日报道："美国多地山火蔓延，千名居民被要求撤离"）

而另外一些地区降雨量增加，造成更多的洪涝灾害，长江流域的连续两年特大洪水，造成生命和财产严重损失，2020年夏季，长江流域持续洪灾报告的经济损失超过150亿美元，其间279人报告死亡（图1-9）。2020年严重洪灾还影响东非和萨赫勒地区、南亚和越南的数百万人。非洲的苏丹和肯尼亚受灾最严重，肯尼亚报告有285人死亡，苏丹有155人死亡。印度经历了自1994年以来最潮湿的两个季风季，8月是巴基斯坦有记录以来最潮湿的一个月，整个地区（包括孟加拉国、尼泊尔和缅甸）都出现了大范围洪水。

图1-9　江西洪水（2020年7月）

（资料来源：腾讯网 https：//new.qq.com。2020年7月8日报道题目："长江洪水肆虐，15张图看鄱阳湖流域水灾，张张触动人心"）

1.2.4　更多的热带气旋和风暴

温室效应还会创造出更多热带气旋和风暴，2019年第6号台风"百合"在我国台湾滞留时创下新纪录，死亡88人，交通、电力和通信陷入瘫痪，财产损失达300多亿新台币。2020年，全球热带气旋数量大于平均数。截至2020年11月17日，2020年北半球和2019—2020年南半球共出现了96个气旋，是长期平均数（1981—2010年）的两倍多，并打破了2005年创下的整季纪录。在正常飓风季即将结束之际，两个4级飓风在11月不到两周的时间内登陆中美洲，导致了毁灭性的洪水和伤亡。

1.2.5　次生的风险

受温室气候的影响，全球粮食不安全的情况经历数十年不断下降过程后，2014年以来又有所抬头，图1-10显示，2019年全球营养不良人数继续上升，根据FAO的最新数据，2019年占世界人口的9%计近6.9亿人营养不良，约7.5亿人经历了严重的粮食不安全，其中1.35亿人被归为处于危机、紧急和饥荒状况。[10]

新冠肺炎疫情给全球救援蒙上阴影，因为社交距离的需要使得用于疏散、恢复和救灾作业的运力降低一半。而2020年上半年，因为洪水而流离失所人数就超过1000万人，主要集中在南亚、东南亚及非洲。

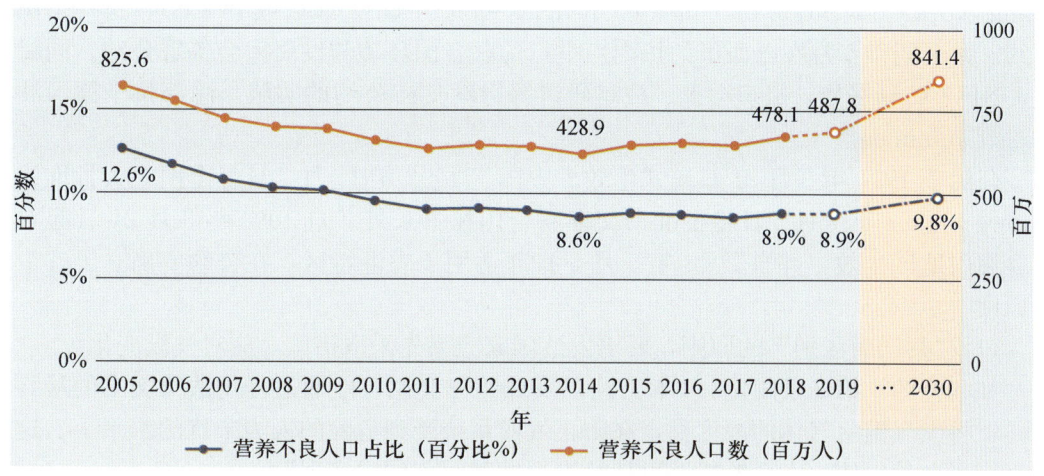

图 1-10　全球营养不良人数历史及预测曲线[10]

（资料来源：FAO）

注：2019 年全球营养不良的人口继续增长。预计的人口值使用虚线和圆圈表示。橘色重点区域是 2019—2030 年远期预测值。比 FAO 最新版本取代之前的所有版本。

1.3　控制温室气体的国际行动

1.3.1　控制温室气体国际公约

20 世纪 70 年代以来，科学家们通过对地球大气系统的深入研究，逐步达成共识，即人为的温室气体排放，对气候系统会产生危害，该危害成为人类可持续发展的最大威胁。为应对挑战，国际上在 20 世纪 80 年代末到 90 年代初举行了一系列的国际会议讨论解决方案。

1988 年，联合国环境规划署（United Nations Environment Programme，UNEP）和世界气象组织（World Meteorological Organization，WMO），共同成立政府间气候变化专门委员会（Intergovernmental Panel on Climate Change，IPCC），目标是让公众及决策者理解气候相关的最新科研成果。1990 年，IPCC 发布了第一份评估报告，该报告经全球数百名顶尖科学家和专家的评议，确定了气候变化的科学依据。

1990 年，IPCC 评估报告后，联合国第二届世界气候大会上 137 个国家及欧盟举行部长级会谈，商讨建立一个气候变化框架条约，在最后宣言中没有规定任何国际减排目标，但为日后商讨确立了共同基础原则，即：气候变化是人类共同关注的；公平原则；不同发展水平国家"共同但有区别的责任"；可持续发展和预防原则。

1990 年 12 月，联合国常委会批准建立了气候变化框架公约政府间谈判委员会（The Intergovernmental Negotiating Committee for a Framework Convention on Climate Change，INC/FCCC），并在 1991 年 2 月—1992 年 5 月期间进行了 5 次会议。

最终在 1992 年 5 月 9 日通过了《联合国气候变化框架公约》（United Nations

Frame work Convention on Climate Change，缩写为 UNFCCC 或 FCCC），是一个国际公约。并于同年 6 月在巴西里约热内卢举行的联合国环境与发展大会签署公约。同时成立 UNFCCC 秘书处，组织会议、战略研讨等行动支持公约的实施，总部位于德国波恩 Haus Carstanjen。

公约于 1994 年 3 月 21 日正式生效。中国于 1992 年 11 月 7 日经全国人大批准该公约，并于 1993 年 1 月 5 日将批准书交存联合国秘书长处。自 1994 年 3 月 21 日起对中国含澳门地区生效，并自 2003 年 5 月 5 日起适用于香港特区，在公约中确立了五个基本原则[10]：

（1）"共同而区别"的原则，要求发达国家应率先采取措施，应对气候变化。

如《公约》第 2 条规定："本公约以及缔约方会议可能通过任何法律文书的最终目标是：将大气温室气体的浓度稳定在防止气候系统受到危险的人为干扰的水平上。这一水平应当在足以使生态系统能够可持续进行的时间范围内实现"。

《公约》附件一国家缔约方（发达国家和经济转型国家）应率先减排。附件二国家（发达国家）应向发展中国家提供资金和技术，帮助发展中国家应对气候变化。

（2）要考虑发展中国家的具体需要和国情。

如《公约》承认发展中国家的人均排放仍相对较低，因此在全球排放中所占的份额将增加，经济和社会发展以及消除贫困是发展中国家首要和压倒一切的优先任务[10]。

（3）各缔约国方应当采取必要措施，预测、防止和减少引起气候变化的因素。

（4）尊重各缔约方的可持续发展权。

（5）加强国际合作，应对气候变化的措施不能成为国际贸易的壁垒。

为应对未来数十年的气候变化，公约设定了减排进程，建立了长效机制，即政府间报告各自的温室气体排放和气候变化情况，并定期检讨追踪公约的执行进度。发达国家还承诺采取措施，争取 2000 年温室气体排放量维持在 1990 年的水平。但公约对个别缔约方没有规定具体需承担的义务，也未规定实施机制，所以缺少法律上的约束力，但公约规定可在后续从属的议定书中设定强制排放限制。

1995 年起，公约缔约方每年召开缔约方会议（Conferences of the Parties，COP）评估应对气候变化的进展，在我国称为联合国气候变化大会。

1997 年，《京都议定书》达成，温室气体减排成为发达国家的法律义务。

2007 年，《巴厘路线图》通过，规定 2009 年在哥本哈根召开的缔约方会议第十五届会议将诞生一份新的《哥本哈根议定书》，最终无果，但 COP 15 的会议上就本世纪末将温度控制在工业化之前的 2℃达成共识（与 1861—1880 年相比）。

2014 年 12 月 9 日，COP 20 会议上中国政府代表表示，2016—2020 年中国将每年的二氧化碳排放量控制在 100 亿 t 以下。

UNFCCC 是世界上第一个为全面控制 CO_2 等温室气体排放，应对全球气候变暖给人类经济和社会带来不利影响的国际公约，也是国际社会在共同应对全球气候变化问题上进行国际合作的一个基本框架，截至 2016 年 6 月底，共有 197 个缔约方。但由于世界各国的具体国情和各自的国际地位不同，对气候变化的态度和响应也不同，气候变化应对问题从单纯环保问题，变成兼顾政治及发展问题。

2001 年，时任美国总统的小布什在《联合国气候变化框架公约》第 6 次缔约方大会期间，宣布美国退出《京都议定书》，态度坚决，表明不会回到《京都议定书》轨道上来，为国际减排进程设置了障碍，使得《京都议定书》到2005年才艰难生效，且仅涉及2008—2012年期间国际社会应对气候变化的责任问题。对2012年后的问题一直拖延到2012年《联合国气候变化框架公约》第18次缔约方会议即多哈会议，才达成将《京都议定书》的有效期延长至2020年的决定。从此美国在应对气候变化的问题上变成民主党支持、共和党反对的政治问题。此外，日本、加拿大、俄罗斯和新西兰也相继宣布不再加入《京都议定书》第二履约期（2013—2020年），澳大利亚也于2014年7月通过立法废止了碳排放和原计划于2015年推行的碳排放交易。在UNFCCC要求发达国家在20世纪末将其温室气体排放恢复到1990年水平的规定后，这些行动致使多数发达国家排放量仍保持继续增长。

1.3.2 巴黎协定

近年来，国际社会基于科学共识，提出本世纪末把温度升幅控制在工业革命前2℃以内的目标，写入2009年的《哥本哈根协议》。2014年，IPCC第五次评估报告[11]提出，为实现升温低于2℃的控制目标，2030年全球温室气体排放至少要回到2010年的水平；2050年要比2010年降低40%～70%；2100年则须接近零排放。

基于此共识，2015年12月12日，《联合国气候变化框架公约》178个缔约方在COP 21巴黎气候变化大会上通过《巴黎协定》，这是《京都议定书》后第二份有法律约束力的气候协议，也是第三个里程碑式的国际法律文本，指导2020年后全球应对气候变化的行动，其长期目标是将全球平均气温较前工业化时期上升幅度控制在2℃以内，并努力将温度上升幅度限制在1.5℃以内。

2016年4月22日《巴黎协定》在美国纽约联合国大厦签署，中美同日签署《巴黎协定》，开放签署首日，共有175个国家签署协定，创下国际协定开放首日签署国家数量最高纪录，时任中国国务院副总理的张高丽作为国家主席习近平特使在《巴黎协定》上签字。

图1-11中，美国国务卿克里抱着孙女签署《巴黎协定》，以及时任联合国秘书长潘基文讲话前，邀请一位来自坦桑尼亚的青年代表发言等程序的改变，都体现气候变化对人类长远未来的深远影响，并强调青年在未来所肩负的责任。

图1-11　美国国务卿克里抱着孙女签署《巴黎协定》

（资料来源：Spencer Platt/Getty Images）

《巴黎协定》签署后，各国需要在国内立法对《巴黎协定》做出批准，需由至少55个缔约方批准、接受、核准或加入文书后三十日起生效，同时这些缔约方的温室气体排放总量至少占全球碳排放总量的55%。2016年9月3日，全国人大常委会批准我国加入《巴黎气候变化协定》，成为第23个完成批准协定的缔约方。同日，中国国家主席习近平同美国总统奥巴马、联合国秘书长潘基文在杭州共同出席气候变化《巴黎协定》批准文书交存仪式，习近平主席在仪式上发布《中国倡议二十国集团（G20）发表了首份气候变化问题主席声明》，并率先签署《巴黎协定》。中国向联合国交存批准文书是中国政府作出的庄严承诺。时任美国总统奥巴马认为：《巴黎协定》是全球应对气候变化的转折点，建立了全球应对气候危机的持久框架，传递出全球坚定致力于低碳未来的强力信号。但全球不能因该协定而自满，因为气候问题不会通过这个协定而解决。

美国在《巴黎协定》也秉承了民主党主导、共和党反对的状态，奥巴马政府"绕过"国会，通过《巴黎协定》，即通过法律对大气污染的规定，将CO_2定义为有健康威胁的污染气体，在不需要2/3美国参议院议员投赞成票的情况下，其通过自身拥有的合法权力来批准《巴黎协定》。但2019年11月4日，特朗普政府正式通知联合国，美国退出《巴黎协定》，这是退出协定流程中第一个正式步骤。2020年11月4日，美国正式退出《巴黎协定》，成为迄今为止唯一退出的缔约方。2020年12月12日，美国当选总统拜登在其社交媒体上宣布，美国将在39天后重回《巴黎协定》。2021年1月20日，美国总统拜登上任第一天签署行政令，美国将重新加入《巴黎协定》。2月19日，美国宣布正式重新加入《巴黎协定》，历时30天。

2016年10月5日，联合国秘书长潘基文宣布，《巴黎协定》于当月5日达到生效所需的两个门槛，并将于2016年11月4日正式生效。同日，欧洲议会以压倒性多数批准《巴黎协定》，欧洲理事会当天晚些时候通过书面程序确认决议通过。

《巴黎协定》共29条，主要内容包括目标、减缓、适应、损失损害、资金、技术、能力建设、透明度、全球盘点等方面。

在环境保护与治理方面，《巴黎协定》明确了全球共同目标：各方将加强全球共同应对气候变化的威胁，把全球平均温升较工业化前水平控制在2℃之内，并努力将温升控制在1.5℃内。只有全球尽快实现温室气体排放达到峰值，21世纪下半叶实现温室气体净零排放，才能降低气候变化给地球带来的生态风险并避免其给人类带来更大的生存危机。

在人类发展方面，《巴黎协定》将所有国家都纳入了保护地球生态，确保人类可持续发展的命运共同体中。协定各项内容摒弃"零和博弈"，体现各方共享、共担，互惠共赢的强烈愿望。《巴黎协定》在UNFCCC框架下，在《京都议定书》、"巴厘路线图"等一系列成果基础上，按照共同但有区别的责任原则、公平原则和各自能力原则指引下，进一步加强联合国气候变化框架公约的全面、有效和持续实施。

在经济方面，《巴黎协定》同样具有实际指导意义：协定的绿色转型，需要各方以"自主贡献"的绿色方式参与全球应对气候变化行动，避免过去几十年严重依赖煤、石化产品的增长模式；协定的技术合作，需要发达国家继续带头减排并加强对发展中国家提供财力及技术合作支持，帮助后者减缓和适应气候变化；协定的国际合作，会通过市场和非市场双重手段进行减缓、顺应、融资、技术转让和能力建设等方面合作，来推动所有缔约方共同履行减排贡献，并引导全球资本市场偏好绿色能源、低碳经济、环境治理等领域。

《巴黎协定》制定了"只进不退"的棘齿锁定（Ratchet）机制。要求建立针对国家自主贡献（NDC）机制、资金机制、可持续性机制（市场机制）等的完整、透明的运作机制以促进其执行。所有国家（包括欧美、中印）都将遵循"衡量、报告和核实"的同一体系，但会根据发展中国家的能力提供灵活性。各国提出的行动目标建立在不断进步的基础上，并从2023年开始每5年对各国行动的效果进行定期评估的约束机制。

1.3.3 升温2℃场景

1896年，瑞典科学家Svante Arrhenius的论文研究，CO_2排放可能会导致全球变暖[1]，但直到20世纪70年代，这个问题才逐渐引起了大众的广泛关注。目前广泛的共识是人类活动有95%以上的可能性是20世纪中期以来全球气候变暖的主要原因，过去的140年全球已经升温超过1℃，所有大陆和大洋都受到气候变化的影响，全国政协常委、中国科学院院士秦大河曾指出，"升温1℃，世界就有7%的人口面临缺水风险；上升2℃，极易引起森林等生态系统突发和不可逆转的变化风险；如果升温超过4℃，会发生大面积珊瑚礁死亡和严重粮食短缺等。""目前，全球变暖已导致一些地区与炎热有关的死亡率增加，与寒冷有关的死亡率降低；局地温度和降水的变化已经改变了一些水源性疾病的分布。另外，气候变化对霾天气的形成有一定的影响。21世纪以来，中国阴霾天数显著增加，对人体健康影响加大。"[11]

根据IPCC第五次评估第一组报告《气候变化2013——自然科学基础》报告[12]显示：如果将工业化以来全球温室气体的累计排放控制在1×10^{12}t碳（约合3.7×10^{12}t CO_2），人类有2/3的可能性能够把全球温升幅度控制在2℃以内；如果把累计排放控制在1.2×10^{12}t碳（约合4.4×10^{12}t CO_2），有一半的可能性能够实现温控目标；如果把累计排放限额放宽到1.6×10^{12}t碳（约合5.7×10^{12}t CO_2），则只有1/3的可能性能够实现温控目标。截至2011年，人类已累计排放5×10^{11}t碳（约合2×10^{12}t CO_2），未来留给人类的碳排放空间极其有限。如果全球成功控温不超过2℃，则2070年全球需达到碳中和，所剩时间只有48年。

2008年，欧盟气候变化专家小组发布《2℃目标》[13]，报告认为如全球平均升温幅度成功控制在2℃以内，人类社会还能通过采取措施进行适应，并基本能够承受气候变化所带来的经济、社会和环境损失。如果温升到3℃或4℃，则没有证据显示人类社会有适应的能力。

如图1-12所示，根据柏林Mercrator研究所碳钟指示，如果温升2℃，按照目前的速度，截至2021年6月还有24年的时间。为此发达国家在碳排放已持续下降的基础上，选择2050年为碳中和时间点，而中国在尚未达峰的情况下，做出2060年前达到碳中和的政治承诺。如习近平主席所言："应对气候变化《巴黎协定》代表了全球绿色低碳转型的大方向，是保护地球家园需要采取的最低限度行动，各国必须迈出决定性步伐。"

IPCC中国政府首席代表、中国气象局局长郑国光说："未来10年的行动极为关键，减排行动越晚，实现温升不超过2℃的目标就越困难。拖延减排的时间越长，实现温升

图 1-12：柏林 Mercator 研究所根据 IPCC 报告设置的碳钟[16]

(资料来源：https：//www.mcc-berlin.net/en/research/co2-budget.html)

注：2℃ Scenario 为 2℃ 场景；1.5℃ Scenario 为 1.5℃ 场景；CO_2 emissions（tonnes/sec）为 CO_2 排放 (t/s)；time left until CO_2 budget depleted 为碳排放额度用完的剩余时间；year、month、day、hour、min、sec 为年、月、日、小时、分、秒；CO_2 budget left（tonnes）为剩余碳排放额度（t）。

不超过 2℃ 的目标就越复杂，成本也越高。人们会越依赖碳捕获与封存的技术，而这些技术也存在潜在风险。"[14]

因此应立即采取行动，IPCC 表示，1970 年以来全球温室气体的排放增速加快，通过各种情景研究，限制全球平均温升在 2℃ 内是可能的，这意味着与 2010 年相比，到 21 世纪中叶要将全球温室气体减少 40%～70%，到 21 世纪末减至近零。正确的路径是立即在国家地区层面开展减排行动，同时进行国际合作，通过重大体制和技术变革，才有可能将全球变暖幅度控制在上述阈值之内。

"许多不同的路径均可达到未来不超过 2℃ 的既定目标，但这些路径都需要大量投资。因此需尽快降低各种技术的成本。" IPCC 第三工作组联合主席之一艾登霍费尔说。

1.3.4 升温 1.5℃ 场景

各种国际研究表明，温升控制在 2℃ 内很可能还不够，2016 年 IPCC 启动 1.5℃ 特别报告的研究，2020 年 10 月 8 日在韩国仁川发布的《IPCC 全球升温 1.5℃ 特别报告》[2]（以下简称《报告》），该《报告》是 IPCC 第六次评估报告周期内一系列报告中的第一个，之后 IPCC 发布关于海洋、冰冻圈和土地使用等报告。《报告》提出，当温升从 1.5℃ 发展到 2℃ 时，气候变化的影响很可能从量变到质变，若将目标调整为 1.5℃，人类将避免大量因气候变化带来的损失与风险。

IPCC 第一工作组联合主席翟盘茂表示："这份报告释放的强烈信息是：更多的极端天气、海平面上升、北极海冰减少及其他变化，已经让我们目睹了全球升温 1℃ 的后果。"参与报告撰写的第二工作组联合主席 Hans-Otto Pörtner 称："温度每额外升高一点都非常重要，特别是升温 1.5℃ 或更高后，会增加长期或不可逆转变化的风险，如生态系统的损失。"

但将温升限制在 1.5℃，各国不仅要放弃化石燃料，还需停止排放温室气体，2019年全球温室气体排放总量（包括土地利用变化）创下 5.91×10^{10} t CO_2 当量，实现 1.5℃ 的温升目标，2030 年温室气体排放总量需要下降 45% 左右，2050 年实现净零排放。当前，距 2050 年只剩下不到 30 年的时间，人类面临的挑战可谓是空前的。如果全球实现温升不超过 1.5℃，那么在 2050 年前后，全球就可达到碳中和。

以珊瑚礁退化为例，科学家预测在升温 2℃ 的情境下，全球 99% 的珊瑚礁都将退化；在升温 1.5℃ 时，珊瑚礁退化的比例减少 70%~90%。《报告》认为，将升温控制在 1.5℃，将延缓北极冰融化、海平面上升、减少永久冻土解冻及对生态系统的破坏。

与 2℃ 的目标相比，将升温控制 1.5℃，还可让全球人口中因气候变化造成的水资源紧张比例减少一半，让全球海洋渔业捕捞量的缩减量减少一半，也可在 2050 年前避免几百万人因气候风险致贫。

《报告》指出，目前各国的《巴黎协定》承诺并不足以实现 1.5℃ 目标，各国政府需继续增加国家气候政策。各国土地、能源、工业、建筑、运输和城市建设等各个层面，都应"迅速而广泛"地改变，不同领域的转型都需立即启动并在接下来的 20 年中持续进行。

对此，长期从事气候及可再生能源研究的 Omidyar Network 顾问 KatieHill 表示：根本问题不在于技术，而在于如何解决结构性问题，建立起适应应对气候变化的价值体系和相应的公共政策体系。各国政府需建立长期稳定的政策导向，在为气候变化治理提供顶层设计的同时，引导企业正确处理减排技术推广和应用成本间的关系。

据中国科学家苏布达、陶辉著作《全球升温是 1.5℃ 还是 2.0℃？中国遭遇的干旱损失将是天壤之别》的研究显示：全球升温 1.5℃ 时，中国干旱灾害直接经济损失将达到 470 亿美元（2015 年市值），是 2006—2015 年间损失的 3 倍，这是根据中国采用绿色发展和可持续发展路径前提下产生的，而如采用传统化石燃料为主的高碳经济发展路径，全球升温 2.0℃ 时直接经济损失（840 亿美元）将是 1.5℃ 的 1.8 倍，该书的结论是"控温＝省钱"。

而根据柏林 Mercator 研究所按 IPCC 报告逻辑而设计的碳钟显示（图 1-13），如果温升 1.5℃，我们按照目前的速度，从 2021 年 6 月开始我们仅有 6 年的时间就会用完到达临界点所有的额度。

IPCC 报告强调，如果能将气温升高控制在 1.5℃ 以内，会比升温 2℃ 更好地避免一系列生态环境损害。另外，地球多升温 0.5℃，面临频繁极端高温、热浪天气的人口可能要增加 4.2 亿，受气候变化影响而面临水资源短缺的人口将增加 50%。当全球升温从 1.5℃ 发展到 2℃ 时，气候变化的影响很可能经历从量变到质变的转折，对全人类都是一个巨大的威胁。因此，与 2℃ 目标相比，将温升控制在 1.5℃ 极具必要性。

2019 年 1 月 25 日，联合国安理会针对气候安全问题进行了第四次公开辩论，会上发达国家普遍支持将气候安全问题列入安理会工作计划，并将其作为关键议题纳入联合

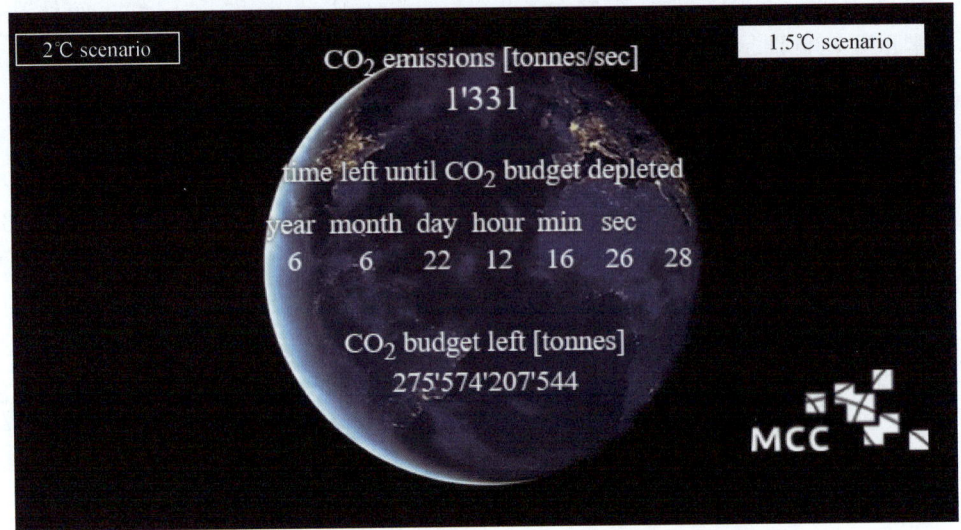

图 1-13：柏林 Mercator 研究所根据 IPCC 报告设置的碳钟[15]

（资料来源：https://www.mcc-berlin.net/en/research/co2-budget.html）

国气候峰会。同年 11 月，欧洲议会投票宣布进入"气候紧急状态（Climate Urgency）"。2021 年 2 月，英国担任联合国安理会为期一个月的轮值主席，英国建议安理会将气候变化列为全球和平与安全的"最严重威胁"。英国首相鲍里斯·约翰逊（Boris Johnson）说："除非国际社会采取紧急行动应对气候变化，否则世界将面临冲突、流离失所和不安全加剧的风险。"联合国秘书长古特雷斯呼吁，气候变化让人类站在事关存亡的十字路口，如果我们不能有效应对，人类社会将遭受不可逆转的巨大损失。

因此，气候变化已经达到气候危机的程度，而且留给人类的时间不多了！这就是为什么 2021 年 4 月 16 日中美应对气候的联合声明使用的是应对"气候危机"，不再仅仅是气候变化，说明为实现温室气体净零排放的任务非常紧迫。这次中美就应对气候危机达成共识，为全球化解这个危机带来曙光，希望在两个全球最有影响力国家的共同推动下，人类社会能够处理这个重大挑战。

所以限排和减排已经是社会的共识，也是人类共同的挑战，代表未来削减碳排放的方式主要有两种，促进供求平衡的两端：一种是限排，类似过去的粮票配额，即限制需求；另一种是投资供给方，形成低碳或零碳新技术达到平衡，今后几十年，实现限排比较困难，而低碳技术的投资是机遇，大量投资低碳和节能技术会带来光明的未来。

中国各行各业都已经开始行动，献计献策，以下为 2021 年 3 月两会代表对减排摘录部分议案、提案概况：

"大力消除二氧化碳排放'锁定'效应通过建立'总量控制—指标分配—碳排放权交易'管理体系，加快把钢铁行业、水泥行业纳入全国碳排放权交易市场。"

——生态环境部环境规划院院长、中国工程院院士王金南

"转变发展路径是实现目标的根本，实现碳中和目标，转变发展路径是根本，降碳是关键，碳汇与负碳是补充。"

——中国科学院科技战略咨询研究院副院长王毅

"通过生态效率提升实现碳达峰,根据'二氧化碳排放力争于2030年前达到峰值'进行测算,当全国人均GDP达到14000美元时,中国将整体达到碳排放峰值并进入绝对量减排阶段。因此,人均GDP已达14000美元的城市和地区应当率先进入绝对量减排阶段,其发展规划应与绝对减排目标相匹配。"

——南开大学经济研究所教授钟茂初

加快构建零碳新工业体系。

——远景科技集团CEO张雷

2

能源与碳排放

2.1 国际能源与碳排放

能源是人类社会生存与经济发展的物质基础，全球经济增长会导致能源消耗进一步增加，世界局部地区的极端天气也导致供暖和制冷能源需求增加，推动整体排放增加，国际能源机构评估了化石燃料使用对全球气温升高的影响，发现煤炭燃烧产生的CO_2导致全球年平均表面温度比工业化前水平高增加0.3℃以上。这使得煤炭成为全球温度升高的最大单一来源。

根据《IPCC全球升温1.5℃特别报告》[2]提出的一些具体目标：如到2050年，煤炭在全球电力供应中的比例需降至接近为零，可再生能源比例应达到70%～85%；工业的CO_2排放要比2010年低75%～90%；低碳能源技术和能效上的年度投资，需比2015年多出5倍。

2.1.1 国际能源消费总量与结构

能源供应方式的改变和经济社会的电气化是碳中和的重要组成部分，目前电力碳排放主要是一次能源产生的，一次能源是指自然界中以原有形式存在的、未加工转换的能量资源（与由一次能源加工转换而成的二次能源相对应），可分为化石能源和近零碳能源两大类，具体包括石油、天然气、煤炭、核电、水电、可再生能源（光伏、风电、生物质能等）。

根据BP公司发布的《世界能源统计年鉴2020》数据显示[16]，2019年，全球一次能源消费总量达到584EJ，同比增长1.3%（图2-1）；2008—2018年，全球一次能源消费总量从490.23EJ增长到576.23EJ，年均复合增长1.6%；2019年，全球一次能源消费总量前三依次是中国大陆、美国和印度，分别占全球一次能源总消费量的24.3%、16.2%和5.8%。2019年，全球人均一次能源消费量为7.568×10^4MJ，比上年增长0.2%，2008—2018年平均复合增长0.4%，世界人均能源消耗和消耗总量保持上升趋势。（图2-2）

根据表2-1世界一次能源消费量及结构（2020年）可以得出2019年中国、美国、日本、欧盟和全球平均的一次能源结构，该结构从化石能源总量计算，全球平均占比

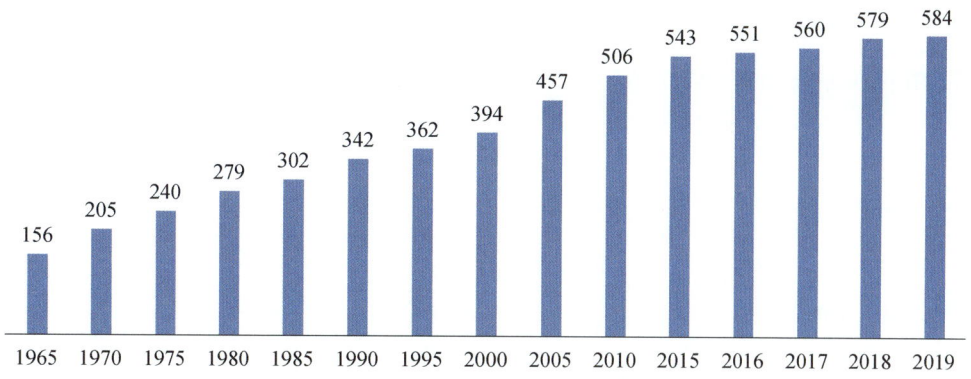

图 2-1 全球一次能源消费量
（资料来源：整理 BP 世界能源统计年鉴数据）

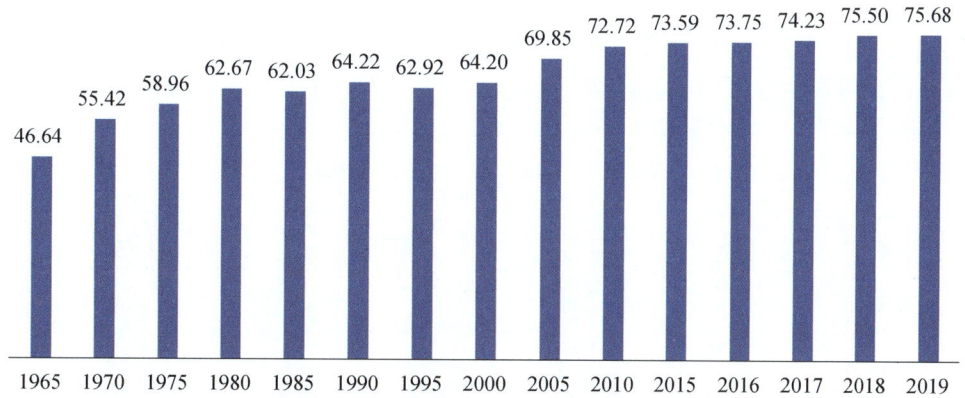

图 2-2 全球人均一次能源消费量
（资料来源：整理 BP 世界能源统计年鉴数据）

84.3%，中国 85.1%、美国 83.3% 及日本 87.4%，水平相当，欧盟较低，仅 74.9%。化石能源发电分布全球相对平衡，分别为石油 33.1%、天然气 24.2% 和煤 27%，美国、欧盟的化石能源更加依赖石油和天然气，而煤炭占比仅分别为 12%、13.2%。中国由于资源禀赋"富煤缺油少气"的特点，化石能源偏重于煤炭，2019 年煤炭在一次能源中的占比仍然高达 57.6%，而石油和天然气仅分别占 19.7% 和 7.8%。[16]

表 2-1 世界一次能源消费量及结构（2020 年）

类别	2019 年							2020 年						
	石油	天然气	煤炭	核能	水电	可再生能源	总计	石油	天然气	煤炭	核能	水电	可再生能源	总计
中国	27.94	11.1	81.79	3.11	11.34	6.75	142.03	28.5	11.9	82.27	3.25	11.74	7.79	145.46
日本	7.32	3.89	4.91	0.59	0.66	1.01	18.37	6.4	3.76	4.57	0.38	0.69	1.13	17.03
美国	37.13	20.57	11.34	7.6	2.54	5.71	94.9	32.54	29.95	9.2	7.39	2.58	6.15	87.79

续表

类别	2019年							2020年						
	石油	天然气	煤炭	核能	水电	可再生能源	总计	石油	天然气	煤炭	核能	水电	可再生能源	总计
经合组织	90.16	64.8	32.3	17.78	12.87	16.56	234.48	78.52	63.28	22.46	16.67	13.14	18.04	217.11
非经合组织	101.73	75.74	125.34	7.15	24.81	12.26	347.04	95.21	74.34	123.96	7.31	25.02	13.67	335.52
欧盟	23.17	14.08	7.32	6.82	2.83	6.51	60.74	20.03	13.68	5.91	6.11	3.04	6.97	55.74
全球总计	191.89	140.54	157.64	24.93	37.65	28.82	581.51	173.73	137.62	151.42	23.58	38.15	31.71	556.63

资料来源：BP Statistical Review of World Energy，8 July 2021。

近零碳能源全球的平均占比为15.7%，包括核电、水电、可再生能源等，美国、欧盟主要是核电，分别占比8.0%和11.1%，中国的核能占比为2%，未来的长期规划也只有4%，中国的近零碳能源以水电为主，占比8%，高于美国2.6%、日本3.2%、欧盟4.6%；可再生能源方面，欧盟9.4%、美国6.2%和日本5.9%占比较高，中国为4.7%，和全球平均5%水平趋于一致（图2-3）。

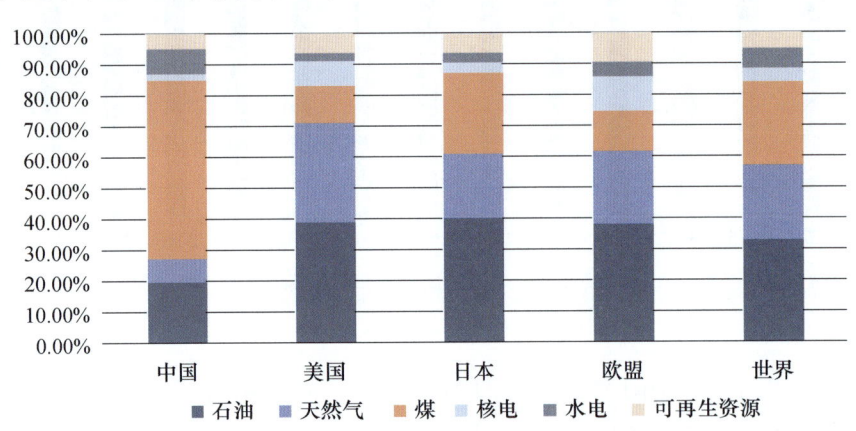

图2-3　2019年各国一次能源需求结构对比
(资料来源：根据《BP世界能源统计年鉴》2021年版数据，作者整理)

根据国际能源署（IEA）的2020年全球能源展望报告显示[7]，2019年尽管世界经济增长了2.9%，但能源的碳排放量却在连续两年增长后于2019年趋于平缓，能源相关的排放量仍保持在约3.3×10^{10} t不变，主要原因是发达经济体发电排放量下降，可再生能源（主要是风能和太阳能）增加，从煤炭转换为天然气的作用扩大，核能发电量增加及一些国家的温和天气也起了作用。其中，美国的排放量降幅最大，为1.4×10^8 t，降幅为2.9%，目前排放水平比其2000年的峰值下降了近1×10^9 t；欧盟的排放量下降了1.6×10^8 t，降幅为5%，而日本在2019年的排放量下降了4.5×10^9 t，降幅为4.3%。2019年全球天然气发电量首次超过煤炭，但世界其他地区的排放量增加了近4×10^8 t，其中80%来自亚洲发展中国家，原因是煤炭的强劲需求。

全球能源结构发展不均衡。不同国家和地区能源消费结构差异较大,全球能源结构发展不均衡日益突出。全球能源技术发展不均衡亦日趋明显。一些国家投入大,技术领先优势明显,北欧四国(不含冰岛)已凭借领先的可再生能源技术推动实现对化石能源的大规模替代;亚、非、拉等发展中国家尚处于工业化初期或半工业化阶段,推动清洁能源难度较大。

新能源发展速度存在不确定性。新能源已成为现有能源体系的重要补充接替力量。但从全球范围来看,新能源实现对化石能源的大规模替代尚需时日。2012—2016年,新能源占一次能源的比重从13.2%增长至14.6%,年均增长不到0.3%。根据BP全球能源预测,预计2040年,风能、太阳能、水能、地热能和生物能占一次能源消费的比重仍将低于50%。新能源在发展速度上存在不确定性。预计2040年,化石能源在一次能源消费中的占比仍将维持在50%以上。

2.1.2 国际能源消耗与碳排放

2019年,全球发电量 2.7019×10^{12} kW·h,较上一年增长1.3%,能源相关CO_2排放量达330亿t,清洁能源转型(主要是风能和太阳能光伏)正在推进。全球电力部门的排放量下降了约 1.7×10^8 t(-1.2%)(图2-4),其中煤炭使用CO_2排放量比2018年减少近 2×10^8 t(-1.3%),抵消了石油和天然气排放量的增加。发达经济体的2019年经济增长平均约为1.7%,排放量下降了 3.7×10^8 t(-3.2%),其中电力部门占降幅的85%,减缓了印度等主要新兴经济体的排放量增长,但同年全球电力行业CO_2直接排放量达到130亿t,占能源相关CO_2排放总量的38%,远远低于2012年42%的高位[17](图2-5)。

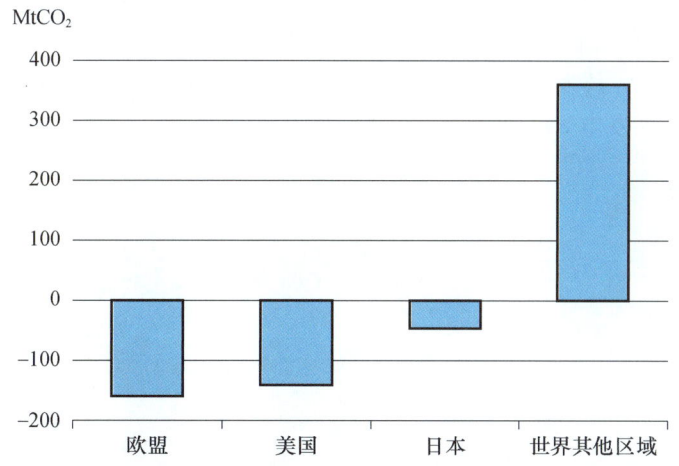

图2-4 2018—2019年与能源相关的CO_2排放量变化,按区域划分
(资料来源:《2019年IEA全球CO_2排放》)

根据2018年国际能源署《全球能源与二氧化碳现状报告》[7],全球发电平均碳强度 475g/(kW·h),比2010年降低10%,减排 1.5×10^9 t。但世界各国电力行业碳强度差异却较大,从挪威的每1kW·h近零排放到南非的每1kW·h超过800g,反映了各国发电工业体系构成的多样性,拥有丰富水力资源或核电资源的国家,度电碳排放几乎为零;使用煤炭、天然气和近零碳能源混合发电的国家,度电碳强度300~500g/(kW·h);依赖煤电为主的国家,度电碳强度可达全球平均水平的两倍。

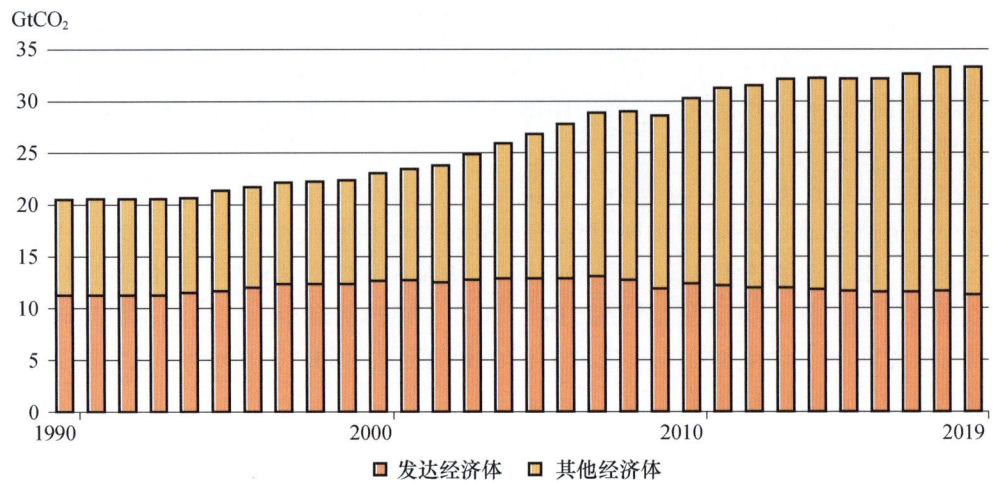

图 2-5　1990—2019 年与能源有关的 CO_2 排放量

（资料来源：IEA Https//www.iea.org。"Global CO_2 Emissions in 2019"）

电力行业碳强度下降的原因之一是全球发电结构的变化（图 2-6）。2019 年，可再生能源和核电满足了绝大部分的电力需求增长，发电平均 CO_2 排放强度下降了近 6.5%，下降速度比过去十年的平均值快了三倍，达到每 1kW·h CO_2 全球平均排放强度 340g，低于所有最高效的燃气电厂（图 2-7）。2010—2019 年，以风、光为主的可再生能源占比增长显著，化石燃料在发电结构中的占比有所下降，其中石油占比下降较大，天然气占比上升明显，煤炭占比的变化较为平缓；非化石燃料中天然气发电占比上升的主要原因之一是其发电的碳排放强度约 400g/(kW·h)，远远低于石油发电约 600g/(kW·h)，煤发电 845~1020g/(kW·h)。

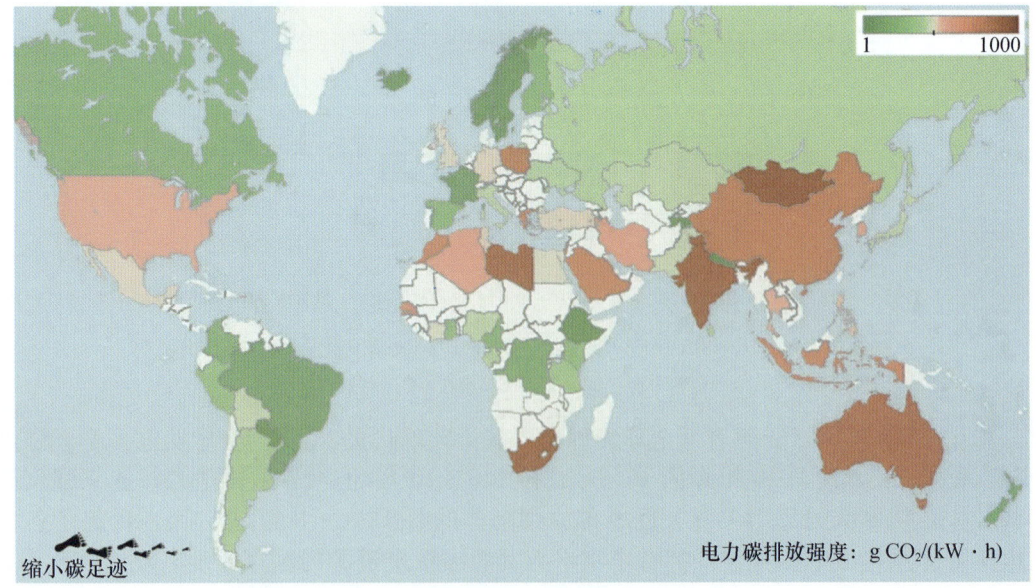

图 2-6　全球电力碳排放图［单位：g CO_2/(kW·h)］

（资料来源：shrinkthatfootprint.com《全球电力碳排放图》）

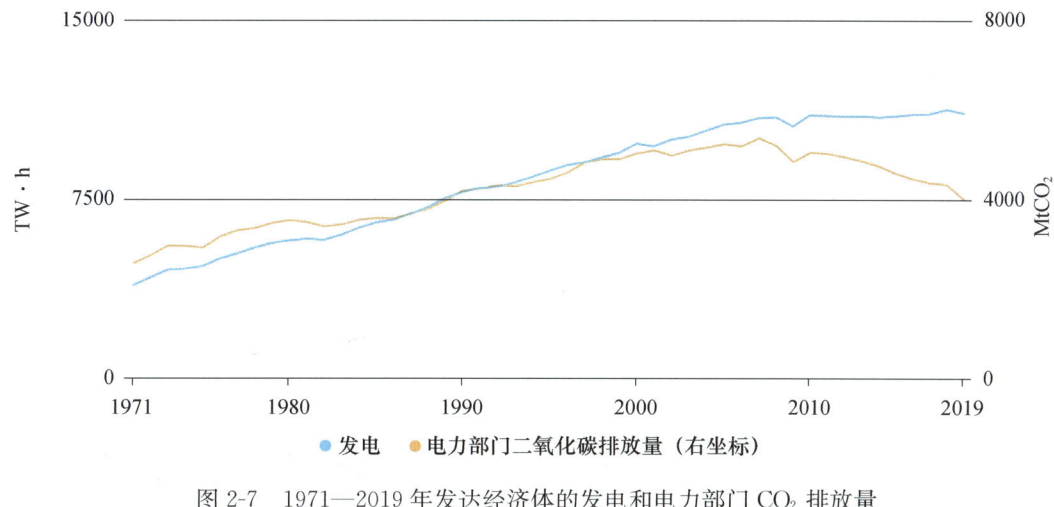

图 2-7 1971—2019 年发达经济体的发电和电力部门 CO_2 排放量
(资料来源：IEA Https//www.iea.org。"Global CO_2 Emissions in 2019")

技术及规模的不断推进，是全球电力碳排放下降的主要推手，其中重要原因是可再生能源发电成本连年下降，2019 年，中国光伏年均实际利用小时数为 1169h，光伏电站建设成本 4.5 元/W，度电实际成本为 0.44 元/(kW·h)，而全国脱硫燃煤电价平均值为 0.3624 元/(kW·h)。根据 2021 年出台的规定，2022 年 1 月 1 日后并网的太阳能热发电示范项目中，中央财政将不再补贴，光伏将进入平价时代。欧洲近几年风能发电成本也连续下降一半以上，提供欧盟 16% 的电力。同时在传统领域，由于技术进步，蒸汽-燃气联合循环发电机组及超临界、超超临界燃煤发电机组的使用，推动电站效率提升和碳排放下降的同时，也降低了发电成本。

发电成本的持续下降进一步推动全球经济生活的电气化发展趋势，碳也正在发生跨行业的流动，如交通行业向电力行业的流动，新能源汽车本身为零碳排放，但锂电池制作过程或者新能源汽车运行中需要反复充电，其减少的交通部门发动机燃料碳排放，可转化为电力行业发电量增加和碳排放的一定增加。

欧盟是国际碳减排领域的先锋地区，是全世界电力行业碳强度最低的地区，2019 年欧盟发电碳强度为 235g/(kW·h)，同比下降 35g/(kW·h)，发电排放强度明显低于其他大型经济体。

1. 欧盟

2007 年 3 月，欧洲理事会就提出《2020 年气候和能源一揽子计划》[18]，确定欧盟"20-20-20"一揽子气候和能源发展目标（图 2-8），即 2020 年温室气体排放量在 1990 年基础上降低 20%，将可再生能源在终端能源消费中的比重增至 20%，将能源效率提高 20%。2008 年 12 月，欧洲议会正式批准这项计划，成为具有法律约束力可持续发展目标。国际能源署发布的数据显示，2019 年欧盟温室气体排放量比 1990 年下降 23%，意味着欧盟已经实现到 2020 年减排 20% 的目标。同时欧洲统计局发布的数据显示，2018 年，可再生能源在欧盟终端能源消费总量中的占比达到 18%，是 2004 年可再生能源占比的 2 倍以上，2004 年以来，可再生能源占比在所有成员国中都有显著增长。到 2018 年，第一名瑞典终端能源消费中一半以上（54.6%）来自可再生能源[17]。

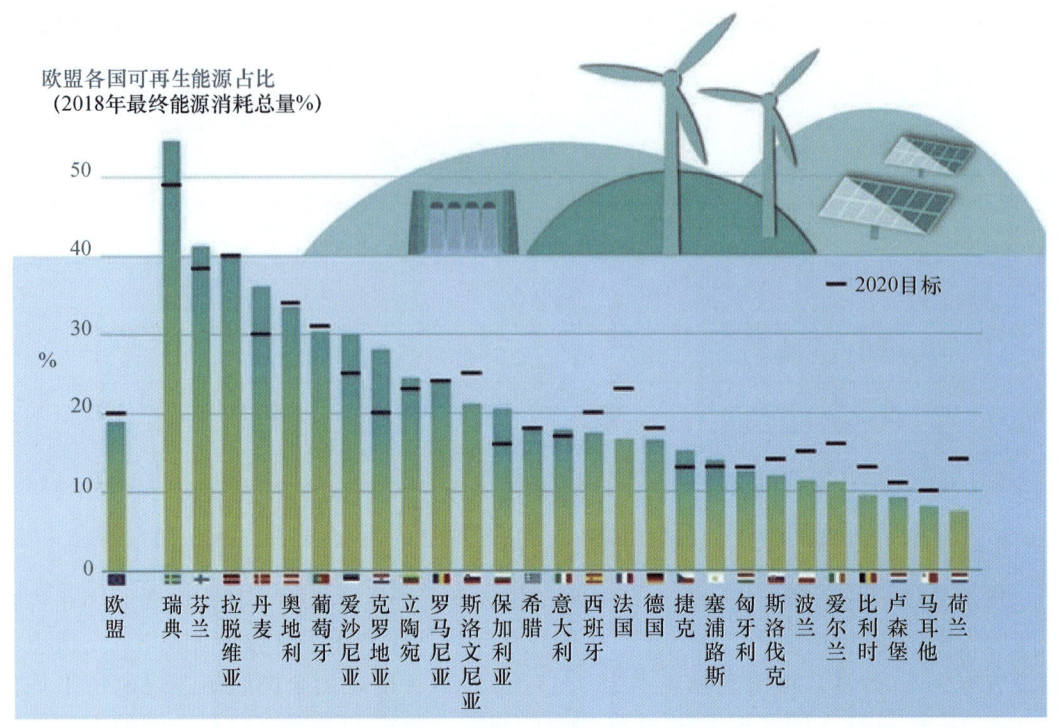

图 2-8　2018 年欧盟各国可再生能源占比及其 2020 年目标的实现程度
（资料来源：欧洲统计局 Eurostat）

2011 年，欧盟公布《2050 年能源路线图》[19]和《2050 年迈向具有竞争力的低碳经济路线图》[20]，提出欧盟 2050 年实现在 1990 年基础上减少温室气体排放量 80%～95% 的长远目标。

2014 年 10 月，欧洲理事会通过《2030 年气候与能源政策框架》[21]，初步确定欧盟 2030 年气候和能源发展目标，即将温室气体排放量在 1990 年基础上降低 40%，将可再生能源在终端能源消费中的比重增至 27%，将能源效率提高 27%。这个目标也符合 2015 年《巴黎气候协定》框架下欧盟国家自主贡献预案（INDC），与《2050 年能源路线图》一脉相承，到 2050 年欧盟温室气体排放量至少降低 80%。

2018 年 6 月，欧盟达成协议，上调 2030 年可再生能源和能效目标，到 2030 年可再生能源在终端能源消费中的比重增至 32%，将能源效率提高 32.5%。2019 年 6 月，欧盟正式上调了可再生能源和能效目标。

截至 2018 年 11 月，欧盟共有 10 个国家已宣布在 2030 年前分阶段淘汰煤电，并有多国已开展燃煤发电替代措施，有效降低了电力系统的碳排放量。

2019 年 12 月，欧盟委员会正式发布《欧洲绿色协议》[22]（以下简称"绿色新政"），说明气候中性循环经济体的行动路线，提高欧盟 2030 年和 2050 年气候目标，即 2030 年温室气体排放量在 1990 年基础上减少 50%～55%，2050 年实现净零排放的碳中和目标（图 2-9）。

2019 年欧盟（含英国）能源相关的 CO_2 排放降低 5%，总量达 2.9×10^9 t，电力行业减少 25% 煤电，增加可再生能源和天然气能源就减少 CO_2 排放量 1.2×10^8 t。

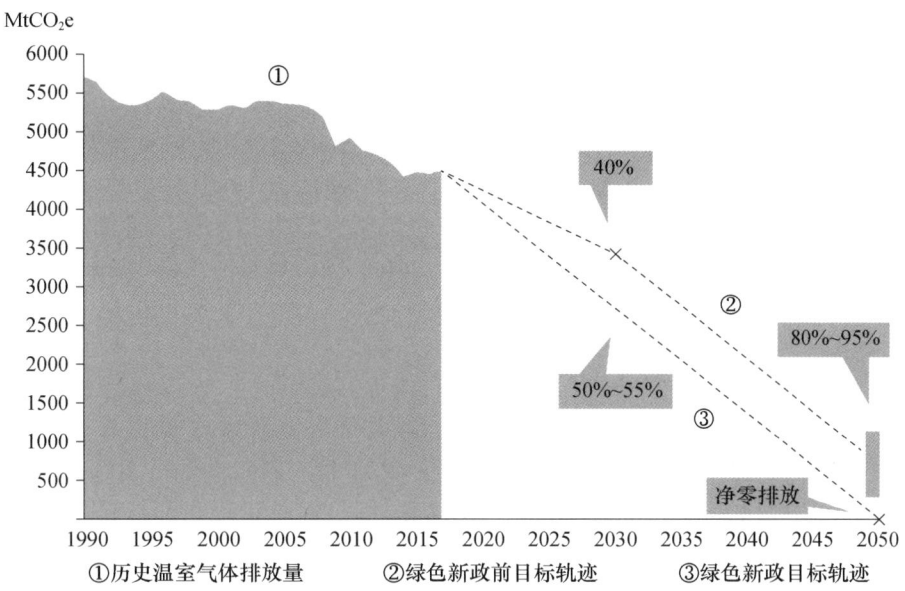

图 2-9 欧盟历史温室气体排放量与目标温室气体排放量
(资料来源:欧盟 EC)

2020 年 10 月,欧洲议会投票通过,到 2030 年温室气体排放在 1990 年基础上减少 60%。这一目标比欧委会此前提出的到 2030 年减排 50%～55% 更高,为此需要与欧盟成员国达成共识。

针对气候变化问题,除欧盟层面的努力外,各个国家也已经开始行动。2019 年,英国修订《气候变化法案》,确立到 2050 年实现温室气体净零排放的目标;丹麦议会通过首个气候法案,制定丹麦到 2030 年实现温室气体减排 70% 的目标;德国联邦议院通过《气候保护法》,确定德国中长期温室气体减排目标,包括到 2030 年时应实现温室气体排放总量较 1990 年至少减少 55%,到 2050 年时应实现温室气体净零排放。此外,芬兰政府承诺最早在 2035 年实现碳中和,瑞典承诺 2045 年将温室气体排放缩减为零,挪威政府设定到 2030 年实现碳中和目标,冰岛提出到 2050 年完全摆脱对化石能源的依赖等。

1. 法国

法国不仅在欧盟 28 国内,而且在整个世界范围内都是电力行业碳强度最低的国家之一。其发电结构中核电占主导地位。根据法国电网公司 RTE 的统计数据,2015 年法国全境度电碳排放为 44g/(kW·h),2017 年 74g/(kW·h),因为法国在此期间数座核电站因维修停运,天然气发电比例增加。2018 年,法国核电装机容量占比 47.5%,发电量占比达 71.6%,比上一年增长 3.7%,确保了法国发电的低碳水平,同年法国度电碳排放为 61g/(kW·h),未来法国计划减少核电份额,由可再生能源替代。

2. 德国

德国是欧盟最大的经济体,电力行业碳强度较高,主要是发电结构中煤电占主导地位所致,2011—2013 年,在日本福岛核电站事故造成的公众抗议下,德国关闭了国内若干核电站,并计划到 2022 年关闭国内所有核电站,致使发电行业碳强度进一步增加,

2016年煤炭在德国所有发电电源中占比42.2%，当年德国度电碳排放为560g/(kW·h)，是欧盟平均水平的两倍多。同时德国可再生能源近10年也快速发展，到2016年可再生能源在德国发电电源中比例较2010年增长一倍，占比从14.3%增至27.1%，一定程度上降低了电力碳强度，2017—2018年，德国又减少1.7GW燃煤装机。2019年1月，德国煤炭委员会正式宣布，就淘汰燃煤电厂时间达成协议，确定最晚将在2038年年底结束煤电。2019年德国煤电的发电量同比下降25%以上，可再生能源发电增加，特别是风能增加11%，可再生能源发电量超过40%占比，首次超过煤电发电量，总排放量下降了8%，降幅成为欧盟减排的领头羊，仅为6.2亿tCO_2，创20世纪50年代以来的新低，而目前德国经济规模约是当时的10倍。2020年停运国内约1/4的燃煤电厂12.5GW煤电装机，2023—2030年将煤电装机降至17GW，平均每年减少2.4GW。根据德国能源转型Energiewende计划，2030年将可再生能源发电量提升至总发电量的65%，进一步降低发电行业碳强度。根据2021年11月底新组阁的红黄绿"交通灯"三党联合执政协议提出理想情况下，2030年前德国淘汰煤电，而可再生能源发电量提高到总发电量的80%，并要求所有新法出台前都需要审核对气候的影响。

3. 英国

根据英国气候政策网站碳简报（Carbon Brief）的统计数据[23]，2017年英国包括核电、生物质、风光、水电在内的近零碳发电比例首次超过了50%，而化石能源的发电比例为47.5%，剩余2.5%为抽水蓄能等其他发电形式，同年英国度电碳强度为237g/(kW·h)，为2012年的1/2（508g/(kW·h)）。2018年，与煤炭相关的CO_2排放量仅占英国总排放量的7%，煤电在英国电力生产结构中的占比已降至5%。按照英国政府的计划，2025年10月1日起任何电厂的瞬时碳排放强度都不得超过450g/(kW·h)，按照目前的技术体系，届时英国所有燃煤电厂必须全部停运，同时为实现未来法律约束的碳排放目标，英国还需减少石油和天然气发电比例。2019年英国在脱碳方面进展显著，煤电发电量占比降至2%，北海更多风力项目投入运营，使得可再生能源提供了英国约40%的电力供应，而天然气供应与此持平，未来可再生能源占比将进一步提高。

4. 美国

美国是世界第二大碳排放国，其低碳电力驱动力主要来自市场和可再生能源的地方税收鼓励政策，2010—2016年期间页岩气大量生产带动天然气价格大幅下降，美国在市场的推动下大规模使用燃气发电机组替代燃煤和燃油机组，截至2016年，煤电在发电结构中的占比降至31.4%，首次低于天然气的占比32.9%。度电碳强度为433g/(kW·h)，下降18.4%，比世界平均水平低11.6%。同时在税收政策的驱动下，以风、光为主的可再生能源发电也不断增长，占比从2005年的28%增至2017年的38%。2017年，电力行业CO_2排放量为$1.744×10^8$t，比2005年减少25%，2019年，美国与能源相关的CO_2排放量进一步下降，2019年为$4.8×10^9$t，降幅2.9%，比2000年的峰值下降了近$1×10^9$t，是同期所有国家的最大绝对降幅。其中发电用煤减少15%，由于基准天然气价格平均比2018年低45%，因此，天然气在发电中所占的份额达到37%。

5. 日本

日本是发达国家中为数不多的电力行业碳强度超过世界平均水平的国家。根据国际能源署的统计数据，2016年，日本度电碳排放为544g/(kW·h)，主要原因是2011年福岛第一核电站事故导致大量核电厂关闭，化石燃料发电占比逐渐增加。2010—2016年，核电在日本发电结构中从26.1%降至1.7%，同一时期内可再生能源在发电结构中的占比从2.6%增至9%，CO_2自2012—2013财年达到峰值14.09亿t后，日本碳排放量开始呈下降趋势。根据日本环境部的统计数据，2017—2018财年，日本CO_2排放量由上一财年的$1.307×10^9$t降至$1.294×10^9$t，创2009年以来新低，主要原因是反应堆重启后核电站发电量增加和能源效率的提高，2019财年，日本与能源相关的CO_2排放量达到$1.03×10^9$t，下降4.3%，是2009年以来下降速度最快的一年。因为核电发电量增加了40%，电力部门能够大幅度减少化石燃料发电。日本计划到2030年将碳排放总量控制到$1.042×10^9$t，比2013年下降26%。

6. 俄罗斯

根据国际能源署的统计数据，2016年，俄罗斯度电碳排放为358g/(kW·h)，比世界平均水平低得多，不过超出欧盟平均水平20%，与2010年相比减少了59.5g/(kW·h)，降幅为9%。俄罗斯电力结构中，天然气、核电和水电的占比较高，2016年分别为48%、18%和17%。此外，热电联产的占比也很高，2016年为39%，效率可达到85%~92%。

2.2 我国能源与碳排放

我国是目前世界上第一大能源生产国、消费国和进口国，能源供应持续增长。2019年全球一次能源消费总量前三依次是中国大陆、美国和印度，分别占全球一次能源总消费量的24.3%、16.2%和5.8%。其中电力排放量约100亿t，发达经济体以外的全球发电碳排放量增长了近4亿t，近80%来自亚洲，因为区域内煤炭需求继续扩大，占能源使用量的50%以上。

由于技术、资源禀赋和能源安全的约束下，我国的能源主要来自化石能源的煤炭（图2-10）。近年来，化石能源仍然快速增长，据国家统计局数据，2019年我国能源总量折标准煤$3.97×10^9$t，其中原煤生产总量为$2.72342×10^9$t标准煤，占比68.6%，较2018年增加$1.1052×10^8$t标准煤；原油生产总量为$2.7393×10^8$t标准煤，占比6.9%，较2018年增加$3.46×10^6$t标准煤；天然气生产总量为$2.2629×10^4$t标准煤，占比5.7%，较2018年增加$1.898×10^7$t标准煤；水电、核电、风光电生产总量为$7.4636×10^8$t标准煤，占比18.8%，较2018年增加$6.703×10^7$t标准煤。

中国目前的碳排放主要由化石能源消费产生的，根据图2-11，从1950—2019年我国碳排放来源占比的数据来看，2019年，传统三大化石能源煤炭、石油和天然气的合计碳排放量分别占我国碳排放来源的71.11%、14.93%和5.83%（图2-11）。根据发展改革委、国家能源局发布的《电力发展"十三五"规划（2016—2020年）》[24]数据，2015年中国火电燃煤机组平均供电标准煤耗为318g/(kW·h)，平均CO_2排放强度约890g/(kW·h)；燃气机组供电标准煤耗为247g/(kW·h)，平均CO_2排放强度约390g/(kW·h)。2019年能源产生的接近100亿t碳排放中，煤炭消耗导致的CO_2排放量已经超过75亿t，占化石能源碳排放总量超过75%；其次为石油和天然气消耗

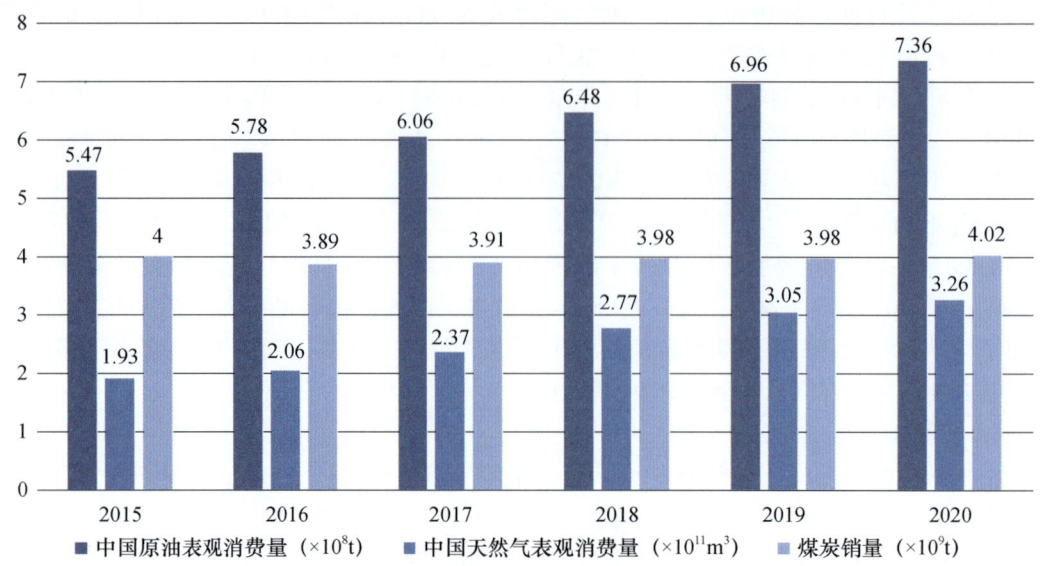

图 2-10 2015—2020 年我国原油、天然气和煤炭消费情况
（资料来源：中国能源统计年鉴，前瞻产业研究院）

导致的 CO_2 排放，其占比大致为 14％ 和 7％，所以能源结构转型主要着力点在煤炭的转型上。

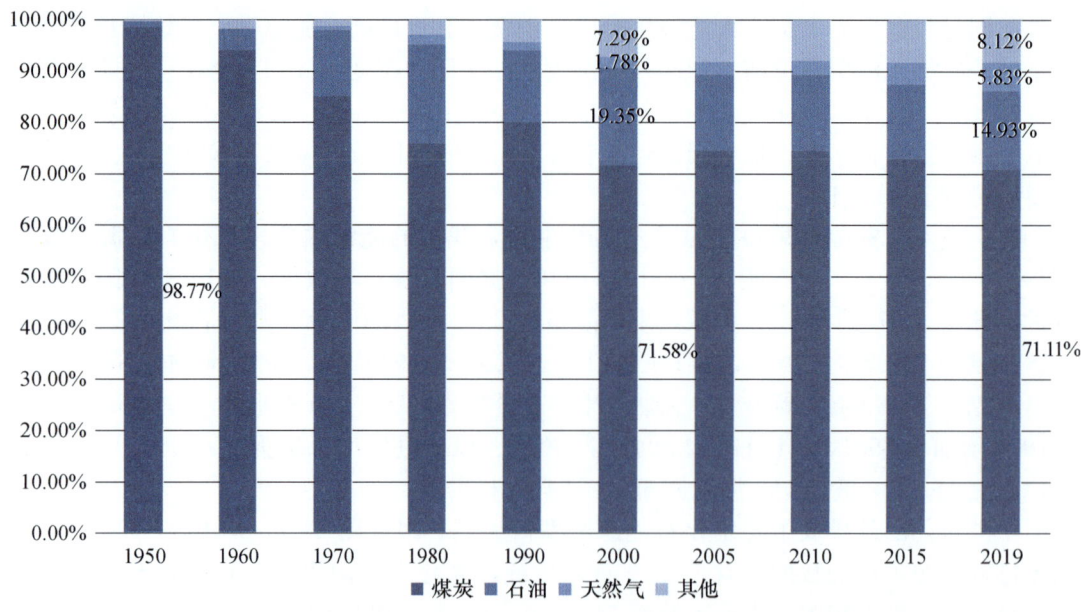

图 2-11 1950—2020 年我国碳排放来源（单位：％）
（资料来源：Our World in Data，前瞻产业研究院）

为实现减排，我国从"十一五"期间就开始提出相应要求，以高效现代燃煤机组代替老旧燃煤机组，对降低碳强度起到明显的推动作用。2016 年 12 月，国家发展改革委和国家能源局发布《电力发展"十三五"规划（2016—2020 年）》，提出"十三五"期

间要求新建燃煤发电机组平均供电煤耗低于300克标煤/(kW·h)，现役燃煤发电机组经改造平均供电煤耗低于310克标煤/(kW·h)；煤电机组CO_2排放强度下降到865g/(kW·h)左右，根据2017年9月中国电力企业联合会发布的《中国煤电清洁发展报告》，2016年中国火电单位发电量CO_2排放量降至822g/(kW·h)，比2005年下降21.6%。2015年全国火电单位供电CO_2排放比2010年下降近8%，超额完成《国家应对气候变化规划（2014—2020年）》提出的下降3%左右的目标要求。

电力行业碳强度的降低主要得益于电源结构的优化。2016年10月，国务院印发《"十三五"控制温室气体排放工作方案》，提出到2020年，单位国内生产总值CO_2排放比2015年下降18%，碳排放总量得到有效控制，明确规定"大型发电集团单位供电CO_2排放控制在550g/(kW·h)以内"。2020年我国化石能源虽然消费量仍然达到标煤量4.02×10^9t，但增长不到1.3%，碳排放增长不到0.8%，明显放缓，而新能源增长迅速，如图2-12所示，以标煤计算口径，中国新能源消费占比从1980年4%增长到2020年的15.8%。

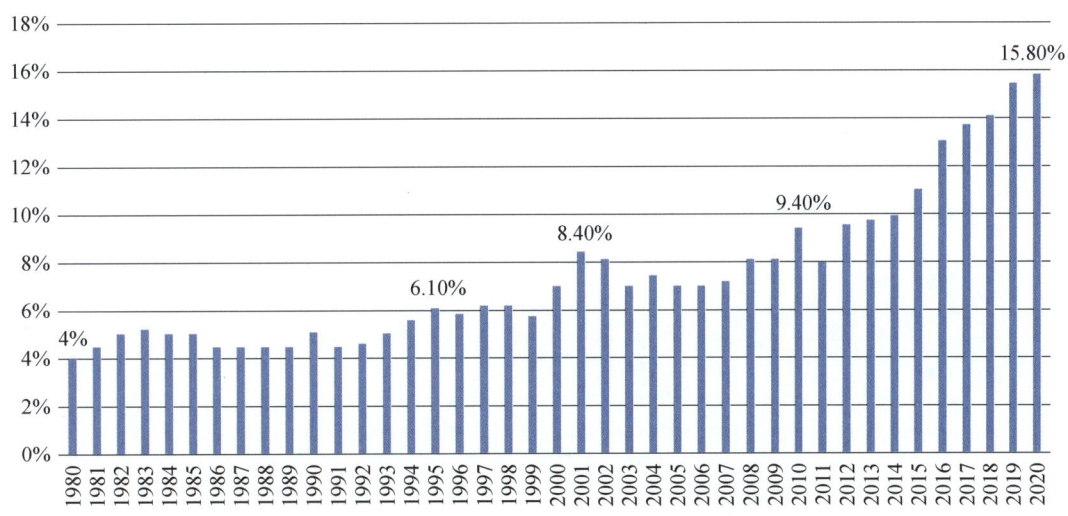

图2-12　1980—2020年发电煤耗计算法下新能源消费占比（单位：%）
（资料来源：中国能源统计年鉴，前瞻产业研究院）

同时国家能源局就风电、光伏发电开发建设事项征求意见中，明确提出了落实2030年前碳达峰、2060年前碳中和，2030年非化石能源占一次能源消费比重达到25%左右，风电、太阳能发电总装机容量达到1.2×10^9kW以上等目标任务。坚持存量增量并举、集中式分布式并举，持续加快推动风电、光伏发电等新能源项目的开发建设，将给我国新能源产业的发展带来新的机遇（图2-13）。

2005年以后我国在节能方面，尤其是工业领域的节能加大管控力度，单位GDP的碳排放量从2005年峰值2.524kg/美元迅速下降，2010年1.39kg/美元，至2020年单位GDP的碳排放量仅为0.653kg/美元，为2005年的四分之一左右（图2-14）。

从我国能源消耗总量与碳排放情况可以看出，2019年我国碳排放占全球的28%，对全球的能源消费和碳排放产生显著影响，国家提出在2060年前碳中和，这是一个绝对值的承诺，为了实现承诺，国家出台了多个文件和政策：

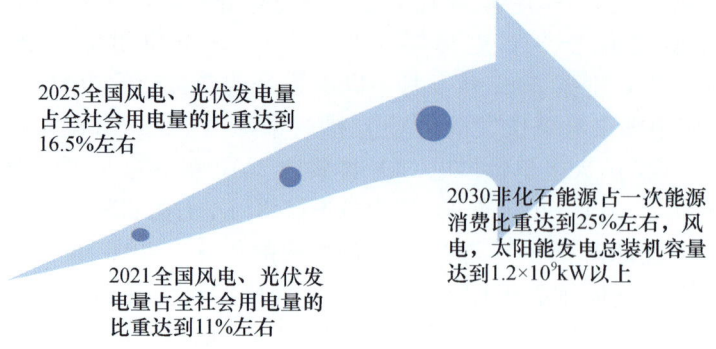

图 2-13 碳达峰碳中和背景下新能源行业发展目标

（资料来源：前瞻产业研究院《中国碳中和产业市场前瞻与投资战略规划分析报告》）

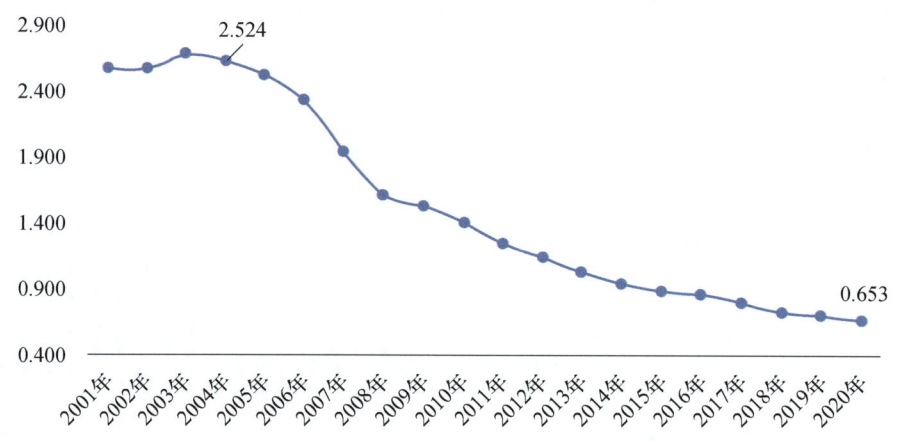

图 2-14 2001—2020 年我国单位 GDP 碳排放量（单位：千克/美元）

（资料来源：Our World in Data，前瞻产业研究院）

2020 年 12 月《新时代的中国能源发展白皮书》："统筹光伏发电的布局与市场消纳，集中式与分布式并举开展光伏发电建设，实施光伏发电'领跑者'计划，采用市场竞争方式配置项目，加快推动光伏发电技术进步和成本降低，光伏产业已成为具有国际竞争力的优势产业。"

2021 年 3 月《关于引导加大金融支持力度 促进风电和光伏发电等行业健康有序发展的通知》："大力发展可再生能源是推动绿色低碳发展、加快生态文明建设的重要支撑，是应对气候变化、履行我国国际承诺的重要举措，我国实现 2030 年前碳达峰和努力争取 2060 年碳中和的目标任务艰巨，需要进一步加快发展风电、光伏发电、生物质发电等可再生能源，各地政府主管部门、有关金融机构要充分认识发展可再生能源的重要意义，合力帮助企业渡过难关，支持风电、光伏发电、生物质发电等行业健康有序发展。"

2021 年 3 月中央财经委员会第九次会议："实现碳达峰、碳中和是一场广泛而深刻的经济社会系统性变革，要把碳达峰、碳中和纳入生态文明建设整体布局，拿出抓铁有痕的劲头，如期实现 2030 年前碳达峰、2060 年碳中和的目标。"

2021年4月《2021年能源工作指导意见》:"当前国内外形势错综复杂,能源安全风险不容忽视,落实碳达峰、碳中和目标,实现绿色低碳转型发展任务艰巨。为持续推动能源高质量发展,国家能源局制定了2021年主要预期目标,目标主要围绕能源结构、供应保障、质量效率、科技创新、体制改革五大方面进行……"

从这些重要会议和文件可以看出,能源转型,能源结构的绿色发展方向将成为未来20年中国社会发展的主旋律。

2.3 未来能源结构与碳排放预测

能源系统及其影响因素是一个复杂的"生态系统",任何假设场景都难以准确覆盖能源未来几十年的发展趋势,因此对比各机构发布的能源展望,有助于从不同视角把握能源发展路径,勾勒能源未来图景,对未来产生一些参考。2020年后,国际知名能源组织、公司及咨询机构相继发布最新的全球能源展望报告,其中包括国际能源组织:如国际能源署IEA的2040年展望、国际可再生能源署IRENA的2050年展望、欧佩克OPEC的2045年展望;国际能源公司:如BP的2050年展望、挪威国家石油EQUINOR的2050年展望、道达尔TOTAL的2050年展望;咨询公司:如彭博新能源财经BNEF的2050年展望、麦肯锡MCKINSEY的2050年展望等。

从这些能源报告共同点来看,未来世界能源的结构会出现大规模的变化和转型,受疫情及经济政策发展不确定因素的影响,转型发生的场景会不同,大部分报告都分为中性转型和激进转型两类场景来分析,中性转型场景即保持目前惯性发展,仅仅通过各国目前推出的政策,仅做部分改进,但通过中性转型是无法实现《巴黎协定》的目标,而激进转型场景,则是围绕《巴黎协定》目标或2050年前后实现碳中和而设定的情景,即实现2100年前全球平均温升控制在2℃或更低。此类场景为全面实现可持续发展指明道路,提出对能源系统各个环节必须进行迅速而广泛的变革。

通过分析,全球能源短期需求有望在1~4年反弹至2019年的水平,长期经济和人口持续增长会推动世界能源需求增长,但随着节能的深入和能效技术的提升,能源需求增速减缓,各机构不同程度下调对全球能源需求的长期预期,在中性转型场景中,到2050年全球一次能源需求将持续低速增长,大部分机构认为一次能源需求将增至156亿~176亿t油当量,年均增速为0.3%~0.7%。只有激进转型场景中,部分机构认为,一次能源需求将在几年内达峰后出现下降,到2050年较目前降低10%左右。

综合各机构分析,全球一次能源结构正加速迈向多元化、清洁化和低碳化。

中性转型场景中,多数机构认为,化石燃料总需求的峰值在21世纪20年代末不会到来,但煤炭需求将持续下降;随着新能源汽车快速普及、燃油效率提升等因素,石油需求可能会在21世纪20—30年代达峰,此次疫情更可能成为石油需求触顶的临界因素,作为低碳转型的现实选择之一,天然气在2050年前还有较大增长空间,在化石燃料组成中占比将逐渐上升,并有可能超越石油,成为全球第一大能源。到2050年化石能源占比仍将高于非化石能源,在能源结构中占据主导地位。但由于天然气在中国的战略储备不足,未来占比增速不会增大。

激进转型场景中，多数机构认为，化石燃料总需求会在21世纪20年代达峰，石油需求较中性转型场景更快达峰，随后天然气也将在展望期内达到需求峰值。随着技术的进步，化石燃料和可再生能源之间的可替代性进一步提高，到2050年非化石能源占比将超过化石能源，以风能和太阳能为主导的可再生能源，占比将呈持续上升趋势，成为全球一次能源的最大来源。

同时，能源系统的低碳化将不断提高终端能源消费的电气化水平，这也是能源发展大势所趋。各机构普遍认为，2050年电力占全球终端能源消费的比重至少将达到30%。终端电气化水平将不断提高、数字化转型进一步加快。根据IEA可持续发展情景[25]和2050年净零排放情景[26]，到2040年全球发电量将增长40%以上；根据其他机构的各种分析，到2050年全球电力需求将增长50%以上。电力将成为增长最快的终端用能品种，新兴经济体电力需求复苏速度高于发达经济体。为应对气候变化、满足用电增长，各国普遍将可再生能源开发利用作为电力发展的重要选择。在所有分析中，煤电在发电量中的份额均出现下降，非水可再生能源发电量所占份额则快速增长。

以下为摘录的世界主要机构的主要能源结构和碳排放展望：

2.3.1 能源结构展望

1. IEA

IEA的分析显示，随着经济复苏，能源需求的燃料和技术组合将朝着更绿色的方式转变。采用既定政策的中性场景中，到2040年前，全球能源超过一半的需求增长将由近零碳新能源提供，其中太阳能贡献最大，天然气将提供1/3能源增量需求。2030—2040年，石油需求将趋于平稳，而煤炭需求量则有所下降。到2040年，石油仍将是最大的能源来源，占比28%，其次是天然气，占比约25%。而可持续发展的激进场景中，2040年化石能源占比明显下降，其中石油和天然气占比相当，均约为23%。

2. IRENA

根据IRENA"已规划能源"的中性场景中，到2050年全球化石燃料需求量将从2018年的4.85×10^{20} J（约1.16×10^{10} t油当量）小幅下降至4.4×10^{20} J（约1.05×10^{10} t油当量），降幅约10%，届时化石燃料在一次能源总量的占比将降至62%，可再生能源占比增至27%。而"转型能源"的激进场景中，到2050年化石燃料需求量将降至1.3×10^{20} J（约3.1×10^9 t油当量），降幅近75%，相应地占比降至24%，而可再生能源占比将大幅提升至65%。

3. OPEC

OPEC认为，经合组织国家和地区石油需求下降、非经合组织国家和地区石油需求上升的趋势比以往更加明显，至21世纪30年代末需求将趋于平稳，并可能已开始下降。到2040年，全球石油需求将从2019年的9.97×10^7桶/日增至1.093×10^8桶/日，到2045年将达到1.091×10^8桶/日，届时石油仍将是全球主要能源来源，占比27%以上，其次是天然气占比约25%和煤炭占比近20%。2019—2045年，煤炭需求年均下降0.3%，是唯一需求下降的能源类型；水能和生物质能年均增长分别达到1.4%和1.2%；核电年均增长1.7%；太阳能、风能和地热能将以年均6.6%的速度增长，显著高于其他能源类型，可再生能源合计在全球能源结构中的占比将从2019年的2.1%增至2045年的8.7%。

4. BP

BP展望了三种场景，认为随着电气化进程的推进，化石能源在全球能源系统中的占比将降低，可再生能源的占比将提升。但能源转型程度在三种场景中有显著不同，到2050年化石能源在一次能源中的占比将由2018年的85%降至67%~22%不等，而非水可再生能源将由2018年的5%增至22%~59%不等。

BP表示，石油需求受效率提升和道路交通电气化驱动，在三种情景中均呈现下降趋势。在"一切如常"的中性转型场景中，石油需求在21世纪20年代前期达峰并保持平稳，天然气需求将在未来30年持续增长，到2050年比2018年增加1/3。在"快速转型"场景和"净零"的激进转型场景中，石油需求无法恢复到新冠肺炎疫情前的水平，天然气需求分别在21世纪30年代中期和20年代中期达峰，到2050年，天然气需求将降至2018年水平，而石油需求将比2018年低1/3。

5. EQUINOR

在EQUINOR的展望中，"竞争"中性转型场景中，到2050年化石燃料占比将降至73%，其中石油仍是最大的能源来源，占比约30%。在"改革"快速转型场景中，化石能源占比将降至66%，其中天然气超过石油，成为最大的能源来源，占比约25%。激进转型场景中，化石能源份额降至47%，其中石油需求于21世纪20年代初即将达峰，天然气需求于2030年前后达峰。到2050年，可再生能源将成为最大的能源来源。

6. TOTAL

TOTAL"炸裂"激进转型场景中，到2030年石油需求达峰，天然气仍然是确保电网稳定性和灵活性的关键。可再生能源和天然气发挥关键互补作用，煤炭在欧洲消失，但难以在全球范围内淘汰。

7. BNEF

BNEF指出，石油需求将于2035年达峰，此后以年均0.7%的速度逐渐下降，到2050年回落至2018年的水平；天然气是展望期内唯一保持消费量增长的化石燃料，以年均0.5%的速度持续增至2050年。随着新能源汽车普及率的提高，交通运输领域石油需求将持续承压，并抵消航空、航运和石化等领域石油需求的增长。建筑、工业、航空和航运等领域缺少低成本的低碳替代燃料，仍难以摆脱对天然气和其他化石燃料的重度依赖。

8. 麦肯锡（MCKINSEY）

根据麦肯锡"参考"中性转型场景，天然气需求反弹比石油需求反弹更快，煤炭不会恢复到新冠肺炎疫情之前的需求水平，化石燃料总需求可能在2027年达到峰值。由于化工和航空领域需求增长，2050年化石燃料仍然用来满足一半以上的能源需求；而在"加速"的激进转型场景中，全球化石燃料需求持续下降，特别是石油和煤炭下降明显，此前麦肯锡报告预测化石燃料达峰时间为2030年。本次预测中全球煤炭需求已于2014年前后达峰，并在2019—2050年期间继续下降近40%；石油需求峰值可能在2029年到来，随后到2050年下降约10%；在接下来的10~15年中，天然气在全球能源需求结构中的占比将继续缓慢增长，峰值会出现在2037年前后，2050年天然气占比较2019年增长5%左右。

9. 国网能源研究院（SGERI）

国网能源在"基准"中性转型场景中预测，2050年煤炭、石油占全球一次能源需求的比重分别降至约18%、28%，天然气占比缓升至24%，化石能源在2035年前后达峰；2050年非化石能源占比约30%，其中非水可再生能源占比约20%。而"加快"转型场景中，发电用煤增长有限、工业用煤有所减少，煤炭占全球一次能源需求的比重快速下降；随着汽油用量快速达峰，石油占比快速下降；天然气占比略有下降。2050年煤炭、石油、天然气占比分别为13%、27%、20%，化石能源在2025—2030年间达峰；非化石能源占比大幅提升，2050年约40%，其中非水可再生能源占比约30%，2045—2050年超越石油占据一次能源最大份额。而"2℃"激进转型场景中，2050年非化石能源占比约58%，其中非水可再生能源占比约46%，较"加快"转型场景进一步提高。

10. 中国石油经济研究院（CNPCETRI）

CNPCETRI认为，疫情下生产生活方式的变革使世界石油需求峰值提前到来，天然气仍是实现低碳转型的现实选择，需求有望平稳增长。"参考"中性转型场景中，2050年，非化石能源占比升至30%。天然气需求稳步增长，2050年达$6.1×10^{12}\ m^3$，占比升至30%，超过石油成为第一大能源。石油需求2035年前后达峰，约$5.09×10^9\ t$，2050年降至$4.79×10^9\ t$。在"2℃"激进转型场景中，2030年和2050年非化石能源占比分别达28%和47%。化石能源总需求在2030年前后达峰，而后快速下降，特别是煤炭。2030年与2050年，天然气需求分别约$4.6×10^{12}\ m^3$和$5.4×10^{12}\ m^3$，在一次能源中的占比分别为26%和27%。石油需求2030年前后达峰，峰值$4.94×10^9\ t$，石油的原材料属性支撑石油需求规模长期保持较高水平。

2.3.2 全球碳排放展望

1. IEA

IEA在"使用已制定政策"的中性转型场景中，2020年碳排放预期下降7%之后，预计2021年全球能源系统碳排放将反弹，2030年上升到2019年水平，随后到2040年基本保持稳定。如果经济延迟复苏，碳排放趋势会略低，但这不是由于能源消费或生产结构发生的变化。在"可持续发展"的快速转型场景中，2030年能源系统碳排放将降至$2.43×10^{10}\ t$，较2019年减少27%；2040年降至$1.47×10^{10}\ t$，较2019年减少56%。随着越来越多的国家和公司制定和实现减排目标，全球能源系统有望在2070年达到零净排放。在"2050年净零排放"的激进转型场景中，到2030年能源系统碳排放需较2010年降低45%，2050年才有望实现净零排放，并且有50%的可能性将全球升温控制在1.5℃。[17]

2. IRENA

IRENA"已规划能源"的中性转型场景中，到2030年，能源相关CO_2排放量将略有增加，到2050年，排放量将降至$3.3×10^{10}\ t$，与目前水平大致相当，这可能会导致21世纪下半叶全球温度升高2.5℃。而在"转型能源"的激进转型场景中，2050年，全球能源相关CO_2排放量将以年均3.8%的速度降至$9.5×10^9\ t$，可实现与《巴黎协定》全球升温目标相符。届时能源相关CO_2排放量与如今相比将减少70%，其中90%以上的减排量是通过可再生能源和能效措施实现的。全球剩余排放量仍会占到当前排放水平的1/3左右，能源密集型行业、航运和航空业的排放量仍然巨大，针对这些行业的减排挑战，生物燃料、氢能、合成燃料、新材料和循环经济的技术进步都极为重要。[27]

3. OPEC

OPEC认为，2019—2045年间，能源相关CO_2排放量会保持在$3.7×10^{10}$ t以下，到2045年将达$3.68×10^{10}$ t，较2019年增长$2.4×10^9$ t，涨幅约7%，不及能源需求总量涨幅的1/3。其中煤炭仍将是最大的CO_2排放源，在能源相关CO_2排放量中占比约为37%。[28]

4. BP

BP"一切如常"中性转型场景中，全球能源相关CO_2排放量将在21世纪20年代中期达峰，但随后不会显著下降。到2050年，碳排放将从2018年的$3.38×10^{10}$ t降至$3.05×10^{10}$ t，降幅约10%。而"快速转型"场景中，2050年能源相关CO_2排放量将降至$9.4×10^9$ t，较2018年下降约70%，符合全球温升控制在2℃以内的目标。在"净零"激进转型场景中，2050年能源相关CO_2排放量将降至$1.4×10^9$ t，较2018年下降至少95%，可将全球温升控制在1.5℃。[16]

5. EQUINOR

EQUINOR的"竞争"中性转型场景中，全球能源相关CO_2排放将从当前水平逐步升高，在21世纪30年代末期达到$3.65×10^{10}$ t的峰值，随后缓慢下降，到2050年降至$3.47×10^{10}$ t。"改革"快速转型场景中，能源相关CO_2排放量已于2019年达峰，2050年将降至$2.63×10^{10}$ t，2018—2050年间年均降速0.7%，但仍无法满足2℃温升目标。激进转型场景认为，能源相关CO_2排放量已于2019年达峰，但在随后的2020—2050年间将以年均3.6%的速度下降。该情景符合2℃目标以内的温控目标，2018—2050年间累计排放量将达到$7.4×10^{11}$ t。[29]

6. TOTAL

TOTAL"动力"中性转型场景中，电力部门碳强度将从2018年的460g/(kW·h)降至2050年的220g/(kW·h)，CO_2可减排$1.4×10^{10}$ t。而"炸裂"激进转型场景中，风电和光伏发电会促进能源系统深度脱碳，到2050年能源相关CO_2排放量将从$3.3×10^{10}$ t降至$8×10^9$ t，降幅超75%，如果考虑到CCS碳捕捉技术的应用，将降至$7.5×10^9$ t。剩余排放量将通过直接空气捕获等技术来实现。

7. BNEF

在BNEF的"经济"中性转型场景中，燃烧的CO_2排放量已于2019年达峰。2020年，疫情导致的减排量相当于未来2.5年的减排成果。此后随着经济逐渐复苏，排放量虽有回升，但也无法恢复至2019年水平。2027—2050年，能源行业CO_2排放量预计将以年均0.7%的速度下降。但能源行业排放量具有惯性，到2100年，全球平均气温仍将上升3.3℃。若想将全球温升控制在2℃以内，全球排放量需每年递减6%；若想将全球温升控制在1.5℃以内，排放量需递减10%。

8. 麦肯锡（MCKINSEY）

在麦肯锡报告"参考"中性转型场景中，全球能源相关CO_2排放量将在2023年达峰，随后至2050年之间持续稳定下降约25%，全球将温升3.5℃。在加速转型场景中，随着更快转向可再生能源发电，以及公路运输和工业等终端细分市场新型低碳技术的加速应用，2050年能源相关CO_2排放量比"参考"场景低20%，但距离1.5℃温控目标还有很大差距。而根据1.5℃路径要求，必须进行激进转型，到2050年，能源相关CO_2排放量需要比"参考"场景低90%。

9. 国网能源研究院（SGERI）

SGERI中性转型即基准场景中，全球碳排放在2035年前后达峰，2050年降至约357亿t，较2019年高约7%，全球平均温升超过3℃。快速转型即加快转型场景中，全球碳排放在2025年后持续下行，2050年约2.23×10^{10} t，约为2019年的2/3，全球平均温升在2040—2045年间超过2℃。而激进转型即2℃场景中，全球碳排放快速下降，2050年仅9.7×10^9 t，约为2019年的30%。

10. 中国石油经济技术研究院（CNPCETRI）

CNPCETRI的"参考"中性转型场景中，全球能源相关CO_2排放在2035年前后达峰，总量约3.7×10^{10} t；2035年后，碳排放逐步回落，2050年降至3.2×10^{10} t左右。"加速智能互联"快速转型场景中，能源需求总量减少，能源碳排放将于2030年前后进入峰值平台期，之后稳步下降，2050年约2.98×10^{10} t，较"参考"场景下降7%，但与2℃温升控制目标仍有差距；在"2℃"激进转型场景，各国通过实施更严格的碳税、碳配额总量控制等方式，大力提高能效水平，加快非化石能源发展，优化化石能源结构，能源相关碳排放于2025年前后达峰，之后快速下降，2050年降至1.13×10^{10} t，较峰值水平下降63%。

综合各机构分析，尽管新冠肺炎疫情促使全球碳排放大幅减少，但经济复苏后将会出现回弹。在中性转型场景中，多数机构认为，全球能源相关碳排放将继续上升，并于21世纪20—30年代达峰，全球能源相关碳排放量在经济复苏后将会出现回弹，峰值不超过3.7×10^{10} t，而且所有机构均认为，按照目前的政策和碳排放趋势，全球平均温升仍将超过2℃，即目前的能源转型进程及近年来可再生能源在能源结构中占比的提升、能源强度及终端用能电气化程度的改善，还难以满足全球气候目标需求，世界仍处在一条不可持续的发展道路上。可喜之处是与各机构此前版本相比，碳排放达峰时间提前、峰值降低，甚至少数机构，如BNEF的"经济"中性转型场景认为，能源相关CO_2排放量已于2019年达峰。

各机构同步也提出很多建议，BP表示，实现碳排放可持续减少，需要实施一系列政策措施，如大幅提升碳价等。除了进一步发挥政策的作用外，还需要转变消费者的行为和偏好，否则将面临严峻的减排挑战，也将面临更高的经济成本。IEA表示让世界全面实现可持续能源目标，除了太阳能、风能和能源效率技术的快速发展，也需要在未来10年氢能和碳捕获、利用和存储技术的大规模发展，以及发展核能。IRENA认为，对减排至关重要的技术是氢燃料、电气化、先进的生物燃料、碳管理及创新的商业模式等。

2.3.3 氢能

1. 什么是氢能

氢能是一种二次能源，需要从其他一次能源转化，但氢气转化电能可以从化学能直接转化，理论的转换效率能达到90%，实践中已达80%，而且能量密度可达143MJ/kg，是汽油的3倍，酒精的3.9倍，焦炭的4.5倍，氢燃烧的产物是水，水又可以重复制氢，是世界上最干净的能源，而且氢资源丰富，是宇宙中分布最广泛的物质，构成75%宇宙可见物质的质量，如地球海水中的氢全部提取出来，其产生的总热量比地球上所有化石燃料放出的热量大9000倍，因此氢能是未来绿色能源发展方向之一。

人类对氢的认识已有200多年，1869年俄国科学家门捷列夫整理的化学元素周期表把氢元素放在首位，1928年，德国齐柏林公司利用氢制造了世界上第一艘"LZ-127齐柏林"号飞艇。氢变成能源是一个近代的产物，可以通过燃烧或者化学能直接转化成电能。

氢能可通过燃烧产生热能，在发动机中做功，氢燃料发动机的原理和普通内燃机的原理一致，氢燃料在燃料室内燃烧，气体膨胀推动传动装置，实现机械驱动的方式，这种方法可以用氢代替煤和石油，无需对现有的内燃机做重大的改造即可使用。20世纪50年代，美国已经发明氢能飞机，改装B57轰炸机引擎，利用液氢作超音速和亚音速飞机的燃料，之后氢燃料为宇航做出重要贡献，里程碑的事件有1957年苏联宇航员加加林太空旅行，1963年美国的宇宙飞船上天，1968年阿波罗号飞船登月等。人类利用氢燃烧的方式发明氢氧发电机组，可用于电网调峰，它结构简单，维修方便，启动迅速，即开即停，在电网低负荷时，还可吸收多余的电来进行电解水，生产氢和氧，以备高峰时发电。但这种方式仍属于热循环方式，会大量浪费热量，降低能量利用效率，必须采用热电联产的方式提高整个能源的使用效率。

氢也可以成为燃料电池的材料，燃料电池是氢能源分布式的主要解决办法，氢气不直接燃烧，先分解成原子，再分解成质子和电子，电子通过外电路产生电流做功。燃料电池利用氢能源的方式不受热循环原理影响，因而具有更高的能量利用效率，转化效率实践中已达80%，同时还有更低的噪声。因此燃料电池成为氢能源利用的主流途径。

氢能的使用有制氢，氢储运，氢应用的环节（图2-15），目前各个环节都在技术突破和成本优化的过程中。

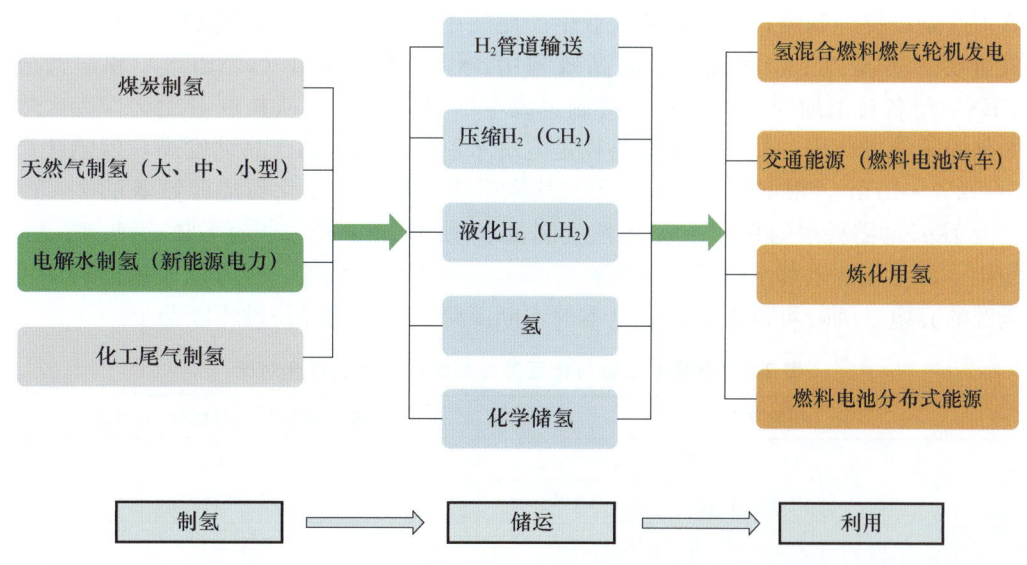

图2-15 制氢、储运与利用全产业链技术链

制氢的过程可通过传统工业的副产品或分离氢原子来完成，如电解水或者分离甲烷 CH_4 中的氢原子，根据氢的不同生产来源，国际通常使用颜色划分为灰氢、蓝氢和绿氢三种，其中使用可再生能源或核能等非化石能源产生的清洁电制得的氢是"绿氢"；依赖煤、天然气等碳基能源制取的氢为"灰氢"，因为制氢过程中伴生大量的 CO_2；如果灰氢后续结合碳捕集、利用和封存（CCUS）技术减少甚至避免碳基能源制氢的碳排放，"灰氢"可转化为"蓝氢"。表2-2展示了主要制氢路径及其优缺点。

表2-2 主要制氢路径及其优缺点

制氢方式	原料	优点	缺点	适用范围
化石能源制氢	煤	技术成熟	储量有限，制氢过程存在碳排放问题，须提纯及去除杂质	合成氨、合成甲醇、石油炼制等
	天然气			
电解水制氢	电、水	制作工艺简单，制氢过程不存在碳排放	耗电量大	电子、有色金属冶炼等对气体纯度及杂质含量有特殊要求
化工过程副产制氢	焦炉煤气、化肥工业、氯碱、轻烃利用等	成本低	须提纯及杂质去除，无法作为大规模集中化的氢能供应源	合成氨、石油炼制等
生物质制氢	农作物、藻类等	原料成本低	氢含量较低	—
核能制氢	水	合理利用核能发电废热	技术不成熟	—
光催化制氢	水	原料丰富	技术不成熟	—

资料来源：中国船舶重工集团七一八研究所·车百智库。

传统制氢工业中以煤、天然气等化石能源为原料，制氢过程产生 CO_2 排放，氢气中也普遍含有硫、磷等危害燃料电池的杂质，对提纯及碳捕集与封存（CCS）或碳捕集、利用与封存（CCUS）有较高要求，增加制氢成本（表2-3）。如焦炉煤气、氯碱尾气等工业副产提纯制氢，能够避免工业生产尾气中的氢气浪费，采用CCUS后，能使碳排放量减少90%以上，实现氢气的高效利用，但资本性支出（CAPEX）和运营成本（OPEX）将各自增加约50%，使最终制氢成本增加约33%，从长远看无法作为大规模集中化的氢能供应源；最好的制氢路径是电解水制氢，制氢的产品纯度高，但电耗高达 $4.5 \sim 5 kW \cdot h/m^3$，根据中国目前电力平均碳强度，碳排放是化石能源制氢的2~3倍，且生产 $1kgH_2$ 需耗水约9L，约是天然气制氢水耗的2倍，所以长远发展必须制造绿氢，既使用可再生能源电解水制氢，从制氢源头上实现零碳或低碳，也可以大规模避免可再生能源的弃电，随着可再生能源发电本的不断下降，氢能的经济性不断凸显。

表2-3 电解水制氢与化石能源制氢的碳排放强度对比

制氢方式		单位碳排放*（$kgCO_2/kgH_2$）
煤制氢	传统煤气化	19
	传统煤气化+CCUS	<2
天然气制氢	SMR	约9.5
	SMR+CCUS	<1

续表

制氢方式		单位碳排放* （kgCO$_2$/kgH$_2$）
电解水制氢	电网电力**	38～45
	水电风电	<1
	光伏发电	<3

* EA, The Future of Hydrogen: Seizing Today's Opportunities. 2019, 06.
** 中国标准化研究院等的《中国氢能产业基础设施发展蓝皮书（2018）》。

实现氢气的商业化，还要解决储运问题，目前各类储氢方式分为高压气态储氢、低温液态储氢、金属氢化物储氢、有机化合物储氢、吸附储氢等。

全球范围内，实现商业化应用的储氢方式有高压气态与低温液态两种，而通过氢化物、有机化合物和吸附技术仍然在研发和验证过程。

高压气态储氢（CH$_2$）：氢质量含量1～5.8%（质量分数），压力为35MPa、45MPa、70MPa、90MPa，目前商业化氢能汽车中的高压储罐主要是35MPa和70MPa两种，采用碳纤维复合材料组成，日本通过减少碳纤维强化树脂的用量，使质量效率比原来提高了20%，70MPa储罐的储氢重量密度达到了5.7%（质量分数）。

液化储氢（LH$_2$）：氢质量含量>5%（质量分数），将纯氢冷却至−253℃储存，超低温消耗能量大，成本高，优势在于储氢密度高，多用于航天、军工领域。

另外，处于研发和验证阶段的有固态吸附储氢：氢质量含量5.3%～9%（质量分数），使用纳米碳材料为主，物理储氢，环境为77kPa、4MPa，储氢性能好；液态有机化合物储氢（LOHC）：氢质量含量6%～8%（质量分数），常温常压，储氢容量大；金属氢化物储氢：氢质量含量1.4%～3.6%（质量分数），常温常压，安全性好，但问题是储氢合金易粉化、能量衰减和变质；自然储氢：包括水储氢、甲醇储氢等，水储氢的氢质量含量为11.1%（质量分数），常温常压，成本高；甲醇储氢的氢质量含量为12.5%（质量分数），常温常压，能量密度高，低成本，大规模甲醇制氢技术早已实现商业化，短期有望商业化。

氢气的运输方式主要有：氢气专用管道、高压气氢拖车（管束车）、液氢槽车等（表2-4）。

专用管道目前全球总长度约5000km，50%以上在美国，主要用于炼化和化工企业输送氢气，专输管道投资约是同等天然气管道的3倍，批准难度也比天然气管道大，目前也有项目在现有的天然气管道网络中混合一部分氢气，由于管道安全和气质变化等因素的影响，掺入氢气的比例受到限制，如10%～30%，目前管道运输适合短距离50km以内，成本较低，输送距离继续增加需要增压站，管道输送成本迅速提高；

运输距离300km以内，可以使用高压气氢拖车，目前氢气管束车操作压力多为20MPa，满载氢气的质量200～300kg，回空压力不能过低，整体利用率仅75%～85%，目前这种方式技术成熟，操作灵活，适合小规模运输；

运输距离300km以上，可以使用液氢槽车或者跨洋船运，氢气的液化温度为−253℃，液态氢的体积约是气态氢的1/800，密度为70.8kg/m³，单台液氢运输罐车的满载约65m³，可净运输4000kg H$_2$，大大提高运输效率。但长距离运输液氢需要解决液氢不断气化，压力升高的问题。

表 2-4 不同氢气储运方式的优缺点对比

氢气储运技术	优点	缺点
氢气管道	输运量大，供应可靠性高	管道投资高
CH_2 管束车	具有成本较低、能耗低、易脱氢、工作条件较宽等特点，是发展最成熟、最常用的储氢技术	质量储氢密度低、耐压容器笨重
LH_2	储能密度高，液氢密度高，主要应用航空航天领域	能耗巨大、易泄漏、不能长期储存
LOHC	储氢密度高、形成封闭碳循环、能够实现跨洋运输	脱氢温度高，尚无工业应用案例
金属合金储氢	储氢密度大、成本低、安全性稳定性高	技术尚未成熟，不适合大规模储氢

氢气利用在传统石化和炼钢等领域已经长期和大量应用，近年氢能最热门的应用方向是交通领域的燃料电池、掺氢或纯氢燃气轮机发电及燃料电池分布式电站等，交通领域的应用是目前氢能利用端发展的重点。

氢燃气轮机发电和燃料电池分布式发电处于产业发展前期，2018 年，三菱日立在燃气电厂成功测试了 30% 氢（H_2）＋70% 甲烷（CH_4）混合燃烧发电；川崎重工在德国实验室成功试验了 100% 氢燃气发电。日本经济产业省下属新能源与产业技术综合开发机构（NEDO）发布的《NEDO 氢能源白皮书》[30]中提出，"将推动氢成为电源构成的一部分""以氢为燃气轮机燃料的氢发电技术有望成为家用燃料电池和燃料电池车之后的第三大支柱"。大型氢燃料燃气轮机发电已成为大型燃气轮机发电的最新趋势，代表了大型电厂朝着更低 NO_x 排放、低碳排放甚至零碳排放、更高发电效率的发展方向。

氢气在燃料电池中发生电化学反应转化为电和热，整体效率理论上可达 95% 以上，生成产物只有水，具有高效、环保、静音和模块化等优点，尤其适用于社区、医院、学校、办公楼等建筑及家庭使用，已成为全球分布式能源发展的热点之一。

交通用的氢燃料电池，受制于各个环节成本过高，进展缓慢，最终加氢站加氢枪出口端的氢气总成本由制氢成本、储运成本和加注成本三部分构成，目前没有国家补贴的情况下，使用成本远远高于汽油车和新能源车。

氢能终端价格降低需依靠各环节的整合，寻找更绿色、经济的氢气来源、采用更高效的氢气运输渠道和更安全的氢气供应网络。从长远看，随着用氢需求的扩大，结合可再生能源的分布式制氢加氢一体站，结合集中式制氢与液氢储运的方案会成为主要发展方向。

2. 世界氢能发展状况

2018 年全球氢气产量约 $7×10^7$t，约 96% 的氢气是由煤、石油和天然气等化石能源制取的，其中 76% 源于天然气，约 23% 来自煤炭，仅不到 2% 来自电解水。大宗制氢方式主要是天然气制氢和煤制氢的灰氢或蓝氢。

20 世纪 70 年代，氢作为汽车能源首次进入世界舞台，美国在第一次石油危机结束后成立了国际氢能协会，设立燃料电池技术合作计划，但技术并没有实质性的进展，20 世纪 90 年代的《联合国气候变化框架公约》UNFCCC 引发全球对气候变暖的关注，欧洲和日本开始投入巨资研发氢能源和氢燃料电池汽车的技术。1993 年，日本宣布为世界能源网络（WE-NET）计划的前 4 年投资 45 亿日元，日本车企丰田、日产和本田汽车，纷纷启动燃料电池车的开发。2008 年，欧盟出台燃料电池与氢联合行动计划项目（FCH-JU），计划在 2008—2013 年间投资 9.4 亿欧元用于氢能和燃料电池的研发，在 2010 年又追加投资 7 亿欧元。

30 多年间，日本政府投入数千亿日元对氢能及燃料电池技术进行研发推广，积累的技术专利数量也位居全球第一，丰田的 Mirai 是全球销量最高的氢燃料汽车，起售价最高到 845 万日元（人民币 50 万元）目前已经回落到一半左右的价格，全球累计销量 11154 辆，其中 2020 年全球销量 902 辆，由于高成本限制，氢能源仍处于商业化的前夜。

当前世界氢能处于热点发展期，全球多个国家和地区已经颁布氢能发展路线图。2019 年 2 月，欧洲燃料电池和氢能联合组织（FCH-JU）发布《欧洲氢能路线图》[31]，目标是 2030 年 370 万辆氢燃料电池乘用车，创造 1300 亿欧元的产值，展示氢能将为欧洲带来巨大的社会、经济和环境效益；美国燃料电池与氢能协会（FCHEA）于 2019 年 1 月发布《氢能经济路线图》[32]，目标是 2025 年各种应用的氢需求总量达 1.3×10^7 t，12.5 万辆氢燃料电池汽车。日本政府第三版《氢能及燃电池路线图》指明，日本会持续在技术研发、加氢基础设施建设、氢供给和终端应用等方面投入资金支持。韩国政府计划到 2040 年燃料电池产量扩大至 15GW，氢燃料电池汽车产量至 620 万辆，加氢站至 1200 座。

截至 2020 年年底，全球运营中的加氢站共有 578 座，比 2019 年新增加 115 座，为近几年最快增长，其中欧洲 200 座加氢站，100 座在德国；北美 75 座加氢站，49 座位于美国加州；亚洲 275 座加氢站，其中 142 座在日本，60 座在韩国，而中国已投入运营的有 101 座，主要服务于公共汽车、物流车和卡车等（图 2-16）。

图 2-16　2020 年全球加氢站主要分布区域
（数据来源：EVTank，伊维智库整理，2021 年 6 月）

氢作为燃料近期在欧洲炼钢领域崭露头角，2020 年全球炼钢行业生产了 1.864×10^9 t 钢材，排放了全球 7%～8% 的碳排放，75% 是因为使用煤作为燃料，而目前有两种氢燃料的方式已经在试验项目的状态，有望在未来 10 年大规模量产使用。

一种是将氢用在高炉炼钢替代传统焦炭或煤粉天然气等辅助燃料，欧洲已经有四家企业建成八个项目，如德国公司 Thyssenkrupp，见图 2-17。

图 2-17　Thyssenkrupp 氢气管道
德国公司 Thyssenkrupp 开展首次在高炉中使用氢气的测试
（资料来源：Thyssenkrupp）

经过欧洲企业的实践检验，高炉的最佳减排是通过注入绿氢，能实现减排 21%；如果使用目前德国电网制氢，根据目前的发电碳强度，排放会增加 36.9%；采用灰氢减排效果仅仅 2.1%，如果使用通过 CCS 碳捕捉的蓝氢，效果和绿氢差不多。[33]

而在电炉废钢再利用方面，可以全部使用氢替代传统燃料，工艺如图 2-18 所示[33]：

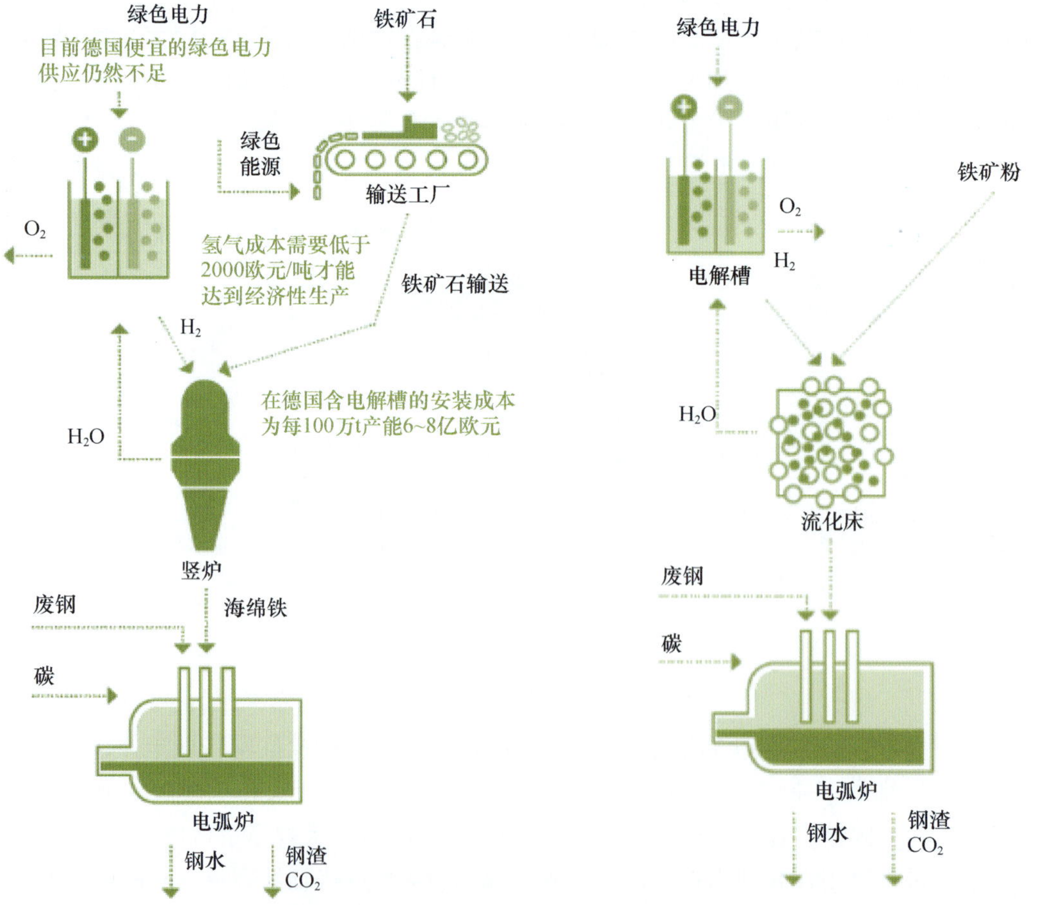

图 2-18　以氢为燃料的电弧炉废钢再利用工艺示意图

电弧炉直接减排工艺中,如使用可再生能源电解产生的绿氢,减排效果可达95%,但此工艺需要大量的绿色电力,而目前已投产和计划投产的八个项目,总产能为2.045×10^7 t,绿色电力每年需求为66TW·h,是德国目前可再生能源装机容量的28%。所以氢燃料在炼钢领域应用的一个关键点在于绿氢的大规模经济的方式获取和添加。

值得关注的一个项目是瑞典大型钢铁公司SSAB,联合欧洲最大的能源公司Vattenfull,LKAB欧洲最大的铁矿石生产商2016年成立合资公司Hybrit公司,总投资预算约30亿美金,致力于打造全流程无化石燃料的电力和零碳氢燃料钢材,最终大规模取代焦炭炼钢的工艺,预计能够减少瑞典碳排放10%和芬兰碳排放7%,钢厂预计投产时间2024年,届时成为全世界第一座能够量产的,从铁矿石矿山、运输到生产,全生命周期的零碳钢材生产基地,制造新品牌H_2GS($H_2GreenSteel$)零碳钢材,氢由瑞典Boden-Luea地区通过风能发电生产,生产热轧,冷轧钢板及镀锌线材,用于汽车、交通、建筑、管道及白色家电等领域,预计到2030年达产后,每年能够生产5×10^6 t 零碳H_2GS品牌的钢材。

3. 中国氢能发展状况

中国目前每年产氢约2200万t,占世界氢产量的1/3,大部分都是通过化石能源制造出来的灰氢,2020年中国氢气67%来自化石能源,30%来自工业副产品,只有3%是来自可再生能源(例如光伏制氢)的绿氢。

但从绿氢的供应潜力看(表2-5),中国可利用可再生能源大量放弃的电能来制氢和储氢,据国家能源局统计数据,2018年中国全年弃风电量2.77×10^{10} kW·h、弃光电量5.49×10^9 kW·h、弃水电量约6.91×10^{10} kW·h,三者合计总弃电总量达到1.023×10^{11} kW·h,理论上可制氢1.8×10^6 t(表2-6)。

表2-5 不同时间的主流产氢方式预测

获取方式	时间	特征
灰氢	2020—2030年	化石能源制氢,无碳捕集、利用和封存
蓝氢	2025—2035年	化石能源制氢,大规模煤/天然气制氢,配套CO_2捕集和封存(CCS)
绿氢	2030—2050年	可再生能源制氢,实现全过程100%绿色

资料来源:中国石油集团经济技术研究院。

表2-6 我国2018年弃风、弃光、弃水电量电解氢的潜力

	电量	制氢潜力*	可供应公交车数量**
弃风	2.77×10^{10} kW·h	4.95×10^5 t	10.8万辆
弃光	5.49×10^9 kW·h	9.8×10^4 t	2.1万辆
弃水	6.91×10^{10} kW·h	1.234×10^{10} t	26.8万辆
合计	1.023×10^{11} kW·h	1.827×10^6 t	39.7万辆

*电解水制氢电耗按5W·h/Nm³计算。

**公交车平均50km氢耗量为7kg,日均行驶200km,全年出勤率90%。

资料来源:国家能源局,车百智库。

如前所述,2019年中国可再生能源在一次能源占比约4.7%;到2050年可再生能源在一次能源需求中的占比如达到60%,理论上可用来大量制氢和储氢,进一步调节

可再生能源的用能波动。根据《中国可再生能源展望 2018》，随着发电成本的快速下降，2020—2035 年中国将迎来光伏与风电大规模建设高峰，新增光伏装机容量 80～160GW/a，新增风电装机 70～140GW/a（图 2-19）。

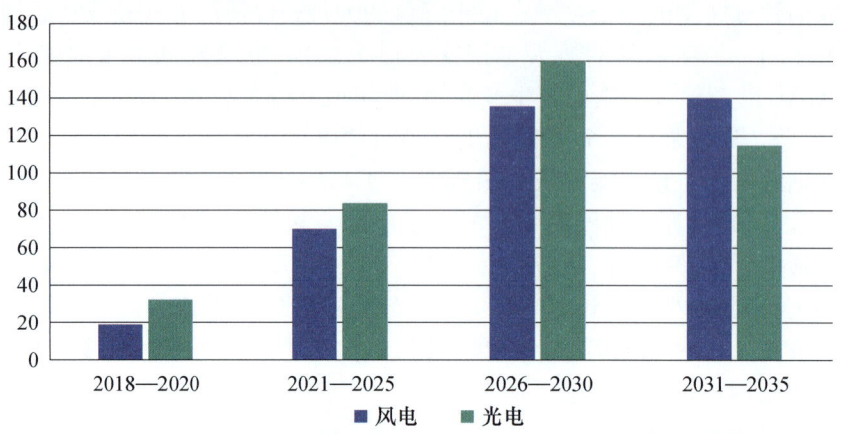

图 2-19　中国风电光伏年均开发水平（GW/年）
（资料来源：《中国可再生能源展望 2018》，车百智库）

根据《中国 2050 光伏发展展望》，2025 年和 2035 年，2050 年中国光伏电总装机规模将分别达到 730GW、3000GW 和 5000GW（图 2-20）。

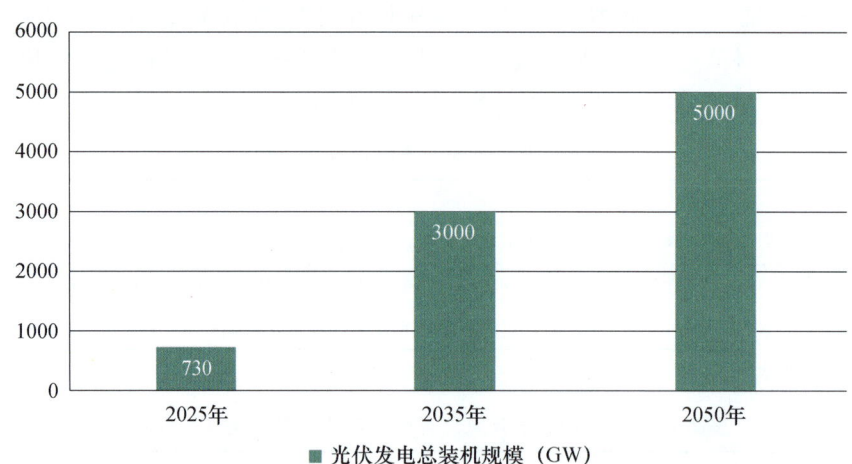

图 2-20　未来光伏总装机规模（GW）
（资料来源：《中国 2050 光伏发展展望》）

大量的可再生能源建设会推动发电成本及电价持续下降，以光伏发电为例，2018 年，在等效利用小时数为 1200h 条件下，中国光伏发电的度电成本在 0.4 元/kW·h 左右，到 2035 年和 2050 年，新增光伏发电成本将降至约 0.2 元/kW·h 和 0.13 元/kW·h，为大规模制氢储氢建立低成本的基础。

目前氢燃料电池的成本是整车成本的一半，为 8000 元/kW，而新能源车电池成本已经压缩到 1000 元/kW，氢燃料电池成本的压缩是行业最关键的技术之一。而成本中最核心的部分是燃料电池电堆和空压机，占据燃料电池系统约一半，实现降低成本最主要是针对这两个部分进行改进。燃料电池电堆最大企业为亿华通，拥有自主研发的电池电堆技术，发动机产能达年产 2000 台，在商用车氢燃料电池市场占有率处于领先水平。但氢燃料电池目前还有一个致命的问题，即寿命短。国内氢能商用车燃料电池目前的寿命在 1×10^4 h 左右，而电动车厂大都承诺 8 年或 1.5×10^5 km。

从中国加氢站建设运营的情况来看，EVTank 发布的《中国加氢站建设与运营行业发展白皮书（2021年）》显示，截至 2020 年年底，中国累计建成 118 座加氢站，在建和拟建为 167 座[34]，超额完成《中国氢能产业基础设施发展蓝皮书（2016）》和《节能与新能源汽车技术路线图 2.0》中设立的目标。该目标预期到 2020 年，加氢站数量达到 100 座。其中建成已投入运营加氢站 101 座，待运营 17 座，投用比例超过 85%。从区域分布来看（图 2-21），截至 2020 年年底，全国共有 20 个省、区、市布局加氢基础设施，加氢站主要分布在广东、山东、江苏、上海等地，其中广东省已建成加氢站 30 座，山东省、上海市均已建成超过 10 座，而图 2-20 到 2021 年中国加氢站数量已达 317 座，发展迅猛，同时许多省都对加氢建设做出相应规划，其中上海市计划到 2023 年加氢站数量达到 100 座，北京市计划到 2025 年加氢站数量达到 74 座[35]。

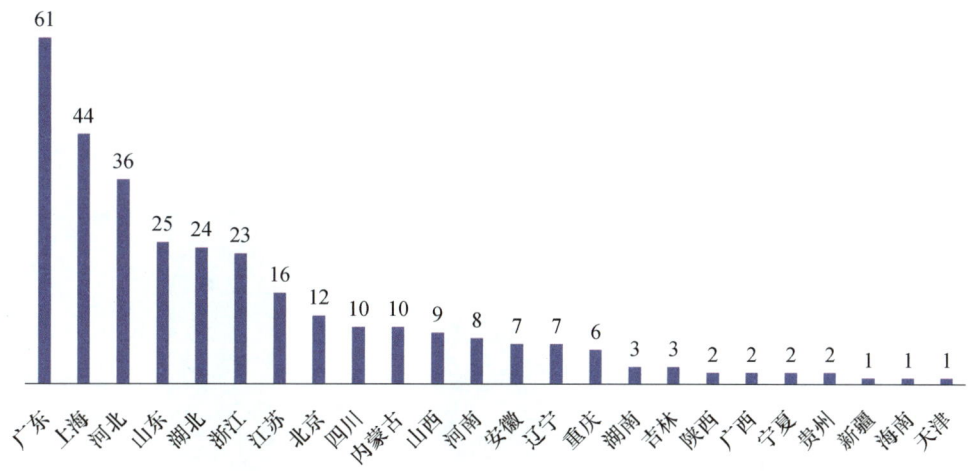

图 2-21 2021 年中国加氢站不同省市分布
（资料来源：根据前瞻产业研究院数据整理）

根据车百智库预测，到 2025 年，以工业副氢及可再生能源电解水绿氢为主要氢源的平均制氢成本会降至 20 元/kg，加氢站达到 400 座，行业将进入快速发展阶段。到 2035 年，形成可再生能源电解水制氢、工业副氢与化石能源制氢＋CCUS 构成的氢能供应格局，制氢成本降至 15 元/kg，储运成本降至 12～15 元/kg，加氢站数量增至 1900 座，国内燃料电池汽车年销量规模可达百万以上。到 2050 年，制储运加各环节形成规模化网络化布局，实现低成本的绿氢蓝氢供应（图 2-22）。

根据《2050 年世界与中国能源展望（2019 版）》[36]预测，2050 年中国的人均 GDP 可达 3.14 万美元左右，2050 年加氢站数量可达 12000 座，激进模式中可达 4 万～7 万座（图 2-23）。

中国氢能领域目前还缺乏顶层设计，如在氢的管理上，作为危险化学还是能源属性尚不明确，没有真正的政府层面的氢能发展路线图，研究领域也较为分散，多集中于各

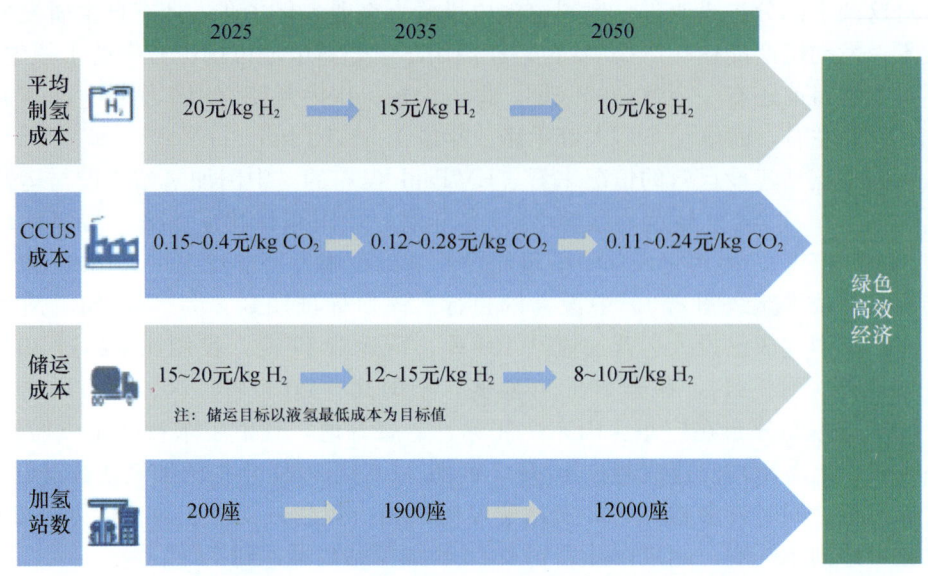

图 2-22 我国氢能供应体系发展总体战略目标
（资料来源：车百智库）

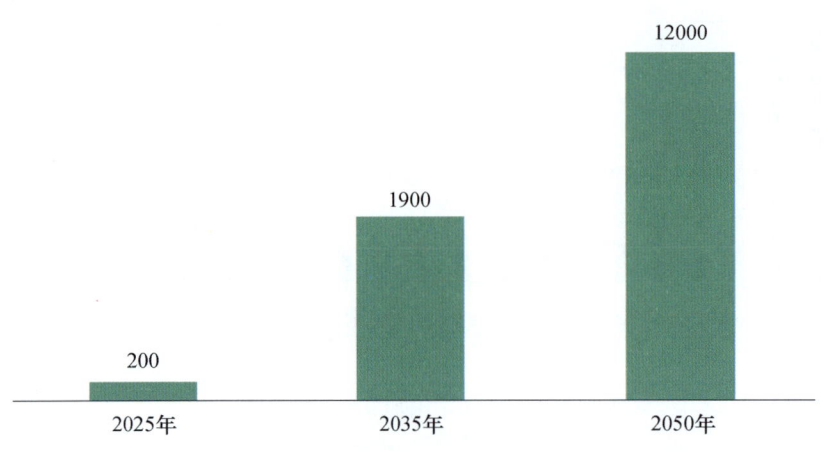

图 2-23 中国加氢站发展目标（座）
（资料来源：车百智库）

个子板块，例如燃料电池、车用氢能等，缺乏顶层统筹。笔者认为，有必要在国家能源战略层面统一规划明确氢能发展路线，推进氢能在交通运输、能源供应、工业生产、家庭生活等多个领域的产业应用。

4. 德国氢能战略简介

在决定弃核弃煤的能源战略后，2020年6月10日，德国联邦内阁批准并出台具有里程碑意义的《德国国家氢能战略》"*Die Nationale Wasserstoffstrategie*"（封面为图2-24）。是全球首个国家级氢能战略，在此基础上，德国推动出台欧盟《欧盟氢能战略》和《欧盟能源系统整合策略》，与欧盟出台战略不同之处是，德国在短期和中期放弃蓝氢，即放弃改造现有设施，在目前产量几乎99%的灰氢基础上增加CCS碳捕捉机构，而是确认未来只有以可再生能源为基础的绿氢才是可持续的，这也包括氢基合成燃料，如合成甲烷、煤油、甲醇和氨，因此是广义氢能源战略，即涵盖广义的动力燃料范畴。[31]

图 2-24 《德国国家氢能战略》封面
（资料来源：德国联邦政府）

德国联邦经济事务部部长彼得·阿尔特迈尔（Peter Altmaier）在《德国国家氢能战略》发布会上表示："今天，在氢技术领域，我们必须为德国确立世界第一的道路。德国在整个氢价值链中都有潜力。"战略描述，氢能除可以实现气候保护外，还可以创造许多技术研究工作岗位。德国认为氢及其合成产品在全球会扮演更重要的角色，并创造更加有利可图的全球市场。氢能既为产业政策提供增长潜力，也能支持德国和欧洲经济应对后疫情时期的困难。所以战略承诺采用投资支持，运营成本减免，能源政策框架和 CO_2 定价等适当组合形式来共同促进行业发展，确保氢气生产和使用市场的加速发展。[37]

《德国国家氢能战略》具体措施包括以下几个方面：

（1）研发领域：到 2022 年，每年提供 1 亿欧元资金用于支持能源转型实验室（BMWi 创意大赛）；此外，德国将进一步扩展面向应用的研究项目，如"Metha-Cycle"研究小组，目前该项目正实测用于处理绿氢的新系统。

（2）价值链开发领域：政府计划资助 90 亿欧元用于整体氢价值链，70 亿用于国内氢产业，20 亿用于国际合作；如德国宣布与北非摩洛哥建立合作伙伴关系，在那里建造一个采用德国技术的电解厂；由清洁技术公司 Sunfire 牵头的一个投资集团，计划在挪威生产制氢的副产品——合成煤油等；同时政府也希望助力电解绿氢或燃料电池的开发和生产方面的创新。

（3）工业应用领域：到 2024 年，德国将提供 4.45 亿欧元的资金用于工业中的氢气使用。

（4）发电领域：到 2030 年，德国将建成总发电量 5GW 的绿氢发电厂，供应海上和陆地所需能源，对应这个目标，需要建设额外 20TW·h 的可再生能源供应。

(5) 燃料电池及交通领域：
①继续目前支持项目，扩大可替代燃料汽车、卡车、公交、车队的补贴力度；
②补贴汽车清洁能源的研发；
③继续推广德国氢能示范区项目；
④加大加氢站在内的基础设施建设和相关标准建立；
⑤支持建立有竞争力的燃料电池系统供应链以及相关验证研发机构；
⑥城镇交通中清洁能源的目标导向；
⑦施行以碳排放为基础的卡车税费；
⑧促进氢燃料电池汽车相关标准国际统一（如充氢标准、氢气质量、校准、氢燃料汽车准入等）。

联邦运输和数字基础设施部（BMVI）和 H_2 MOBILITY 宣布①，继续扩大氢气基础设施建设，2020 年建成 100 个加氢站，到 2021 年，德国将有 130 个加氢站投入运营，目前德国每个加氢站投资成本约 100 万欧元，图 2-25 为 BMVI 和 H_2 MOBILITY 宣布的加氢站计划封面。

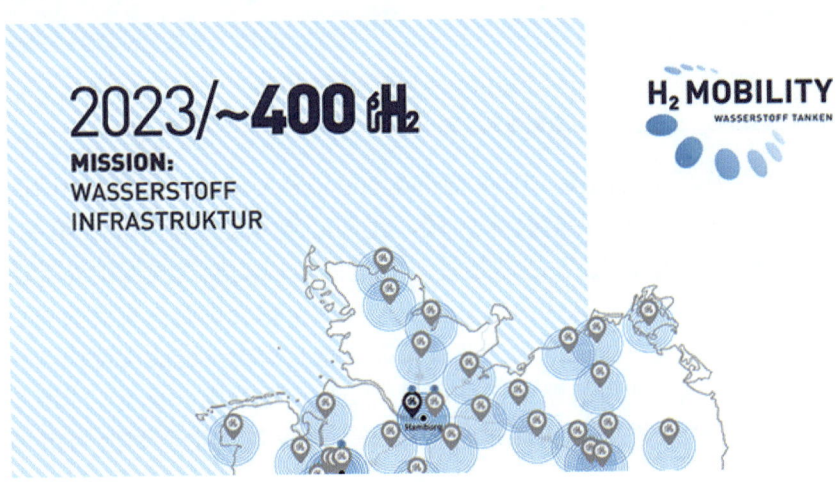

图 2-25　BMVI 和 H_2 MOBILITY 宣布的加氢站计划

总之，全球能源加速向绿色低碳方向转型，越来越多的国家行动起来，设定各自的碳中和目标时间，将能源系统转型视为经济脱碳的关键驱动力，并将投资清洁能源产业纳入恢复经济的行动之中，《欧盟氢能战略》和《欧盟能源系统整合战略》指出，在 2050 年，全欧盟如果实现碳中和，氢能将满足全欧盟 24% 的能源需求，创造至少 540 万个就业岗位。未来 20 年将成为世界加速向清洁能源转型的关键时期。

2.3.4　生物质能源

1. 沼气

中国生物质沼气技术比较成熟，已进入商业化应用阶段。污水处理的大型沼气工程

---

① H_2 MOBILITY 氢能交通应用联盟成立于 2015 年，由德国戴姆勒、法国液化空气集团、林德、OMV、壳牌和道达尔等公司组成。

技术也已基本成熟，进入商业示范和初步推广阶段，规模化沼气工程用于发电上网，或提纯或生成生物天然气并入天然气管网、车用燃气、工商企业用气，也为养殖场内部和周边农户提供用气、用热、用电等清洁用能。

2003—2015农村沼气发展进入快速发展期，截至2015年年底，全国户用沼气达到4193.3万户，由中央和地方投资支持建成各类型沼气工程达到110975处，主要是中小型沼气工程达103898处。2015年，全国沼气年生产能力达$1.58×10^{10}$ m³，约为全国天然气消费量的5%，每年可替代化石能源约$1.1×10^7$ t标准煤，同年，中央安排财政预算内投资20亿元，重点支持了25个规模化生物天然气工程试点项目和386个规模化大型沼气工程项目。其中，25个生物天然气项目和3个特大型沼气工程日处理$1.48882×10^5$ t畜禽粪便（含部分冲洗水）、$1.4111×10^3$ t秸秆、$6.2×10^2$ t能源草、$5.127×10^2$ t酒糟、40t厨余垃圾，22.6t果蔬或其他有机废弃物，可生产沼气$1.0266×10^6$ m³，提纯后生物天然气$5.5713×10^5$ m³，主要用作车用燃料、居民、工业用气，成为我国生物质能综合利用的特色，如"四位一体"模式、南方的"猪—沼—果"模式等能源环境工程。[38]

2016年12月21日，中央财经领导小组第十四次会议强调加快推进畜禽养殖废弃物处理和资源化，力争在"十三五"时期，基本解决大规模畜禽养殖场粪污处理和资源化技术问题。并强调以沼气和生物天然气为主要处理方向，以就地就近用于农村能源和农用有机肥为主要使用方向。

沼气最早出现在中国古代的《易经》（西周，公元前1046年—公元前771年）中就有描述："象曰：泽中有火。"这里的"泽"就是沼泽。而"火井"是中国古人给天然气井的命名。

人类最初在沼泽、湖泊、池塘中发现沼气，所以命名为沼气。近代沼气是由意大利物理学家沃尔塔于1776年在沼泽地发现的。

沼气是粪肥、污水、都市固体有机废物及其他生物可降解的有机物质在厌氧环境中发酵形成的可燃气体。发酵是在隔绝空气和保持一定水分、温度、酸碱度等条件下，经过多种微生物（统称沼气细菌）分解的过程。沼气实质上是微生物生活和繁殖时，为了取得呼吸所需要的能量，将高能量有机质分解转化为简单的低能量成分，其实质上是微生物的物质代谢和能量代谢的过程。

沼气的主要成分是甲烷（CH_4），占比50%～75%，其形成就是由一群生理上高度专业化的古细菌——甲烷菌代谢产生的，1916年俄国人奥梅良斯基分离出了第一株甲烷菌，我国于1980年首次分离出甲烷八叠球菌，目前世界上已分离出20种甲烷菌。

沼气发酵后的残渣中有机物含量减少，几乎不会再次产生有机物腐烂后的CO_2和甲烷排放，是一种气味很小的固体或流体，不吸引苍蝇或鼠类；发酵过程中N、P、K等农作物肥料成分几乎得到全部保留，一部分有机氮被水解成氨态氮，速效性养分增加，发酵残渣可作为饲料；厌氧活性污泥可保存数月而无须投加营养物，当再次投料时可很快启动再次发酵过程。

纯甲烷的发热值为34000kJ/m³，沼气的发热值为20800～23600kJ/m³。1m³沼气完全燃烧后，能产生约0.7kg标煤的热量。沼气的主要成分甲烷是理想的气体燃料，无色无味，与适量空气混合后即可燃烧。沼气燃烧产生的CO_2是中性的，因为发酵的植物在生长过程中吸收的CO_2量与沼气燃烧时释放的CO_2量完全相同。这意味着沼气不

会造成任何额外的 CO_2 排放。

沼气是生物质能源的一种,在中国曾经有着广泛的用途,《延安通讯》1975 年 9 月 20 日发表的长篇通讯《取火记》就记录着时任延川县梁家河大队党支部书记的习近平同志带头去四川学习,带领大家克服困难推广沼气技术的故事(图 2-26)。

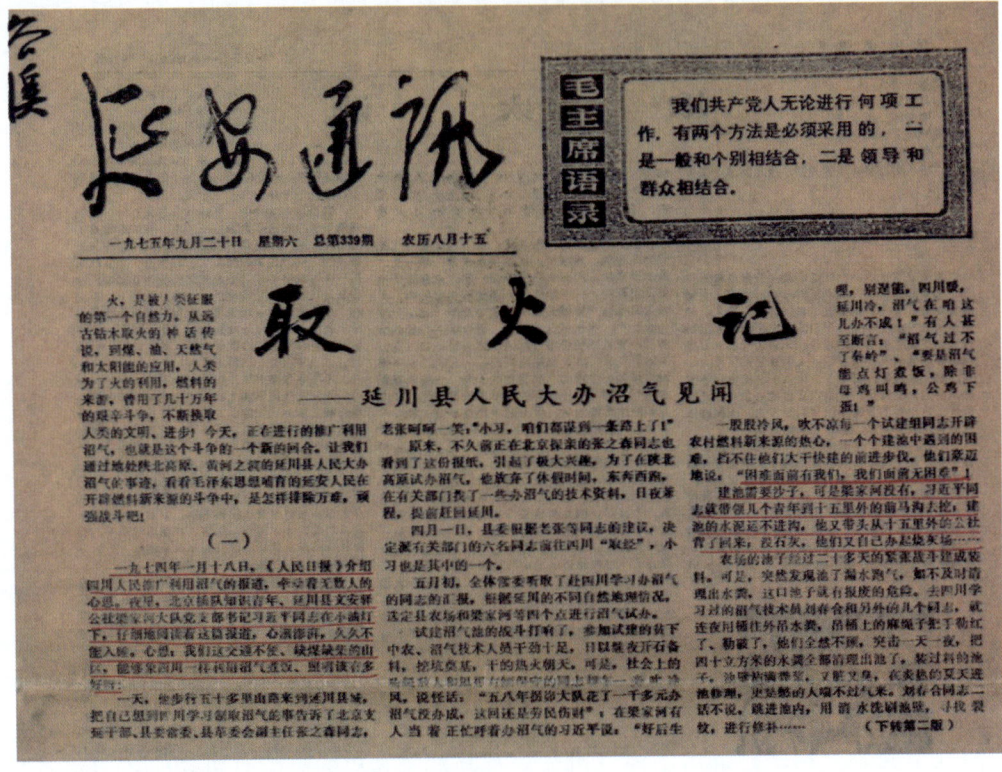

图 2-26 《延安通讯》头版《取火记》局部(1975 年 9 月 20 日)

其中有一段记录说明沼气可以作为燃料和发电原料为农村的循环经济发挥重要作用:"参加建池的同志一遍又一遍向人们介绍沼气土法制取的办法和利用沼气的好处;一遍又一遍地给参观的群众做沼气使用示范。人们看见沼气开关一扭,划一根火柴,灯亮了,比 60 瓦的电灯还明亮,再划一根火柴,灶膛内蓝色的火苗呼呼直往锅底上扑,用不了吸两锅旱烟的工夫,刚倒进锅里的两三马勺凉水,就开得水花直冒……""在梁家河大队的带动下,全县一年多建立了 3000 个沼气池,每口池子的造价由原来的一百多元一下降到二三十元。后来梁家河大队还建了大的沼气池,通过沼气发电,带动放电影的机器,如果沼气不够,还可以通过气包去各家收集",这是分布式能源的雏形。

这种家庭式的户级小沼气工程,曾经解决了两亿多农村人口炊事用能问题,年生产有机肥 $7×10^7 t$[39],有效替代了化肥农药。现在这些沼气池大都荒废,取而代之的是大中型沼气工程,用于养殖场和治理污染,目前中国每年产生 $4×10^9 m^3$ 畜禽粪便,理论上可产沼气最少 $4×10^{10}$~$1×10^{11} m^3$,而城市每人一年平均产生 146kg 的厨余垃圾,每年也可产生 $1×10^{11} m^3$ 沼气,潜力巨大。规模化大型农村沼气工程势在必行,也是实现生物质资源化利用的最有效技术手段。

2015 年 4 月,国家发展改革委与农业部(现农业农村部)联合印发了《2015 年农村沼气工程转型升级工作方案》，支持日产生物天然气 $1\times10^4\,m^3$ 以上的工程开展试点。2015年起，国家连续三年以投资补贴方式支持规模化生物天然气工程建设，以推动大型沼气工程和生物天然气工程的转型升级。

近期刚刚完成技改投资280万元完成的蒙牛澳亚示范牧场大型沼气发电综合利用工程（图2-27），是沼气行业的标杆工程，由农业部（现农业农村部）沼气科学研究所总工程师邓良伟主持设计。该项目也是农业部（现农业农村部）、联合国发展计划署、全球环境基金大型沼气发电示范工程，使用全球最大功率的沼气发电机组，装机功率1.36MW，2006年开始引进德国和奥地利世界先进技术，全自动运行，技改项目后可混合处理蒙牛澳亚示范牧场10000头奶牛产生的300t/d的粪污、呼和浩特海纳源清水环境发展有限责任公司生活污水处理厂污泥100t/d及呼和浩特市京城固体废物处置有限公司经分类处理后的厨余垃圾200t/d，混合厌氧发酵的甲烷产气率要比单独一种原料高出约9.5%，能实现畜禽粪便资源化处理，实现粪污无害化高效处理的热-电-肥联产循环经济模式，可生产沼气14.43t/d，沼液400t/d，有机肥12t/d，沼气发电自用外并网，日沼气发电量26000kW·h，沼液可以灌溉48000亩碳汇林和牧草，沼渣通过沼气发电尾气干燥后，用于牛卧床垫料[①]（图2-28）。

图2-27 蒙牛澳亚示范牧场大型沼气发电综合利用工程

（资料来源：https：//biogas.caas.cn，农业农村部沼气科学研究所网站）

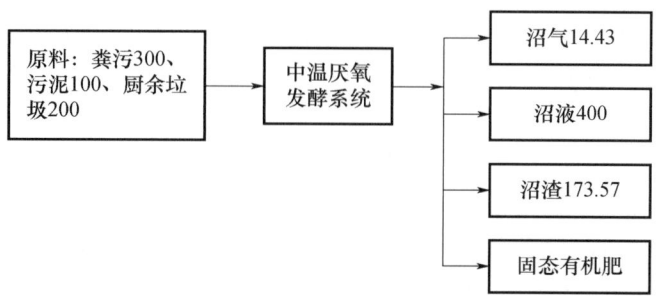

图2-28 沼气输入输出物料平衡图（单位：t/d）

---

① 见蒙牛澳亚示范牧场大型沼气发电综合利用工程技改项目《建设项目环境影响报告表》，来源单位：内蒙古蒙牛生物质能有限公司。

沼气在世界范围也有许多应用案例,谷歌是世界最大的温室气体排放的前20家公司之一,其数据中心的电脑每天处理30亿条客户搜索请求,服务器机群的用电量占全美用电总量的2%,同时也是全球业务需求增长最快的行业,如果使用普通电网电力,其所造成的温室气体影响与航空业大致相当。谷歌公司2007年通过购买碳汇成为全球第一家实现碳中和的大企业,并致力于2030年前全部使用可再生能源,沼气项目也是其可再生能源发展计划的一部分,项目之一在北卡罗来纳州亚德金维尔市(Yadkinville,N.C.),谷歌与杜克能源(Duke Energy)及杜克大学(Duke University)合作帮助劳埃德·瑞养猪场(Loyd Ray Farms)收集从粪肥中排放的沼气,为谷歌日常工作提供能源,养猪场拥有9000头生猪,这些粪便排出的沼气如果不进行收集,会向大气输送甲烷气体,危害是CO_2的20~25倍,这样的沼气项目每个建造成本在50万~100万美元,谷歌计划投入数十个这样的项目,目标减排$5×10^6$t碳排放。

中国农业沼气工程大型化转型发展还处在初级阶段,2019年沼气发电总装机容量仅有$7.9×10^5$kW[40]。规模化生产在原料收储、运输、集中处理、产品销售与利用等各环节都有难题,如分散养殖和较高比重的散户和中小规模养殖户客观上带来了畜禽粪污收集与运输困难,种植和养殖分离使得沼渣沼液利用与农业生产之间出现季节性和地域性差别,导致收集、转运、存储、处理利用等难以形成有效链条。据农业农村部数据统计,我国每年有近$5×10^9$t农村废弃物,其中畜禽粪污$3.8×10^9$t,其综合利用率不到60%,有超过30%直接排入了地表水体。克服这些问题,围绕着沼气技术的突破,土地流转等制度的突破,才能形成支持行业产业化运作的生态链,最终形成农村田园式可持续"师法自然"的建设新模式。

德国是目前世界上农村沼气工程数量最多的国家,占欧洲工程数量的80%,2020年,据德国能源部数据统计,德国沼气发电总装机容量达到$9.5×10^6$kW,实际发电$2.87×10^{10}$kW·h,占整个生物质能源发电的57%。

在德国,生产沼气发电是农民额外增收的来源,据2000年的《可再生能源法案》(EEG)规定,政府必须使用固定上网价接收沼气发电产生的电力,农民可以根据自身需求和成本,选择使用自己的沼气电力还是给电网发电,同时农民可以将剩余的沼渣发酵物用作农田的肥料。因此,沼气的发展,提高了本地能源的独立性,减少了能源的长途运输,并促进了循环经济,生物废弃物可以得到充分利用,产生能量,并减少化石燃料的使用。由于有补贴上网电价,所有发出的电都可以100%进入电网,98%的德国沼气工程利用热电联产处理沼气,综合利用率可达80%。其中发电机组效率为38%~41%,热利用效率为40%~45%。德国沼气工程,每年运行时间可达8000h以上。在德国,每头牛每年平均产生15m^3的粪便,可发酵产生450m^3的沼气,这些沼气可发电900kW·h,并将粪便中的化学耗氧量降低70%[41],有效地减少废弃物温室气体排放。德国城镇大多污水处理厂都在使用淤泥生产沼气,2万~10万人的小镇的污水处理厂,平均每人每天生产沼气23m^3,全国污水处理厂每1d生产沼气240万m^3,通过沼气发电能够满足很多处理厂能源消耗的50%。[42]德国垃圾填埋产生的沼气也主要由热电联产的方式消纳,32%运行的城市垃圾填埋场拥有气体利用设备[43],2005年开始,有机物含量高于5%的垃圾被禁止直接进入垃圾卫生填埋场,可以直接作为原料来生产沼气。

在德国,过剩的沼气产能也是风能和太阳能的补充,因为无论天气如何,沼气都可以生产和储存，可以提供电力的基本负荷和补偿网络波动。

但沼气发展在德国也有教训值得注意，如补贴带来部分农村地区砍伐森林，种植能源植物来生产沼气，在德国主要是玉米，这些能源植物会最大化能源生产，但与生态多样性的保护和粮食安全产生矛盾；沼气工厂也可能带来难闻的气味；沼气工厂需要定期进行排放检测和维护保养；否则可能有氨、硫化氢和其他有害物质逸出，对土壤、地下水和大气产生负面影响；对于大型沼气工厂，如果当地无法满足原料需求或无法提供沼渣、沼液的消纳场景，就必须用卡车长距离运输生物质原料或液体肥料，运输过程会导致不必要的温室气体排放。

近年来，随着生物燃气技术的不断成熟，欧洲许多地区已经实现产业化，德国、瑞典、丹麦、荷兰等发达国家的生物燃气尤其是沼气工程装备已实现设计标准化、产品系列化、组装模块化、生产工业化和操作规范化等。瑞典是沼气提纯用于车用燃气最好的国家；丹麦是集中型沼气工程发展最有特色的国家，其中集中型混合发酵沼气工程已经非常成熟，并用于集中处理畜禽粪便、作物秸秆和工业废弃物，且绝大部分采用热电肥联产模式。

印度也是沼气使用历史悠久的国家，在1975年启动国家沼气开发计划（NPBO），到2003年已建沼气池200万个，为农村无电区的20万家庭提供了炊事和照明。近期生物质压缩成型、气化技术等进展显著。气化发电主要用于水泵、磨谷机和其他小型电气设备；气化产出燃气则主要用于烟草、茶叶、食品等加工生产过程中。

2. 其他

除了沼气，广义上的生物质能则是通过光合作用产生的，蕴藏在各种有机生物质中的能量，即绿色植物通过叶绿素将太阳能转化为化学能，并贮存在生物质内部的能量形式，禽畜的粪便也不例外。生物质能源的资源范围非常广泛，传统的生物质能源主要是直接燃烧的薪材、木炭、秸秆等农作物废弃物；现代生物质能源则指用生物质转化技术转化成燃料的有机质载体，如使用动物粪便、生活垃圾污水、能源植物等载体转化的能量物质。能源植物指专门作为能源的作物，如用于生物油料作物种植的树种有麻风树、油桐、乌桕、漆树、核桃、油茶、黄连木、油橄榄、油翅果、四合木等。

由于生物质生长时需要的CO_2量等于其燃烧时排放的CO_2量，所以对大气中CO_2净排放量接近于零，属于近零碳可再生绿色能源；否则生物质腐烂也会增加大气的温室气体排放，同时生物质能源可以充分燃烧，剩下的灰渣基本不含碳，热损失几乎为零，而化石能源如燃煤，往往无法完全燃烧，热损失在7%~15%。生物质能源燃烧后会产生非常低的硫化物和氮化物，经检测比煤燃烧二氧化硫排放量少20.5倍，对大气几乎没有影响，可以缓解化石燃料燃烧对环境健康的影响。

但生物质能的推广需要大量水源和长时间光合作用及大量的土地，使得其与粮食生产和森林植被及生物多样性都可能产生竞争，对其发展有一定的局限，需要因地制宜地研究发展的可行性。全球每年经光合作用产生的生物质约$1.7×10^{10}$t，其能量相当于世界主要燃料贡献的10倍，而作为能源的利用量还不到总量的1%。[44]

中国适合能源利用的生物质原料主要为生物质废弃物，分别为林业剩余物、农业剩余物、生活污水、工业有机废渣废液、城乡固体废物（生活垃圾、餐厨垃圾、果蔬垃圾）和畜禽粪便等六大类。目前这些生物质废弃物资源年产生量约为38亿t，开发潜力

约为 $4.6×10^8$ t 标准煤，相当于中国 2020 年全部一次能源消费的 9%[①]，利用量仅为 0.6 亿 t 标准煤，未来利用潜力巨大。

生物质能可转化为液体燃料（生物乙醇、生物柴油和生物航煤等）、气体燃料（沼气、生物天然气、一氧化碳和氢气等）、固体燃料（直接燃烧），通常主要用于发电、供热（冷）、交通燃料和工业原料等。

除发酵产生沼气外，生物能源还可以通过生物柴油和燃料乙醇、生物制氢的形式获得，生物制氢可以通过光合作用或者微生物发酵得到，成为更加清洁的能源；生物柴油是利用生物酶将植物油或其他油脂分解后得到的液体燃料，其分子结构同柴油类似，可以作为传统柴油更加环保的替代品，在很多林业发达地区有广阔的发展前景；燃料乙醇是植物发酵时产生的最高纯度酒精，以一定比例掺入传统汽油，可以减少尾气排放，目前全国农村每年有 $7×10^8$ t 秸秆，如全部转化可生产 $1×10^8$ t 燃料乙醇。[45]

由于世界气候危机的原因，全球主要大国都明确提出本国生物质能源发展目标，并制定相关发展规划、法规和政策，促进可再生的生物质能源发展，如美国的玉米乙醇，巴西的甘蔗乙醇，北欧的生物质发电，德国的生物燃气（主要是沼气）、生物柴油都实现了快速发展。据德国能源局 2020 年的基础统计数据，德国生物质能源是最重要的可再生能源，在可再生能源供应中占 52% 的份额（图 2-29）。

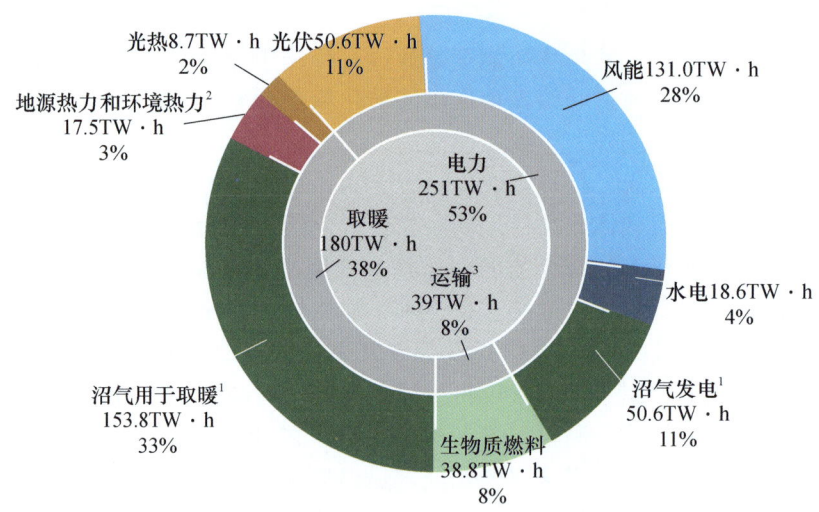

注：1. 含生物质垃圾
2. 含地源热发电大约 0.2 TW·h（未单独显示）
3. 含交通领域的电力消耗 4.9 TW·h 数据有圆整

图 2-29　2020 年德国可再生能源占能源供应份额
［资料来源：德国能源局 UBA2020 年基础统计数据 AGEE（发布时间 2021 年 2 月）］

2017 年，全球生物基材料与生物质能源产业规模超过 1 万亿美元，美国达到 4000 亿美元。2009 年出版的经合组织（OECD）《面向 2030 生物经济施政纲领》预计，2030

---

① 根据国家能源局数据计算。

年全球将有大约35%的化学品和其他工业产品来自生物制造；美国规划到2030年生物质能源占运输燃料的30%，瑞典、芬兰等国规划到2040年前后生物质燃料完全替代石油基车用燃料[46]。

2005年，中国也提出"生物燃料发展'三步走'计划"：第一步在"十一五"实现技术产业化；第二步"十二五"实现产业规模化；第三步在2015年以后产业加快大发展。2005年6月，《中华人民共和国可再生能源法》通过。其第十六条明确规定："国家鼓励清洁、高效地开发利用生物燃料，鼓励发展能源作物。将符合国家标准的生物液体燃料纳入其燃料销售体系。"2007年8月国家发展改革委的《可再生能源中长期发展规划》提出中国生物质能发展主要目标是：到2010年，生物质发电达到5.5×10^6kW，生物液体燃料达到2×10^6t，沼气年利用量达到1.9×10^{10}m³，生物固体成型燃料达到1×10^6t，生物质能年利用量占到一次能源消费量的1%；到2020年，生物质发电装机达到3×10^7kW，生物液体燃料达到1×10^7t，沼气年利用量达到4×10^{10}m³，生物固体成型燃料达到5×10^7t，生物质能年利用量占到一次能源消费量的4%[25]。近年来，为推动生物质能发电，国家又颁布一系列生物质能利用政策，包括《生物质能发展"十三五"规划》《全国林业生物质能发展规划（2011—2020年）》等，并通过财政直接补贴的形式加快其发展。2018年国家能源局综合司《生物天然气发展中长期规划》，将生物质燃气进一步列入国家能源发展战略。

最成熟的生物质能利用方式是生物质能发电技术。目前，全球共有3.8×10^3个生物质发电厂，装机容量约为6×10^7kW，各个国家都出台了补贴政策，如德国实行固定电价制度，小于5×10^2kW装机10.1欧分/(kW·h)，$5\times10^2\sim5\times10^3$kW装机8.9欧分/(kW·h)，$5\times10^3$kW以上装机8.4欧分/(kW·h)，并且1990年开始德国复兴信贷银行还为开发生物质能发电的民营企业提供低于市场价50%的低息贷款，美国为生物质能发电提供1.8美分/(kW·h)的税收减免，同时还为地方性和农村地区生物质发电提供额外的1.5美分/(kW·h)的税收优惠，瑞典、丹麦、意大利等欧美国家都出台了各种优惠条件，奠定了欧美在生物质能发电技术的先发优势，丹麦的农林废弃物直接燃烧发电技术，挪威、瑞典、芬兰和美国的生物质混燃发电技术均处于世界领先水平，日本的垃圾焚烧发电发展迅速，处理量占生活垃圾无害化清运量的70%以上。

2020年德国生物质发电装机容量增长约4%，达到10385MW，比2015年增长23%，大幅增长主要原因是增加发电的灵活度，如低风能和低光伏发电时，电网仍可大量利用可再生能源供应，所以过去5年生物质发电装机容量的大幅增加，几乎没有带来发电量的增加。如2020年，生物质和生物垃圾产生约为5.06×10^{10}kW·h的电力，同比2019年的5.02×10^{10}kW·h增长不足1%。生物质发电主要是由沼气2.87×10^{10}kW·h、固体生物质1.13×10^{10}kW·h和生物垃圾5.7×10^9kW·h组成（图2-30）。

中国生物质发电技术起步较晚但发展迅速，目前以直燃技术为主，2020年中国生物质发电投资规模突破1600亿元，全国已投生物质能发电项目1353个，较2019年增长259个，较2018年增长了451个。据中国电力企业联合会《中国电力行业年度发展报告2020》，2019年，中国生物质能发电装机容量2.254×10^7kW，增长26.56%，发电1.111×10^{11}kW，增长14.1%，发展速度仅次于光电。[47]（表2-7）

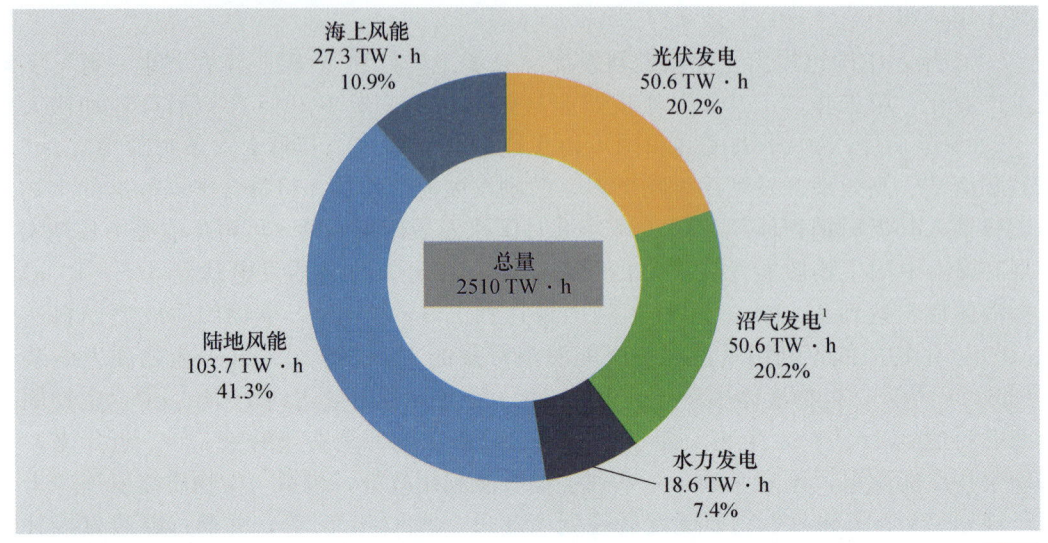

1.含地源热发电约0.2TW·h
沼气含生物垃圾生成沼气
*领先数据

图 2-30　2020 年德国可再生能源总发电量

[资料来源：德国能源局（UBA）2020 年基础统计数据 AGEE（发布时间 2021 年 2 月）]

表 2-7　2019 年中国生物质能源发电情况

	电源类别	装机容量	发电量
生物质	垃圾发电	1202 万 kW	发电 1111 亿 kW·h，上网 934 亿 kW·h
	农林生物质	973 万 kW	
	沼气发电	79 万 kW	

资料来源：《我国生物质能发展现状与展望》，李俊峰。

另一个很有潜力的生物质能应用场景是液体生物质燃料的生产及对传统化石燃料的替代，其中燃料乙醇和生物柴油技术已实现规模化发展，美国计划到 2025 年生物质燃料替代中东进口原油的 75%，2030 年生物质燃料替代车用燃料的 30%；日本近期能够实现在车用燃料中乙醇掺混比例 50%；印度、巴西、欧盟分别也制定了"阳光计划""酒精能源计划"和"生物燃料战略"，加大生物质燃料的应用规模。

生物质燃料乙醇是体积浓度达到 99.5% 以上的无水乙醇，它不仅是优良的燃料，也是燃油的增氧剂，乙醇的氧含量高达 34.7%，乙醇可以按汽油改良剂甲基叔丁基醚（MTBE）更少的添加量加入汽油中。汽油中添加 7.7% 乙醇，氧含量达到 2.7%；如添加 10% 乙醇，氧含量可以达到 3.5%，所以加入乙醇可帮助汽油完全燃烧，以减少对大气的污染。车用汽油辛烷值一般为 90 或 93，乙醇的辛烷值可达到 111，添加乙醇的汽油可以增加辛烷值，提高汽车的防爆性能。同时也能减少尾气排放，将燃料乙醇按照一定比例加入汽油中，相较普通国四 93 号汽油，乙醇汽油（E10）排放的尾气中 CO、

HC、CO_2 分别降低 1.8%、12.9%、2.4%，还能减少车辆的发动机积碳。

燃料乙醇的发展起步于 20 世纪 70 年代的美国和巴西，受石油危机的影响，1975—1985 年间迅速增长，全球乙醇总产量从 1975 年的 4.41×10^5 t，迅速增至 1985 年的 1.4928×10^7 t，年均增长 38.20%，此后世界燃料乙醇一直稳定在年产量 1.35×10^7 t 左右。进入 21 世纪，随着国际油价的继续上涨，世界燃料乙醇迎来又一次井喷式的发展，至 2011 年燃料乙醇产量已达 8.6838×10^7 t，接近 2001 年产量的 6 倍，年均增速 19.50%。随着 2008 年全球金融危机导致的油价下跌，全球产量也略有下降，2017 年全球生物燃料乙醇的产量达 7.981×10^7 t，美国和巴西是燃料乙醇生产量最大的国家，产量分别为 4.41×10^7 t 和 2.128×10^7 t，分别占有全球产量的 58% 和 26%，美国主要以玉米为原料，而巴西主要以甘蔗为原料。

1908 年，美国人设计并制造了世界上第一台纯乙醇的汽车，1930 年乙醇、汽油混合燃料在美国中西部内布拉斯加州（NE）首次出现，1978 年含 10% 乙醇的混合汽油在内布拉斯加州大规模使用。1990 年 11 月，美国国会通过空气清净法修正案，要求从 1992 年冬季开始，美国 39 个一氧化碳排放超标地区必须使用含氧量 2.7% 的含氧汽油（相当于添加 7.7% 乙醇）。目前美国 50 个州都在使用车用乙醇汽油，大部分地区使用的是 10% 比例的乙醇汽油（E10），部分地区使用更高比例的 E15 乙醇汽油，美国燃料乙醇主要以玉米为原料，占比达 90%，全美国 40% 左右的玉米都用于生产燃料乙醇，高粱等其他原料占 10%。

20 世纪 70 年代，巴西政府通过补贴、设置配额、统购燃料乙醇、调整价格等行政干预手段，鼓励民众使用燃料乙醇，并协助企业从世界银行等国际金融机构获取贷款。政府还下令在人口超过 1500 人的城镇中，加油站都必须安装乙醇加油泵，汽油中添加乙醇燃料的比例均以法律形式确定，于 20 世纪 80 年代中期，燃料乙醇的利用达到高峰。当时巴西每年生产的 80 万辆汽车中，3/4 以上是采用乙醇燃料发动机的。到 21 世纪初，经过长时间技术改进，巴西燃料乙醇的生产效率翻了 3 番，生产成本从每 1L 0.6 美元降至 0.2 美元左右。2003 年，大众汽车（巴西）公司引进了巴西国内市场上的第一种"灵活燃料"汽车，可以同时使用乙醇和汽油燃料，在巴西大获成功。

巴西也是世界上最大的燃料乙醇生产国和出口国。1976—2003 年，巴西甘蔗的年产量从 1×10^8 t 增长到 3.5×10^8 t，单位面积产量从每 1hm² 50t 提高到 70t，每 1hm² 甘蔗提炼的燃料乙醇从 2204L 提高到 5500L。巴西全国有 300 多家甘蔗加工厂，燃料乙醇年产量为 1.7×10^{10} L，2006 年出口达 3×10^9 L，巴西是世界上能源农业成本最低的国家，根据巴西石油公司总裁加布里埃利的观点，只要石油价格保持在每桶 30 美元以上，巴西的燃料乙醇就有竞争力。

由于对甘蔗的获得性有自信，2013 年 5 月，巴西乙醇专业委员会（CIMA）根据规定，将乙醇在汽油中的 20% 混合比例增加到 25%。2015 年 2 月 15 日起，巴西政府将乙醇掺混比例由 25% 提高至 27%，巴西是世界上唯一不使用纯汽油燃料的国家。巴西联邦法律明确规定，政府一级单位在采购、换购轻型公用车时，必须购买包含乙醇燃料的可再生燃料汽车。

生物乙醇在日本可以追溯到 1889 年，北海道一家工厂已经利用土豆作原料，经过麦芽糖化后发酵生产生物乙醇。1937—1944 年，为满足军事需求，日本开始大规模生产土豆为原料的生物乙醇,每年生产 1.7×10^8 L 生物乙醇。据统计,直到 1945 年,生物乙醇仍占全部液体燃料的 26.7%[45]。2002 年 12 月,日本出台最早的生物质燃料发展方案《日本生物质能战略》(*Biomass Nippon Strategy*),目标是防止全球变暖,创建循环节约型社会,培育战略性新兴产业及振兴农村合作社,并制定 78 项行动计划,建设 500 个示范性的市、町和村,提出从"石化日本"向"生物质日本"转变的战略目标。2006 年 3 月,日本修订了《日本生物质能战略》,重点强调生物质燃料在交通运输方面的利用,设定到 2017 年交通运输部门用生物燃料替代 5×10^8 L 化石燃料的目标。2007 年 2 月,日本生物质能战略执行委员会发布《促进生物燃料在日本的生产》的报告。报告指出:到 2030 年前后,用纤维素材料(如稻草、木材)和可用作物资源(如:甘蔗、甜菜等)年产生物质燃料 6×10^9 L,占国内燃油消费量的 10%。

由于质疑食物制作燃料乙醇的可持续性,2013 年 1 月 24 日,欧盟发布了《清洁交通能源:欧洲替代燃料策略》,支持以微藻、秸秆和其他农业废弃物为原料生产燃料乙醇,认为这样的方向才是先进、可持续的产业发展方向,并建议 2020 年后不再提供粮食为原料的第一代生物燃料生产的公共补贴。

中国在抗战时就使用酒精作汽车燃料,解放战争时期,解放军建立了南阳酒精厂,是生产乙醇汽油用酒精的主要工厂。目前中国是世界上第三大生物燃料乙醇生产国和应用国,仅次于美国和巴西,2017 年中国的产量 2.6×10^6 t,占全世界产量的 3%,主要是以玉米、木薯等为原料的 1 代和 1.5 代生产技术工艺在中国已经成熟,年消耗玉米量占中国玉米总产量的 3.2% 左右。2017 年中国汽油年产超 1.04×10^8 t,燃料乙醇产量仅占汽油产量 2% 左右,若未来全国范围内推广使用 E10 乙醇汽油,所需燃料乙醇超过 9×10^{10} t,但如果全部利用玉米进行生产,年消耗玉米量将达全国玉米总产量的 16%,对中国这样人口大国不是一个现实选择,2019 年 1—12 月酒精燃料进口数量为 1.03993×10^8 L。近年来,中国燃料乙醇行业逐渐向非粮经济作物和纤维素原料综合利用方向转变,第 2 代燃料乙醇技术,使用纤维素和半纤维素为原料,预处理后通过高转化率的纤维素酶,原料中的纤维素转化为可发酵的糖类物质,然后通过特殊的发酵工艺制造燃料乙醇,中国每年农作物秸秆等生物质废弃物有超过 7×10^8 t(干重),秸秆中含有 60%~75% 的纤维素或半纤维素,目前约 40% 的废弃秸秆用作饲料、肥料及工业原料,其他都主要以低效直接燃烧为主,由此造成了较严重的烟尘污染。若其中 15% 用于制造燃料乙醇,大约可制 1×10^7 t/a。因此开展玉米芯、玉米秸秆等农林废弃物是燃料乙醇的新兴研究方向,发展改革委、国家能源局、财政部等十五部门联合印发了《关于扩大生物燃料乙醇生产和推广使用车用乙醇汽油的实施方案》,提出到 2025 年,力争纤维素乙醇实现规模化生产,先进生物液体燃料技术、装备和产业整体达到国际领先水平,形成更加完善的市场化运行机制,在全国范围内推广使用车用乙醇汽油,基本实现全覆盖。

燃料乙醇的长远发展方向是第 3 代微藻乙醇技术,以微藻中淀粉、纤维素、半纤维素等碳水化合物为原料生产燃料乙醇。微藻光合效率远高于陆生植物,生长周期短,同时微藻生长过程中以大气中的 CO_2 为主要碳源,能够减少温室气体排放。微藻乙醇目前还处于研发阶段,未达到规模工业化生产阶段。

生物柴油概念 1895 年由德国工程师 Dr. RudolfDiesel 提出[48]。1992 年,美国生物柴油协会提出定义:生物柴油是指以植物、动物油脂等可再生生物资源生产的,用于压燃式发动机的清洁替代燃油。目前更学术的定义：生物柴油是指植物油（如菜籽油、大豆油、花生油、玉米油、棉籽油等）、动物油（如鱼油、猪油、牛油、羊油等）、废弃油脂或微生物油脂与甲醇或乙醇经酯转化而形成的脂肪酸甲酯或乙酯[49]。

生物柴油是可再生能源，其燃烧时排放的CO_2远低于该植物生长过程中所吸收的CO_2，大大改善温室气体的影响，同时硫化物的排放也很低，无催化剂时可减少约30%（有催化剂时为70%）。生物柴油不含芳香族烷烃，所以使用生物柴油可降低90%的空气毒性，降低94%的患癌率。生物柴油含氧量高，燃烧时排烟少，一氧化碳的排放与柴油相比减少约10%（有催化剂时为95%）。生物柴油的生物降解性高，环保性能更高。另外，和石化柴油比有更好的燃烧性能、低温启动和润滑性能及较高的安全性能，而且原料也比较容易获得。[50]

目前生物柴油主要是用化学法生产，即用动物和植物油脂与甲醇或乙醇等低碳醇在酸或者碱性催化剂和高温（230～250℃）下进行转酯化反应，生成相应的脂肪酸甲酯或乙酯，再经洗涤干燥即得。甲醇或乙醇在生产过程中可循环使用，生产设备与一般制油设备相同，生产过程中可产生10%左右的副产品甘油[51]。

目前生物柴油的主要问题是成本高。据统计，生物柴油制备成本的75%以上是原料成本。因此采用廉价原料及提高转化从而降低成本是生物柴油能否实用化的关键。美国已开始通过基因工程方法研究高油含量的植物，如美国国家可更新实验室（NREL）的"工程微藻"，在实验室条件下可使"工程微藻"中脂质含量增加到60%以上。日本采用工业废油和废煎炸油，欧洲是在不适合种植粮食的土地上种植富油脂的农作物。

2017年全球生物柴油的产量$3.2232×10^7$t，欧盟、美国、巴西、印度尼西亚、阿根廷是生物柴油生产的主要国家和地区，其中欧盟的生物柴油产量占全球产量的37%，美国占8%，巴西占2%。

欧盟最早鼓励其成员国使用生物柴油，交通燃料消费中，柴油占55%，汽油占45%。混合生物柴油的柴油使用量达到总量的1.6%，是添加生物乙醇的4倍。

自2007年起，德国成为全球最大的生物柴油生产国和消费国，2004年1月起，德国政府就强制规定，柴油中必须加入一定比例的生物燃油。2017年德国生物柴油加油站有1700多个，平均每20～45km公路上就有一个生物柴油加油站，之前每年以120家的速度在增长。德国还成立生物柴油质量管理联盟，对生物柴油的原料供应、生产、运输、销售等环节都进行严密的质量监控。德国汽车行业也对发动机进行改进，私人轿车无须改装就可以直接使用生物柴油。此外，德国生物柴油生产和销售企业完全免税，并对提供原料供应的油菜种植户提供经济补贴，油菜籽是欧洲生物柴油的主要原料，约占生物柴油原料总量的80%，而葵花籽油和垃圾油则是南部欧洲的主要原料。2006年在欧盟各国中，德国、法国、意大利、荷兰和西班牙五国的生物柴油产量达到510万t，占欧盟生物柴油总产量的67%。

美国批量生产生物柴油始于20世纪90年代，主要生产原料是豆油（占85%）、菜籽油及其他油脂。2011年产量270万t，美国有40个州使用生物柴油，但使用方法与欧洲不同，主要是以80%的普通石化柴油与20%生物柴油调和，用于环保要求高的城市公共交通、卡车和地下采矿业等方面。

中国研究生物柴油于20世纪80年代已经开始，正式课题由闵恩泽院士于2000年

11月在《绿色化学与化工》一书中明确提出，目前中国生物柴油的国家标准已与国际接轨，生产技术也处于国际同步状态。2001年海南正和生物能源公司在河北邯郸建成国内第一个以回收废油、野生油料为原料的生物柴油实验厂。2002年8月，四川古杉油脂化学公司以高芥酸菜籽油下脚料和潲水油为原料开发出年产1×10^4 t生物柴油生产线。2002年9月福建龙岩卓越新能源发展公司又建成了年产2×10^4 t生物柴油的装置。据美国农业部对外农业服务局的测算数据，中国生物柴油行业2020年产能规模约为218万t，多家企业都宣布其生物柴油业务的产能扩建、新建计划，如卓越新能2020年年末披露计划3~5年将生物柴油产能整体提高到6×10^5 t，嘉澳环保生物柴油业务新增产能1×10^5 t/a，预计2021年投产，三聚环保将新增4×10^5 t/a的生物柴油产能等，2010—2020年间，中国生物柴油的产量年均增速为9.9%，2020年的产量为1.16×10^6 t，但由于中国生物柴油目前尚未进入国有成品油体系，在车用交通燃料油领域基本没有开始使用，2020年全年生物柴油主要出口，在国内的消费量仅为3.4×10^5 t。

近年来，国内生物质能源技术在一些特殊技术领域也有比较大的突破，如中国科学院木质纤维素原料制备生物航油联产化学制品的技术，通过低值生物质中半纤维素和纤维素大规模转化高值生物航空燃油，产品质量达到ASTMD7566（A2）标准，已建成世界首套百吨级秸秆原料水相催化制备生物航油示范，可通过农业废弃物醇烷联产技术制备燃料乙醇和其他生物质燃料，同时利用动植物油脂为原料，采用自主研发的加氢技术、催化剂体系和工艺技术生产的生物航空燃油也已成功应用于商业化载客飞行示范。近期开始兴建世界首套千吨级示范系统，同时联产千吨级呋喃类产品异山梨醇、3×10^5 t秸秆乙醇及配套35t热电联产工业示范、年千万立方米生物燃气综合利用与分布式供能工业化示范工程。

生物质能源由于能量密度低、分散分布、利用过程需增加预处理或附加的转换设备利用的成本较高，与化石能源产品竞争处于不利地位，发展能源作物时，也需要考虑对生态环境的不利影响及粮食安全构成的威胁。未来，随着环保力度的加大，生物质混燃、直燃、气化发电技术成本将逐步低于燃煤发电，生物质热电联产、生物质锅炉供热全成本计算也会低于燃煤供热，养殖场畜禽粪便或其他生物质原料制取及生物质热解气制取沼气的成本会接近或低于天然气，是未来天然气的有效补充。非粮淀粉类、糖类及纤维素为原料的生物乙醇成本将与同时期汽油成本相当，2030年前生物质能源应用将得到飞速发展。随着生物质产业的飞速发展，传统生物质资源无法支撑庞大的需求，必须发展新型生物质，如藻类和能源植物等。

其他生物质能源应用技术还有生物质固体成型燃料、生物基材料及化学品等，高值化生物质产品，如高品质生物航油、军用特种燃油增能添加剂、军用超低凝点柴油、乙二酸、高分子单体乙二醇、低成本生物塑料和生物质染色剂也是未来生物能技术发展趋势之一。

随着现代信息技术、生物技术、计算机技术、先进制造技术、高分子材料等领域取得的重大科学突破，"互联网+""大数据"和"人工智能"将为生物质能发展带来新的机遇，多学科深度融合将成为未来发展的必然趋势，生物质能开发利用将呈现多元化、智能化和网络化的发展态势。

3

建筑业能源消耗与碳排放

3.1 国际建筑业能源消耗与碳排放

全球建筑业 2019 年产值 11.4 万亿美元，占全球 GDP 的 6%，其中发达国家占比 5%，发展中国家占比 8%，就业人数超过 1 亿。根据牛津经济研究院的预测，2030 年全球建筑业产值将达到 17.5 万亿美元，年均增长 3.9%。到 2060 年，全球人口有望达到 100 亿，其中 2/3 的人口将生活在城市中，需新增建筑面积 2300 亿 m^2，即现有建筑存量将翻倍。

建筑的巨大需求和城市化率的不断提高，带来建筑行业温室气体排放量持续上升，也带来巨大的气候风险，根据国际能源署（IEA）和联合国环境规划署（UNEP）发布的《2020 年全球建筑和建造业状况报告》[52] 显示，2019 年全球建筑建造行业能源消耗（直接＋间接）占全球能源总消耗的 35%，碳排放占比 38%，排放量达 1.3×10^{10} t，增长 2%，达到历史最高水平，若不能提高目前建筑能耗标准和管理水平及建筑能源的绿色化，建筑建造行业的温室气体排放还将持续上升（图 3-1）。

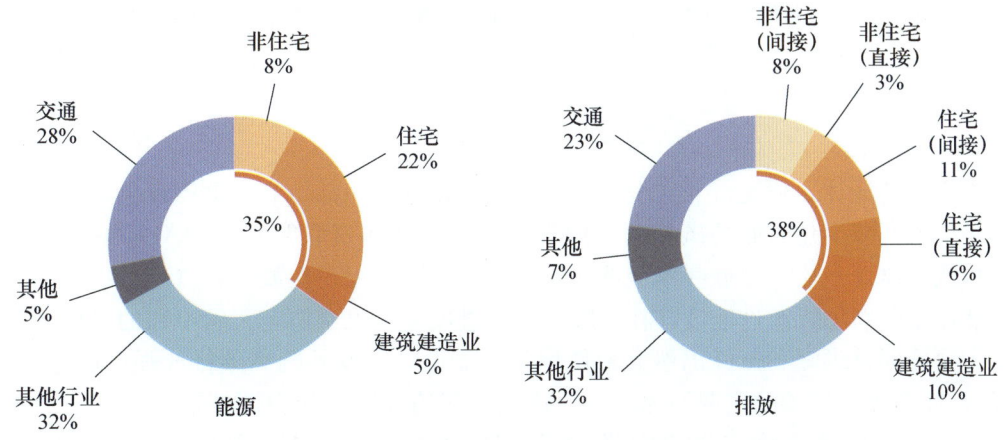

图 3-1 2019 年全球建筑部门最终能源消耗量与碳排放份额
（资料来源：IEA，UNEP《2020 年全球建筑和建造业状况报告》）

其中术语简单定义如下：

直接排放：包括建筑行业本地发生的化石燃料直接燃烧过程中导致的 CO_2 排放，主要包括建筑内的直接供暖、炊事、生活热水，医院或酒店蒸汽等导致的燃料排放。

间接排放：包含建筑业外购的电力、热水、冷冻水、蒸汽等，指外界输入建筑的电力、热力包含的碳排放。

建筑直接和间接排放合起来统称为"建筑运营碳排放"，其来源主要是建筑运行能耗产生，包括供暖、空调、照明、插座设备及特殊用能：如实验室、数据中心和交通充电桩等产生的用能排放。

为了全面反映建筑全生命周期的碳排放，本书及 UNEP 全球建筑及建造业报告中定义的间接排放（图 3-2）还包含建材（如钢铁、水泥、玻璃等）生产运输施工过程所产生的碳排放，基本等同于内含碳排放的概念，即建筑建造及运营全过程的碳排放。而 IPCC 体系下，碳排放部门一般划分为工业、电力、建筑和交通四个行业。这个语境下的建材生产运输部分排放算在工业领域，而不属于建筑。

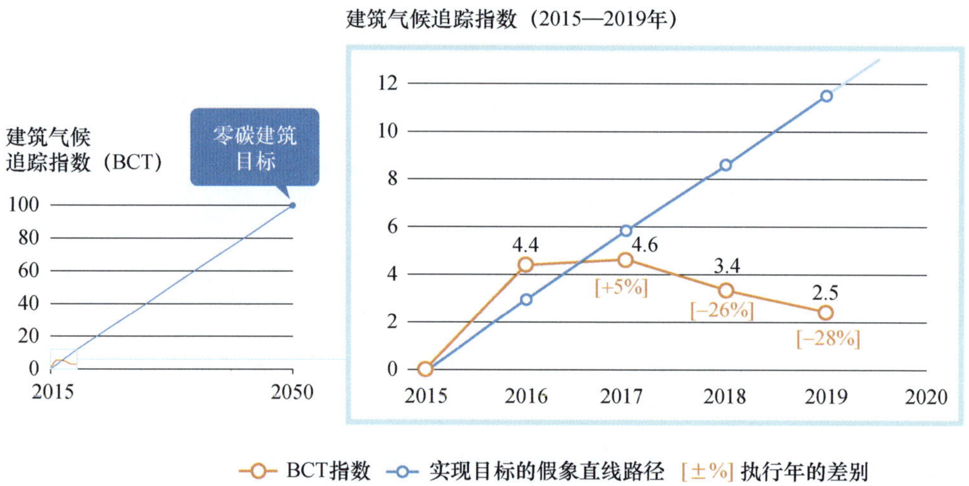

全球建筑联盟GlobalABC建筑气候追踪指数（BCT），综合7个全球指标的数据而成：全球建筑能效投资增幅（全球，10亿美元；建筑能效标准数量；绿建证书量（累计量增幅）；带建筑业行动计划的国家自主贡献NDCs数量；全球建筑中可再生能源在能源最终消耗的比重；建筑能源强度（$kW·h/m^2$）；建筑碳排放

图 3-2　全球建筑脱碳指数
（资料来源：全球建筑联盟 GlobalABC）

无论如何计算，建筑行业在全球应对气候变化挑战中都扮演着重要角色，未来几十年，必须大幅减少建筑业的碳排放，但根据上图全球建筑联盟 GlobalABC 的建筑气候追踪指数（BCT）显示，近些年全球建筑部门的脱碳进程正在放缓，CO_2 减排行动的数量虽然在不断增加，改进速度却在下降，脱碳进展和《巴黎协定》碳中和的目标严重背离，主要原因是供暖和烹饪仍然大量使用化石能源，以及外购高碳排放强度的电力等。"建筑是能源需求增长的主要原因之一，建筑内部的发展，如空调使用数量的增加正在对全球能源和环境趋势产生重大影响。"国际能源署（IEA）署长法提赫·比罗尔（Dr. Fatih Birol）表示：如果我们不能提高建筑物能效，能源消费的持续增长终将影响到我们所有人，到那时，我们或许享受不到负担得起的能源服务，空气质量或将持续恶

化。数据显示，2010年以来，"室内制冷"的能源使用量已经增加了25%，目前全球建筑物中运行着16亿套空调设备，但这些设备大部分没有安装在地球最热的国家，全球有28亿人口生活在日均25℃的地方，这些人口只有8%的人拥有空调。

全球建筑业的减排任务巨大，如果2050年建筑业实现净零碳排放，建筑业的碳排放需要以每年6%左右的速度下降，到2030年直接CO_2排放需减少50%，间接CO_2排放需减少60%（图3-3）。

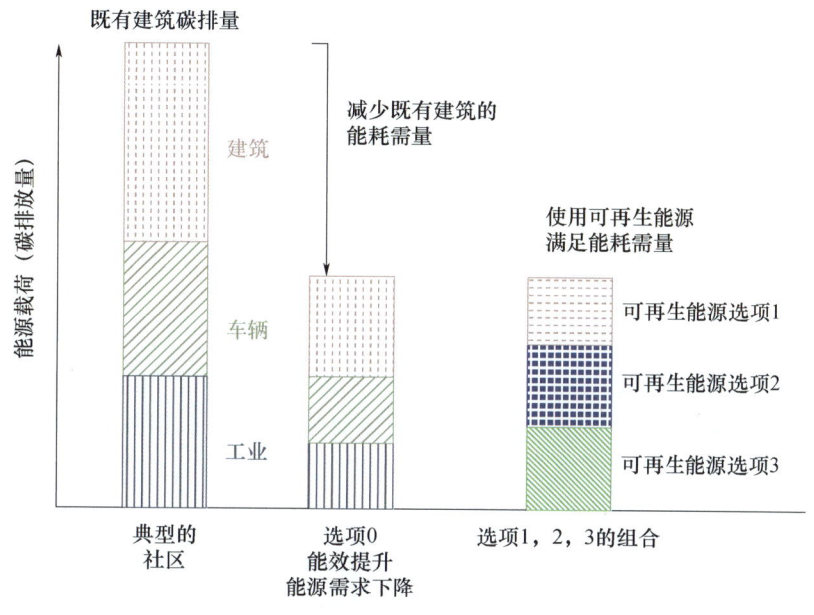

图3-3 建筑能耗需量完全可再生化预估

实现建筑或社区运营零碳排放主要路径非常清晰，一是尽可能地减少建筑运营过程能源使用导致的碳排量，即现有建筑节能改造和电气化；二是使用可再生能源技术满足建筑或者社区所需的全部能耗。

所以IEA和UNEP的报告建议，建筑行业应大力减少建筑的能源需求，实现电力部门脱碳，采用全生命周期低碳建材等措施来扭转碳排放上升的趋势，并以每年3%的速度提高建筑的能源效率，到2030年新建建筑应达到净零碳直接排放，并同时改造和提升现有建筑，到2050年，至少2/3的现有建筑面积仍可以继续使用，因此营造低碳或碳中和的建筑环境，就必须同时解决新建建筑和既有建筑的问题，即内含碳排放和运营碳排放。

可喜的是，在197个《巴黎协定》签署国提交的"国家确定贡献值"（Nationally Determined Contributions，NDC）中，有136个提到了建筑，53个提到建筑能源效率，2019年全球市场的建筑能效投资增长3%，至1520亿美元，38个国家明确提出建筑能源法规，利用规范、标准和认证可以更好地推动整个行业改造老旧建筑，新建绿色建筑。如目前欧洲超80%的建筑有20年以上的年限，2020年欧洲委员会发布"革新浪潮"倡议，希望2030年所有建筑实现近零能耗，由此法国设立了翻新工程补助金，计划帮助700万套高能耗住房符合低能耗建筑标准，英国推出"绿色账单"计划，以退税、补贴等方式鼓励民众为老建筑安装减排设施,对新建绿色建筑实行"前置式管理",即建筑在设计之初就综合考虑节能元素,按标准递交能耗分析报告等措施。

3.2 中国建筑业能源消耗与碳排放

建筑业是中国国民经济重要支柱产业,2020年中国建筑业总产值26.4万亿元,占GDP的比重超过1/4,占比较上年提高0.08个百分点,至2020年年底,建筑业企业共116716家,增长12.4%,从业人员达5366.92万。

3.2.1 中国建筑业能源消耗与碳排放概况及未来走向简介

中国的建筑是全球CO_2的主要来源之一,根据中国建筑节能协会《中国建筑能耗研究报告(2020)》[53],2018年全国建筑全过程碳排放4.93×10^9t,占全国碳排放的51.3%,其中建材生产阶段碳排放2.72×10^9t CO_2,占比28.3%;建筑施工1×10^9t CO_2,占比1%;建筑运行阶段碳排放2.11×10^9t CO_2,占比21.9%(图3-4)。减排需求巨大,这个研究中的排放包含建筑运营CO_2排放及建材生产过程排放和建筑施工过程排放。从温室气体排放类型来看,建筑排放主要是建筑使用过程燃料燃烧、外购电力热力生产燃料燃烧,以及建材生产过程的燃料燃烧和化学反应产生的CO_2排放,过程中不产生甲烷等其他温室气体排放。

图3-4 2005—2018年全国建筑全过程碳排放变动趋势
(资料来源:中国建筑节能协会《中国建筑能耗研究报告(2020)》)

建筑运营碳排放2009年约为1.354×10^9t,到2018年则约2.126×10^9t,增长57%,约占中国碳排放总量的20%,也占全球建筑总排放量的20%。根据清华大学建筑节能中心发布的《中国建筑节能年度发展研究报告2020》[54]显示,2018年,做饭炊事、烧煤取暖、使用燃气热水器等能源燃烧产生的直接碳排放占50%,外购电力相关的间接碳排放占42%,热电联产热力相关的间接碳排放占8%,其报告中集中供热拆分成两部分,锅炉房供热部分纳入直接碳排放,热电联产等外购热力相关间接碳排放纳入间接碳排放范畴，国内其他机构与之分类略有不同。2018年我国建筑运营碳排放约为人均1.5t，平均建筑运营碳排放为35kg/m²。

建筑的各种能源消耗产生碳排放，最终是为人在建筑中提供服务的，人的需求是建筑部门用能的最根本驱动力，人越多，意味着服务基数越大，而随着经济发展，对高质量生活的要求不断提升，室内服务水平也会有所增长，从而增加建筑用能。按照建筑分项类别的排放分别为：农村住宅23%，公共建筑30%，北方采暖26%，城镇住宅21%。[55]

按照"十三五"国家发展规划，我国经济向高质量进一步发展过程中，产业结构逐渐会由第二产业的工业为主转变为第三产业服务业为主，公共和商业建筑的需求会进一步增加，而第三产业的能源消耗活动主要也发生在公共与商业建筑之中，即增加公共建筑用能。此外，我国目前还处在城镇化建设后期阶段，城乡仍存在较大差异，随着城镇化水平的提升，城乡差距缩小，这部分居民用能习惯的改变，会对能源消耗产生较大影响（图3-5）。

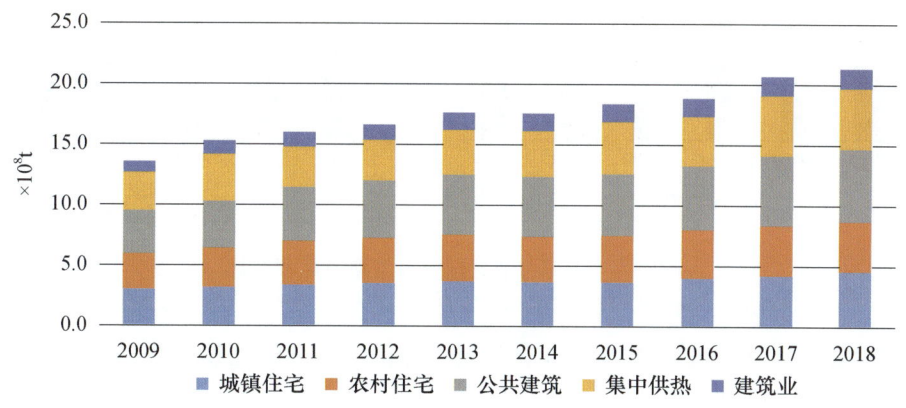

图3-5 中国建筑运营CO_2排放量（2009—2018年）

注：根据能源排放因子及分品种能源消费总量测算得到，其中电力和集中供热归入间接排放。

中国存量建筑从2009年的约$4 \times 10^{10} m^2$迅速增长到2020年的约$6.5 \times 10^{10} m^2$，增量迅速（图3-6）。

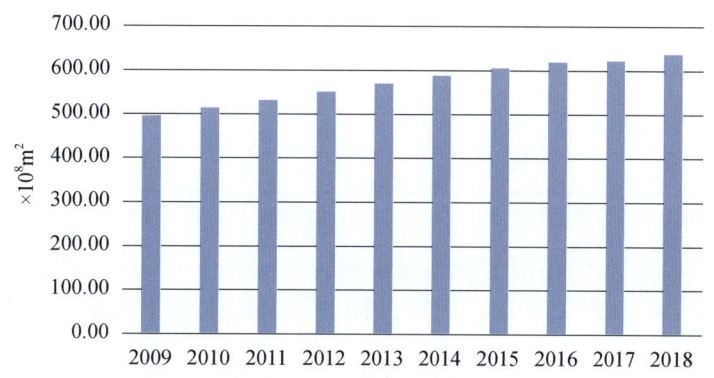

图3-6 我国建筑面积存量总量（2009—2018年）

（资料来源：根据中国统计年鉴、中国城乡建设统计年鉴整理计算得到）

《中国经济增长十年展望（2018—2027）》、中国"十四五"规划及2035年愿景都显示，中国人均GDP到2027年达1.25万美元，进入联合国规定的中等收入国家，2033年人均GDP将达到2.4万美元，2050年将达到4.1万美元，成为中等发达国家成员。

建筑面积增长、GDP发展和人民追求高质量美好生活的过程，都会产生碳排放和用电量的增长，这个过程一定程度上可以借鉴发达国家的经验，即我国城镇化率还会继续提高，预计会从2020年的64%增加到2030年的70%，2060年达到80%，达到发达国家的水平，而我国人均住宅建筑面积也会接近人口密度相近的发达国家，如图3-7所示中国2018年人均住宅面积约30m²/人、人均公共建筑面积不足10m²/人，与日本和欧洲发达经济体都有一定的差距，说明未来我国的人均建筑面积和人均用能源消耗都会进一步增长。

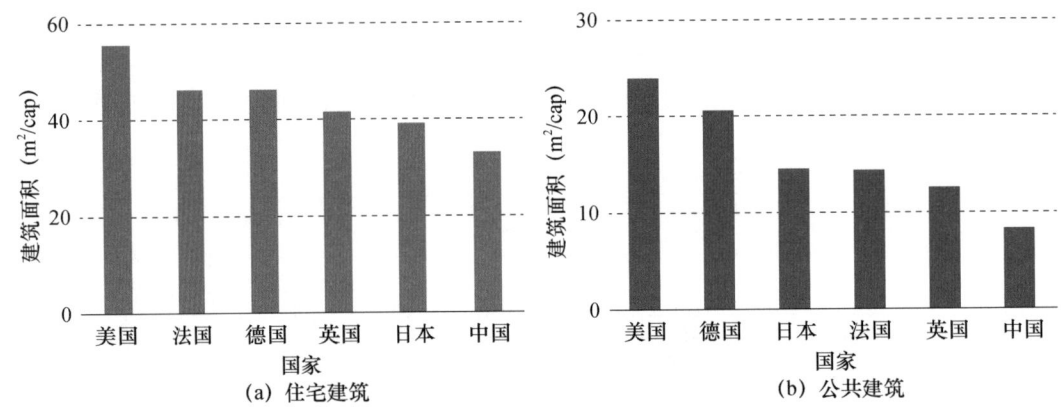

图3-7 中国与部分国家人均建筑面积对比
（资料来源：清华大学建筑节能研究中心《中国建筑节能年度发展报告2020》）

根据住房城乡建设部科技与产业化发展中心的宏观建筑面积预测结果（表3-1），在中等情景下，我国建筑面积峰值为8.44×10^{10} m²，达峰时间为2038年；而城镇居住的建筑面积峰值为4.19×10^{10} m²，达峰时间为2042年，之后逐步下降，到2060年和2025年水平相当。

表3-1 宏观建筑面积预测：中等情景关键时间节点建筑面积情况（$\times10^8$ m²）

年份	城镇居住建筑	公共建筑	农村住宅	集中采暖	总量
2025	324	238	187	187	749
2030	371	219	219	229	809
2035	404	196	239	250	839
2050	387	145	223	237	754
2060	324	238	187	187	749

资料来源：住房城乡建设部科技与产业化发展中心《建筑领域碳达峰碳中和实施路径研究》。

我国2019年城镇居民年均生活用电量约为732kW·h/人，美国为4367.5kW·h/人，是我国的6倍；丹麦、英国、德国、日本等国家人均年用电量①都维持在1700～

---

① 据公开数据整理，2016年日本人均生活用电量2121kW·h/人，德国人均生活用电量1549kW·h/人；2014年丹麦人均生活用电量1799kW·h/人，英国人均生活用电量1687kW·h/人，中国香港人均生活用电量1665kW·h/人。

2200kW·h,是我国的 2～3 倍。由于欧洲、日本的人口密度和我国更加接近,有些区域甚至气候条件也和我国类似,数据更适合参考;根据 2020 年中国电力企业联合会发布的《中国电气化发展报告 2019》[56],预计到 2035 年,我国人均生活年用电量会达到 1700～1900kW·h/人,全社会用电总量达 $1.16×10^{13}$～$1.21×10^{13}$ kW·h,其中考虑到目前我国电气化并不完全,实现报告中展示的基础情景 1700kW·h/人可能性更大,如果电气化加速实现,则可能实现其报告中加速情景 1900kW·h/人;而根据国家电力规划研究中心发布的《我国中长期发电能力及电力需求发展预测》[57],未来我国居民生活用电比重将由现在的 12.0% 逐步上升至 20% 以上,人均居民生活用电量将达到 2000kW·h/人,基本达到世界发达国家居民生活用电水平。而根据清华大学建筑节能中心主任江亿预测:"2019 年,我国建筑运行用电量为 $1.89×10^{12}$ kW·h,约占全社会用电总量的 1/4,其中 70% 左右来自燃煤、燃气发电,支撑建筑运行排放的 CO_2 高达 $1.1×10^9$ t。随着建筑运营全面电气化,建筑内各类燃料的直接应用均逐步转为电力,单位面积建筑用电量将持续增加,而按照 2030 年前建筑保有量达峰规模 $7.5×10^9 m^2$ 计算,用电总量将在当前的基础上翻倍。"(图 3-8)

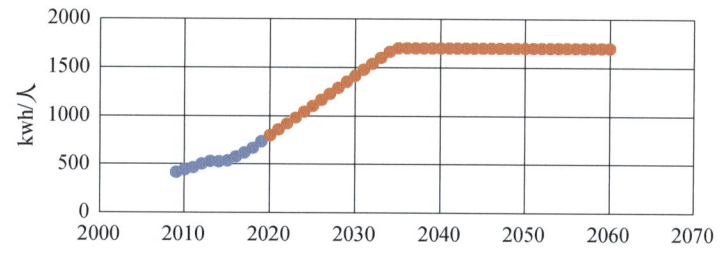

图 3-8 城镇居民人均年用电量历史及预测(至 2060 年)

注:根据我国家电保有量、我国城镇居民人均用电现状、中国电力企业联合会、国家电力规划研究中心等部门电力规划以及欧洲人均居住建筑电力情况综合评估判断。

虽然各家权威机构测算有所不同,但用电量未来巨幅增长的趋势相同,到 2030 年中国建筑会使用 $2.3×10^{12}$～$3.7×10^{12}$ kW·h 电力。而据五大电力集团做的预测,电力行业碳达峰时间点为 2027 年,碳达峰时的碳排放强度为 482.9g/(kW·h)[58],和目前约 550g/(kW·h)发电碳强度下降 12%,将是建筑领域最主要的排放来源,也是减排难点。根据中国建筑节能协会能耗统计专委会发布的《中国建筑能耗研究报告(2019)》[53],建筑业达峰时间会推测到 2039 年,即全国碳排放总量达峰之后,建筑业的碳排放仍将继续增长 9 年,挑战巨大。

未来,除电力需求快速增长外,对室内舒适度要求的提高,也会带来建筑能耗较快增长,如长江流域过去为非采暖地区,而现在冬季采暖需求逐渐增大,农村地区建筑用能也明显增长,很多寒冷地区农村采暖用煤已经超过 $30kg/m^2$,并伴随着建筑面积持续增长,建筑用能总量会持续增长。根据住房城乡建设部科技与产业化发展中心预测,如果按照目前建筑发展趋势的基础情景,建筑用能会在 2045 年才能达峰,总量峰值为 17.51 亿 t 标准煤;2045—2050 年建筑用能几乎保持不变,实现碳中和几无可能。而只有实现节能减排的总量控制情景下,建筑用能总量才能在 2035 年达峰,总量达到 $1.482×10^9$ t 标准煤,比基础情景平均每年节约 5.2 亿 t 标准煤,如图 3-9 所示,2030

年后随着新旧建筑更替，更多的建筑执行更严格的节能设计标准，可再生能源占比稳步提升，节能运行效果稳步提升，建筑用能更加高效清洁，建筑用能总量才能开始略有下降。

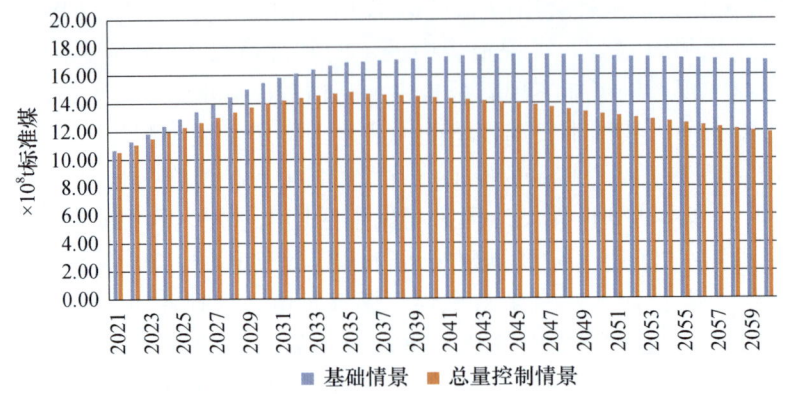

图 3-9　不同情景下建筑用能预测（2021—2060 年）
（资料来源：住房城乡建设部科技与产业化发展中心《建筑领域碳达峰碳中和实施路径研究》）

建筑运营碳排放量的预测不仅与能源结构有关，还与中国清洁电力发展趋势和集中供热发展趋势有关，综合国家电力规划研究中心发布的《我国中长期发电能力及电力需求发展预测》化石燃料发电（燃煤、燃气、燃油）和非化石燃料发电数据及 2020—2050 年电力碳排放因子，参考北方集中供暖发展趋势相关资料，测算 2020—2025 年集中供热碳排放因子，并结合不同情景下中国建筑用能能源结构，住房城乡建设部科技与产业化发展中心《建筑领域碳达峰碳中和实施路径研究》测算了两种情景，即基础情景和总量控制情景下的未来建筑运营碳排放量（图 3-10）。基础情景下，建筑 CO_2 排放总量 2035 年达峰，总量维持在 $3.008×10^9$ t，其中直接碳排放 $3.84×10^8$ t，间接碳排放 $2.724×10^9$ t，建筑直接碳排放总量在达峰后稳步降低，最后维持在 $3×10^8$ t 碳排放；总量控制情景下，排放总量在 2030 年达峰，总量达到 $2.688×10^9$ t CO_2，其中直接碳排放 $3.61×10^8$ t，间接碳排放 $2.327×10^9$ t，达峰后直接 CO_2 排放总量稳步下降，在 2060 年直接 CO_2 排放量为零，实现碳中和（图 3-11）。

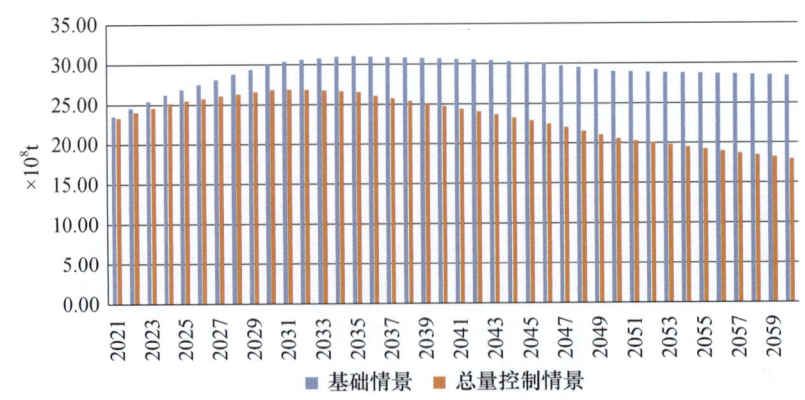

图 3-10　建筑部门运营 CO_2 排放总量预测
（资料来源：住房城乡建设部科技与产业化发展中心《建筑领域碳达峰碳中和实施路径研究》）

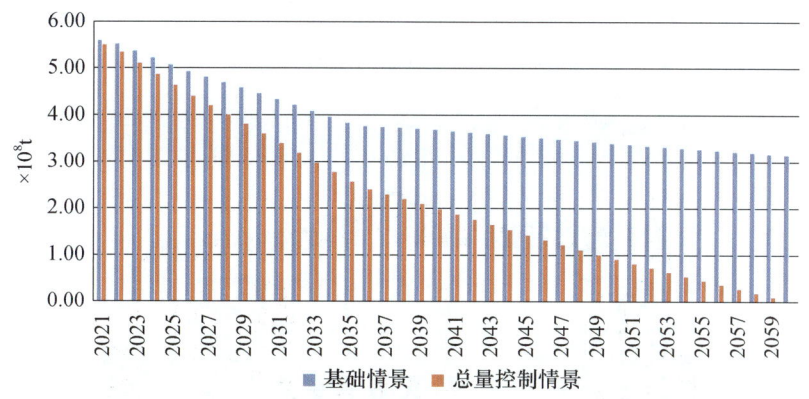

图 3-11　建筑部门直接 CO_2 排放量预测
（资料来源：住房城乡建设部科技与产业化发展中心《建筑领域碳达峰碳中和实施路径研究》）

建筑业同时也是高碳排放工业产品钢筋水泥的输出大户，新建、改造建筑的钢铁用量占全社会钢铁总产量的 30%，建筑的水泥用量占全社会水泥总产量的 25%。根据中国建筑节能协会《中国建筑能耗研究报告（2020）》[53]测算，2018 年建筑建材生产能耗产生 $1.1×10^9$ t 碳排放，生产过程化学反应产生碳排放 $1.62×10^9$ t，共 $2.72×10^9$ t，而钢材、水泥和铝材生产过程占总建材排放的 90%。该领域生产能耗产生的排放主要是化石燃料，目前 70% 是煤炭燃烧产生的，能源效率低，排放高，寻找化石燃料的替代燃料变成一个紧迫的任务。如可再生能源制造绿氢后作为燃料炼钢或制造水泥，同时，由于有些原材料如水泥生产过程中化学反应产生的碳排放几乎无法避免。目前碳捕捉封存的 CCUS 技术成本仍然较高，减少材料使用量的技术也就变得异常重要，如使用碳纤维替代钢筋，能够增加碳纤维混凝土强度和寿命，还能大大节约材料，使用废弃物如工业污泥、河道淤泥代替骨料生产建筑制品等新兴技术都会在未来成为减排先锋产品。

因此全社会的节能减排在建筑业显得尤为重要，绿色建筑应当是建筑全生命期内，节约资源、保护环境、减少污染，为人提供健康、适用、高效的使用空间，同时实现人与自然最大限度地和谐共生。而建筑低碳发展是建筑在建筑材料与设备生产、施工建造和使用、拆除的整个生命周期内，最大限度避免使用化石能源，提高能效，直至消除 CO_2 排放量。

3.2.2　中国建筑业节能概况及未来走向简介

鉴于电力能源绿色低碳转型需要比较长的时间，建筑节能应该成为建筑业低碳的首要任务，能源转型委员会（ETC）2020 年发布的报告指出，中国建筑业需要在整个生命周期内实现建筑脱碳，必须采取更加明确而强有力的政策，并对行业进行彻底改革，才可以实现碳中和，如推动建筑业"被动式建筑"设计，推广热泵、节能门窗和隔热材料，提升材料效率，推广使用低碳材料、高效隔热建筑围护结构及照明设备和电器节能等。

被动式建筑是由德文"PASSIVHAUS"翻译而来，此概念最早在 1988 年由瑞典隆德大学的 Bo Adamson 和德国被动式建筑研究所的 Wolfgang Feist 正式提出，由德国弗莱堡大学弗劳恩霍费尔太阳能系统研究所（ISE）于 1991—1992 年间建造了世界第一座被动式建筑 The Energy-Autarchic Solar House of ISE（图 3-12）。德国被动式建筑研究所将被动式建筑界定为：节能、舒适和经济的建筑。

图 3-12 The Energy-Autarchic Solar House of ISE
（资料来源：https：//passipedia.org）

被动式建筑是指通过自然采光、太阳能辐射等被动式节能措施，与建筑外围结构保温隔热节能技术相结合，不使用主动的采暖和空调系统就可维持舒适的室内热环境的建筑。不同于主动式建筑，被动式建筑通过本身的构造设计，不主动使用能源供能，就能达到舒适的室内温度，不需要额外安装制冷和供暖设备。被动式房屋的基本原则就是能效。杰出的保温墙体、创新的门窗技术、高效的建筑通风、电器节能都是解决能效的基础。

由于成本和使用习惯及对当地气候等约束条件适应性的影响，越来越多的地区开始研究近零能耗建筑，2015 年住房城乡建设部发布的《被动式超低能耗绿色建筑技术导则（试行）》将其定义为：适应气候特征和场地条件的建筑，通过被动式设计最大幅度降低建筑供暖、空调、照明需求，通过主动技术最大幅度提高能源设备与系统效率，充分利用可再生能源，以最少的能源消耗提供舒适室内环境，并能满足绿色建筑基本要求，且其室内环境参数和能效指标符合本地标准规定的建筑。2019 年住房城乡建设部发布《近零能耗建筑技术标准》[1]，2019 年 9 月 1 日开始实施，要求建筑更加节能。建筑物全年供暖供冷需求显著降低，严寒和寒冷地区建筑节能率达到 90% 以上。与现行国家节能设计标准相比，供暖能耗降低 85% 以上；年供暖、供冷和照明一次能源消耗量$\leqslant 60kW\cdot h/(m^2\cdot a)$ 或 $7.4kgce/(m^2\cdot a)$。如果超低能耗建筑使用可再生能源大于或等于建筑全年全部用能的建筑，此建筑就可称为零能耗建筑"zero energy building"，譬如图 3-13 中国内地第一栋被动房认证"汉堡之家"（2010 年，上海世博会）。

为应对气候变化，发达国家已经开始采取政府强制手段，在节能建筑领域制定强制规范、规则，如欧盟 2002 年通过并于 2010 年修订的《建筑能效指令》（EPBD），要求欧盟国家在 2020 年后，所有新建建筑都必须达到近零能耗水平。而丹麦要求 2020 年后居住建筑全年冷热能源消耗$\leqslant 20kW\cdot h/(m^2\cdot a)$；英国要求 2016 年后新建建筑达到零碳，2019 年后公共建筑达到零碳；德国要求 2018 年 12 月 31 日后政府部门拥有或使用

---

[1] 国家标准《近零能耗建筑技术标准》，编号 GB/T 51350—2019，2019 年 9 月 1 日正式实施。

图 3-13　中国内地第一栋被动房认证"汉堡之家"（2010 年，上海世博会）

"汉堡之家"的全年能耗为 50kW·h/（m²a）。

（资料来源：https://emu.systems/PHI Hamburg Home）

的建筑达到近零能耗，2020 年 12 月 31 日后所有新建建筑达到近零能耗；美国要求 2020—2030 年"零能耗建筑"在技术及经济上可行；韩国提出 2025 年全面实现零能耗建筑目标。

近年来，中国建筑部门的节能工作也逐渐从以措施控制为主转向以措施控制、总量与强度控制并重（图 3-14），2008 年起，住房城乡建设部逐步推进建筑能耗监测平台，截至 2016 年年底，已实施能耗在线监测 1.1 万余栋。2016 年，住房城乡建设部发布《民用建筑能耗标准》（GB/T 51161—2016），这是中国第一部以建筑实际用能量为评价指标的全国标准，作为建筑用能总量与强度目标制定的重要依据，随后许多地区又推出相应地方标准，作为制定建筑节能政策措施的数据支撑。此外，部分省市的"十三五"绿色建筑与建筑节能发展规划也提出了建筑部门的能耗总量控制目标。比如，北京市"十三五"绿建规划中，提出了到 2020 年，城镇民用建筑面积为 $1\times10^9 \text{m}^2$，民用建筑能源消费总量控制在 4100 万 t，新建城镇居住建筑单位面积能耗与"十二五"末相比平均下降 25％。

技术控制措施	用能总量和强度控制
·采用节能技术	·控制用能总量
·提升围护结构性能标准	·采用能耗定额等控制方法
·提升系统和设备的能效	·鼓励采用节能服务模式

图 3-14　建筑部门节能工作的转变

（资料来源：住房城乡建设部科技与产业化发展中心《建筑领域碳达峰碳中和实施路径研究》）

在这个政策管理思路下，中国近年来不断提高新建建筑强制的节能标准，无论是严寒地区还是夏热冬冷和夏热冬暖地区，建筑节能设计标准都是按照 30％的速度稳步提升,目前严寒地区2019年已经执行75%节能标准。严寒地区采暖能耗9.8kgce/m²,寒冷地区采暖能耗6.4kgce/m²。根据《建筑领域碳达峰碳中和实施路径研究》[59]得出表3-2标准能效提升节能量表,如果考虑2035年基本实现社会主义现代化和2050年把我国建成富强、民主、文明、和谐美丽的社会主义现代化强国国家战略目标,2035年在有条件的地区需要执行近零能耗建筑标准,2050年后全部新建建筑都需要执行近零能耗标准。据测算2025年如果100%新建建筑执行75%节能标准产生的节能量为8.93×10^6 t标准煤,可以减排约1.4×10^7 t碳排放。

表3-2 标准能效提升节能量

标准提升节能量	建筑运行用能（建筑全部用能）(kgce/m²)				能效提升贡献量（相对现有节能标准）(kgce/m²)				节能量（相对非节能建筑）(kgce/m²)			
	严寒地区	寒冷地区	夏热冬冷地区	夏热冬暖地区	严寒地区	寒冷地区	夏热冬冷地区	夏热冬暖地区	严寒地区	寒冷地区	夏热冬冷地区	夏热冬暖地区
65%标准	—	—	6.75	7.48	—	—	0.90	0.75	—	—	5.16	4.31
75%标准	16.79	13.5	6.13	7.00	—	—	1.52	1.27	—	—	5.79	4.83
83%标准	13.86	11.58	—	—	2.93	1.93	—	—	33.07	21.77	—	—
90%标准	11.8	10.23	—	—	4.99	3.28	—	—	35.12	23.12	—	—
净零能耗	0	0	0	0	16.79	13.51	7.65	8.23	46.92	33.35	11.92	11.83

注：严寒寒冷地区50%标准和75%标准中包含不同地区的采暖能耗,通过地区面积加权平均测算出对应标准在严寒和寒冷地区的建筑采暖能耗,然后反推出100%基准值采暖能耗。同时根据民用建筑能耗统计数据测算得到执行50%节能标准的严寒地区和寒冷地区采暖能耗。将两个标准测算值与实际运行测算值对比,综合得到严寒和寒冷地区100%基准值。[60]

资料来源：杨秀、张声远、齐晔、江亿《建筑节能设计标准与节能量估算》。

现有存量不节能的建筑也需要进行节能升级改造,至2018年,中国北方采暖地区仍然存有3.344×10^9 m² 50%节能标准,4.818×10^9 m² 65%节能标准和7.5×10^8 m²不节能居住建筑需要改造。"十二五"期间严寒寒冷地区年均改造面积约为2×10^8 m²,"十三五"时期,受中央财政补贴退坡影响,年均改造面积3.4×10^7 m²。如无明显政策改变,北方采暖地区既有居住建筑节能改造面积年均不会高于"十三五"的速度。

非节能既有居住建筑,按照JGJ 26—2019标准,通过对外墙、屋面、门窗等围护结构等综合节能改造后,可节约18.4kgce/m²,7.5×10^8 m²的改造节能潜力为1.38×10^7 t标准煤,减排潜力2×10^7 t,而早期按照JGJ 26—1995建设50%节能标准的建筑如仅改造的建筑门窗性能提升至JGJ 26—2019标准,可节能约1.40kgce/m²。而比较新按照JGJ 26—2010标准建设的建筑,如果门窗性能提升至超低能耗标准,节能水平约为1.88kgce/m²。

根据中国城市统计年鉴,夏热冬冷地区老旧小区,至2018年年底,非节能既有居住建筑面积约为2.8×10^9 m²,50%节能标准的建筑面积约为6.824×10^9 m²。[61]

从节能潜力看,实施节能50%标准改造（墙体、屋面、外窗、遮阳等）能够使夏热冬冷地区居住建筑采暖空调能耗下降6.2kW/h/(m²·a),折算2kgce/(m²·a)。由50%标准的门窗更换为65%标准的门窗,节能率为6%～9%,约节约2.3kW/h/(m²·a),折合0.75kgce/(m²·a)（表3-3）。

公共建筑目前执行的节能标准是62%的节能设计标准GB 50189—2015,由于其能耗主要是采暖空调照明等产生的，分别为严寒地区采暖空调通风和照明能耗占比约为85%，寒冷地区采暖空调通风和照明能耗占比约为75%，夏热冬冷地区采暖空调通风和照明占比约为70%，夏热冬暖地区采暖空调通风和照明能耗占比约为70%，故标准的提高对公共建筑会产生更大的节能价值。

表3-3 公共建筑标准能效提升节能量

	标准	73%标准	81%标准	净零能耗
不同标准不同气候区建筑运行用能（建筑全部用能）（kgce/m²）	严寒地区	22.76	17.62	0
	寒冷地区	21.58	17.58	0
	夏热冬冷地区	12.83	10.68	0
	夏热冬暖地区	15.19	12.65	0
相对现有标准节能量（采暖及空调照明）（kgce/m²）	严寒地区	7.35	12.49	30.11
	寒冷地区	5.71	9.71	27.29
	夏热冬冷地区	3.06	5.21	15.89
	夏热冬暖地区	3.63	6.17	18.82
相对非节能建筑节能量（采暖及空调照明）（kgce/m²）	严寒地区	46.48	51.62	69.24
	寒冷地区	36.13	40.13	57.71
	夏热冬冷地区	19.37	21.51	32.2
	夏热冬暖地区	22.94	25.08	38.13

注：不同气候区执行50%标准公共建筑建筑用能，在此基础上测算不同气候区新建公共建筑能效提升单位面积节能量。公共建筑的节能量测算中，由于"部分空间、部分时间"生活方式与标准设定的差别，100%基准值远高于实际能耗的调查结果，因此在本项目研究中，应用公共建筑实际运行能耗。同时参考能耗统计数据及文献资料，设定严寒地区采暖空调通风和照明能耗占比约为85%，寒冷地区采暖空调通风和照明能耗占比约为75%，夏热冬冷地区采暖空调通风和照明占比约为70%，夏热冬暖地区采暖空调通风和照明能耗占比约为70%。

资料来源：通过民用建筑能耗统计获取原始数据测算整理得到。

2020—2030年中国的第三产业服务业会快速发展，从业人员增加明显且至少到2030年才能达峰，对新建公共建筑需求量大，相应的竣工面积也较大，根据住房城乡建设部统计数据，每年拆除面积仅为存量面积的1%。之后第三产业就业人口趋于平稳，公共建筑存量稳定在$2 \times 10^8 m^2$左右，2035年之后公共建筑竣工面积基本表现为存量建筑的更新（图3-15）。巨大的新建公共建筑的总量需求，给提升节能标准和提高用能效率降低排放带来更大紧迫性。

未来的建筑在采用近零能耗建筑技术的基础上，还需要实现高能效运维，采用高能效机电设备，如LED灯、变频水泵、智能化的中控系统等，并通过加强运行调试和运维管理，并维持长期设备的高效运行（图3-16）。

需要指出的是，建筑节约用能，尤其是空调采暖用能，会受到室外大环境变化的影响。近年来，气候变化日益明显，导致全球气温升高、极端气候增加，会影响建筑用能及建筑与设备系统设计和运行。有数据显示，中国北方多个地区的冬季温度升高，采暖度日渐下降，采暖能耗有所降低，但北方许多地区却出现夏季高温高湿，供冷需求显著增加的情况，许多家庭因此购置空调设备，制冷能耗有所上升。

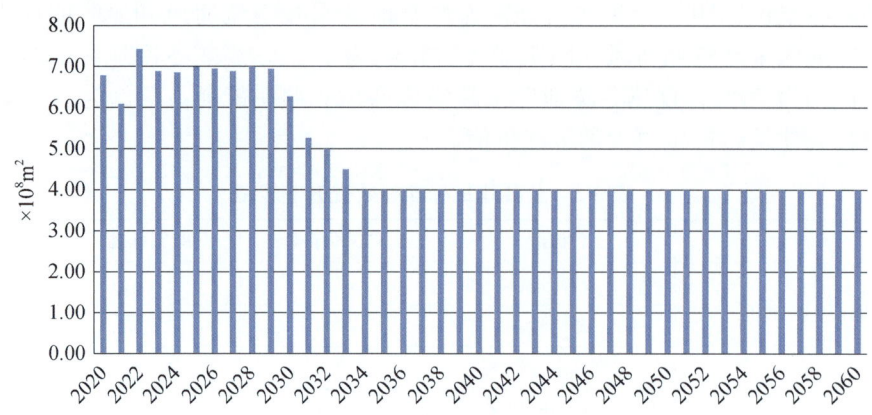

图 3-15　公共建筑竣工面积预测（至 2060 年）
（资料来源：住房城乡建设部科技与产业化发展中心《建筑领域碳达峰碳中和实施路径研究》）

图 3-16　城市建筑节约用能的方方面面

建筑用能同时也包含建筑中所有设备系统的能耗，因此，各种设备的用能效率都会直接影响用能的多少。近年来，国家推进家电能效标识政策，许多家电设备，如电视、冰箱等效率显著提升，很大程度上缓解了这部分能耗的增长。在下一阶段，这些设备能效的持续提升与旧设备更新，也会对建筑节约用能产生极大的影响。

3.2.3　中国建筑业减排概况及未来走向简介

减排的重要工作是建筑的能源替代，即绿色可再生能源替代化石能源，替代建筑使用的电力和热力，如通过建筑光伏一体化（BIPV）、储能（电池储能、冰蓄冷、相变材料等）或光储直柔电力系统使建筑从用能单位成为能源的使用者和制造者，"三位一体"生产、替代未来人均 1700～2000kW·h 一年的建筑内人为用电量，或通过太阳能集热替代传统化石燃料燃烧取暖和热水，也可以使用地源水源热泵、生物质发电、吸收式热泵等技术充分利用本地的可再生能源及余热余冷，替代化石能源的使用以降低碳排放。

根据国家能源局统计数据，至2019年年底，国内光伏累计装机204.56GW，发电量223.8TW·h，世界占比30.9%，其中141.75GW集中式电站、62.81GW分布式电站。而约50%分布式电站在建筑中安装，即建筑光伏装机容量约30GW（图3-17）。

图3-17 国内历年光伏年新增装机量规模（×10^4kW）

（资料来源：国家能源局统计数据）

经过10多年的发展，太阳能光伏转换效率不断提高，组件成本不断下降，太阳能光伏发电迎来"平价时代"，每1kW光伏装机的年发电量稳定在1000~1500kW·h，按照中国电网每千瓦时（kW·h）碳排放574g计算，太阳能光伏发电每千瓦（kW）装机减排量在0.5~0.8t/kW碳排放。根据中国太阳能光电建筑应用中长期发展规划目标，"十四五"期末，太阳能光电建筑预计装机可达$4.2×10^7$kW，即42GW，减排将超过$2×10^7$t碳排放。

2016年，中国建筑总面积$6.5×10^{10}$m^2，假设建筑屋顶面积平均占建筑面积的15%，南立面面积占建筑面积的15%，屋顶可安装光伏比例系数为20%，南墙可安装光伏比例系数为20%，可利用的南墙和屋顶面积为$1.9×10^{10}$m^2，但太阳能光热与光伏发电在屋顶和南墙存在资源竞争的问题，按照可利用面积的20%用于安装光伏发电系统计算。根据屋顶安装120W/m^2、南墙安装80W/m^{2}光伏系统计算，存量建筑光伏装机容量可达380GW，几乎是现在全国光伏电站的两倍装机容量，减排潜力$1.6×10^8$t。

根据清华节能中心江亿测算：目前我国城乡建筑可利用的屋顶空间约$2.5×10^{10}$m^2，另有部分可利用的零星空地。农村建筑层数低、各类屋顶多，风光装机容量可达$2×10^9$kW，年发电$2.5×10^{12}$kW·h，是目前生活用电的2.5倍，可满足农民生活、生产、交通用电。城镇建筑安装量约4亿kW，每年发电$5×10^{11}$kW·h，约占建筑用电的15%，减排潜力巨大。为了让建筑消纳这些根据天气状况变化的零碳电力，建筑必须使用"光储直柔"的配电系统，建筑功能由单纯的能源消费者，转为用能、产能、蓄能"三位一体"，具体可以利用建筑外表面，发展光伏发电；连接邻近停车场的智能充电桩，并在建筑内部配置部分蓄电池，形成较大蓄电能力；建筑内部采用直流配电，通过直流电压变化传递对负载用电的需求；变过去刚性用电方式为柔性，使建筑用电与风电光电联动。江亿进一步阐述："风、光发电多即多用，并蓄存多余电力。在发电少、不发电的情况下，则靠蓄电装置、新能源汽车的电池和负载调节维持建筑运行。由此，构成一个容量巨大的分布式虚拟蓄能系统，平衡电源与需求变化。"如果配上新能源汽车每辆车有 50~70kW·h 蓄电池，同时行驶不超过 20%，与充电桩连接可以形成巨大的储电能力，协助更好地消纳风电、光电，解决风光的间歇性、波动性问题。

中国太阳能光伏发电建筑安装的装机容量 5 年递增约 10GW，年平均递增 2GW。鉴于太阳能光伏发电成本下降、效率提升、智能化水平不断提高，具备民用建筑"应用尽用"的条件，根据住房城乡建设部科技与产业化发展中心《建筑领域碳达峰碳中和实施路径研究》预测，中国建筑光伏发电将在 2025 年装机 42GW，2035 年装机 62GW，2060 年装机 102GW（表 3-4）。

表 3-4 不同时间节点装机容量预测　　　　　　　　　　单位：GW

应用形式	2025 年	2030 年	2035 年	2050 年	2060 年
太阳能光伏发电建筑应用装机容量	42	52	62	92	102

资料来源：住房城乡建设部科技与产业化发展中心《建筑领域碳达峰碳中和实施路径研究》。

北方寒冷和严寒地区建筑通常采用集中供热，热力生产和供应目前也产生大量碳排放，中国北方建筑供暖面积现约为 $1.5\times10^{10}m^2$，其中约 40% 的热量由燃煤、燃气锅炉提供，热电联产电厂占比 50%，各类锅炉带来的碳排放量约 5.5×10^8t，热电联产和热泵供热，也需分摊一部分电厂排放的 CO_2。而未来，北方城镇供暖面积将进一步增加到 $2\times10^{10}m^2$，所以寻找替代能源也是非常重要的减排路径。

至 2018 年，中国建筑太阳能光热应用集热面积近 $5\times10^8m^2$[①]，单位集热面积能力约为 52kgce/a，减排约 83kg 碳排放，累计减排约 4×10^7t 碳排放。根据中国太阳能光热建筑应用中长期发展规划目标，"十四五"时期，预计太阳能光热建筑应用新增集热面积 $1.684\times10^8m^2$，如果 2025 年能够实现，届时太阳能集热累计能力 3.47568×10^7t 标准煤，约进一步减排 5.6×10^7t 碳排放。

建筑减排的另一个方法是利用自然环境中如空气、土壤、水的低温能量，用少量能源驱动热泵机组，通过逆卡诺循环原理，热泵系统中的工作介质进行相变循环，将这些低温能量吸收压缩升温后加以利用，常见的空气源热泵热水器可替代常规电热水器或燃气热水器，热转移效率可高达 400%，空气源热泵供暖也可替代电锅炉或燃煤燃气锅炉等常规能源系统形式。

2018 年空气源热泵热水器销售 178 万台，按照 5000W/台（家用）计算，应用规模为 5.34×10^6kW，折合应用建筑面积约 $1.07\times10^8m^2$。根据《热泵在线》行业期刊，2018 年空气源热泵供暖机销售 75.2 亿元，按照 3000W/台/6000 元（家用）计算，规模为 3.76×10^6kW，折合应用建筑面积约 $7.5\times10^7m^2$。据已知实际运行能效数据，空气源热泵热水系统和供暖系统的实际运行能效平均约为 3.0 和 2.2，空气源热泵的节约能耗能力为 $2.14kgce/m^2\cdot a$，则空气源热泵技术 2018 年累计节能 1.498×10^6t 标准煤，

---

① 至 2018 年年底，城镇太阳能光热应用建筑面积近 $5\times10^9m^2$，假设每 $1m^2$ 太阳能集热面积对应 $10m^2$ 建筑面积，折太阳能集热面积近 $5\times10^9m^2$。按照一户 3 人（太阳能集热面积 $2m^2$）、每人热水用量 30L/d、每年 300d、水温温升 45℃计算，得到每户年热水需求热量值，并转换为标准煤；按照太阳能光热有效利用率为 50%、每户太阳能集热面积按 $2m^2$ 计算，参考陈国谦（2010）计量方法，则得出单位集热面积太阳能光热常规能源替代量约为 52kgce/a。单位建筑面积节能能力约为 5.2kgce/a，本报告使用该数据开展计算。

减排约 $2.4×10^6$ t 碳排放，根据中国空气源热泵建筑应用中长期发展规划目标，"十四五"时期，预计空气源热泵建筑应用新增面积 $1.79×10^8 m^2$，累计节能 $1.88×10^6$ t 标准煤，减排约 $3×10^6$ t 碳排放。

另一种已商业开发的能源替代是浅层地热能的开发利用，主要用于建筑物供暖制冷，使用蕴藏于地表下一定深度范围内土壤、砂石和地下水中的低温热能，进行利用开发。根据中国地质调查局资料显示，中国 336 个地级以上城市浅层地热能资源年可开采量折合标准煤 $7×10^8$ t，可实现建筑物供暖制冷面积 $3.2×10^{10} m^2$，其中中国中东部的北京、天津、河北、山东、河南、辽宁、上海、湖北、湖南、江苏、浙江、江西、安徽13 个省（市）共 143 个地级以上城市，最适宜开发利用浅层地热能。上述地区浅层地热能资源年可开采量折合标准煤 4.6 亿 t，可实现建筑物供暖制冷面积 $2.1×10^{10} m^2$。其他地区不适宜大规模集中开发利用。

至 2018 年，中国浅层地热能建筑应用规模增至 6.25 亿 m^2，平均每年新增 $5×10^7 m^2$（图 3-18）。其中 2009—2014 年间因财政补贴政策刺激，每年新增达 $1.0×10^8 m^2$；进入"十三五"，随着政策退出，平均每年增长约 $4×10^7 m^2$。其中，京津冀及周边地区和长江流域浅层地热能建筑应用规模最高，北京、天津、河北、山东、河南、江苏、安徽、湖北、湖南、重庆 10 个省（市）年均新增面积占全国总新增面积的 62%～73%，与资源分布情况基本一致。

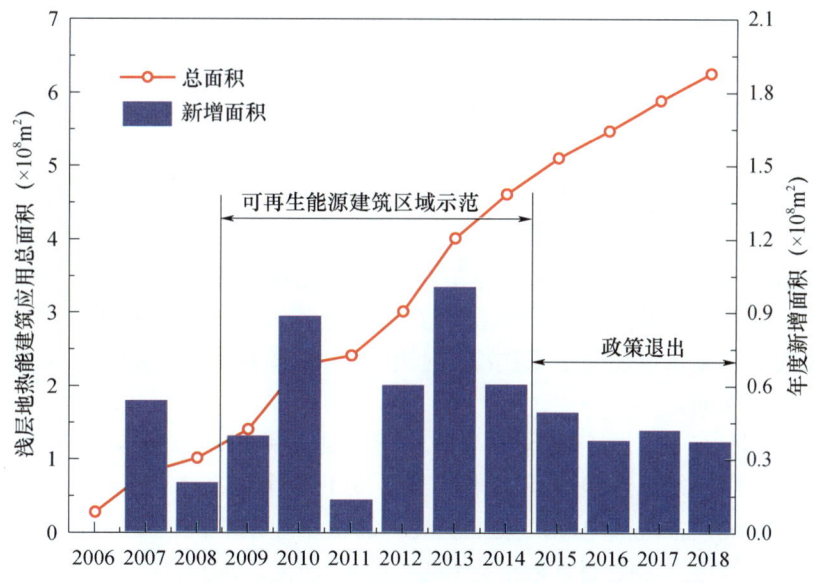

图 3-18 图浅层地热能建筑应用发展现状
（资料来源：住房城乡建设部历年建筑节能检查数据）

浅层地热能的节能能力 $12 kgce/m^2·a$，至 2018 年，地源热泵建筑应用面积约为 $6.3×10^8 m^2$，"十四五"期末，预计浅层地热能建筑应用累计面积为 $9.1×10^8 m^2$，累计节能 $1.092×10^7$ t 标准煤，约减排 $1.5×10^9$ t 碳排放。如按照目前每年新增约 $4×10^7 m^2$，预计 2035 年应用面积达 $1.31×10^9 m^2$，2060 年应用面积达 $2.1×10^9 m^2$，减排预计达 $4×10^7$ t 碳排放（表 3-5）。

表3-5 不同时间节点浅层地热能开发面积　　　　　　　　　　单位：亿 m²

情景	2025年	2030年	2035年	2050年	2060年
用能建筑面积	9.1	11.1	13.1	19.1	21.1

资料来源：住房城乡建设部科技与产业化发展中心《建筑领域碳达峰碳中和实施路径研究》。

减排除充分利用可再生能源外，还应该利用核电、火电、工业生产余热，将这些余热进行区域联网、集中供热，能够解决大量的北方地区供暖需求。由于工业余热产地与需要供热的建筑地理位置及产量曲线和需求曲线的供需不匹配，为保证供热可靠性，就需要创新智能解决方案，如开发跨区域联网，多热源联合供热，末端使用燃气调峰等。目前大温差大容量区域联网供热技术已经在多个地区试点成功，成本低于燃气供热。中国东部沿海海岸线目前已建成装机容量为 8×10^7 kW 的核电、火电和钢铁企业，每年排放 1.5×10^8 kW 热量，根据规划，未来将建成约 1×10^8 kW 的核电和调峰火电。如果全部按照水热联供技术方式回收这些电厂的发电余热，则可形成 1.2×10^8 kW 的供热能力和日产淡水 2.246×10^7 t/d 的海水淡化能力，实现零能耗海水淡化。同时单管送热水到沿海核电和火电厂150km半径区域，实现"水热同送"，在周边城市入口实现"水热分离"，同时为城市提供淡水和供热热源。[12]

另外，新建建筑减少材料消耗，也是减排的重要路径，如通过新型集约工业化方式生产建筑，可以减少水泥的使用，通过最简单的预制技术，使用更干硬性混凝土，1m² 装配式建筑减少 5kg 水泥使用，30%新建装配式建筑一年也能减排超过 1×10^6 t CO_2 排放，并通过增加制造精度，合理计划来减少工程浪费，以及进一步使用工业废弃物等替代物，都能够大量节约资源，减少碳排放。

应该注意的是，全球建筑全过程碳排放变动趋势带来的温室效应，对建筑产生的风险不都是渐进、温和、逐渐累积的，而更可能是不均衡、非线性、甚至是激烈的，对建筑环境的实体风险就包括持续强降雨、洪涝、台风、冰雹、暴雪等，能够损害地基、屋顶、窗户、墙体及外挂设备、周边树木等，造成环境破坏甚至人员伤亡，对在建项目产生设施损坏，材料供应受阻，工期延误，安全隐患等风险，维修和重建费用相应增加，资产价值损失，持续热浪还会带来制冷需求增加，极寒天气带来保温需求增加，进一步促进了碳排放的增加。

2021年10月26日，国务院印发《2030年前碳达峰行动方案》，针对建筑节能减排明确要求深化可再生能源建筑应用，推广光伏发电与建筑一体化应用。积极推动严寒、寒冷地区清洁取暖，推进热电联产集中供暖，加快工业余热供暖规模化应用，积极稳妥地开展核能供热示范，因地制宜地推行热泵、生物质能、地热能、太阳能等清洁低碳供暖。引导夏热冬冷地区科学取暖，因地制宜采用清洁高效取暖方式。提高建筑终端电气化水平，建设集光伏发电、储能、直流配电、柔性用电于一体的"光储直柔"建筑。到2025年，城镇建筑可再生能源替代率达到8%，新建公共机构建筑、新建厂房屋顶光伏覆盖率力争达到50%。

4

世界建筑业节能减排经验及中国的借鉴意义

4.1 世界主要国家建筑业节能减排政策及法律法规

4.1.1 欧盟

1. 原则、制度、立法及标准

经过多年发展,欧盟构建了完备的建筑节能及进一步促进可再生能源利用的法律原则和制度体系,也同步制定了建筑能耗性能标准、建筑节能技术规程等,为建筑节能及标准化实施奠定基础;各成员国根据欧盟的原则法规,相应进行单独立法推进实施,如德国先后颁布了建筑物节能法、机动车辆税法、热电联产法、节能标识法、生态税改革法、可再生能源法等8部法律。这些立法都有相应的政府部门负责实施,如联邦经济技术部负责节能和提高能效工作,环境和核安全部负责CO_2减排、再生能源和核能工作,交通、建筑与城市发展部负责交通、建筑物的节能工作等。

同时欧盟把提高能源效率作为实现能源政策重要手段,制定相关政策措施包括提高能效政策、智能能源计划、欧盟建筑能源效率指导政策、建筑物能效的指令,同时欧盟制定了具体的建筑节能效果考核的评价方法。

其中2002年12月欧盟推出《欧盟建筑能源性能指令2002/91/EC》(EPBD2002)充分体现建筑节能的重视程度,该指令提出统一建筑总能效的计算方法,方便衡量建筑能耗情况;设立新建建筑最低能效标准,提高新建建筑节能要求,规定大部分既有建筑改造时也必须满足的最低能效标准,即提高既有建筑的节能改造要求;建立能效等级证书(Energy Performance Certificate),业主在出租、出售房屋或公共建筑都必须出具能效耗等级证书,并需定期检查建筑物锅炉和空调等大型耗能系统。该指令还要求在2008—2016年的建筑能耗总量下降9%,每年节能1%,指令对公共部门、能源供应商都有具体义务的规定,并设计详细的测算、审计和报告方法。

《建筑能源性能指令》2003年1月开始实施,2006年1月4日在25个欧盟成员国立法该指令,为达到要求,建筑需要得到"真金白银"的节能量,如对于新建超过$100m^2$的建筑,在施工前就需进行技术环境及经济方面的可行性分析,根据分析结论选择分布式可再生能源体系、热冷电联产体系(CHP),或有条件地区使用整体冷/热供能、热泵等方式。出租或出售房屋时，如果锅炉大于20kW年限超过15年，需要第三方专家针对锅炉的效率和供暖系统匹配进行评估，提出更换或改造建议。如建筑物空调系统12kW以上需要就效率和制冷量是否匹配进行定期检查，提出改进、更换或采用其他体系的建议。

丹麦是欧盟指令执行的表率之一，基于指令，2005年6月丹麦通过本国的建筑节能法，规定所有公共建筑和住宅都需要使用能效标识，且有效期为5年，新建住宅Ⅰ级住宅一次能耗≤（35+1100/A）kW·h/（m²·a），A为建筑供暖的地板面积；Ⅱ级住宅一次能耗≤（50+1600/A）kW·h/（m²·a）；普通住宅一次能耗≤（70+2200/A）kW·h/（m²·a）；公共建筑≤（95+2200/A）kW·h/（m²·a），2020年后，居住建筑全年冷热能源消耗≤20kW·h/（m²·a）。改造项目如超过总投资的25%，需执行最低能耗标准。除能耗规定外，其他关键指标也有规定，如建筑气密性：50Pa压差时，每1m²使用面积漏气量不超过1.5L/s，热损失指标：温差32K时，维护结构热损失不超过6W/m²，平均传热系数不超过0.19W/（m²·K）。通过建筑节能法的严格执行，促进了建筑节能技术的开发和大规模使用，如热回收技术、被动式太阳能取暖技术等，降低了节能建筑的运营成本，使其在经济上更加可行。

德国是一个能源匮乏的国家，除煤炭资源较丰富外，能源供应在很大程度上依赖进口，其中石油几乎100%进口，天然气80%进口。1973年爆发全球石油危机，石油价格暴涨，给德国的经济发展和人民生活带来了极大影响，德国能源政策由此发生改变，一方面大力发展可再生能源，另一方面更加重视节能工作。由于纬度较高（北纬47～55°），冬季较长，建筑能耗（主要是供暖）占德国能源消耗总量约40%，建筑物的全部碳排放量约为德国碳排放总量的1/3，建筑节能潜力巨大。多年来，德国政府通过制定针对性的政策措施，提高建筑节能标准，发展先进节能技术，大幅降低建筑物能耗，并制定综合性一揽子政策（图4-1），提高存量建筑的节能水平。"2010能源概念"明确规定以下目标：到2020年，德国建筑供暖需求减少20%，到2050年，建筑一次能源需求减少80%，同时将建筑近期改造率从每年1%提高到2%，提高改造率目标可以加快建筑能源需求的降低速度。目前德国新建住宅能耗已经比35年前减少75%。

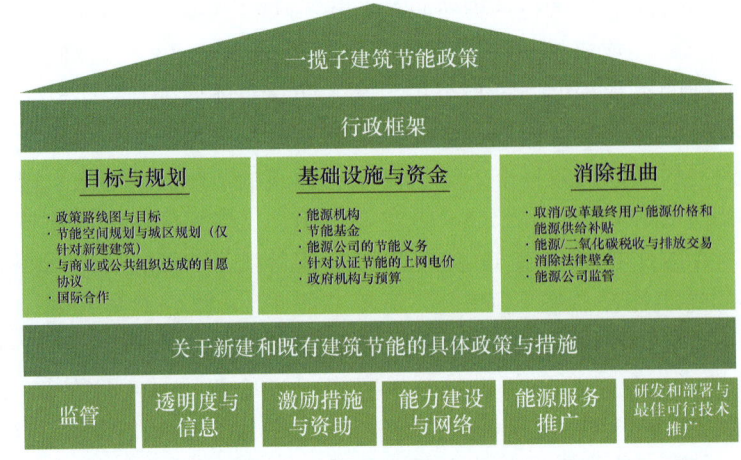

图4-1 bigEE推荐的一揽子政策

（资料来源：伍珀塔尔研究所 2013）

欧盟《建筑能源性能指令》经过多次修订，包括《建筑能效指令 2010/31/EU》（EPBD2010）、《建筑能源性能指令 2018/844/EU》（EPBD2018），并建议同《能源效率指令 2012/27/EU》（EED2012）合并使用，根据这个能源效率指令，欧盟所有国家中央政府使用的建筑至少每年翻新 3% 成为节能建筑，新购买的建筑必须是节能建筑。这些法规颁布后，欧盟进一步要求成员国必须出台强有力的长期翻新战略，设定成员国各自到 2050 年脱碳实施计划，并且通过 2030 年、2040 年、2050 年以十年为一个里程碑来管理，这些国家战略必须契合完成《国家能源与气候计划》（NECPs）中的能效目标；成员国必须设定成本最优的最低能效要求，鼓励采用更节能的供暖制冷系统和建筑围护结构；成员国最晚在 2020 年开始执行新建建筑近零能耗的标准（NZEB）；小型建筑支持使用电动车车库最低要求标准；鼓励建筑使用自动控制系统、每个房间自动温度智能调控系统等信息通信和智能技术，确保建筑物高效运行。由于《建筑能源性能指令》的有效运行，欧盟新建建筑能耗较 20 年前已经减少一半。

但欧盟境内仍有约 85% 的建筑年限超过 20 年，而且大部分仍将继续使用 30 年以上时间，由于众多老旧建筑维护成本高昂，特别是供暖和供热系统早已不符合当前建筑的能效要求，致使欧洲约 3400 万民众难以负担供暖费用，处于"能源贫困"状态，同时这也不符合欧洲制定的减排新目标，即 2030 年温室气体阶段性减排目标比例从此前的 40% 提升至 55%，为解决这种"能源贫困"和 2030 减排新目标，2019 欧洲出台《欧洲绿色协议》，其中关于建筑出台《建筑维修计划 2019/786/EU》《欧盟建筑翻新计划 2019/1019/EU》，是针对既有建筑能效促进的一个重要文件，针对贫困人口住房节能改造给予重点扶持，降低其能源开销。欧盟还计划为学校、医院、行政大楼等公共建筑提供资金，升级改造供暖、制冷设备，同时建设 100 个智能社区，向家庭推广小规模可再生能源和智能电网解决方案。

根据最新欧洲建筑性能研究所的研究，欧盟对建筑翻新每投资 100 万欧元，将创造 18 个工作岗位；办公楼整体节能改造可将能源效率提高 12%，每年可带来约 5000 亿欧元的潜在收益；对医院节能改造可使患者平均住院时间减少 11%，每年为医疗卫生行业节约 450 亿欧元。[62] 意味着建筑节能是典型的长期投资特征，需要政府助力，即前期投资成本较高、回收期较长，从长远来看，可以产生巨大的社会效益和经济效益，能够助力长期"脱碳"目标和实现绿色增长。

根据计划，欧盟未来 10 年将资助改造 3500 万栋建筑，每年建筑翻新增加约 2750 亿欧元的投资，翻新率提高至少一倍，有望创造 16 万个绿色建筑岗位。欧盟各国还将推出更严格的法规和标准，向成员国和地方政府提供技术支持，为新的岗位提供技能培训，促进建材的节能及回收利用。[63]

根据欧盟官方说明，《建筑能源性能指令》《能源效率指令》《欧洲绿色协议》等法令的目标是在 2050 年所有建筑均成为高能效和脱碳建筑，并为实现这个目标的过程建立一个投资决策的稳定环境，使所有消费者和商业运营者都能正确地获得各种节能及节省投资的选择渠道。翻新现存建筑可为欧洲整体节约 5%~6% 的能源消耗及减少 5% 碳排放。

另外，欧盟在 1992 年 9 月通过能效标识法规：《92/75/EEC 能源效率标识导则》，要求生产商在其产品上标出产品的能源效率等级、年耗能量等信息，消费者可以对不同品牌产品的能耗性能进行比较，目前欧盟已对家用冰箱、洗衣机、照明器具、空调等 7

种产品实施强制性能效标识制度，1992—2000年仅家用冰箱累计能耗比标识前减少16%，碳减排量$4.2×10^6$ t，2020年达到$1.72×10^7$ t。[64]

2. 经济激励

经济激励政策是欧洲各国推进建筑节能的重要手段，欧盟2000年6月启动"欧盟气候变化计划"，旨在落实《京都议定书》的减排目标，提出开征能源税、税收减免、补贴、投资信贷及建立欧洲投资银行EIB信贷体系等财政政策来鼓励建筑节能。另外，欧洲各国特别重视合同能源管理机制（ESCO），实质是用减少的能源费用来支付节能项目全部投资成本，欧盟通过直接和间接税收优惠来促进ESCO领域的公司发展。直接税收优惠是针对ESCO公司的投资税抵免、所得税优惠等。间接税收优惠主要体现在政府对各类节能项目的支持上，包括对建筑节能改造、工业节能技术改造的税收减免等。如德国、法国、西班牙等对各地方公共建筑实施节能改造的投资都给予5%~15%的财政补贴，英国、希腊等国对建筑采用小型热电联产项目实施投资补贴、税收减免、固定收购价格等政策，西班牙对276个重点节能项目实施强制能源审计，并由中央财政支付75%的审计成本，这一举措促进了一批潜在ESCO公司的发展。此外，德国复兴信贷银行（KFW）节能建筑资助计划针对建筑保温工程、供暖系统的更新、可再生能源的利用及节能住宅项目的修建等提供贴息的低息贷款支持，一旦改造后的建筑物达到碳减排指标，业主还款的本金还可免除15%。2001—2005年，仅建筑碳减排，联邦政府提供了15亿欧元贷款补贴，2006—2009年达40亿欧元，到2009年德国已有500万套住宅改造获得优惠贷款，碳减排400万t。KFW资助计划分为多个等级，其中针对住宅项目如图4-2所示。

	年一次能源需求	散热损失	贷款 或 补贴	
	(节能条例规定参照建筑物的百分比%)		+ 还款补贴	
复兴信贷银行节能屋55	55%	70%	27.5%	30.0%
复兴信贷银行节能屋70	70%	85%	22.5%	25.0%
复兴信贷银行节能屋85	85%	100%	17.5%	20.0%
复兴信贷银行节能屋100	100%	115%	15.0%	17.5%
复兴信贷银行节能屋115	115%	130%	12.5%	15.0%
复兴信贷银行节能屋——文物	160%	—	12.5%	15.0%
单项措施			7.5%	10.0%

图4-2 德国对住宅项目贷款支持等级

（资料来源：德国联邦经济和能源部 Bundesministerium für Wirtschaft und Energie）

针对非住宅项目如图4-3所示。

欧盟在2003年启动《欧洲智慧能源计划》（IntelligentEnergy-Europe）（IEE2003-2013）致力于提升能源可持续发展，主要为中小机构提供财政支持，支持欧洲在2020年实现20/20/20的气候目标，即针对1990年，温室气体减排20%、20%能效提高和20%可持续能源；2013年计划结束时，欧盟财政共投入3.9亿欧元，支持343个项目，

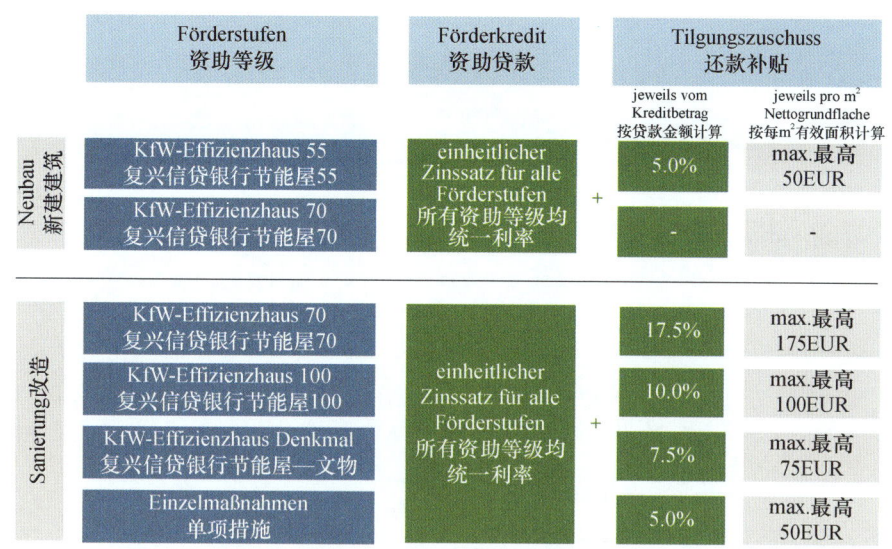

图 4-3　德国对非住宅项目贷款类别和等级
(资料来源：德国联邦经济和能源部 Bundesministerium für Wirtschaft und Energie)

32 个成员国的 3200 个组织参与，其中 45％为中小企业，通过媒体带动欧盟 4000 多万民众获得正确的能源相关信息，带动 29 亿欧元可持续能源相关的项目投资，可提供 670 万家庭使用可持续电力，节能量相当于 170 万欧盟家庭的电力需求，每年碳减排量相当于 360 万辆轿车碳排放。2013 年后《欧盟 IEE 智慧能源支持计划》(2003—2013)（图 4-4）由《欧盟"地平线 2020"计划》*EU's Horizon 2020 programme*（2013—2020）代替，旨在通过进一步财政投入支持能源效率技术的研发、展示和市场化推广，主要用于节能建筑、加热、制冷、中小企业、工业产品及所有使提高能源效率投资变得更有吸引力的商业模式等。

另外一个欧盟能源资助计划是《能源效率和理性使用能源计划》Energy Efficiency and the Rational Use of Energy（SAVE），该领域主要目标是提高能源效率和理性消费资源，促进可再生能源的开发和推广，围绕建筑、居民、工业和设计与产品四大领域来提高能源利用效率，其中 14 个项目来自建筑领域节能。

在节能家电和照明方面欧盟也有补贴，如丹麦在 2005 年 10 月设立了节能信托基金，对每台节能冰箱都有补贴。比利时弗莱芒区地方政府向居民发放购物券，指定此券在 2006—2007 年间必须用于购买节能灯具。

3. 能效标识的推广和节能宣传

提高建筑能效方面，欧盟一直走在世界前列，早在 1996 年欧盟就开始实施能效等级标识，共 A～G 七个级别，其中 A 级最节能，G 级耗能最多。覆盖的产品有各种家用电器、办公电器和建筑物等。而能效标识制度需由各成员国根据自己的具体情况制定相应的实施办法并在本国实施。欧盟各国政府对所有建筑物都按每 $1m^2$ 耗能情况进行登记，并制作能效证书，规定业主出租或出售住宅必须同时出具此证书，公共建筑需在最明显地方展示能效证书。丹麦是欧洲最早实施建筑能效标识的国家，已形成较为成熟的经验，丹麦分别对所有的别墅、公寓式住宅和商用办公建筑颁发建筑物能源证书。

图 4-4　欧盟 IEE 智慧能源支持计划（2003—2013）
（资料来源：https://ec.europa.eu/cip/iee/index_en.htm）

此外，欧盟各政府非常重视节能宣传，通过网站、杂志、报纸、研讨会等多种媒体、多种形式宣传节能和替代能源概念，提高节能和开发替代能源意识。通过对技术专家的专业技术培训和企业及大众的相应宣传教育，积极培养公众的节能和替代能源意识，改进不良的用能习惯，是非常有意义、最具经济性和可持续性的解决方案。

（1）使用者行为对于节能目标的影响

人为习惯是影响节能目标实现的一个重要因素，涉及各行各业及各类使用对象，也覆盖整个人类行为，行为节能比节能新技术投资更低，产生的经济效率更高，可塑空间更大。

在德国，从基础教育就开始对节能意义、正确行为意识及应采取的正确节能措施开始宣教，节能是深入人心和日常生活中的常态，这些知识包括：

节能环保的基础知识：研究表明，知识面更广泛的群体比知识面较窄的群体更具有环保行为。如了解 CO_2 对环境有害；减少汽车使用可降低碳排放；新汽车即使是大排量相对于旧汽车也更加环保；冬季短时间的大开窗换气更加有效等（图 4-5）；

日常生活行为方式：人类日常生活行为方式对节能有极重要意义，这些方式包括：起居方式，如冬夏季的开窗方式、采暖制冷使用方式等；出行交通方式，如步行、自行车、公共交通等。

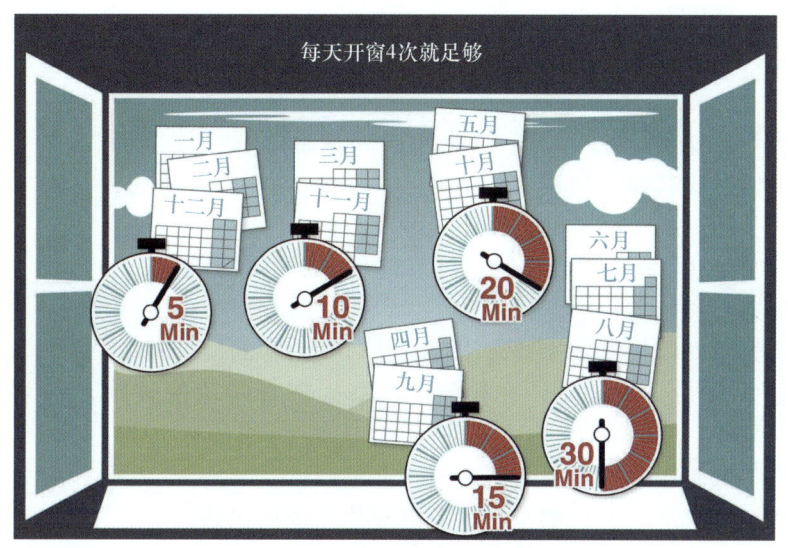

图 4-5　开窗的季节及时间长短模式

（资料来源：德国 CO_2 online GmbH 有限公司，图片，Deutscher Infografiker）

12 月至次年 2 月开窗时间 5min 以内适宜；3 月、11 月，开窗时间 10min 以内适宜；4 月、9 月开窗时间 15min 以内适宜；5 月、10 月开窗时间 20min 以内适宜；6 至 8 月开窗 30min 以内适宜。

个人用户行为方式：大部分居民并不十分清楚家中哪些电器是能耗大户，应该采取哪些措施来降低能耗，一方面设备供应商提供的信息并不充分，只小部分电器必须提供能源标签；另一方面受家庭财务预算限制，节能投资往往和某些功能投资冲突，如升级电脑速度、电视尺寸等。

企业用户行为方式：对于企业来说，通常决策评估过程中很少考虑内部产生的隐形成本，节约能耗的成本收益不能够直接反映在市场价格中；或不同部门分别负责投资计划和成本核算，甚至设备供应商在能耗方面提供的数据信息缺乏透明度等都会对节能环保的推广造成阻力。

（2）主动选用带有节能技术的产品

节能并不意味着必须使用昂贵的设备，只要多了解一些信息，便可以每天随手节省几欧元。

手机移动充电电池：只需将该电池随身携带，便可在步行、慢跑、骑车等运动中对电池进行充电，6h 的运动可以支持 30~60min 的通话时间。

手机充电器：诺基亚公司的研究报告指出，手机在充满电的情况下，充电器仍然会消耗一部分电能，这部分电能可以占到手机总耗电量的 2/3。每年每部手机的耗电量在 5kW·h 左右，德国有 1 亿部联网注册的手机，这就意味着每年会消耗 5 亿 kW·h 的电能，其中有 3 亿 kW·h 的电能被白白浪费。

选择热泵烘干机、有待机模式的电器、洗碗机 60℃ 水洗等均可以在不经意间节省大量的电能。另外，有意识地选购能耗等级为 A 级或者更高节能级别的电器、使用太阳能热水器、楼梯间使用声控灯具等均有助于节能减排。

（3）日常生活的节能行为

通过日常生活中有意识的节能行为，可以在不增加任何成本的情况下，实现节能环保，例如：

冰箱温度设置从 5℃ 调高至 7℃，能节省 15% 能耗；

冰箱不要紧贴暖气或炉灶摆放；

在周末不使用时，关闭电脑、打印机等设备；

冬天，每降低 1℃ 室内温度设置，可节省 6% 的取暖能耗；

煮沸食物时使用锅盖；

短时间大开窗对流换气效果要好于窗户长时间斜开的换气效果；

尽可能选乘公共交通工具；在德国，从基础教育阶段便鼓励步行和公共交通的使用；

共享汽车、共享单车；

尽量减少使用不必要的包装，自备可重复使用的购物袋；

使用节水洁具、节水龙头、节水花洒等；

洗碗机使用 60℃ 水洗，洗衣机使用 30℃ 或 40℃ 水洗；

衣物等自然晾干代替烘干机烘干等。

（4）措施

调动用户的积极性，可从"内在"动力和"外在"动力两个方面进行。"内在"动力是指用户自己想做，是自发的。"外在"动力是通过外在刺激，如奖励或压力创造动力。具体措施如下：

环保普及教育：定期持续的环保普及教育、推广环保行为，让用户意识到，自己平时的努力对于节能环保、对于家庭支出、对于企业文化均有实质性贡献。

激励机制代替强制要求：营造积极氛围，用激励机制代替惩罚机制，让用户意识到，通过大家的共同努力可以实现节能减排目标，并能获得奖励和提升个人或企业形象。

扩大宣传：加大宣传力度，通过媒体在各种场合各类活动中进行宣传，对于有贡献的个人或企业授予奖项，塑造模范形象，并进行报道，增加个人或企业的社会责任感。

政策扶持、压力：制定相应标准，对达标或未达标的个人或企业给予相应奖励或惩罚。

德国在节能环保领域处于世界领先地位，从幼儿教育到企业文化，节能环保理念深入人心；配合国家和地区的政策鼓励，依托于强大的技术储备，为德国经济发展和生活水平提高做出了重要贡献。

4.1.2 美国

1. 标准、规则及立法

美国是世界上最早颁布能源法的国家之一。据统计，从 1920—2005 年之间，美国共有 25 部与能源相关的法律法规颁布实施，建筑节能减排也是由这些法律法规管理。

1975 年，美国制定《能源政策和节约法》（Energy Policy and Conservation Act of 1975，EPCA），首次对建筑提出节能要求，为减排提供法律依据，并首次要求联邦政府实施有效的节能计划，授权联邦能源管理局（Federal Energy Administration，FEA）协助各州政府编制和开展州级节能计划，彼时州级计划并非强制颁布，但如果州级节能项目希望得到联邦在技术和资金上的支持，则必须颁布州级节能计划；针对建筑节能技术开发、可再生能源应用，以及对建筑节能标准管理工作是由建筑技术办公室负责（Building Technologies Office，BTO），该办公室也参与全国性建筑标准的修订过程及从技术和资金方面协助各州制定与执行建筑节能标准，BTO 隶属美国能源部（U. S. Department of Energy，DOE）的能效与可再生能源办公室（EERE），是美国建筑节能领域最主要的联邦政府负责部门，通过各种项目，促进住宅、商业和政府建筑的能效提升、节能设备应用与可再生能源的应用。

1975 年美国供热、制冷与空调工程师协会（American Society of Heating, Refrigerating, and Air Conditioning Engineers，ASHRAE）最早颁布建筑节能标准《ASHRAE90-75》作为公共建筑的最低能源效率标准，每 3 年更新一次，在此基础上，美国各个州根据自己不同的情况，因地制宜、循序渐进地接受不同版本的 ASHRAE 节能标准，制定和修订各自州的节能标准，如加州能源委员会（CEC）制定和实施了美国最严格的建筑物和家电的节能标准和标识体系。最新标准版本是《ANSI/ASHRAE/IES90.1-2019 建筑能源标准》，应用指导商业建筑和超过 3 层的住宅建筑设计、施工、运营、维护的全过程的最低能源效率，标准也适用于新建建筑或者建筑的部分改造翻新[65]。美国另外一部重要的建筑节能标准是 ICC 发布的《国际节能标准》（International Energy Conservation Code，ICCIECC），适用于商业建筑和住宅建筑。住宅建筑的最低节能标准早期由美国住房和城市发展部（U. S. Department of Housing and Urban Development，HUD）提出，1977 年住宅节能指导工作从 HUD 转移到 DOE，同年 FEA 办公室也并入 DOE[66]。

1976 年美国颁布《资源节约与恢复法》，1977 年 12 月颁布《新建筑物结构中的节能法规》，在 45 个州推广并收到明显的节能效果；1978 年颁布《国家节能政策法案》（National Energy Conservation Policy Act of 1978）及《公用电力公司管理政策法案》。将联邦节能标准从自愿性改为强制要求，并取代州政府的节能标准[67]。同时要求政府、联邦相关部门、公用事业单位等通过能源审计、住房补贴、节能贷款和拨款等措施推进建筑节能工作。

1992 年的《能源政策法 1992》（Energy Policy Act of 1992），要求联邦相关部门到 2000 年在 1985 年的基础上降低建筑能耗的 20%，是当时建筑节能标准编制、管理和推广影响最大的法规，确立 ASHRAE 编制的标准为公共建筑与 3 层以上住宅建筑的基础节能规范（Model Energy Code），并将美国建筑管理官员协会（Council of American Building Officials，CABO）编制的标准确立为低层住宅建筑的基础节能规范。此外，该法对能源监管与审计、节能技术示范、财政激励及联邦节能基金建立等多方面都提出了新要求。

2005年7月29日，美国国会通过《能源政策法2005》（Energy Policy Act of 2005），对《能源政策法1992》进行全面修改，出台多种税收激励措施和贷款政策鼓励节能产品推广，对能源监管和报告、成本控制、财政激励措施、新技术示范、节能示范、能源审核及培训都提出新要求，提及多项建筑低碳节能有关的内容，如依靠系统和设备的能效提升与可再生能源利用规模的扩大来实现建筑低碳节能。法案中提出联邦政府计划、州政府计划和建立能效标识三个计划，分别对应政府建筑节能、各州住宅和公共建筑节能和宣传推广电器和建筑能效提升，且包含详细的节能措施、主要设备和建筑能效要求、节能宣传推广计划框架、能耗管理审计制度等信息。另外，法案中还包括了一系列针对建筑节能和可再生能源利用的经济激励措施[68]。

美国2007年颁布《节能建筑法案》，同年出台《能源独立和安全法》（Energy Independence and Security Act of 2007），又称《清洁能源法》（Clean Energy Act of 2007），该法目的是推动美国能源独立与安全，促进清洁可再生能源的发展，保护消费者，提高建筑物、工业产品和车辆的能源利用效率，推动关于削减温室气体的研究，促进联邦政府的节能。

2013年6月，奥巴马政府的美国总统执行办公室发布《总统气候行动计划》（The President's Climate Action Plan）。承诺到2020年美国温室气体排放目标比2005年减少17%，2020年前，在公共用地上安装足够600万个家庭使用的可再生能源发电，如风电光电，在联邦资助的建筑上安装至少100MW的可再生能源，同时保持在军事设施建筑上继续布局可再生能源安装。和建筑相关的另外一些内容，如更新家用电器和政府建筑能效标准，扩大更佳建筑挑战Better Buildings Challenge的范围，从过去工业和公共建筑扩大到包括住宅建筑，帮助民众更好地提高能效和减少能源浪费等内容。随后，在2015年，美国向联合国气候变化框架公约提交其国家自主贡献预案，提出到2025年温室气体排放目标比2005年减少26%～28%，努力达到减少28%；针对排放在美国占比超过50%的能源领域，美国能源部提出通过实施奥巴马政府颁布的各节能标准，到2030年实现累计减排目标$3×10^9$t，包括能源部针对建筑行业减排的多项措施[69]。

美国的能源消耗长期居世界第一，2006年开始成为世界第二，伴随经济增长，总消耗逐渐降低，和美国的节能立法标准起步早相关度比较高，经过多年的摸索已经形成较成熟的法律标准框架。建筑节能标准和政策的制定，使美国的节能更快地走上正轨。此外，美国还相继出台《联邦电力法》《天然气政策法》《国家天然气法》和《能源部组织法》等多项能源开发、利用与节约的法律。这些法律都大量涉及建筑节能的法制保障问题，为建筑能源节约提供了法律上的保障。

2. 经济激励

美国各级政府和公用事业公司投入大量补贴经费来推广节能产品，节能建筑也被认为是节能产品的一类，1992年《能源政策法》鼓励并授权公用事业组织实施激励性节能项目，补贴对象包括：购买高能效电器的用户，新建节能住宅的开发商、设计者和业主，新建节能商用建筑的设计者。

普通的经济激励形式主要有财税激励和经济刺激，包括减少或免除建设许可费、企业税收激励政策、政府补贴项目、低息贷款、节能计划、研发资助等美国建筑节能激励政策（表4-1）。在美国，大部分财税激励项目都是按照财税激励的资金规模由公共事业部门、州政府的能源办公室来管理运作。这些财税激励措施一般都和节能法规和产品的能效标准直接挂钩，如评选"能源之星"标识，在美国的许多州都已经有近30年的历史。此外，具体财税激励措施还包括对达到某种要求的节能产品进行补贴、政府大宗采购、现金返还、税收减免和低息贷款等，尤其是对新建节能住宅、高效建筑设备等都实行税收减免。如2001年1月1日至2003年12月31日建成的住宅，能实现比IECC最低节能标准30%的建筑，每幢减免税收1000美元；如果2001年1月1日至2005年12月31日建成的住宅，比IECC标准节能50%的建筑，每幢则减免税收2000美元。节能建筑物内的设备也可获得税收减免的优惠。各种节能设备根据能效指标不同，减税额度分别为10%或20%，如节能洗衣机、热水器减免50～200美元；地热采暖、太阳能热水器和采暖系统减免可达1500美元。2001年，有56个州级政府和公用事业组织实施高效家用电器补贴，补贴总额达1.133亿美元。太平洋燃气电力公司2001年用于补贴、折让的费用达2500万美元。每件电器的补贴金额为：电冰箱75～125美元，房间空调器50美元，洗衣机75美元，紧凑型荧光灯3.50～6.25美元，细管荧光灯2.30～4.25美元。[70]

表4-1 美国建筑节能激励政策

补贴	1992年《能源政策法》鼓励并授权公用事业组织实施激励性节能项目。加利福尼亚等州用于补贴的资金来自系统效益收费。补贴对象包括：购买高效耗能器具的用户，新建节能住宅的开发商、设计者和业主，新建节能商用建筑的设计者
税收减免	1978年出台的《能源税法令》中指出，可以对住宅节能改造提供15%的减免税，为特定节能措施提供10%的减免税。对于新建节能住宅建筑，可以获得税收减免。节能建筑设备也可获得税收减免的优惠。各种节能型设备根据所判定的能效指标不同，减税额度分别为10%或20%
低息抵押贷款	居民在购买经"能源之星"认证的建筑时均可向这些银行申请抵押贷款。此外，这些贷款机构还采取诸如返还现金、低利息等措施刺激居民购买经"能源之星"认证住宅，申请节能住宅抵押贷款
低收入家庭节能计划	政府为低收入家庭免费进行节能改造，每个家庭有一定的限额，主要的计划包括美国能源部（DOE）的保暖协助计划、健康部低收入家庭能源协助计划等
加大节能技术研发资助	如联邦政府1998年用于建筑节能研发的费用达9740万美元。联邦政府一直加大对建筑节能高新技术的研发和投入，为美国的建筑节能提供强有力的技术支持
政府机构节能计划	1999年13123号总统行政令规定：（1）2005年，所有联邦机构建筑的单位面积能耗，应比1985年减少30%，到2010年要减少35%；（2）新建建筑必须达到联邦或当地能源性能标准；（3）联邦机构必须采购有"能源之星"标识的用能产品，或能效在同类产品中领先的25%范围内的产品；（4）到2010年，联邦建筑应安装2万套太阳能系统；（5）每个机构必须有一幢节能示范建筑，一年内新建5幢以上建筑的，要有一幢节能示范建筑

资料来源：《中国建筑报》。

另外，居民在购买经"能源之星"认证的建筑时，可以得到诸如现金返还、低利息等抵押贷款优惠服务，刺激居民购买节能建筑，促进节能建筑的建设和开发，降低建筑物的能耗和维护运行管理费用，同时还带动墙体、屋面保温隔热技术的发展，刺激了建材市场，增加了就业机会，进一步促进美国社会经济的发展。[71]

3. 自愿性节能标准与标识推广

对于自愿性能效标识节能型产品的推广，最典型的是1992年美国环保署（U.S Environmental Protection Agency，EPA）和美国能源部（DOE）联合推动的"能源之星"项目，获得"能源之星"标识产品一般都超出该类产品最低能效标准。从1996年起，美国环保署积极推动"能源之星"建筑物计划，由环保署EPA协助自愿参与的业主评估其建筑物能源使用状况，包括照明、空调、办公室设备、规划建筑物的能源效率等，并提出改善行动计划及后续追踪作业，最初主要是针对商用建筑，能效超出同类建筑约25%并室内环境质量达标的建筑可以授予"能源之星"建筑标识。为达到"能源之星"建筑要求的主要措施：绿色照明，改进围护结构隔热保温性能，改进采暖、通风、空调系统，购置高能效电器，全部实施这些措施节能可达30%。所以有些导入环保概念的住宅或门窗产品中也能发现"能源之星"的标识。

"能源之星"住宅计划使用住宅能源评价系统（HERS）来确定住宅的能源效率分值。新建和已建住宅均须满足同样的节能标准才可获得"能源之星"标识。HERS评估需咨询当地有评估资质的住宅能源评估机构，被评估住宅需对比符合能效最低要求，并具有相同大小和形状的样板住宅，得出介于0与100之间HERS评估分值，样板住宅的分值是80分。每降低5%的能源消耗，HERS增加1分，"能源之星"住宅最低的HERS评估值为86，比通用的能源标准建造的住宅节能30%。HERS评估包括对住宅的现场检测，如通过吹风机对门和管道进行的泄漏测试，检测结果同住宅的其他信息，输入计算机程序模拟计算HERS分值，并同时估算出每年住宅能源使用费用。

"能源之星"住宅计划还提供"住宅改造工具箱"，其节能措施可以帮助住宅用户提高住宅的能源效率、使用价值和舒适度，减少能耗来保护生态环境，为一般家庭减少每年的能源使用支出30%。对于普通住宅用户来说，"住宅改造工具箱"使自己家园的改造工程变得更加容易。该计划也提供基于国际互联网的评估工具《能源之星住宅基准》，让用户与本国类似住宅的能耗进行比较，帮助用户理解自己的住宅是否满足节能要求，是否应该升级节能措施以提高能效，也帮助其决定选择哪种住宅改造方式来提高能源效率。[72]据加州能源委员会（CEC）规定，50000ft^2（1ft＝0.3048m）以上的非住宅建筑物的业主，从2018年起，每年6月1日向CEC委员会报告建筑能源使用数据。对超过50000ft^{2}的住宅或拥有17个或更多的住宅单位建筑，业主需要使用能源之星项目组合管理器（Energy Star Portfolio Manager）来完成报告，这是一个由美国环保署（EPA）提供的免费在线工具。如果不遵守规定可能会导致财产留置Lienonthe property。

全球共有七个国家和地区参与美国环保署推动的"能源之星"计划，分别为美国、加拿大、日本、澳洲、新西兰、欧盟、中国台湾，自2001年起，每年一度召开国际能源之星计划会议，目前"能源之星"计划涉及认证产品30多个，用电器，制热、制冷设备，电子产品，照明产品，绝热材料，屋面和墙体材料，门窗，节水设备等。目前已有上千家企业经过"能源之星"认证。

4.1.3 日本

1. 标准、规则及立法

日本资源匮乏，政府一贯重视能源节约与能效提高，在20世纪70年代世界石油危机导致原油价格高涨的历史背景下，日本率先实施国家层面的节能政策并陆续开展多种类型的地区性节能项目，为其绿色低碳型城市建设提供了制度基础。

根据日本经济产业省统计的数据，1973—2013年间，日本GDP在增长2.5倍的同时，单位GDP能耗较此前降低了40%[73]；这个阶段，日本政府制定了一系列法律、法规及相应的措施来推动节能环保和经济可持续发展。1979年制定的《节约能源法》又称《能源利用合理化法》（以下简称《节能法》），是日本节能领域的专门法。现行法律于2006年3月28日由经济省发布，涉及总则、基本方针、杂则和罚则等共8章99条，包括工厂、运输、建筑物、机器及器具的节能措施。现行《节能法》经过1993年、1998年、2002年和2005年四次修订，其中住宅与建筑方面的内容，也经过几次修订，有了很大改动，将节能的义务申报范围由过去只针对商用建筑而不包括住宅，扩大到2000m^2以上的集合住宅，从而强化民用部门的节能。通过不断出台和完善节能法律法规，并配之以各项政策措施，形成健全的节能法规体系，使各项节能工作始终体现了法制化、规范化的特点。此外，日本还拥有完善的节能管理体制，从政府到地方都建立了完善的能源管理结构和咨询机构，并设立有大量民间节能组织。

2012年7月，日本国土交通省发布《面向低碳社会的住宅与居住方式研究报告》，建议到2020年新建标准独栋居住建筑实现零能耗住宅，到2030年所有新建居住建筑实现平均零能耗住宅。

2014年4月，日本根据《能源法》制定的《第四次能源基本计划》，进一步提及2020—2030年零能耗建筑的目标，2015年7月，日本政府《长期能源供求展望》提出2030年平均年经济增长1.7%，能源需求比2013年减少13%，零能耗建筑需要发挥至关重要的作用。

2015年7月，日本政府提交给COP21"国家自主贡献减排目标"NDC承诺，2030年碳排放比2013年减少26%，其中居住建筑减排目标为39.6%，商业服务等公共建筑减排目标为39.8%。根据目标计算，2013年基准年居民家庭的居住建筑碳排放量2.01×10^8t，到2030年须控制在1.22亿t，2013年商业服务非住宅建筑碳排放量为2.79×10^8t，2030年须控制到1.68t CO_2。[74]

2015年12月，日本经济产业省设立"零能耗建筑路线图研究委员会"，该委员会研究报告提出实现零能耗建筑的路线图，并提出近零能耗和净零能耗建筑新概念，界定广义和狭义上的零能耗建筑，确定2020年前为推广阶段，2030年为普及阶段，推广阶段以学校和郊外办公楼优先，逐步扩大到城市办公楼、商业设施和其他建筑。

2016年5月13日，日本内阁府、环境省和经济产业省联合制定《全球变暖对策计划》，全面落实《巴黎协定》，在建筑节能减排方面，针对商业建筑的主要措施：现有建筑节能改造，如到2030年，碳氟化合物替代的空调技术要达到83%，到2020年新建建筑全部实现零能耗建筑，到2030年普及LED等高效光源100%（2012年为9%），2030

年建筑采用楼宇能源管理系统（BEMS）达到50%以上；对于居民住宅主要措施：既有住宅进行保温隔热性能提升改造，高保温隔热性能达标率到2030年达到30%（2012年为6%），2020年新建建筑50%以上实现零能耗建筑，2030年家用燃料电池汽车530万台（2012年为5.5万台），2030年建筑采用楼宇能源管理系统（BEMS）达到100%。[75]

2. 经济激励

为鼓励建筑采用节能措施，日本政府实施一系列金融优惠政策：（1）初期，政府在资金上或者税收方面给予一定的支持，如在住宅新技术上有补助或税率优惠；（2）在制造环节实施"领跑者"制度，首先由政府提出更新、更高的起点，企业如果想开发市场或产品必须推出此标准以上的产品才能进入市场，否则予以一定处罚；（3）实行住宅金融公库贷款，只有满足1979年标准才能贷款，对高于1992年标准住宅，可给予50万~100万日元的额外贷款；对高于1999年标准的住宅可获得额外贷款250万日元；（4）日本政策投资银行、中小企业金融公库、国民生活金融公库等提供低息融资，住宅采用隔热构造的补贴贷款制度，采用太阳能热水器、节能型供水设备和供暖设备等的补贴贷款制度，办公楼、饭店等建筑采用热泵设备的长期低息融资制度；（5）在技术普及方面，对施工技术难度比较大的项目，开发简化工艺的标准化施工方法，降低施工人员的技术难度，达到更好的节能效果。

1998年，日本政府利用修订《节能法》的契机，推出"领跑者计划 Top Runner Program"。由日本能源保护中心（The Energy Conservation Center，ECCJ）管理和推进，是日本经济产业省直辖机构，目标是推动不断改进最新产品的能源转换和性能标准，提高能源的利用效率，阻止全球气候变暖和促进全球的可持续发展，涉及的产品主要以住宅、商业和运输方面持续增长的能源消耗为对象，涉及产品23类，包括客运车辆、货运车辆、空调、冷藏箱、冷冻箱、电饭锅、微波炉、荧光灯、紧凑型荧光灯、电子座厕、电视机、录像机（VTR）、DVD刻录机、计算机、磁盘驱动器、复印机、燃气石油器具（炉灶、燃气烹饪器具、燃气热水器、石油热水器）、自动售货机、路由器、变压器等。能效指导标准3~5年更新一次，针对特定产品，设定最高能效目标和时间表，厂商必须在规定时间内达到目标。ECCJ也是日本能源之星计划的管理单位。

"领跑者计划"采用的领跑标准是同类产品的平均标准目标而非最低标准，即低于目标能效值的产品仍可在市场上销售，但厂商需要推出其他更高能效的产品，以使得整个公司同类产品的平均绩效高于法定标准。测量或测定方法主要依据JIS日本工业标准的规定。"领跑者计划"是自愿性制度，但制造商和进口商产品如与"领跑者计划"标准差距太大，日本经济贸易产业省METI会采取干预措施，包括审查和提供改进建议，如不执行建议，制造商或进口商将受到警告、公告、命令，甚至罚款等处罚。

为实现建筑节能目标，日本政府还实施了多项财税政策：一是税制改革，使用指定节能设备，针对大公司可以选择30%的提前特别折旧，或针对中小企业7%的税额减免；二是补助金制度，企业引进节能设备、实施节能技术改造、进行节能技术开发的，初期给予项目总投资额的1/3~1/2补助，一般项目补助上限不超过5亿日元，大规模项目补助上限不超过15亿日元，项目示范研发阶段，提供一半的研发补助；企业或家庭引进高效热水器给予固定金额的补助；对于住宅、建筑物引进高效能源系统给予其总投资1/3的补助。补助对象包括地方公共团体、NGO等公益团体、企业及个人；三是特别会计预算制度，在国家预算中安排专门的节能资金，如 2007 年"节能对策"预算资金规模为 1100 亿日元，由日本经济产业省实施支援企业节能和促进节能的技术研发等活动，该预算纳入"能源供需结科目"，主要来源于国家征收的石油煤炭税。

为推进绿色建筑的发展，日本国土交通省于 1992—2008 年开展了"环境共生住宅街区示范工程"，对满足减轻环境负荷等条件、示范性强的居住区给予建设补助；1993—2006 年，共资助 85 个项目。2009 年度和 2010 年度又对东京都内安装太阳能设备的住宅进行部分补贴。2009 年日本内阁会议决定从 2010 年 3 月 8 日开始，由国土交通省、经济产业省和环境省共同实施"住宅生态返点制度"，给住宅生态改造或新建生态住宅的拥有人发放购物券，或作为追加工程费。

为推广零能耗住宅（Zero Energy Home，ZEH），2012 年日本启动针对性配套资金补助体系，故 2012 年成为日本零能耗住宅元年，针对有意建造高隔热性能（建材）、使用高效率机器或管理系统等设备的住户，由日本经济贸易产业省提供补助，补助比例为建造总费用的一半，金额上限为 350 万日元（约合人民币 20 万元）；中小型建筑及装修企业，由国土交通省"住宅零能耗化推进事业"计划提供补助，包括住宅主体结构、建筑设备采购和可再生能源利用等，补助为总费用的一半以内，上限为 165 万日元（约合人民币 9.7 万元）。

另外，经济产业省还通过补贴支持零能耗公共建筑，补贴对象为办公大楼（不含政府办公大楼）、旅馆、学校、文体设施等，补贴范围包括设计费、设备费、工程费及有助于零能耗建筑的建材、空调、换气、照明、热水设备及 BEMS 系统等；并公开设计指南，规定在不计算其他一次能源消耗和可再生能源发电量的前提下，整个建筑一次能源消耗量比标准建筑减少 50% 以上，且围护结构必须符合节能标准，必须安装 BEMS 及接受第三方认证。补贴为总费用的 2/3 以内，且不超过 10 亿日元/年。政府办公大楼由环保省"为实现 ZEB 的先进节能建筑事业"计划下提供补贴。

这些经济鼓励政策推动日本逐渐成为世界上能源利用效率最高的国家之一。

3. 节能标识和服务的推广及节能宣传

1999 年开始，日本就对汽车、商用和家用电器设备和住宅建筑等实施强制性能效标识制度，2018 年日本强制性标识计划 30 多个类别的产品都必须符合"领跑者标准"，大多数产品类别，仅需提供自愿性声明和厂商测试报告，但重点产品，如 LED 必须在日本已注册的实验室进行产品测试。绿色标记表示产品符合标准，红色标记表示产品不符合标准（图 4-6）。

图 4-6　日本的节能标识

（资料来源：https://tbt.sist.org.cn/rdht_124/nxbqybs/rbjnbs/200810/t20081009_175005.html）

标识设计指导思想：有利于消费者，将该产品的能源效率与其他产品进行比较，采用简单的符号和表述文字，便于消费者理解和查询，提供产品的相关性能指标，标识格式由日本经济产业省统一规定。产品能效必须在产品上标明，电子标记（E-Mark）可在自愿的基础上进行施加。每个公司每个产品不一定都要达标，但每年生产设备的加权平均效率必须达到"领跑者标准"，且制造商需每年公布产品的加权平均效率。能效标识必须显示：产品名称、型号、能源消耗效率比、电力或燃料消耗，节能标识必须在产品手册中或直接在产品上标明（图4-7）。

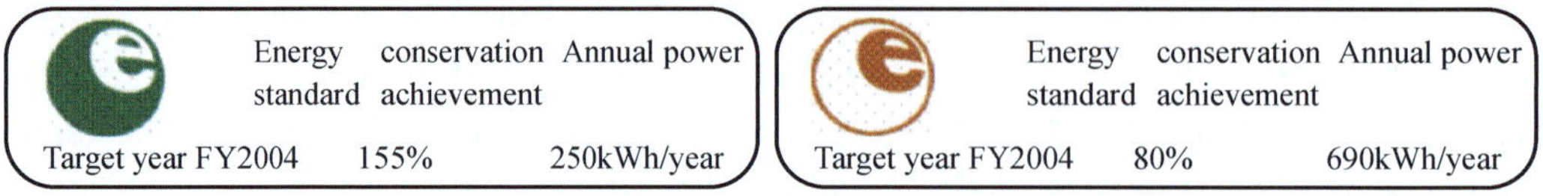

图4-7 在产品上标明的日本节能标识

（资料来源：https://tbt.sist.org.cn/rdht_124/nxbqybs/rbjnbs/200810/t20081009_175005.html）

日本政府也大力扶持能源服务产业，利用专业的能源服务公司（ESCO）为业主提供包括节能诊断、解决方案、维护设备及运营管理等全套服务，能源服务公司通过与业主签订合同，收取服务费和分享节能效益获得收益。

此外，日本政府非常重视节能宣传教育工作，除建立节能日（每月第一天）、节能月（每年2月）在全国范围内开展节能技术普及和推广，举办形式多样的宣传和教育活动外，还规定每年8月1日和12月1日为节能检查日，检查评估节能活动及生活习惯。

4.2 世界建筑业主要节能减排绿色标准

4.2.1 可持续发展理念

1962年，美国海洋生物学家莱切尔·路易斯·卡逊（Rachel Louise Carson）发表一篇环境科普著作《寂静的春天》（*Silent Spring*），描绘了一幅由于农药污染所带来的可怕景象，在世界范围内引发关于发展观念的争论。1972年，两位美国学者巴巴拉·沃德（Barbara Ward）和雷内·杜博斯（Rene Du Bois）为联合国环境会议起草报告《只有一个地球》（*Theie is Only One Earth*），把人类生存与环境的认识提高到可持续发展的新境界。1987年，挪威首相布伦特兰（Gro Harlem Brundtland）在联合国世界与环境发展委员会发表一份报告《我们共同的未来》（*Our Common Future*），通过"共同的问题""共同的挑战"和"共同的努力"三大部分分析正式提出可持续发展概念："既满足当代人的需要，又不对后代人满足其需要的能力构成危害的发展"[76]。1992年，在巴西里约热内卢召开的联合国环境与发展会议上，与会者就"可持续发展"的战略思想达成共识，大会通过《二十一世纪议程》，至此可持续发展理念摒弃过去过分强调环保的"零增长"或过分强调经济增长的"零环保"思想，主张既要生存，又要发展，力图把人与自然、当代与后代、区域与全球有力地统一起来，逐渐转变为人类的共同行动纲领。10余年来，这一全新价值观逐渐深入人心，许多行业和领域纷纷展开行动，把可持续发展理念贯彻于具体实践之中。建筑作为人工环境，是满足人类物质和精神生活需要的重要组成部分，也成为可持续发展概念的重要实践领域。

4.2.2 绿色建筑的概念形成

人类过去对感官享受的过度追求，使现代建筑不加节制地疏离人与自然的天然联系和交流，给环境与资源带来沉重的负担。据统计，人类从自然界获得的50%以上物质原料用来建造各类建筑及其附属设备，这些建筑在建造与使用过程中又消耗了全球能源的50%左右。在环境总体污染中，与建筑有关的空气污染、光污染、电磁污染等就占了34%；建筑垃圾则占人类活动产生垃圾总量的40%。在发展中国家，剧增的建筑量还日益造成土地侵占、生态资源破坏等现象。事实告诉我们，人类社会必须走可持续发展道路，建筑理念与实践的变革到了刻不容缓的时刻。

"绿色可持续"是自然、生态、生命与活力的象征，它代表人类与自然和谐共处、协调发展的文化，是可持续发展的概念与内涵。将绿色思想引入建筑领域是国际建筑界对人类可持续发展战略所采取的积极回应，也必将成为未来建筑的主导趋势。

绿色建筑是集成环境回馈和资源效率思维去设计、建造和使用建筑，也可理解以室外环境学的方式和资源有效利用的方式进行设计、建造、维修、运营或再使用的构建物。绿色建筑也可称为生态建筑、可持续建筑。按照生态环保的观点，可将其定义为：在建筑全生命周期（建筑规划设计、物料生产、施工、运营管理及拆除过程）中，以最节约能源、最有效利用资源的方式，尽量降低环境负荷，同时为人类提供安全、健康、舒适的工作与生活空间。其目标是达成人、建筑与环境三者的平衡优化和持续发展，即外部强调与周边环境和谐一致、动静互补，内部不使用对人体有害的建筑材料和装修材料，室内空气清新，温湿度适当，使居住者感觉良好，身心健康。

对绿色建筑的探索和研究始于20世纪60年代。60年代美籍意大利建筑师保罗·索勒瑞（Paola Soleri）把生态学（Ecology）和建筑学（Architecture）两词合并为"Arology"，提出"生态建筑学"的新理念，综合室外环境与建筑两个独立的概念，提出"室外环境建筑"的概念。1963年奥戈亚在《设计结合气候：建筑地方主义的生物气候研究》中，提出建筑设计与地域、气候相协调的设计理论。1969年美国风景建筑师麦克哈格（LanL. McHarg）在其著作《设计结合自然》一书中，提出人、建筑、自然和社会应协调发展并探索了建造生态建筑的有效途径与设计方法；它标志着生态建筑理论的正式确立。70年代石油危机后，工业发达国家开始注重建筑节能的研究，太阳能、地热、风能、节能围护结构等新技术应运而生。80年代，节能建筑体系日趋完善，并在英、德等发达国家广为应用，但建筑物密闭性提高后产生的室内环境问题逐渐显现。建筑病综合征（SBS）的出现，影响了人们的身心健康和工作效率，以健康为中心的建筑环境研究又成为热点。90年代后，绿色建筑理论研究开始步入正轨，1991年布兰达和罗伯特·威尔合著的《绿色建筑：为能源可持续的未来而设计》提出综合考虑能源、气候、材料、住户、区域环境的整体设计观。阿莫里·B. 洛温斯（A Mory B. Lovins）在《东西方融合：为可持续发展建筑而进行的整体设计》指出："绿色建筑不仅关注物质创造，而且包括经济、文化交流和精神等方面。"40多年来，绿色建筑研究由单纯建筑个体的技术上升到体系的整合，由建筑设计扩展到环境评估、区域规划等领域，形成整体性、综合性和多学科交叉的体系。

绿色建筑核心内容是尽量减少能源、资源消耗，减少对环境的破坏，并尽可能采用有利于提高居住品质的新技术、新材料，合理选址与规划，尽量保护原有的生态系统，减少对周边环境的影响，并且充分考虑自然通风、日照、交通等因素，实现资源的高效循环利用；尽量使用再生资源，尽可能采取太阳能、风能、地热、生物能等自然可再生能源；尽量减少废水、废气、固体废物的排放，采用生态技术实现废物的无害化和资源化处理。控制室内空气中各种化学污染物质的含量，保证室内通风、日照条件良好；采用节能的建筑围护结构及采暖和空调。根据自然通风的原理设置风冷系统，使建筑能够有效地利用夏季的主导风向。建筑采用适应当地气候条件的平面形式及总体布局；节约水资源，包括绿化的节约用水；节约用地，增加绿地面积，改善居住和办公区的生态环境。对建筑的地理条件有明确的要求，土壤中不存在有毒、有害物质，地温适宜，地下水纯净，地磁适中。绿色建筑应尽量采用天然材料，采用的木材、树皮、竹材、石块、石灰、油漆等，要经过检验处理，确保对人体无害。

4.2.3 绿色可持续建筑评价体系的形成

绿色建筑的小概念是在设计、建造及使用过程中节能、节水、节地、节材的环保建筑，其大概念是人与自然协同发展、和谐共进，并使人类持续发展的文化。

绿色建筑是一个高度复杂的系统工程，其实践领域的推广需建立明确的评估系统。绿色建筑的实现贯彻建筑的整个生命周期，不仅需设计师运用可持续发展的设计方法和手段，还需决策者、施工单位、业主、管理者和使用者都具备绿色意识，共同参与建造和运营的全过程。这种多层次合作关系的介入，需要在整个程序中确立一个明确的绿色建筑评价结果，形成共识，使其贯彻始终。绿色建筑概念具有综合性，既衡量建筑对外界环境的影响，又涉及建筑内部环境的质量；既包括建筑的物理性能，如能源消耗、污染排放、建筑外围及材料、室内环境等，也涵盖部分人文及社会的因素，如规划、管理手段、经济效益等。而人们对绿色建筑的理解，由于观念、当地技术和经济水平等方面的不同而存在差异。一套清晰的绿色建筑评估系统，对绿色建筑概念的具体化，使绿色建筑脱离空中楼阁真正走入实践，对真正理解绿色建筑的内涵起到重要的作用。对绿色建筑进行评估，在市场范围内提供规范和标准，可识别虚假炒作的绿色建筑，鼓励优秀绿色建筑，规范建筑市场。因此，绿色建筑体系需要现代科学评估方法作为实施运作的技术支撑。20 世纪 90 年代以来，世界各国都发展了各种不同类型的绿色建筑评估系统，为绿色建筑的实践和推广做出了重大的贡献。按其主要目的，可把它们分为三类：(1) 建筑设计及决策支持工具这类评估体系主要针对设计方案或新建建筑，以辅助设计与辅助决策为主要目的，强调绿色建筑实施的过程中施加影响，预测结果可反馈到设计或实施阶段。通过推荐具体技术、管理方式、计算机模拟分析等手段，使实施者可不断调节方案，以达到设定目标；(2) 分析对比与性能评价工具该类评估体系主要针对既有建筑，与第一类强调过程不同，它重在考察结果。一般用来对不同建筑进行对比或对建筑的真实性能进行鉴定。通常采用实测、调查等手段得到评价结果，Ecoeffect、NABERS 等属于这类工具；(3) 通过前两类工具的结合，进行辅助设计和性能评价和系统结构内容的设置，对设计方案、新建建筑和既有建筑都能评估，如 BREEAM 98 等，围绕绿色建筑的概念，这些评估工具大都采用多目标、多层次的综合评估方法。目前所有绿色建筑综合评估对建筑及业主都是自愿的而非强制性的，但随着其发展及成熟，相信绿色建筑评估成为建筑实践的新常态。

绿色建筑评价体系是应用在绿色建筑整体寿命周期内的一套明确的评价及认证系统，以一定的准则来衡量建筑在整个阶段达到的"绿色"程度，同时通过确立一系列指标体系，为各个方面提供具体清晰的条例以指导和鉴定绿色建筑的实践。

4.2.4 国内外绿色建筑评价体系介绍

1. 世界绿色建筑评价体系的研究现状

1990年，绿色建筑认证标准体系《建筑研究所环境评估法》（BREEAM）首次出现在英国，之后各个国家都相继推出结合本国特色的绿色认证体系，其中美国1995年推出的认证体系《能源与环境设计先导评价标准》（LEED）影响最为广泛。此外，澳大利亚（NABERS）、德国（DGNB）、挪威（Eco Profilev）、法国（ESCALE）、日本（CASBEE）和中国（GOBAS）等都在各自领域发挥着积极作用。随着绿色建筑实践在各国的不断发展，评估工具也由早期的定性评估转向定量评估，从早期单一的建筑性能指标评定转向整合环境、经济和技术性能的综合评定。在新的建筑环境评价体系指导下，世界建筑业正逐步向"绿化"方向发展。另外，一些国际性的评估系统也在发挥着作用，如IISBE（International Initiative for a Sustainable Built Environment）发行的GBTool（Green Building Tool）评估体系，基于这个评估体系，15个国家在加拿大商定了《绿色建筑挑战2000》。

1) DGNB

德国可持续建筑DGNB评价标准是德国政府支持下，自愿参与的评价体系。其形成基于德国高质量建筑工业经验，于2007年，由德国交通建筑城市发展部（Bundesministerium für Verkehr Bau und Stadtenwicklung）和德国可持续建筑委员会（Deutsche Gesellschaft für Nachhaltiges Bauen，DGNB）组织德国建筑行业的各专业人士共同开发而成。DGNB委员会是欧洲可持续建筑及房地产行业最大的非营利性机构，会员超过1500家，分别来自大型投资与开发企业工程建设及设计企业研究机构和地方政府。DGNB也是德国在世界绿色建筑委员会中的代表机构，覆盖建筑行业全产业链，致力于发现建筑行业的未来发展方向。

与早年国际标准相比，DGNB起步于第二代绿色建筑评估体系（图4-8），不仅着眼于第一代绿色建筑标准的生态技术等因素，而且全面从可持续性基本维度出发，即生态、经济和社会维度，在强调减少对于环境和资源压力的同时，发展适合使用者服务导向的指标体系，指导"可持续建筑标准"更好地帮助建筑项目规划设计，塑造更优的人居环境。

DGNB体系首先将地球环境中需要保护的群体进行定义和分类，确定保护体（schutzgueter）的范围即自然环境和资源、经济价值、社会文化与健康，针对每一类保护体确定相应的保护目标（schutzziel），如以自然环境和资源为保护对象的环境保护目标、以经济价值为保护对象的降低生命周期消耗目标、以社会文化与健康为保护对象的健康保护目标。围绕着以既定保护目标为原则，开发一系列针对性的评估标准，衡量建筑的生态性、经济性、社会性和功能性，并对目标执行过程中的技术和流程进行质量评价，确保整个建筑从设计建造至运营管理的绿色质量。

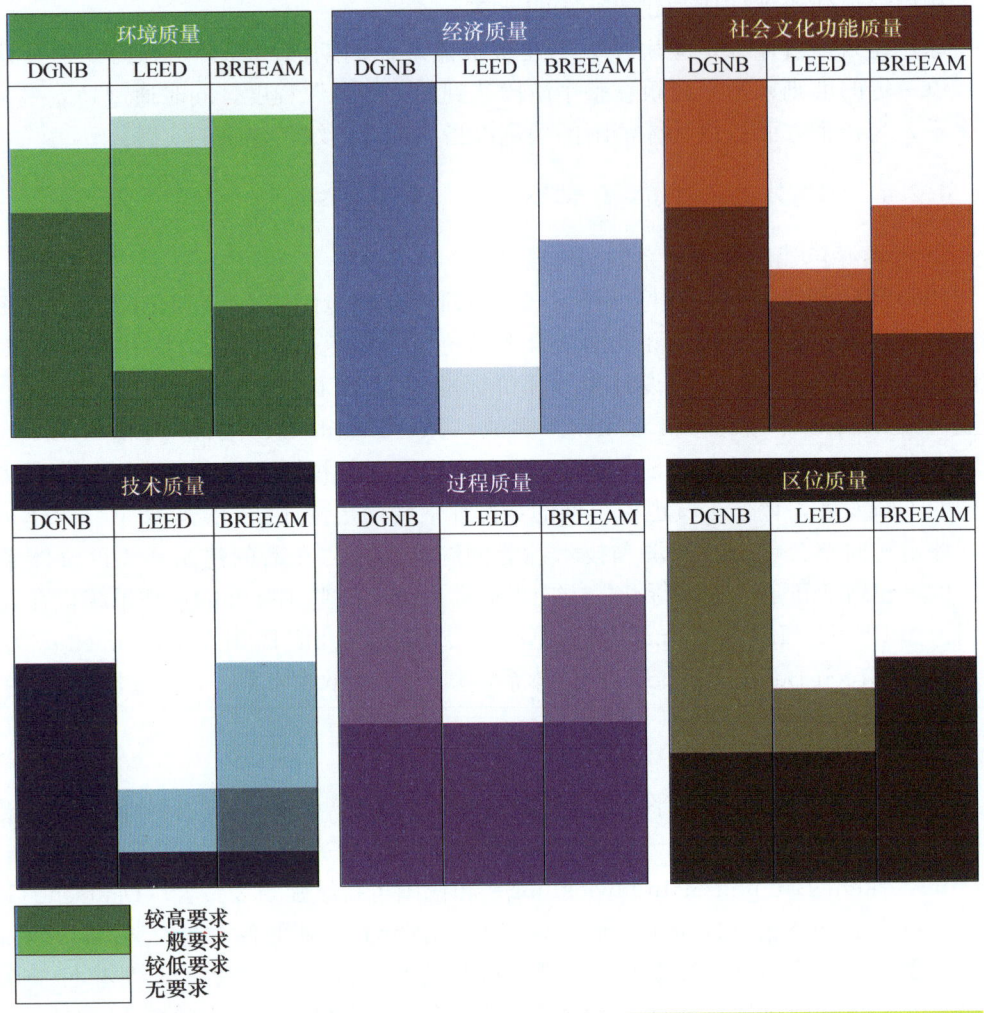

图 4-8　DGNB 体系与国际早年体系比较

(资料来源：Drees & Sommer)

DGNB 建筑标准在体现以德国为代表的欧洲高质量设计标准的同时，也致力于构建适合世界不同地区制度、经济、文化和气候特征的认证模式，以利于"可持续建筑标准"的推广和国际化进程。

(1) DGNB 评价体系特点——DGNB 的可持续性内涵

在建筑可持续性目标的实现过程中，需同等考虑生态、经济和社会目标的实现，这样，建筑不仅能更加满足资源友好、降低对环境负担，还能拥有更加完善的社会功能。

① 全生命周期的评估

DGNB 标准的核心是在建筑全生命周期中体现可持续性，涵盖建材原料的开采到建材及建筑构件生产、施工、投入使用的运营阶段再到维修、保养及拆除回收再利用的全过程。

根据项目的不同，DGNB通过建筑系统量化的全生命周期评估（LCA）及全生命周期成本计算来评估分析，LCA结果在DGNB的"生态性"原则方面占到近50%的权重，而生命周期成本计算则在"经济性"方面占到60%，在60多项DGNB原则中占有举足轻重的地位。

DGNB从建立之初就系统性关注建筑的设计、施工、运维及拆除等建筑全生命周期所有阶段，包括对建筑物全生命周期的环境影响和总成本的研究。根据德国建筑的统计数据，普通建筑全生命周期总耗能的大约80%发生在运营阶段，而建材生产与运输及施工建造阶段的能耗，仅为总能耗的约20%。如从全生命周期成本来看，医院类建筑的运营成本在投入运营大约10年后，就已经是建造成本的2倍；工业建筑和办公建筑在运营20～30年后，运营成本也会达到建造成本的2倍[69]。因此针对特定几项全生命周期评估细节，DGNB都有专门认证条款。严格的全生命周期评估，使DGNB在"可持续建筑"概念量化上是严格的、科学的，与国际上其他"绿色建筑"标准有较大不同。

②目标导向性

在项目编制之初，DGNB体系就需确定"目标导向性"的评估模式。即先确定建筑可持续目标，然后根据目标达成进展情况，再对建筑进行可持续性的评估。而如何达成目标的手段，则不在评估范畴，如是否有特定的设计方法或设备等。这样，既能给项目参与者明确工作目标和方向，也能赋予设计师和工程师最大的工作自由度，从而鼓励创新设计和技术的使用。

因此，DGNB可持续建筑评估体系是要点相互之间作用的关系，既相辅相成，也相互制约，最终实现要点间合理的平衡，意味着最优方案不一定只有一个，而且随着项目的进程，方案始终处于动态优化状态。

另外，目标导向性的评估模式，对国际项目认证更加重要，因为目标质量得到保证的前提下，DGNB评估系统中的具体细节要求，都可根据实际情况进行修改，甚至是添加或删除，赋予评估系统极大的灵活性和适应性。

③能适应国际的认证标准

DGNB国际化过程中发展出一套与所在国当地的制度和社会环境相结合的质量控制模式，使自身能够适应当地技术和社会发展的变化，特别是考虑到不同国家在气候条件、法律制度、建筑管理等方面规定的不同。为了与进行认证地区特点相适应，DGNB强调对当地法规的适应，尽量使用符合当地情况的标准和技术标准中的参照值，进行认证原则条款的计算证明。以中国为例，DGNB开发了针对中国法规条件的适应版本，在中国认证的项目都是根据这个适应版本进行的评估，如消防安全、室内TVOC检测、隔声性能、废物处理等标准，均按照中国国标相应的标准进行检测，同时与国内绿建标识达成互认。

DGNB体系与很多国家的非营利政府组织及非政府NGO组织展开良性互动和合作，并已经与全球各个洲的国家及地区建立了一系列的合作组织，使自身更加适应不同地域的多样性要求。

④DGNB的优势

DGNB认证不是国家强制推行的法律规范，能被市场广泛接受，离不开可持续建筑认证体系的一些优势，主要表现在以下11个方面：

　　a. 积极推动可持续建筑项目的发展，符合时代的未来发展方向；

　　b. 协助在早期设计阶段实现成本控制，提高了投资的安全性；

　　c. 通过全生命周期的整体设计和透明完善的文件管理体系，降低建筑建造、运营和拆除阶段的风险；

　　d. 拥有贴近现实的数据设计辅助工具；

　　e. 关注建筑的全生命周期各阶段质量；

　　f. 通过德国建筑法规及长期节能建筑领域积累的经验，体系更好地实现建筑的品质；

　　g. 建筑本身如符合认证标准，能够代表重要品牌和真实品质；

　　h. 通过全面透明地描述一个房产项目的质量，可以增强业主和消费者在租购房产过程中对建筑质量的知情度；

　　i. 评估工作本身是针对建筑性能而不是某种特殊建筑设计方法，确保了设计师具有最大的发挥空间；

　　j. 不仅评价技术性"绿色建筑"，还对综合建筑的经济性和社会性加以评价；

　　k. 标准具备灵活性，以适应新的科技发展，并适应世界各地的多样性。

（2）DGNB体系的简介

①DGNB认证原则的基本架构

DGNB体系共定义6个性能维度，作为认证原则的基本架构：

　　a. 生态质量；

　　b. 经济质量；

　　c. 社会文化质量；

　　d. 技术质量；

　　e. 过程质量；

　　f. 区位质量。

　　DGNB体系基于长期的建筑和规划实践经验及大量经验数据，使用一系列专门的评价指标对各个性能维度加以定义，考虑建筑物的功能类型和工程任务的特点等各种不同情况，并根据具体情况制定与之相对应的专门指标、原则、条款。目前，DGNB证书的建筑类型包括办公和行政建筑的新建，现代化改造，完全整治和现状保护，新建的工业、商业和酒店建筑、教育和住宅居住建筑及商住混合建筑及城市街区及园区层面等20种类型。

　　DGNB体系就以上6大领域建立63条标准，图4-9给出了6个性能维度各自所占的权重，对每一条标准都给出明确的测量方法和目标值，认证过程就是对各项指标的原则条款进行分别考察，并将各项得分累加。凭借庞大的数据库和计算机软件的支持，设定的评估公式可根据建筑质量记录进行评分，每条标准的最高得分为10分，根据不同标准条的内容，权重系数评定为0~3，每条单独的标准都会作为上一级或下一级的标准使用，最后根据评估公式计算质量认证要求的建筑达标度，每个性能维度项得分乘以其加权的总和，得出其性能维度满分的百分比，乘以该性能维度的权重占比，如经济性占22.5%，总分为最终求和得出。最终根据建筑指标原则的满足度来决定DGNB认证级别：满足度35％，可授予建筑铜级、满足度50％为银级、满足度65％为金级和满足度80％为铂金级（图4-9）。

	铂金级 Platinum	金级 Gold	银级 Silver	铜级 Bronze*
各级别的加权总得分要求	≥80％	≥65％	≥50％	≥35％
各核心模块最低得分要求	65％	50％	35％	—

*铜级评定仅适用于"既有建筑认证"或"建筑运营认证"。

图4-9　DGNB认证级别及要求

评估结果通过软件生成的评估图，显示在罗盘状图形上，表示建筑各项分支结果，代表建筑在该项的性能表现，直观地总结了建筑在各个领域及各个标准的达标情况，结果一目了然（图4-10）。

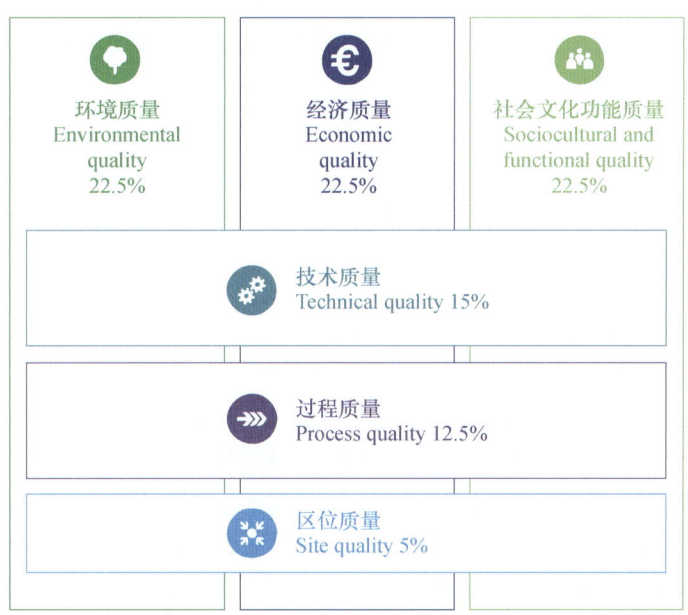

图4-10　DGNB 6个性能维度权重分析

②DGNB体系的工作流程

第1步由认证咨询师就待认证的建筑项目提出注册申请。

第2步由DGNB与建筑项目所有方签订认证合同。

第3步认证咨询师向DGNB组织的运营公司提交所需资料。

第4步DGNB委派每次两名第三方审核人员，进行两次内容审核，并将审核报告提交认证咨询师。根据第一次的审核报告及疑问，认证咨询师将做进一步的说明并提交补充材料。

第 5 步根据审核报告，DGNB 认证委员会给出认证评级结果，并通知建筑项目所有方和认证咨询师。

第 6 步认证咨询师可在审核员的陪同下对审核部分进行复查。

从上述的过程来看，DGNB 认证过程的参与者可分为四方，即建筑项目所有者、认证咨询师、设计团队及 DGNB 认证委员会，其中认证咨询师扮演认证代理人的角色，主持并引导整个认证过程的进行。认证咨询师的资格必须由 DGNB 委员会授权许可。

为 DGNB 体系在国际市场的顺利使用，DGNB 认证委员会为专业人士提供 DGNB 认证咨询师的资格培训。中国目前约有 100 位 DGNB 认证咨询师，可以对绿色建筑项目进行审核和认证。任何具有建筑、土木、自然科学、工程、建筑物理及经济学学士和硕士学位，并在建筑地产行业具有两年以上工作经验的人员，或者具备地产行业相关职业学历并在行业从事五年以上工作的人员，均有资格参加 DGNB 组织的认证咨询师培训课程，通过考试即获得注册认证咨询师资格。

2）LEED

LEED 是英文 Leadership in Energy and Environmental Design 的缩写，国内多译为"能源与环境设计先锋"，是一个绿色建筑评级体系，目的是通过开发评估工具盒和执行标准，并能够被市场广泛认可和理解，来鼓励和促进全球范围内可持续绿色建筑的发展，并为之做出实质行动。

LEED 是一个第三方评估体系，经美国国家认可的高性能绿色建筑设计、构造和运行标准。LEED 给建筑所有者和操作者提供了一个实用工具，使得他们对建筑的性能施加直接并可测量的影响。LEED 提倡整体设计的观念，综合对人类和环境影响的五大因素：可持续的基地建设（Sustainable Site Development）、节水（Water Savings）、能效（Energy Efficiency）、材料选择（Materials）和室内环境质量（Indoor Environmental Quality）。

（1）LEED 的产生

美国绿色建筑委员会（United States Green Building Council，USGBC）于 1993 年成立，是一个非营利组织，其成员涵盖了建设领域的各个部门，包括设计、施工、房地产开发和公用部门等。委员会自 1995 年开始研究绿色建筑评价体系，1996 年开始制定美国的绿色建筑体系，即《能源及环境设计先锋评价体系》（Leadership in Energy & Environmental Design Building Rating System，LEED）评价标准，1998 年 8 月，委员领导集体在会议上正式推出 LEED 1.0 版本，2000 年 3 月发布了 2.0 版本，由绿色建筑认证协会（Green Building Certification Institute，GBCI）进行评审和认证。

在开始阶段，LEED 仅针对新建建筑和重大改造项目，USGBC 经过初步实践和测评后，很快意识到建立可持续科学合理的定义、评估绿色建筑的体系是重中之重，USGBC 开始着手对已有的绿色建筑标准和评价体系在建筑物的设计、建设和维护等各方面提出了一系列可持续性指标的研究改进，2002 年 11 月和 2005 年 11 月推出 LEED V 2.1 和 LEED V 2.2 版本，2004 年 LEED 推出 V3 版本，并于 2014 年发布 V4 版本。新版的 LEED V4 在建筑设计、施工和维护等方面都提出一系列可持续性标准，如图 4-11 所示。

图 4-11　LEED V4 版本评价模块

（2）LEED 产品

LEED 认证涵盖 5 种不同类型的建筑产品认证：LEED ID＋C、LEED ND、LEED O＋M、LEED BD＋C、LEED for HOMES（图 4-12）。

图 4-12　LEED 建筑产品认证标识

①LEED ID＋C

LEED ID＋C 建筑内部设计和施工评价体系（LEED for Interior Design and Construction）适用任何类型建筑项目，从商业高楼到数据中心，能满足各类项目的特殊要求。LEED ID＋C 比较适合租赁的办公室、商场、公用事业绿色建筑的设计和改造施工，根据 LEED ID＋C，租户和他的设计团队、施工团队能够在他们所能够控制的区域范围内采取各种可持续发展的设计措施，提高室内环境。

②LEED ND

LEED ND 社区开发评价体系（LEED Neighborhood Development）是面向社区可持续发展规划的认证评估体系，包括智慧选址与沟通、社区模式与设计、绿色建造与绿色技术和创新设计四大指标。

③LEED O＋M

LEED O＋M 运营维护评价体系（LEED for Building Operations and Maintenance）主要针对既有建筑在运营及维护过程中进行可持续运营策略指导，将建筑运营效率最大化,减小建筑的环境影响和破坏。认证对象主要是符合 LEED-EB 认证的建筑:包括办公区域、商场、酒店、公共建筑四层及四层以上的住宅建筑。

④LEED BD+C

LEED BD+C 建筑设计和施工评价体系(LEED for Building Design and Construction)主要用于各类新建建筑及较大建筑改造在设计及施工阶段的指导与认证,如公共建筑(图书馆、博物馆、教堂等)、酒店及四层以上(含四层)的住宅建筑。这里的施工主要是绿色施工,如对采暖通风空调设备、主围护结构、内部装修进行节能改造。

⑤LEED for HOMES

LEED for HOMES 住宅评价体系是针对住宅进行的一种认证体系,主要类型包括:独立土地建造的独立结构、单个家庭的独立房屋、复式别墅、排屋、Town House(二层楼或三层楼多栋联排别墅)等。四层或四层以上的别墅,则建议采用 LEED BD+C 标准。

5 种 LEED 产品,认真考虑了建筑差异和实际情况,使用一致严格的评估标准。项目都拥有独立的专业编撰小组,小组间相互沟通来保证评价系统的连续性和贯通性,最终通过 LEED 指导委员终审。每项产品推出之前,必须面向所有 USGBC 的会员公开项目试验结果,并经过最终投票通过予以发行。作为开放式发展的评价体系,每一个分支评价体系都在实践中不断更新发展,与建筑市场同步。

LEED 各体系之间有不同特点,又能相互完善,如 LEED BD+C、LEED ID+C 和 LEED O+M 一起,共同构成建筑选址、设计、筑造、营运、维修保养、拆除一个完整的全生命周期中应该采取的可持续发展措施,并完整覆盖商业开发模式内外结合所应采取的绿色建筑措施。LEED for HOMES 面对低层住宅,别墅类建筑。LEED ND 则在社区规划与发展层面上,把各种 LEED 产品结合在一起,提出了实现综合性社区发展模式的具体措施。用户可以根据自身需要,申请适合自身项目的 LEED 认证。

LEED 体系应用最多的部分是 LEED BD+C,其建筑各阶段分数占比如图 4-13 所示。

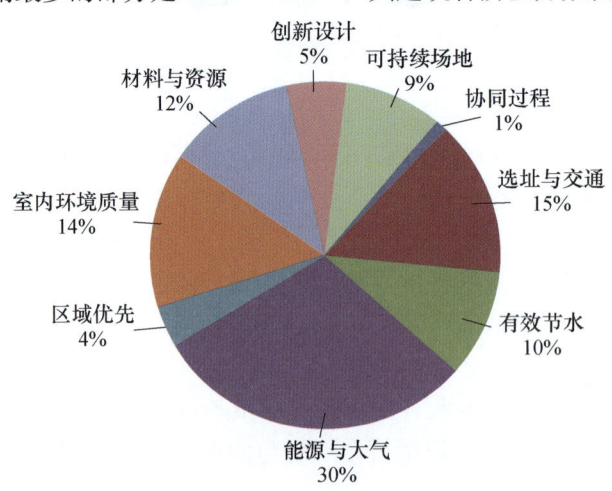

图 4-13 LEED BD+C 评价模块

LEED 通过对上述建筑的可持续性分项考察,对建筑进行绿色评分,满分为 110 分(100 基本分+10 附加分),按照评分结果颁发相应等级的证书,其认证等级如图 4-14 所示。

图 4-14 LEED 认证等级与证书

（3）LEED 在全世界的发展

由于技术和资本实力等方面的原因，绿色建筑主要在写字楼、酒店等商业建筑比较普及，尤其单体节能量大的商业建筑。USGBC 的统计资料显示，截至 2019 年，全球申请 LEED 绿色认证的建筑，商业建筑近 1 万栋（72.1%为新建建筑）、住宅 6306 栋，获得 LEED 各级认证只有 2148 个。

针对多个商业办公绿色建筑案例的研究表明，未来绿色建筑能够被推广，这些属于特殊建筑，因为这些绿色建筑都具有长期的经济可行性，如 LEED NC 铂金奖的加拿大滑铁卢地区医疗救护车中心、武田制药北美公司（Takeda Pharmac euticals North America，TPNA）办公楼，按照 LEED 建筑内饰标准建成的 Hearst Tower，既有建筑的改造 LEED EB 铂金级认证的 Adobe System 公司的总部大楼等，都使得公司得到更强的长期竞争力。

LEED 不是强制使用的标准，但其自发布以来，已被 100 多个国家和美国 50 个州所采用，在有些国家政府部门和州已被列为当地的法制标准强制实行，美国已将 LEED 列为国务院、环保署、能源部、海陆空部队等部门的建筑标准。如俄勒冈州、加利福尼亚、西雅图市。加拿大政府也已将 LEED 作为政府建筑的强制标准。另外，还有澳大利亚、中国、日本、西班牙、法国、印度等对 LEED 进行了深入的研究，我国的绿色建筑评价标准很多方面即参照 LEED 标准制定的。

（4）LEED 认证的效益

LEED 认证体系对建筑的评价并不简单地停留于定性分析，而是根据如 ASHRAE 标准的深入定量分析告诉消费者，购买绿色建筑将更物有所值，并长期获得比其他产品更高的投资回报。

LEED 评估体系是通过市场自愿推动，并按照能源和环境基础构建的体系，建立实践与理论间的平衡。LEED 评估体系作为实用工具对建筑专家非常有用，LEED 认证本身也是有价值的资产。

绿色建筑需要在整个建造过程中给予监督和指导，必然会增加部分管理成本或咨询费用，只能通过良好的节能设计降低最终的运行维护费用，但一般的开发商无法分享到这部分利益，只有在一次性的销售中消化，所以必须设计商业模式，才能使开发商和消费者能够从开发真正的绿色建筑中获益。

绿色建筑经 LEED 认证可能会增加成本，通常绿色建筑额外投资约占建筑总成本的 10%，但带来的长期资源节约或品牌效益可高达 30%~50%，所以通过认证的建筑价值能获得更高的评估价值，即同样的建筑，有 LEED 认证的会比没有 LEED 认证的更值钱。

节能产生的长期使用费用下降，是绿色建筑给消费者带来的直接好处，世界建筑师协会对美国、日本、英国等国通过 200 多个项目的绿色建筑的市场调研得到表 4-2 中一组数据。

表 4-2 绿色建筑在西方国家对消费者带来的直接好处调查

项目	2005 年（%）	2008 年（%）	改变（2005—2008 年）
经营成本	-8.5	-13.6	60%
建筑物价值	-7.5	10.9	45%
投资回报	6.6	9.9	50%
入住率	3.5	6.4	83%
租金	3	6.1	103%

资料来源：世界建筑师协会。

（5）LEED 认证的申办

申报 LEED 绿色建筑认证全过程均通过网络完成，主要包含以下 7 个环节：美国建筑师协会 USGBC 网上注册申请；下载模板准备申报材料；网上上传申报材料；GBCI 提出初审意见；修改补充提交复审；最终审核意见；公示并颁发证书、奖牌（图 4-15）。

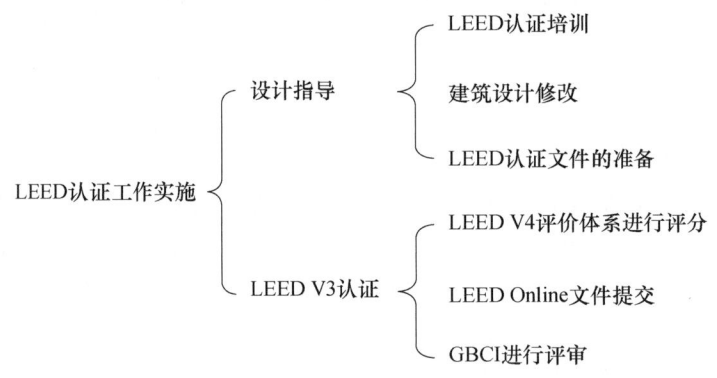

图 4-15 LEED 认证工作流程图

进行 LEED 认证的具体实施流程主要分为设计指导和认证申报两大部分，一般而言，设计指导工作会聘请外部专业 LEED 咨询机构来完成，具体的工作流程图如下：

提交 LEED 认证的资料：包括报告、图纸、方案（设计阶段评审方式资料和建成后的评价方式资料）。

①报告

包括环评报告书、场址监测报告或立项书、日照模拟分析报告、噪声环境模拟分析报告、保护环境结果自评报告、节水器具产品说明书、检测报告及运行数据报告，第三方出具的建筑材料产品检测报告、室内采光检测报告、噪声现场检测报告、室内污染物浓度专项检测报告、中央空调系统建筑温湿度和风速现场检测等。其证明文件包括：职能部门对环境影响因子如噪声、污水排放和光污染达标的证明，施工现场废弃物的回收和利用记录，混凝土工程总用量的清单，节能节水节材与绿化日常管理记录、物业管理垃圾的清运记录等。

②图纸及其相关说明

如场地地形图、建筑项目总平面图、幕墙设计说明、暖通设计图纸及说明、给排水专业图纸及设计说明、照明设计图纸及说明、建筑立面图、建筑效果图等。其证明文件包括：围护结构热工设计图纸及相关计算书，景观用水设计说明、空调设备列表及性能参数计算说明、雨水和中水系统施工设计说明、门窗表、幕墙设计说明等。

③方案

水系统规划方案说明、非传统流水源利用方案、项目组织编写的环境保护计划书及实施记录文件，施工废物管理规划、物业公司节能节水节材与绿化管理方案和制度等。

（6）LEED认证国内典型案例

①北京美瑞泰富大厦项目

中建一局美瑞泰富大厦项目顺利通过LEED CS和LEED CI铂金级双认证，该项目成为2019年度全国唯一LEED铂金级双认证项目（图4-16）。

图4-16 美瑞泰富大厦

（资料来源：美瑞泰富官方介绍）

该项目在实施过程中,结合国内绿色建造、绿色安全样板工地相关要求,通过雨水和降水收集、使用本地材料减少运输能耗等一系列措施,确保施工现场建筑废弃物管理回收利用率达到55%,减少用水量35%,并不断提高三层镀银Low-E玻璃幕墙、VRV空调系统、创新设计的蓄冰槽等施工质量,调试出最优效果,最大限度地降低了建筑能耗,同时对装修材料要求从进场、安装、黏合、粉饰全部绿色环保,保证了空气质量检测一次合格。

该项目由中建一局三公司承建,位于北京市朝阳区,总建筑面积$1.245 \times 10^5 m^2$,总高220m,主楼地上40层,地下5层,标准层层高4.8m,是我国标准层最高的超高层建筑。

②上海国际航运金融大厦项目

上海国际航运金融大厦获得LEED EB铂金级认证,该项目最终得分86分,据USGBC官方最新数据显示,该项目是近年来中国首个LEED EB V3铂金级认证的最高分项目,也是中国获得LEED EB V3铂金级认证的最高楼龄项目(建于1999年)。

该项目位于上海市浦东新区陆家嘴金融贸易区浦东大道720号,于1999年建成,地上50层,地下3层,地上建筑面积为124814.32m^2,地下建筑面积为16000m^2,总占地面积为12782m^2,建筑用途为办公楼和酒店(图4-17)。

图4-17 上海国际航运金融大厦项目
(资料来源:CBRE不动产管理部技术与可持续发展服务团队)

该项目在四个方面的突出表现,使其得到了在国内目前LEED EB V3铂金级认证的最高分数(表4-3)。

表4-3 上海国际航运金融大厦项目认证分数

节水率	53.74%
能源之星得分	93分(满分100分)
日常消耗品垃圾实现转化率	92.53%
设施维护和改造活动产生的废弃物实现转化率	85.67%

3）BREEAM

（1）世界首个绿色建筑认证体系（BREEAM）

1990年世界首个绿色建筑标准是英国建筑研究组织环境评价法（Building Research Establishment Environmental Assessment Method）。BREEAM由英国建筑研究组织Building Research Establishment（BRE）和一些私人部门的研究者共同制定的。在英国建筑能源效率受建筑法规部分和欧洲《建筑能效指令》（EPBD）的约束，通过指令，欧盟自2009年1月起强制对新建筑进行能效计算。2006年12月，英国政府第一个面对世界宣布自己的零碳建筑目标，即2016年起，所有新住房建筑都按照零碳标准建造，并在2010年、2013年和2016年，逐步将《建筑规例》的能源效率要求与《可持续发展住宅守则》的第3、4和6级要求相一致。但2015年7月，政府发布"奠定基础：创建一个更繁荣的国家"计划，以成本和能源效率的复杂性为由，取消了零碳标准《可持续住宅规范》（CSH），BRE随后制定并实施住宅质量标志（HQM），作为英国新建房屋的自愿标准。

BREEAM体系目标：为绿色建筑提供权威性的指导，能够减少建筑对全球和地区环境的负面影响。该体系涵盖建筑主体能源到场地生态价值，关注环境可持续发展，包括社会、经济可持续发展等多个方面。评估体系核心理念是"因地制宜、平衡效益"，助力体系兼具"国际化"和"本地化"特色。它既是绿色建筑的评估标准，也为绿色建筑的设计设立了最佳实践方法，成为描述建筑环境性能最权威的国际标准之一。

（2）BREEAM认证产品

BREEAM体系可用来评估不同建筑和城区全生命周期的各个阶段，如BREEAM新建建筑体系BREEAM NC、BREEAM运营体系BREEAM In-Use、BREEAM改建及装修体系BREEAM RFO和BREEAM基础设施评估体系CEEQUAL，不同建筑类型有不同版本的评估标准，主要建筑类型包括：办公建筑、住宅建筑、轻工业建筑厂房、福利院、养老院、学生宿舍、法庭建筑、监狱建筑、零售商铺和购物中心、学校建筑、保障性住宅建筑等。特殊的建筑、设施，如博物馆、游乐场等，可以用BREEAM "定制" 体系 "BESPOKE" 来评估，BREEAM城区体系BREEAM Community可以评估社区。

BREEAM对建筑的9类性能指标进行评估：废弃物处理、绿色建材应用、用地与环境生态、水资源利用、污染物控制、健康宜居、能耗控制、项目绿色管理、绿色交通（图4-18）。

图4-18 BREEAM体系评估类别

每个类别又细分为一系列评估问题，在建筑环境生命周期的多个阶段进行，每个问题都有自己的目标、指标和基准。当达到目标或基准时，由 BREEAM 评估员进行审计确认，项目或资产所获得的评分点称为得分。每类指标的得分乘以各自的环境权重得出指标得分，然后得出总和，最终确定建筑物获得的认证级别，可以反映项目及其相关方根据标准和基准所取得的资产整体性能。认证级别分为通过、好、很好、优异、杰出，分别用一星到五星表达，BREEAM 评分方法如图 4-19 所示。

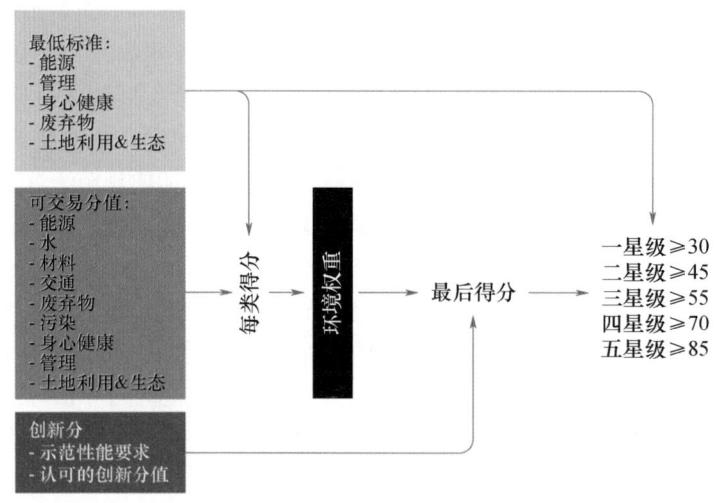

图 4-19　BREEAM 评分方法

BREEAM 流程需要第三方认证，包括中立的专家对建筑或项目进行检查评估，以及有资格和执照的 BREEAM 评估员 Assessor 进行评估，确保符合体系要求的各项质量和性能指标。在整个评估认证流程中，需要至少一名有资质的 BREEAM 评估员 Assessor 加入，主要负责项目注册和认证材料的审计和递交。我国目前有 200 名合格评估员。项目团队需要 BREEAM 咨询专业人士 BREEAM AP 协助在整个项目中进行各项技术和专业的决策和证据准备，以优化资产绩效、评估管理和效率。

从 1990 年至今，BREEAM 已发行《2/91 版新建超市及超级商场》《5/93 版新建工业建筑和非食品零售店》《环境标准 3/95 版新建住宅》及《BREEAM'98 新建和现有办公建筑》等多个版本标准，已对英国新建办公建筑市场中 25%～30% 的建筑进行评估，成为评估体系中的成功范例。BREEAM 可作为建筑所有者、设计者和使用者设计的评价体系，并根据建筑本身特点确定相应的绿色评价指标。能够评价建筑在全生命周期中，包含建筑设计开始阶段的选址、设计、施工、使用直至最终报废拆除，所有阶段的环境性能，平衡一系列的环境问题，主要包括四个方面：全球问题、地区问题、室内问题和管理问题。BREEAM 的最新版本包括：2004 年版的 BREEAM 办公建筑评估体系、工业建筑评估体系、住宅评估体系及 2003 年版的 BREEAM 商业建筑评估体系。由于工程实践在不断发展，关于建筑和环境的立法也在变化，为了能跟上社会发展的节奏，BREEAM 建筑环境评估体系每年要做一次修订，增加一些新内容，摒弃某些过时的条款。

综上，BREEAM 体系贯穿于建筑全生命周期，从开始的城区规划，BREEAM 城区体系可以协助相关利益方评估其规划及设计前期的可持续性到项目的设计、施工、运维及后期改建,BREEAM 有相对应的新建、运营及改建体系对建筑评估进行纵向的衔接,特别是对建筑的运行期,其大部分都在几十年乃至上百年,BREEAM 数字化平台使评估变得更科学、更智能。为相关监管及研究提供较完整可信的数据。对一些基础设施,如桥梁、电站等,由于其建设的特殊性,BREEAM 专门和土木工程师一起开发了 CEEQUAL 标准,提高体系的适应性。

(3) BREEAM 认证特点

2005 年,BREEAM 获得东京"世界可持续建筑会议最佳程序奖 Best Program",成为公认最成功的评价体系之一,得到各界的认同和支持。2013 年开始,BREEAM 发布其国际版,2015 年新增 BREEAM 运营体系。截至目前在全球 93 个国家进行了评估,注册项目达 232 万个,认证 59.9 万个(图 4-20)。自此,BREEAM 体系逐渐迈向了国际化、数字化及大数据的开发及运营模式。

图 4-20　BREEAM 认证全球数据

英国建筑研究院通过 BREEAM 体系帮助联合国环境规划署和包括荷兰、法国、俄罗斯、西班牙、沙特、阿联酋等国在内的组织和国家创立适用当地的绿色建筑评估标准,如汇丰银行全球总部、普华永道英国总部、联合利华英国总部、伦敦斯特拉大厦、巴黎贺米提积广场、德国中央美术馆购物中心在内的一大批全球知名地标建筑都采用了 BREEAM 评估体系进行绿色建筑评估认证。2010 年 5 月 6 日,由欧洲地产开发巨头 Redevco(领德高)和瑞安房地产在武汉 CBD 共同开发的武汉天地成为我国第一个开展 BREEAM 评估的商业地产项目。同年 7 月,位于天津滨海新区的天津开发区现代服务产业区(泰达 MSD)低碳示范楼项目成为我国第二个开展 BREEAM 评估的商业项目。

为保证 BREEAM 体系的创新性和示范性,BREEAM 研发团队在最新版本提出三大新指标——循环经济、健康福祉和全生命周期碳排放(图 4-21)。这些指标的结论来源于之前的九大评估范畴,能更好地协助相关利益方了解其资产的可持续表现及性能。

BREEAM 将多个学科、指标整合在一个整体框架上,这样全球的项目就能通过统一的标准来对比,这需要各专业及相关人员通过多方面的视角来审视可能存在争议的目标,从而达到最优平衡设计:如围护结构效率与过热和空气质量之间的平衡、机械通风与能源使用之间的平衡及土地的优化与生态修复之间的平衡。这些条款不仅关注使用方、运行方,还考虑投资方和建设方的前期规划及经济因素。同时 BRE 集团新设立的绩效指标也符合联合国的多个可持续发展框架,BREEAM 可以支持房地产投资者和业主披露气候相关的财务框架工作,衡量和报告其环境社会治理(ESG)和气候适应能力

循环经济
这一指标通过建筑设计、建造效率和耐久性、可维护性反应建筑物中物质资源的有效利用

健康福祉
这一指标聚焦对建筑的使用者和访问者带来的影响

全生命周期碳排放
这一指标聚焦建筑设计、施工、运营和维护阶段的碳排放

图 4-21　可持续的三重新指标

等非财务指标。最新 BREEAM 体系中净零碳排放、循环经济、健康、社会影响、韧性、自然环境及质量和全生命周期性能成为主要评估条款（图 4-22）。

Net Zero Carbon 净零碳排放
BREEAM标准强烈鼓励减少碳排放，并且具有在运营和体现性能方面有灵活的基准

Circular Economy 循环经济
涉及可持续物质资源使用的循环经济原则，可在BREEAM体系中各对应得分点条款获得分数

Health 健康
BREEAM标准中设计了许多与健康有关的措施，包括空气质量、视觉和热舒适性、积极健康的生活方式、生态改善和接近户外

Social Impact 社会影响
BREEAM旨在制定积极鼓励正面社会影响的标准，为人们提供普遍和平等的机会、尊严和公平的待遇

Resilience 韧性
BREEAM标准涵盖了缓解气候变化和自然资源消耗的能力，以及对自然灾害或气候变化引起的自然风险的抵御能力

Natural Environment 自然环境
BREEAM为生态保护、缓解和恢复提供了一条有意义且不断发展的途径

Quality and Whole Life Performance 质量和全生命周期性能
BREEAM认可计划好的移交和调试过程，以及贯穿整个资产生命周期的可持续管理实践

图 4-22　BREEAM 新标准理念指标

①净零碳排放

对于 BREEAM 新建标准来说，建筑全生命周期的碳排放，不仅考虑能源部分的运营碳排放，也需将建筑隐含碳排放纳入评估范畴之中。在 BREEAM 体系中，减少能源消耗不是碳排放唯一的指标，还需考虑供应链等其他影响建筑全生命周期碳排放的因素，确保其碳排放的评估具有科学性和可信性。BREEAM 数字平台可以将绩效和评级直接映射到碳减排轨迹上，更好地管理企业或集团旗下所有的资产，并协助相关人员设计有效的干预策略。如 BREEAM In-Use 运营标准 Part 2 的能源部分，仅需要用户填入消耗量，数字平台工具即可以通过智能运算，让用户了解到其建筑、资产在同类型的项

目中碳排放的结果及其在全球所处的位置。这些绩效表现数据和路径可协助相关利益方更直观,更科学地为其资产做出规划。

②循环经济

BREEAM 在标准体系中提出一系列与可持续物质资源利用相关的循环经济原则,并通过不同的评估条款进行评价:

生命周期评估:优化建筑使用效率,选择对环境影响较小的产品;

生命周期成本和使用寿命规划:鼓励使用全生命周期成本计算的方法学,通过建筑高效的维护和运行来改进设计、规范;

负责任的资源采购:促进开发商采购对环境、经济和社会产生较低负面影响的产品;

设计耐用性和韧性:减少因建筑和室外暴露部分受损而需要维修和更换的材料;

材料高效运用:避免过多设计造成的非必要材料使用;

建筑和运营废弃物的处理:鼓励回收、再利用和最佳废弃物管理;

针对拆除和适应性设计:避免因功能变化导致的非必要材料使用和成本,最大限度地提高最终拆除时回收和再利用材料的能力;

维护资源清单:资产所有者能够识别、维护和受益于资产中的资源价值,同时增加资源再利用和再循环,减少原材料的使用。

③健康

BREEAM 改善室内环境质量和居住者健康的绩效指标多年来不断扩大,包括以下直接相关的指标:

空气质量:最佳实践通风率、通风系统部件的定期维护、建筑物内部的定期清洁等;

视觉舒适度和热舒适性:支持项目团队设计创造最佳的工作和生活环境;

积极健康的生活方式:安全、便利和可持续的交通;

生态提升和接近户外的公共设施:安装和管理室外便利设施、娱乐和公共空间,以促进更好的身心健康,创造更大的生态价值与自然环境;

资产和现场管理:适当的调试、移交和运营管理,确保健康的室内和室外环境。

④社会影响

BREEAM 标准体系积极鼓励社区和公共场所为使用人员带来积极的社会影响,为人们提供平等的机会、尊严和公平待遇,同时解决和减轻带来的环境影响,鼓励社会影响和公平成为建筑环境每个生命周期阶段的关键考虑因素。BREEAM 标准体系率先使用社会影响这个指标,将其融入建筑资产的运维中,减少投资方的风险:

推动建设环境资产的开发和运营产生积极的社会影响和价值;

促进和鼓励建筑环境相关社会影响评估和测量方面的行业创新;

奖励产生积极社会影响和价值的环境资产;

鼓励社会公平场所的发展和运作。

⑤韧性

世界处在不断变化之中,各种灾害和事件频发,建筑环境对气候变化和恢复力伴随着风险和机遇,韧性成为资产或投资组合中风险管理的一个关键指标。如 2020 年的新冠肺炎疫情，使房地产行业面临巨大的挑战，机构需重新考虑商业和办公空间的后疫情恢复力，如员工健康和安全保障及市场变化中的建筑适应力，需要最小成本、时间来调整建筑功能适应新需求或完全改变其用途，BREEAM新标准鼓励建筑拥有功能性适应的韧性策略，以适应未来建筑使用寿命期内的灵活变化，重点是缓解气候变化和自然资源枯竭，大量的适应性及恢复力的条款被纳入，为相关利益方提供应对气候变化及社会安全风险所需的平衡模型。洪涝灾害控制和管理，使用耐用和有韧性的部件，以及对自然灾害和气候变化的适应，包括热舒适方面，为建筑面临自然灾害或气候变化造成的物理风险时，能展现出良好的恢复力。

BREEAM体系还鼓励关注低碳经济转型相关的风险，鼓励评估和考量相关的技术、政策和法律风险。同时考虑与能源效率、低碳可再生能源使用的机遇，以及产生的成本和新产品开发及准入。

⑥自然环境

BREEAM体系条款中将生态修复和生物多样性列为需要特别关注的重点之一，包括建材使用到后期建筑运营和拆除，都需要通过行动来尽可能减少建筑对环境的影响，同时尽可能提升场地的生态价值，影响不仅会带来短期的变化，更可能会影响未来5~10年后的生态变化。BREEAM体系提出支持动植物群及生态体系的重建，提供有助于健康并帮助人们及其社区繁荣发展的功能，而全面的生态保护和恢复可以在应对气候危机的同时，为人类和自然带来多重利益。

⑦质量和全生命周期性能

BREEAM体系鼓励设计、施工、调试和交付维护方面采用可持续的管理，制定优质的移交与调试过程和计划用以满足建筑终端用户的需求，并为建筑的持有方和运行方提供至少一年的售后服务。BREEAM运营体系鼓励在资产的整个生命周期内采取可持续的管理做法，确保专业及非专业的建筑运营商和用户能在如何实现可持续性能最大化方面有适当的指导。研究表明，设计建模和实际性能之间的差异为34%，有时会更高，通过为非专业的建筑用户提供适当的指导，促进系统化的反馈和意识，可以使管理人员和建筑使用人了解如何更好地运行建筑，鼓励其达到最佳的建筑维护策略和最佳的环境管理规定，从而实现其可持续目标。

BREEAM体系鼓励利用建筑信息模型（BIM）、智能制造及数字化技术，为建筑全生命周期的数据收集和质量管理开发提供基础，采用以建筑终身绩效表现为导向的方法：从建筑的材料、设计实践到建筑使用、维护、翻新乃至拆除，解决建筑资产整个生命周期中的环境和社会影响。

（4）BREEAM体系的价值

BREEAM体系开创平衡项目全生命周期成本和可持续发展价值体系，能降低运行成本，通过建筑咨询公司Sweett Group和BRE进行的共同研究发现，在商业写字楼开发项目中，达到BREEAM最高评级所需的增量成本通常不到总投资的1%，这些额外投资成本通常在2~5年中就能收回并带来后续十几年的进一步节约收益。

英国商业地产委员会2018年发布了《捕捉可持续发展的价值》（*Capturing the Value of Sustainability*），其中英国最大商业地产公司之一Landsec对其投资组合中的101种地产资产进行的分析显示，BREEAM认证是租金表现的一个重要变量，通过认证的

BREEAM优秀资产的租金超过非认证资产的100%，平均合同租金为47.5英镑/ft²，而非认证租金为23英镑/ft²。这个数据超过早期研究数据，英国皇家特许测量师学会（RICS）发表了马斯特里赫特大学（Maastricht University）在2000—2009年伦敦BREEAM办公楼样本研究《绿色建筑的供给、需求和价值》发现，交易价格溢价21%，房租溢价18%。

BREEAM体系有助于创造高效和健康的生活和工作场所，而舒适的室内环境可以提升幸福感。世界绿色建筑委员会（World Green Building Council）研究称，更好的室内空气质量有助于提高员工的工作效率水平，最高可达8%~11%。

BREEAM体系指标支持17项联合国可持续发展目标（SDGs 2016），特别在社会影响和环境保护等方面，率先发布白皮书帮助相关人员和机构评估和提升这方面的政策、计划及行动。

英国BREEAM体系优点：建筑全生命周期的全面考核；评估方法条款式操作、简单、易理解和接受；开放、透明的评估框架，可根据实际情况增加评估条款。BREEAM推出建筑环境影响评价软件，为建筑设计提供了环境影响因素的数据库支持，设计师可在项目早期阶段进行环境影响评估。

英国BREEAM体系局限性：评价体系是基于英国国情开发的，未充分考虑其他地域性问题，其适应性受到限制；评估过程较复杂，须由多名持BRE执照的专业评估师操作，BRE规定每个项目评估至少需要1位BRE专门培训的BREEAM注册师完成。

4）CASBEE

（1）CASBEE的产生

1994年日本颁布《环境基本法》，基本理念之一是在建筑物的生命周期，从设计、建设、使用、废弃至再生中考虑降低这些行为对环境的负荷。2001年4月，日本住房局、国土交通省共同发起政府和科研组织的共同体，引导成立两个全新组织：日本绿色建筑委员会（Japan Green Building Council，JaGBC）和日本可持续建筑联合会（Japan Sustainable Building Consortium，JSBC）。JaGBC和JSBC合作在2004年发布的"建筑物综合环境效率评估体系"（Comprehensive Assessment System for Building Environmental Efficiency，CASBEE），是日本最权威的绿建标准体系。体系是JSBC组织多个产、政、学三方联合科研团队，经过3年多努力取得的科研成果，秘书处由日本建筑环境与节能研究院（Institute for Building Environment and Energy Conservation）统一管理，并负责CASBEE评估认证体系和评审员登记制度的实施。通过日本国土交通省环境行动计划（MLIT Environmental Action Plan，June，2004）和《京都议定书》目标实现计划（Kyoto Protocol Target Achievement Plan，April 28，2005）进一步促进CASBEE体系在日本的广泛传播和执行。

（2）CASBEE产品工具

①CASBEE初期规划设计CASBEE-PD

CASBEE-PD为建筑所有者、设计人员及建筑规划设计相关联人员提供帮助，如抓取项目基本环境影响因素，在建筑选址和环境性能评价中发挥作用。

②CASBEE新建建筑CASBEE-NC

CASBEE-NC设立之初称为"环境而设计"DfE（Design for Environment），基于

设计规范和预期性能对建筑进行评价。建筑设计和施工工程师在设计阶段用该工具能够提高建筑的 BEE 值。该工具既可用作设计工具，也可用作自测工具，在建筑最初设计阶段、施工设计阶段和完工阶段对建筑环境质量和建筑负荷减少进行评价，既有建筑改造评价也使用 CASBEE-NC 工具，由于环境性能指标和相关标准不断变化，CASBEE-NC 评价结果在施工结束后 3 年内有效。

③CASBEE 既有建筑 CASBEE-EB

CASBEE-EB 评价对象是建造完成使用至少 1 年的既有建筑，对建筑已有性能及建筑内已经安装的设备进行评价，评价结果 5 年有效，由于建筑状况随时间能够产生变化，要用最新版本的评价工具进行不断修订。CASBEE-EB 还可以用作建筑维修，房地产公司及大企业可以用它做中长期建筑管理计划自评，也可以用来进行资产价值评价。

④CASBEE 建筑翻修 CASBEE-RN

CASBEE-RN 基于建筑预期改造性能和改造说明对既有建筑的性能进行评价，并生成建筑运行监测、调试和升级能源合同管理项目建议书。评价结果在项目改造工程完成以后 3 年内有效，必须使用最新版本的 CASBEE-RN 工具进行评价。改造完成后可以评价建筑性能提高程度（BEE 的增量），也能对改造后的建筑具体性能提高情况进行评价。

（3）CASBEE 拓展工具

①CASBEE 精简版

正常版 CASBEE-NC 对新建筑评价需 3~7 天时间，CASBEE 精简版约需两小时，可提供一个简化的建筑环境效率水平（BEE）评价工具，并准备政府相关部门需要的文件。简化版为临时评价报告，不包括准备节能计划书。

②CASBEE 地方政府应用工具

地方政府可以使用 CASBEE 作为施工管理工具，即建筑环境报告系统。该系统可以根据当地的具体情况，如当地气象条件和具体的优惠政策，将新建建筑 CASBEE 精简版进行重构，来适应不同地区需要。现在日本 13 个地方政府建筑环境报告系统已引入 CASBEE 体系。

③CASBEE 住宅建筑（独立式）CASBEE-H（DH）

2007 年开发的 CASBEE 住宅建筑（独立式）评价体系，应对每年建成约 50 万所独立式住宅。因此 CASBEE-H（DH）评价工具力求做到通俗易懂，并引入五星级指标作为 BEE 之外的另一种表达方式。CASBEE-H（DH）的结构既对环境质量也对环境负荷进行评价，包括 54 个通过对日本其他标准进行修改得到的附属标准，对建筑进行综合评价的指标不仅考虑房屋建筑本身，而且考虑周围的环境、家用器具等。房屋购买者可以通过该工具了解到房屋从建材生产到施工阶段整个过程的环境策略。

④CASBEE 临时建筑 CASBEE-TC

CASBEE-TC 是 CASBEE-NC 的拓展，主要针对临时建筑，如临时展览馆，这类建筑的使用寿命短，因此主要考虑材料的使用和从建设到拆除的材料回收。

⑤CASBEE 热岛效应 CASBEE-HI

CASBEE-HI 工具能在建筑设计时减缓热岛效应措施提供更多详细的定量评价。在主要城市，如东京和大阪，大量使用热岛效应评价。

⑥CASBEE 城市发展 CASBEE-UD

CASBEE-UD 对建筑群进行评价。重点在建筑物的聚集会产生的影响，以及建筑周围的环境。

⑦CASBEE 城市地区和城市建筑 CASBEE UD+

CASBEE UD+评价条目包含 CASBEE UD 城市和地区规划的重要元素，也包括具体建筑层面，将城市整体和城市建筑结合起来评价。

（4）CASBEE 应用领域

CASBEE 可作为建筑设计者的设计工具、建筑设计比赛的评价标准、标签工具、产业市场化转变的激励因素、国家化的工具、大学建筑设计教学或者专业进修课程（CPD）的工具。最近建筑公共管理领域使用 CASBEE 进行建筑环境评价越来越热门，也为公共部门提供有关建筑审批的参考和决策工具等，一些日本地方政府已引入到建筑管理体系里面。2004 年 4 月，日本名古屋市将"CABEE 名古屋"首先引入到其可持续发展报告体系。该体系强制要求新建建筑及改造建筑的单位或者个人提交建筑环境性能评估报告。之后的一些引入 CASBEE 体系的城市，出台激励措施，如建筑评估等级达到 B+以上，可以增加最大建筑面积比，如建筑的 CASBEE 评价等级较高，还可以得到政府财政支持。

（5）CASBEE 体系特点

CASBEE 体系拓展和完善基于三个主要概念：第一，为评价建筑生命周期的不同阶段而研发；第二，将建筑环境负荷和建筑质量清晰区分开，作为主要的评价目标；第三，CASBEE 引入了建筑环境效率指标（BEE）的概念，用于建筑环境评价的所有结果。CASBEE 体系尝试着将建筑环境评价过程中遇到的所有不同的因素进行协调和统一，使评价的原则相当清晰和简单。

CASBEE 体系中引入环境效率（Building Environmental Efficiency，BEE，图 4-23）是世界首创，为定义 BEE 中的 Q 和 L 引入"假想边界"的概念，在图 4-23 中表示，Q 项作为假想边界以内的环境质量改善评价指标，L 项是作为假想边界外环境影响评价指标。

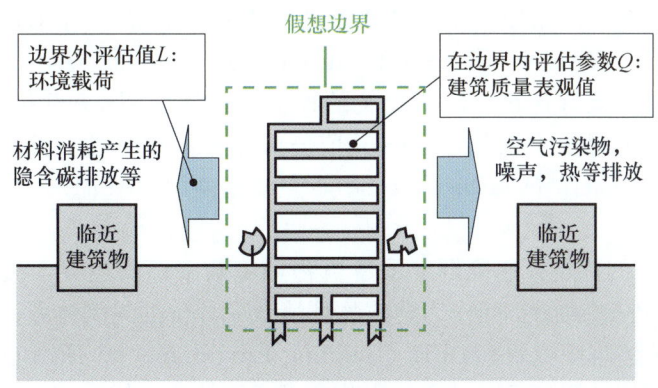

图 4-23　BEE 假想边界示意图

CASBEE 以 BEE 为基础对建筑物环境性能进行评价，并将其应用于建筑规划、设计与施工各阶段，进而对推进日本建筑可持续发展做出贡献。BEE 指标评价方法如图 4-24 所示。BEE 的代表值 X 轴代表 L 值，Y 轴代表 Q 值。BEE 值是一条过原点直线的斜率来表达的。BEE 等于 1 的建筑为标准建筑，CASBEE 以建筑物的室内环境、服务性能和地基内环境，即建筑环境质量与性能为分子 Q，Q 值越大则 BEE 值越大，建筑物所耗的能源、资源、材料及地基外环境，即建筑物的外部环境负荷为分母 L，L 值越大则 BEE 值越小。斜率越陡峭对应的建筑越符合可持续发展建筑特点，根据 BEE 值不同建筑划分为五个等级：优秀（S）、很好（A）、好（B+）、比较差（B−）、差（C）。

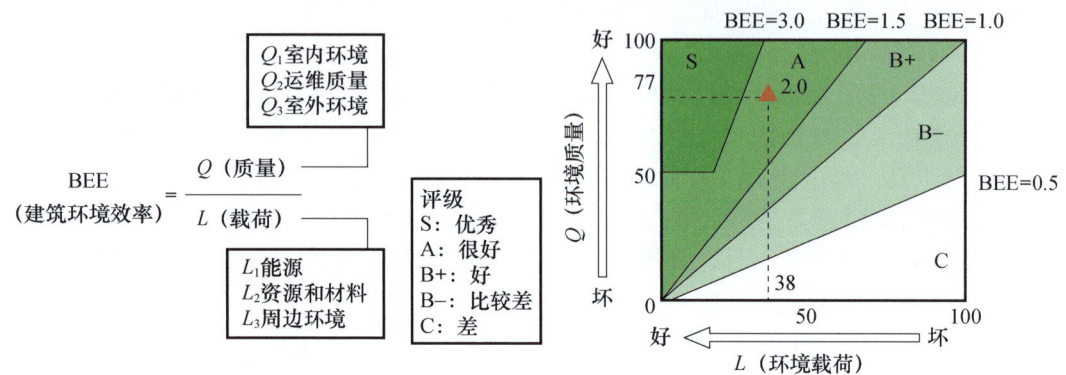

图 4-24　BEE 的定义及评价结果

CASBEE 2006 版，可对建筑使用中节能、既有建筑的框架结构、可回收建筑材料的使用和延长建筑使用寿命等项目进行评估。以上措施都可以减少建筑材料生产过程、建筑使用过程中的 CO_2 排放 Life Cycle CO_2（$LCCO_2$）。$LCCO_2$ 并不直接包含在 BEE 和 CASBEE 等级评定里。CASBEE 2008 版引入新评价项目考虑全球变暖，这个项目可以通过 $LCCO_2$ 指标进行评价。现行 CASBEE 已经明确全球气候变暖进行评估的内容，为减缓全球变暖而努力。

（6）CASBEE 认证体系

CASBEE 体系尽可能做到定量化评价，但也有一些特别条目需定性评价，需在建筑环境综合评价方面具有专业知识水平的工程技术人员，成为 CASBEE 认可的评审员。评审员必须参加专业培训课程，并通过评审员考试和完成登记。当前的分类是：CASBEE 公认专业人员（建筑）（CASBEE Accredited Professionals，Building），主要是 CASBEE 新建建筑、既有建筑、改造建筑的评估，包括使用 CASBEE-NC 精简版对建筑进行评估的专业工程技术人员；CASBEE 公认专业人员（独立式住宅）（CASBEE Accredited Professionals，Detached House），主要是使用 CASBEE-H（DH）工具的专业技术人员。

日本 CASBEE 的优点：明确划定了建筑物环境效率评价边界，提出以用地边界和建筑最高点之间的假想封闭空间作为建筑物环境效率评价的封闭体系；此评估体系的最大创新点是提出了建筑环境效率 BEE（Building Environmental Efficiency）概念，作为评估体系的定量评价指标 $BEE = Q/L$，充分体现了可持续建筑的理念，即"通过最少的环境载荷达到最大的舒适性改善"，使得建筑物环境效率评价结果更加简洁、明确；评价对象更广泛，实用性和可操作性更强。

日本 CASBEE 的局限性：Q 与 L 的关系有正相关、负相关或者完全不相关 3 种关系，其指标的不均衡相关性会影响评价的公平性；评价项目繁多、评价工作量巨大；灵活性差,不利于调整和改进;评价项目的更新、权重系数确定的合理性等问题需要探讨;评价体系未涉及审美性与经济性问题。

5) GBTool、NABERS

(1) 加拿大 GBTool

1996 年,加拿大自然资源部 (Natural Resources Canada) 发起 "绿色建筑挑战" (Green Building Challenge, GBC), 14 个国家参与合作。GBC 目标是通过发展统一的性能参数指标,建立全球化的绿色建筑性能评价标准和认证系统,使有用的建筑性能信息在国家之间可以交换,最终使不同地区和国家之间的绿色建筑实例具有可比性。其核心内容是通过"绿色建筑评价工具"[Green Building Tool (GBTool)]的开发和应用研究,为各国及地区绿色生态建筑的评价提供一个较为统一的国际化平台,从而推动国际绿色生态建筑整体的全面发展。各国通过 35 个实例进行的研究和交流,于 1998 年正式确立 GBTool,从资源效率、环境负荷、室内环境质量、服务质量、经济性、使用前管理和社区交通 7 个方面对绿色建筑进行评价。2002 年,包括我国在内的 21 个国家参与在挪威召开的"绿色建筑挑战 2002"(GBC'2002) 会议,为该技术体系的深入和改进,提供案例和思路。

GBTool 是建立在 Excel 基础上的软件类绿色生态建筑评价工具,所有条目及评价过程均在 Excel 软件内表现和进行,评价结果根据软件内的公式和规则自动计算生成,并以直方图的形式表现出来。GBTool 根据国际绿色生态建筑发展的总体目标,提出了基本评价内容和统一的评价框架。具体评价项目、评价基准和权重系数是由各个国家的专家小组根据国家或地区的实际情况来确定。因此各个国家都可以通过改变而拥有自己国家或地区版本的 GBTool。这些不同版本的 GBTool 具有地区适应性和国际可比性。在经济全球化趋势日益显著的今天,这项工作具有深远的意义。

GBTool 的优点:多国参与,相对英美体系,其评价体系更开放;体系充分尊重地方特色,评价基准灵活且适应性强,各国和各地区可以根据当地实际情况增减评估体系的某些条款,并设置评价性能标准和权重系数,充分反映了用户对不同区域、不同技术、不同建筑体系甚至不同文化的价值取向。其局限性:由于评估体系较强的适应性和灵活性,其评估结果的可比能力大大削弱;评估操作及 Excel 界面过于复杂,不利于在市场上进行推广应用;未建立适用于体系的数据库;主要用作指导设计,未能兼顾设计与认证两种职能。

(2) 澳大利亚 NABERS

澳大利亚对绿色建筑已制定出三种比较完善的评估体系。第一种是澳大利亚建筑温室效益评估 (Australian Building Greenhouse Rating Scheme, ABGR);第二种是国家建筑环境评估 (National Australian Built Environment Rating Scheme, NABERS);第三种是绿色星级认证 (Green Star Certification, GSC)。1999 年,澳大利亚推出 ABGR 评估体系,是澳大利亚第一个对商业性建筑温室气体排放和能源消耗水平的评价体系,它通过对建筑本身能源消耗的控制来缓解温室气体排放量。NABERS 研究始于 2001 年,正式推出实施于 2003 年,是一个真正意义上以建筑实际运转情况为基础的评估体系,它并不对一个未建成的建筑进行预测和估计性的评价,而是对其运营过程中有关可持续发展因素进行评估。NABERS 评估体系由两部分组成:一部分是办公建筑,对既有商用办公建筑进行等级评定；另一部分是住宅建筑，对住宅在特定地区平均水平进行比较。评估的建筑星级等级越高，实际环境性能越好。

NABERS 评估主要通过对既有建筑在过去 12 个月中的运行数据来评估其对环境的实际影响，从 2008 年起，ABGR 评估与 NABERS 评估体系结合，更名为 NABERS Energy。NABERS 不像其他一些评估体系着重于对建筑设计阶段的调节，它更强调建筑实际使用效果，因为设计阶段的某些理想值和实际使用中常常有一定差距。NABERS 的评价指标有 14 个：能源、全球温室效应，制冷导致的全球气温升高，交通，水的使用，雨水管理，污水管理，雨水的污染、自然资源多样性，有毒物质，制冷引起的臭氧层破坏，垃圾释放总量，垃圾掩埋处理，室内空气质量，使用者的满意程度。NABERS 采用"星级"评价方式。评价结构由项目嵌套一系列子项目构成，每个子项目可以评为 0～5 星级，项目的星级由子星级平均后获得。

澳大利亚 NABERS 的优点：操作简单，业主和使用者通过回答问题来评价项目，不需要培训和配备专门的评价人员，并首次将用户的反馈作为评估的重要指标；采用了开放的系统，在不影响基本框架结构的情况下，允许在项目中增加和调整子项目，以反映技术的进步或填补认识的欠缺，在保证其清晰易操作特征的同时，该评价工具可不断改进和完善。局限性：未能针对运行过程中的可持续发展问题进行评估，强调建筑的实际使用效果，不能对建筑进行预测和估计性评价；由于澳大利亚是一个非常干旱的国家，评价指标更突出到"水指标"的地位；主要评价建筑能耗及温室气体排放。

2. 我国对绿色建筑评价体系的研究现状

1）香港

香港在绿色建筑评价方面，主要使用香港理工大学 1998 年制定的《香港建筑环境评估标准》（HKBREEAM），借鉴 BREEAM 主要框架基础，针对新建和既有办公建筑的整体环境性能表现，开发出六大评估方面的评估体系：场地、材料、能源、水资源、室内环境质量、创新与性能改进。随着香港对建筑环境评估和绿色建筑标识的越来越重视，进一步利用能源标准中的要求来支持建筑的可持续评估。

2）台湾

1997—2001 年间，台湾开始《绿色建筑与居住环境科技计划》第一阶段计划，在此基础上，1999 年通过保护资源和环境原则制定完成《绿色建筑解说与评估手册》的七大指标评估系统，包括绿化量指标、基地保水指标、水资源指标、CO_2 减量指标、日常节能指标、废弃物减量指标、污水及垃圾改善指标。这些指标在科学量化的基础上，成为评定绿色建筑的依据。

3）中国大陆

中国大陆绿色建筑评价体系起步较晚，仍处于实践经验积累进步阶段，许多相关的技术研究领域还是空白，相关评价体系的拟定基本都借鉴国外经验。如 2001 年 9 月底建设部科技委员会公布的《中国生态住宅技术评估手册》，部分融合《国家康居示范工程建设技术要点》等法规的相关内容外，其指标体系主要参考 LEED 绿色建筑评价体系 2.0 版本。2003 年 8 月由清华大学、中国建筑科学研究院等九家科研院所联合推出的《绿色奥运建筑评估体系》，则主要参考了日本的 CASBEE 绿色建筑评价体系。

2006 年 6 月 1 日，建设部和科技部共同发起施行的《绿色建筑评价标准》，是中国

第一部从住宅和公共建筑全生命周期出发，多目标、多层次，对绿色建筑进行综合评价的推荐性国家标准。评价体系由节地与室外环境、节能与资源利用、节水与水资源利用、节材与材料资源利用、室内环境质量和运营管理六类指标组成。每类指标由控制项、一般项目与优秀选项组成。参与评定的绿色建筑应满足各类指标所有控制项的要求，并按满足一般项目和优选项目的程度，等级划分为：一星、二星和三星。

由于建筑类型复杂多样，其指标特征，如能耗、水耗等都不尽相同，《绿色建筑评价标准》难以合理地衡量所有类型建筑，后续进一步出台针对建筑类型的绿色建筑评价体系，如2010年8月23日《绿色工业建筑评价导则》公布，指导绿色工业建筑规划设计、施工验收、运行管理，规范绿色工业建筑评价等的工作技术依据；《绿色医院建筑评价标准》是中国医院协会为推动"绿色医院建筑"而组织编制的，自2011年7月21日起试行；《绿色办公建筑评价标准》在2012年实施；《绿色超高层建筑评价技术细则》等更加细化的体系也逐渐成熟并得到实践。另外，各地区以《绿色建筑评价标准》为依据，结合所在地的自然环境、气候、资源、经济、文化等特点，也制定了地方性绿色建筑评价标准或规范。

该体系适用于评价大规模别墅住宅建筑和耗能及资源较多的公共建筑、商场建筑和旅馆建筑，属于非强制性。对于其他建筑，根据建筑用途、运营能耗等实际情况体系可以调整，但只能提供参考。

《绿色建筑评价标准》由住房城乡建设部标准定额司领导，中国建筑科学研究院等单位编制，侧重点是按照建筑全生命周期的绿色性能相关内容，未涵盖建筑本身功能、性能要求（结构安全、防火安全等），因此参与绿色建筑评价的前提条件是符合国家的法律法规和相关标准。目前已经有三版：GB/T 50378—2006、GB/T 50378—2014、GB/T 50378—2019。

《绿色建筑评价标准》主要用于评价住宅建筑、办公建筑、商场建筑和旅馆建筑。评价建筑的规划、设计到施工、运营管理及最终的拆除等整个过程。绿色建筑的基本要求：建筑的全生命周期内，最大限度节地、节能、节材、节水和保护环境，同时满足建筑的功能需求。强调建筑的全生命周期，不仅需要在建筑的规划设计阶段考虑和利用环境因素，而且应确保在建筑的施工过程中对环境的影响降到最低，在建筑的运营管理阶段为人们提供适用、健康、无害、低耗的活动空间，还需考虑将来建筑拆除后对环境的影响。

GB/T 50378—2014由七类指标组成：节地与室外环境、节能与能源利用、节水与水资源利用、节材与材料资料利用、室内环境质量和运营管理。（表4-4）

表4-4 绿色建筑评价体系指标

评价类别	建筑	节地与室外环境	节能与能源利用	节水与水资源利用	节材与材料资源利用	室内环境质量	运营管理
设计评价	居住建筑	0.21	0.24	0.2	0.17	0.18	—
	公共建筑	0.16	0.28	0.18	0.19	0.19	—
运行评价	居住建筑	0.17	0.19	0.16	0.14	0.14	0.1
	公共建筑	0.13	0.23	0.14	0.15	0.15	0.1

2019年新颁布的 GB/T 50378—2019《绿色建筑评价标准》是最新执行的国家标准，绿色建筑评价指标体系由安全耐久、服务便捷、健康舒适、环境宜居、资源节约五类指标组成，且每类指标均包括控制项和评分项，对于住宅建筑和公共建筑，五类指标同等重要，未按照不同建筑类型划分各评价指标评分项的总分值。表 4-5 中，总分值调整为 600 分，其中"资源节约"指标包含节地、节能、节水、节材的所有相关内容，故该指标的总分值高于其他指标。评价结果从过去三级相比增加了"基本级"，主要考虑同国际接轨。

表 4-5　GB/T 50378—2019 绿色建筑评价体系指标

评价指标	安全耐久	服务便捷	健康舒适	环境宜居	资源节约
总分值	100	100	100	100	200

除基本评价的五类指标，新体系又增加了"管理与创新"为加分项，既鼓励建筑项目在运营阶段申请绿色建筑评价，又鼓励绿色技术创新。加分项的总附加得分为 100 分。

绿色建筑评价的总得分按公式进行计算：

$$Q = Q_J + Q_1 + Q_2 + Q_3 + Q_4 + Q_5 + Q_A$$

式中，Q 为总得分；Q_J 为基本级绿色建筑的基础分值，当绿色建筑满足全部控制项要求时，绿色建筑等级为基本级。

当绿色建筑进行星级评价时，满足全部的控制项要求即可获得基础分 400 分，基本级、一星级、二星级、三星级四个等级的绿色建筑均应满足所有控制项的要求，且安全耐久 Q_1、服务便捷 Q_2、健康舒适 Q_3、环境宜居 Q_4 的四类指标的单项评分项得分均不应低于 30 分，资源节约指标的单项评分项得分不应低于 60 分。Q_A 是加分项的总附加得分。

当总得分达到 600 分、700 分、850 分且满足《绿色建筑评价标准》中关于全装修及绿色建筑性能和品质附加要求时，绿色建筑最终可授予一星级、二星级、三星级。

目前中国已经有多个省、区、市将绿色建筑一星级甚至二星级作为绿色建筑施工图审查的技术要求，有力地推进了绿色建筑发展。

4.3　中国建筑业节能减排实施参考建议

4.3.1　法规现状及存在的问题

1. 法规现状

就我国建筑节能纵向发展来看，自 20 世纪 80 年代以来，出台实施了一系列有关建筑节能、绿色建筑和低碳发展方面的法律法规及各省区市出台的行政法规来推动建筑业节能减排工作，也取得了一定的成绩。

国家层面建筑节能有关法律法规主要有《中华人民共和国可再生能源法》《中华人民共和国节约能源法》《民用建筑节能条例》。2006 年 1 月，《中华人民共和国可再生能源法》颁布执行，明确提出鼓励发展太阳能光热、供热制冷与光伏系统，并规定国务院建设主管部门会同国务院有关部门制定技术经济政策和技术规范。2008年4月，《中华人民共和国节约能源法》经修订颁布执行，明确规定建筑节能工作的监督管理和主要内容。两部法律的制（修）定，为建筑节能工作的开展提供了法律基础。2008年10月，《民用建筑节能条例》颁布实行，作为指导建筑节能工作的专门法规，条例规定共六章四十五条，详细规定了建筑节能的监督管理、工作内容和责任。

自《民用建筑节能条例》颁布实施以来，中国已有24个省、自治区、直辖市、计划单列市出台了建筑节能和绿色建筑领域的行政法规。《民用建筑节能条例》的颁布执行，全面推进了建筑节能工作，同时也推动了全国建筑节能工作法制化，形成了以《节约能源法》为上位法，《民用建筑节能条例》为主体，地方法律法规为配套的建筑节能法律法规体系，逐步形成了推进建筑节能工作的"十八项"制度，有力地保证了建筑节能重点工作和支撑保障体系的顺利推进。

2. 现行法规存在的问题

1) 原有建筑节能的法律法规制度不适应新时代的发展要求

从民用建筑节能发展规划制度看，存在部分地级市、县级市（县）未按制度要求编制规划，规划深度、程序和规划等方面未达到要求，规划监督和评估制度尚未建立等问题。从公共建筑节能监管来看，建筑运行系统全生命周期提高建筑运行能效的制度不多，能耗统计体系不适应低碳发展要求。从维护维修制度来看，建筑保温工程日常维修维护和质量保修方面的制度尚不完善。从公示制度来看，建筑节能信息公示内容过多和过于专业。从罚则来看，罚款额度较条例编制之初已无法达到惩戒的目的，且依据条例实施处罚不多。上述体制机制难以适应构建现代能源体系的需要，改革创新刻不容缓。

2) 农村建筑节能法规体系目前仍属空白

从法律法规角度看，《建筑法》主要聚焦于城镇建筑，因此推进建筑节能工作主要聚焦于城镇建筑节能工作，现有的民用建筑法律法规体系和政策体系也未提起农村建筑节能。

3) 绿色建筑的发展缺乏行政法规支撑

从国家层面看，我国还没有绿色建筑有关立法推动的行政法规，一定程度上限制了绿色建筑的法制化推动，同时也制约绿色建筑的推广。绿色建筑、低碳发展等缺少了上位法的支持，以及现有条例应用过程中的问题均需要在下一步的目标任务中予以解决。

从地方层面看，目前已开展绿色建筑立法实践的地区，既有值得借鉴推广的有益经验，也有需要进一步改进提升的内容。从已实施的政策基础上来看，一系列需要行政法规确立的基本制度尚需制定，同时实践证明已出台的一系列推进绿色建筑发展的政策制度已被证明行之有效，具备上升到行政法规的条件，需加快推动立法予以纳入。

4.3.2 政策现状及存在的问题

1. 政策现状

在建筑节能和绿色建筑法律法规的基础上，建筑节能和绿色建筑相关政策体系一方面将成熟的政策上升为法律法规，另一方面不断探索适合建筑节能与绿色建筑可持续发展的政策。

建立了推动新建建筑全过程管理的政策体系：依托条例设定的法律框架，逐步建立建筑节能从规划、设计、施工到竣工验收等环节的政策要求。

建立了推动既有居住建筑节能改造的政策体系：住房城乡建设部、财政部于2008年和2011年分别启动了北方采暖地区既有居住建筑节能改造和夏热冬冷地区既有居住建筑节能改造，先后印发了《关于推进北方采暖地区既有居住建筑供热计量及节能改造工作的实施意见》（建科〔2008〕95号）、《财政部住房城乡建设部关于进一步深入开展北方采暖地区既有居住建筑供热计量及节能改造工作的通知》（财建〔2011〕12号）、《北方采暖地区既有居住建筑供热计量及节能改造项目验收办法》（建科〔2009〕261号）、《关于推进夏热冬冷地区既有居住建筑节能改造的实施意见》（建科〔2012〕55号）、《北方采暖区既有居住建筑供热计量及节能改造奖励资金管理暂行办法》（财建〔2007〕957号）、《夏热冬冷地区既有居住建筑节能改造补助资金管理暂行办法》（财建〔2012〕148号）、《北方采暖地区既有居住建筑供热计量及节能改造技术导则》（建科〔2008〕126号）、《夏热冬冷地区既有居住建筑节能改造技术导则》（建科〔2012〕173号）等文件，从实施要求、技术要求和经济激励等方面构建了推动既有居住建筑节能改造的政策体系。特别是制定了中央财政给予既有居住建筑节能改造财政补贴支持，带动了省、市两级也实施相应奖补资金配套，共同推动既有建筑节能改造，有效推动了建筑节能改造工作进程。

建立了公共建筑节能监管和改造的政策体系：2010年住房城乡建设部印发《关于切实加强政府办公和大型公共建筑节能管理工作的通知》（建科〔2010〕90号）明确了政府办公和大型公共建筑节能工作目标，强调做好能耗统计、审计和公示，启动能耗监管平台建设工作。2011年财政部、住房城乡建设部印发了《关于进一步推进公共建筑节能工作的通知》（财建〔2011〕207号），启动公共建筑节能改造，并确定以天津、重庆、深圳、上海为重点城市开展公共建筑节能改造试点工作。2017年住房城乡建设部办公厅、银监会办公厅印发《关于深化公共建筑能效提升重点城市建设有关工作的通知》（建办科函〔2017〕409号）再次推动公共建筑能效提升重点城市建设工作，明确了重点城市的提升目标、支持政策、技术创新及合同能源管理模式的应用比例。

建立可再生能源建筑应用的推广体系：2006年，建设部、财政部联合颁布《关于推进可再生能源在建筑中应用的实施意见》（建科〔2006〕213号）和《财政部、建设部关于可再生能源建筑应用示范项目资金管理办法》（财建〔2006〕460号），启动了可再生能源建筑应用示范，并构建了可再生能源建筑应用示范项目政策体系。2009年，住房城乡建设部、财政部联合发布《关于加快推进太阳能光电建筑应用的实施意见》（财建〔2009〕128号）和《太阳能光电建筑应用财政补助资金管理暂行办法》（财建〔2009〕129号），启动了太阳能光伏建筑应用示范项目，即"太阳能屋顶计划"。同年，两部委启动了可再生能源建筑应用城市示范和农村地区县级示范。2011年发布的两部委《财政部 住房城乡建设部关于进一步推进可再生能源建筑应用的通知》（财建〔2011〕61号），新增了集中连片推广示范区镇、科技研发及产业化示范项目。2012年，创新示范形式，新增了省级集中推广重点区、太阳能综合利用示范等形式。同时，两部委下发《关于完善可再生能源建筑应用政策及调整资金分配管理方式的通知》（财建〔2012〕604号），明确将实施可再生能源建筑应用省级推广，由各省级管理部门来开展可再生能源建筑应用的推广。一系列政策的推出，一方面建立了较为完整的推进可再生能源规模化推广的政策体系，同时也有效地支撑了可再生能源建筑应用的发展。

建立并逐步完善建筑节能的支撑保障政策体系：建筑节能标准规范体系不断完善，基本涵盖了设计、施工、验收、运行管理等各个环节，涉及新建居住和公共建筑、既有居住和公共建筑节能改造、建筑用能系统运行管理等多个领域。严寒和寒冷、夏热冬冷和夏热冬暖地区居住建筑以及公共建筑节能设计标准逐步提升。同时，各地结合本地区实际，对国家标准进行了细化，部分地区执行了更高水平的新建建筑节能标准。财政激励政策体系取得了明显成效。2007年以来，中央财政累计投入476亿元支持北方采暖地区既有居住建筑供热计量及节能改造，实施改造面积超过$1\times10^9 m^2$，改造后室内温度普遍提高3~5℃，单位采暖面积能耗下降30%。投入6855万元支持夏热冬冷地区既有居住建筑节能改造试点，试点面积超过$1.7\times10^7 m^2$。支持国家机关办公建筑和大型公共建筑节能监管体系建设和改造，政府办公建筑和大型公共建筑节能监管平台基本实现全覆盖，改造后能效提升20%。投入185亿元，支持可再生能源建筑应用，推动太阳能、浅层地能在建筑中的应用。随着专项资金管理的调整和引导市场在建筑节能工作中发挥作用的要求，2013年后中央财政奖补资金支持力度逐步下降，至2015年中央财政支持建筑节能、可再生能源建筑应用专项全面结束。科技创新能力不断增强，建立了国家重点研发计划、国际合作和资助项目、住房城乡建设部科学技术计划项目、科技评估推广体系和奖励体系，同时，各地围绕建筑节能工作发展需要，结合地区实际，积极筹措资金，安排科研项目，为建筑节能深入发展提供科技储备。产业支撑体系逐步建立。住房城乡建设部相继颁布了可再生能源建筑应用、村镇宜居型住宅、既有建筑节能改造等技术推广目录，引导建筑节能相关技术、产品、产业发展；实施可再生能源建筑规模化应用示范和太阳能光电建筑应用示范项目，带动了太阳能光伏发电等可再生能源相关行业发展；通过建立建筑能效测评标识制度，推动了建筑节能第三方服务机构的发展；积极落实国务院加快推行合同能源管理促进节能服务产业发展的意见，培育建筑节能服务市场，加快推行合同能源管理模式在建筑节能领域的应用，重点支持专业化节能服务公司提供节能诊断、设计、融资、改造、运行管理服务。

建立了推动绿色建筑规模化发展的政策体系：2006年建设部颁布《绿色建筑评价标准》（GB/T 50378—2006），2007年印发了《绿色建筑评价标识管理办法（试行）》（建科〔2007〕206号）开始试点推动绿色建筑，2013年，国务院办公厅印发《国务院办公厅关于转发发展改革委、住房城乡建设部绿色建筑行动方案的通知》（国办发〔2013〕1号），全面推动绿色建筑建设。

一是建立规划引导政策。在城镇新区建设、旧城更新和棚户区改造中，以绿色、节能、环保为指导思想，建立包括绿色建筑比例、生态环保、公共交通、可再生能源利用、土地集约利用、再生水利用、废弃物回收利用等内容的指标体系，将其纳入国土空间规划和专项规划，并落实到具体项目。做好城乡建设规划与区域能源规划的衔接，优化能源的系统集成利用。积极引导建设绿色生态城区，推进绿色建筑规模化发展。住房城乡建设部2013年印发了《"十二五"绿色建筑和绿色生态城区发展规划》，2017年印发了《"十三五"建筑节能与绿色建筑发展规划》（建科〔2017〕53号）等专项规划，指导绿色建筑和绿色生态城区的发展。

二是建立强制推广政策。加大绿色建筑强制推广的范围和要求,要求政府投资的国家机关、学校、医院、博物馆、科技馆、体育馆等建筑,直辖市、计划单列市及省会城市的保障性住房,以及单体建筑面积超过 $2\times10^4\mathrm{m}^2$ 的机场、车站、宾馆、饭店、商场、写字楼等大型公共建筑,自 2014 年起全面执行绿色建筑标准。2013 年,住房城乡建设部印发了《关于保障性住房实施绿色建筑行动的通知》(建办〔2013〕185 号),推进保障性住房建设中实施绿色建筑行动。

三是建立自愿评价机制。积极引导商业房地产开发项目执行绿色建筑标准,鼓励房地产开发企业建设绿色住宅小区。切实推进绿色工业建筑建设。强化绿色建筑评价标识管理,加强对规划、设计、施工和运行的监管。2007 年建设部印发了《绿色建筑评价标识管理办法(试行)》(建科〔2007〕206 号)。2017 年住房城乡建设部印发了《关于进一步规范绿色建筑评价管理工作的通知》(建科〔2017〕238 号),进一步按照"放管服"的要求,实行绿色建筑评价标识属地管理制度。推行第三方评价,可采用政府购买服务等方式委托评价机构对绿色建筑性能等级进行评价或由绿色建筑评价标识申请单位自主选择评价机构进行绿色建筑评价。严格评价标识公示管理,并建立信用管理制度,强化评价标识质量监管。加强评价信息统计,加强绿色建筑评价标识质量监督,不定期对各地绿色建筑评价标识管理工作情况进行检查,抽查绿色建筑项目评价及实施情况。

2021 年 11 月 30 日工业和信息化部发布《深入开展公共机构绿色低碳引领行动 促进碳达峰实施方案》,其中第五条明确要求提升建筑绿色低碳运行水平,大力发展绿色建筑,新建公共建筑全面执行《绿色建筑评价标准》(GB/T 50378—2019)建筑一星级,鼓励大型公共机构建筑达到绿色建筑二星级及以上标准。加大既有建筑节能改造力度,以提高建筑外围护结构的热工性能和气密性能、提升用能效率为路径,实施公共机构既有建筑节能改造。对建筑屋顶和外墙进行保温、隔热改造,更新建筑门窗。推进绿色高效制冷行动,重点推进空调系统节能改造,加强智能管控和运行优化,合理设置室内温度,运用自然冷源、新风热回收等技术。充分利用自然采光,选择智能高效灯具,实现高效照明光源使用率 100%。提高建筑用能管理智能化水平。鼓励将楼宇自控、能耗监管、分布式发电等系统进行集成整合,实现各系统之间数据互联互通,打造智能建筑管控系统,实现数字化、智能化的能源管理,推动数据中心绿色化,新建大型、超大型数据中心绿色低碳等级达到 4A 级以上,电能利用效率(PUE)达到 1.3 以下。提升公共机构绿化水平,发挥植物固碳作用,到 2025 年中央国家机关庭院绿化率不低于 45%。

2. 现行政策存在的问题

1) 以中央财政资金投资为主体的既有居住建筑改造政策体系已不适应实际

中央财政退坡后,政策执行效果大打折扣。一方面,现行制度在执行过程中过多依赖于中央财政资金的投入。中央财政奖补资金取消后,地方财政也同步退坡,既有居住建筑节能改造的数量大幅下降。"十二五"期间,北方采暖地区既有居住建筑节能改造年均实施近 $2\times10^8\mathrm{m}^2$。中央财政资金投入奖补政策退出后,2018 年度仅完成改造面积 4373 万 m^2,夏热冬冷地区既有居住建筑节能改造基本停滞。另一方面,多元投资机制尚未有效建立,市场化投入改造的措施和办法不多。从政府层面看,有效的奖补资金可以撬动既有居住建筑节能改造市场,撬动市场主体参与。而且单纯建筑节能改造难以满足居民对美好生活的全面需求,生活在老旧建筑中的居民对现有住宅的舒适性和功能性存在诸多不满,除节能性能外,也包括对房屋起居分隔不合理、适老等功能性缺失、基础设施老化或不足等。全面研究绿色建筑,提供合理空间布局、良好的起居生活功能及隔声、适老、节能、环境、活动等功能性和舒适性条件,是既有居住建筑改造的新趋势,即以综合改造满足小区居民的提升改造需求,代替单项改造,避免多次施工,反复扰民。

2) 以数据为导向的建筑用能系统节能运行机制尚未有效建立

目前以数据为基础导向的建筑节能机制没有建立起来,主要体现在以下几个方面:

第一,建筑能耗统计数据获取困难,能耗统计获取数据规模和范围也有限,获取的系统性、可持续性不强。业主和所有权人履行义务不充分,提供能耗统计数据不准确或不提供。能耗统计缺乏人员或专业队伍,缺乏经费支持,导致能耗数据获取和更新困难,统计作用发挥不充分。制度中仅强调电耗,不能涵盖公共建筑中燃气、供热、水资源消耗等其他能源资源消耗。

第二,实施能耗审计的动力不足,开展能耗审计的主体仍为政府主导,业主主动性和积极性不足,其中原因也不仅仅是审计本身的问题,还有宣传原因,业主不了解和掌握自身能耗水平在同类建筑中所处的位置,也不清楚通过节能改造获得的节能收益和社会效应,制约其主动释放节能潜力,也制约合同能源管理专门机构和能源公司参与节能运行和改造。

第三,公示制度未能发挥应有的作用。公示比例过小,重庆、江苏等地均以公告的方式展示少量建筑能耗统计数据,不能充分展示同类建筑数据和排名或比例。公示渠道单一,多数省份仅在住房城乡建设系统内部公示,影响力不强,使得依靠社会力量促进业主和所有权人实施改造的初衷实施效果不佳。其原因在于落实制度要求仅考虑了面上的工作,看似要求的均已落实,实质上没有起到公示的初衷,也无法在数据上推动业主或所有权人主动释放节能运行的潜力。

第四,科学合理的能耗定额和超定额加价制度尚未有效制定。目前,各地出台能耗定额不多,不同类别建筑用能系统区别较大,且受地区、气候、使用强调等综合影响,能耗定额编制能力要求较高,编制难度较大。例如,宾馆受星级、规模、入住率影响较大,写字楼受星级、人员和运行时间等影响较大。超定额加价等制度尚未实施。

第五,能耗监测和管理平台长效、可持续运行存在风险。

3) 原有可再生能源建筑应用专项政策体系发挥作用有限

原有可再生能源建筑应用专项政策体系无法发挥作用,中央财政退坡后,以示范项目、示范区为导向的制度和政策体系无法继续引导可再生能源建筑应用的发展,这些原有政策体系重点关注可再生能源系统的运行效果,对建筑用能系统与可再生能源整合运行强调不够,实际运行中可再生能源系统与建筑用能系统不匹配,存在忽视应用条件而被动使用可再生能源的情况,造成部分项目可再生能源系统与建筑用能特点智能协同不到位,运行效果不佳,而且建设方与使用方不一致,系统建设方不考虑运营问题,系统建设质量不高,系统运营者无法保证系统高水平运行,造成部分项目"建而不用",这些都需要重新研究建立一套有利于可再生能源建筑应用新制度和政策体系。

4) 落实绿色建筑评价标识制度要求的政策措施仍不够

绿色建筑评价标识是推动绿色建筑发展的主要抓手,根据国家"放管服"改革要求，住房城乡建设部于 2015 年和 2017 年先后印发了《关于绿色建筑评价标识管理有关工作的通知》（建办科〔2015〕53 号）和《关于进一步规范绿色建筑评价管理工作的通知》（建科〔2017〕238 号），对标识评价管理制度进行了改革。

一是在评价方式方面，明确各地可结合实际由住房城乡建设主管部门组织开展绿色建筑评价标识工作，或推行第三方评价，由绿色建筑评价标识申请单位自主选择评价机构进行评价。

二是在管理权限方面，明确绿色建筑评价标识实行属地管理，各省、自治区和直辖市的管理权限由之前仅负责本行政区域内一、二星级评价标识工作的组织实施与管理，转变为全面负责一、二、三星级评价标识工作的组织实施与管理。

三是在监督管理模式方面，要求各地应强化对绿色建筑评价质量和标识项目实施情况的事中事后监管，并建立针对评价机构和其他相关市场主体的信用管理制度和信用信息平台，逐步形成"守信激励、失信惩戒"的市场信用环境。

但上述文件未明确具体的第三方评价推动方式、监管措施，还需要地方结合实际情况进行探索，特别是对第三方机构的监管亟须法律条款支撑，建立准入门槛，有效约束评价行为，保障评价质量。

4.3.3 政策法规建议

1. 加快制定适合新时代高质量发展要求的推进机制

结合《民用建筑节能管理规定》修订，研究发达国家绿色建筑推广经验，制定以市场发挥决定性作用的建筑节能的推广机制。研究绿色金融、建筑质量再保险、建筑性能再保险等金融手段支持建筑节能。提高建筑用能数据的服务水平，充分释放有关市场主体对建筑节能的需求，并为建筑节能量交易、碳交易提供支撑。研究适应新时代的建筑节能交易、碳交易的机制，并逐步试点示范。加快建立适应"放管服"改革和改革背景下的建筑节能全过程管理体系，建立新型工程建设项目审批制度，进一步提高建筑业主对建筑节能性能承担的主体责任，提升建筑节能质量水平。进一步提升建筑节能服务产业的水平，构建节能节碳量核定制度，引导科研机构、大专院校及相关企业成立节能节碳量核定机构，并对核定结果承担主体责任。

2. 建立健全机制，积极引导农村建筑节能发展

将农村建筑纳入建筑节能强制标准管理，分类指导提高新型农村社区、农村公共建筑和一般建筑的节能水平。鼓励农村新建、改建和扩建的居住建筑按现行《农村居住建筑节能设计标准》（GB/T 50824）、《绿色农房建设导则》（试行）等进行设计和建造。

3. 加强《绿色建筑评价标准》贯彻

实施绿色建筑推广目标管理机制，将绿色建筑发展目标，分解到各省级行政区域，督促各省（区市）落实本地区年度绿色建筑发展计划，并建立绿色建筑进展定期报告及考核制度。继续重点做好保障性住房、政府投资公益性建筑和大型公共建筑等全面推广强制执行绿色建筑标准的基础上，在条件成熟地区（省会城市、中东部主要地级城市乃至全国）不断加大绿色建筑标准的强制执行范围；强化对绿色建筑标识和绿色建筑质量的监管，提高绿色建筑工程质量水平。加强《绿色建筑评价标准》贯彻和实施监督，并动态更新，逐步提高标准。将绿色建筑管理纳入规划、设计、施工、竣工验收等工程全

过程管理程序。

4. 加强绿色建筑的制度设计

进一步完善绿色建筑发展的法律法规制度，研究《民用建筑节能条例》及《绿色建筑评价标识管理办法》中与新时代绿色建筑相关缺失的内容，提出修订工作，引导城市编制绿色建筑专项规划，将绿色建筑要求纳入土地出让规划条件，鼓励开展绿色建筑全过程咨询，落实各级政府责任，加强评价标识监管，积极推进绿色建筑评价标识，试点绿色建筑建设质量信用体系，对绿色建筑市场主体进行信用评价。积极利用国家生态文明建设目标考核、能源消费总量及强度控制目标考核，组织实施建筑节能与绿色建筑专项检查，督促各地落实绿色建筑目标责任。

5 建筑、建材碳中和技术探讨

5.1 碳中和路径中可行的建筑技术

建筑碳中和首先需要建筑节能和减排，欧盟从 2020 年开始强制执行近零能耗建筑标准，其中德国是目前世界上建筑能耗下降最快的国家之一，拥有大量的研发和实践经验，涌现出大批不同类型能效极高的建筑设计方案。表 5-1 可供参考，但在制定区域有效的建筑能效标准和选择建筑方案时，必须充分考虑当地气候条件，根据建筑所在气候区的差异，能效标准将有所不同。

表 5-1 德国建筑能效标准和方案一览

标准	特点
3L 燃料建筑	单位面积年采暖需求≤35kW·h/（m²·a），即相当于 3L 燃料油量
被动式建筑	单位面积年采暖需求≤15kW·h/（m²·a），单位面积采暖热负荷≤10W/m²，单位面积一次能源年总需求≤120kW·h/m²
太阳能建筑	主要能源为太阳能，太阳能辐射热的利用须满足采暖需求的 50% 以上。单位面积年采暖需求<15kW·h/（m²·a），利用其他可再生能源辅助采暖
近零能耗建筑	年供暖、热水制备能源需求及辅助电力需求基本由建筑内部得热和可再生能源供应
正能建筑	年能源产出高于能源消耗。多余的电力输给公共电网或用于电动汽车充电
主动式建筑	主动式建筑不仅关注建筑的能耗，还关注使用者的其他需求。该方案建议采用非集中式系统为建筑和城区供应能源，并充分利用可再生能源产生"正"能源（风能和太阳能）。此外，注重各系统的协同效应，如鼓励使用电动交通工具等
智能建筑	以建筑物为平台，基于对各类智能化信息的综合应用，集架构、系统、应用、管理及优化组合为一体，具有感知、传输、记忆、推理、判断和决策的综合智慧能力，形成以人、建筑、环境互为协调的整合体，为人们提供安全、高效、便利及可持续发展功能环境的建筑 [在中国可参考《智能建筑设计标准》（GB/T 50314—2015）]

5.1.1 被动式建筑

被动式建筑由德国和瑞典的两位建筑物理学家于 20 世纪 80 年代研发完成，于 1991 年在德国达姆施塔特市 Darmstadt 建成第一栋被动房，至今已有近 40 年的实践经验，其高舒适性和超低能耗的特点已经得到充分验证。被动式建筑不需要传统意义上的供热、制冷系统，建筑基本的热、冷需求由新风系统提供，可满足室内环境舒适度的要求。绝对意义上的被动式建筑只有在建筑的采暖、制冷需求及负荷极低时才能实现。因此，被动房创始人之一德国建筑物理学家 Feist 创办的德国被动房研究所对被动式建筑的能源需求参数值做了限定（图 5-1）。其功能主要是由高保温建材和高效新风及高气密结构和无热桥设计等实现的（图 5-2）。

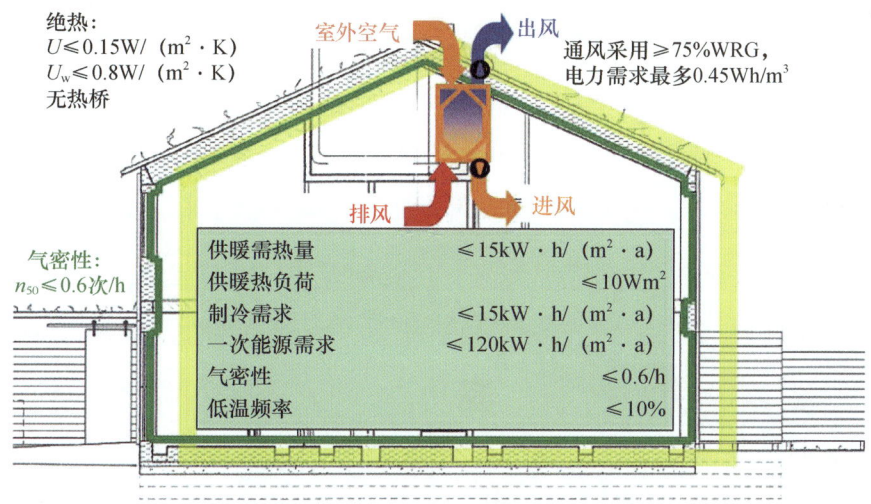

图 5-1 被动式建筑能源需求限制参数
（资料来源：被动房研究所讲义）

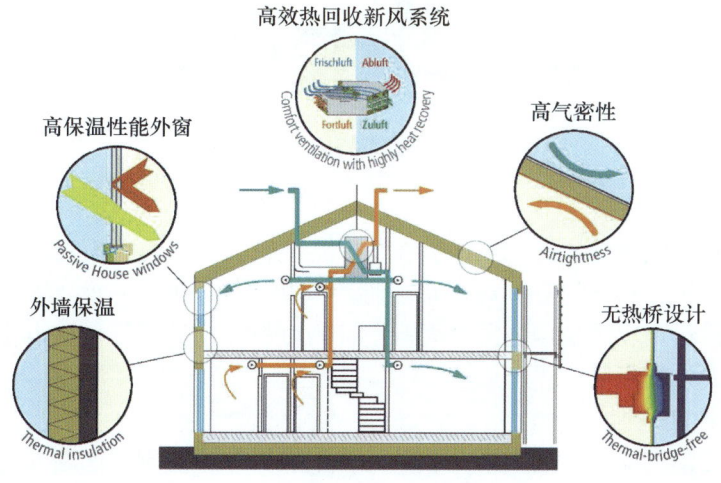

图 5-2 被动式建筑技术体系
（资料来源：被动房研究所讲义）

1. 外墙保温（图 5-3～图 5-5）

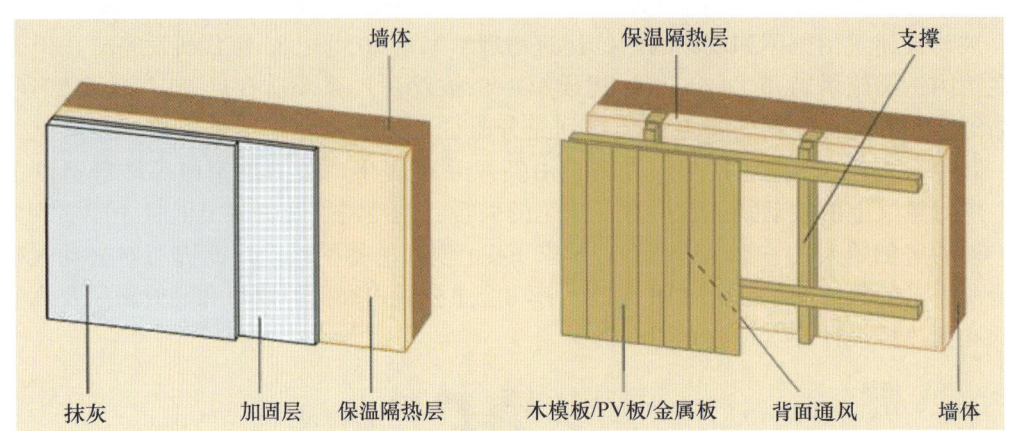

图 5-3　外墙保温系统构造示意图（一）
（资料来源：德国能源署，《中德合作高能效建筑实施手册》）

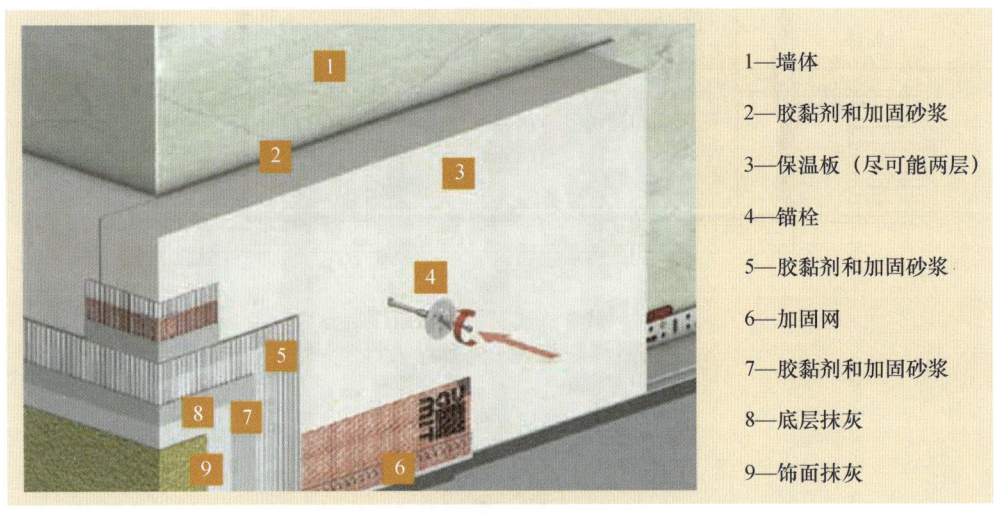

图 5-4　外墙保温系统构造示意图（二）
（资料来源：德国能源署，《中德合作高能效建筑实施手册》）

加强保温不仅能减少能耗，也能够在冬季实现较高的室内表面温度，在夏季实现较低的表面温度，提高建筑的舒适度（辐射性小气候），减少内表面结露的可能性。通过增加使用保温材料，实质是增加富含大量空气的材料，这类建材自重很小，建筑成本的增加低于使用成本的降低。

2. 高保温性能外窗

窗户是重要建筑部件，近年来，质量已有很大提升。高质量保温外窗和专业安装队伍是实现被动式建筑的先决条件，整扇窗的传热系数 U 值需控制在 $0.85\text{W}/(\text{m}^2 \cdot \text{K})$ 以下，见图 5-6 外窗节点详图，图 5-7 外窗安装细节实图。

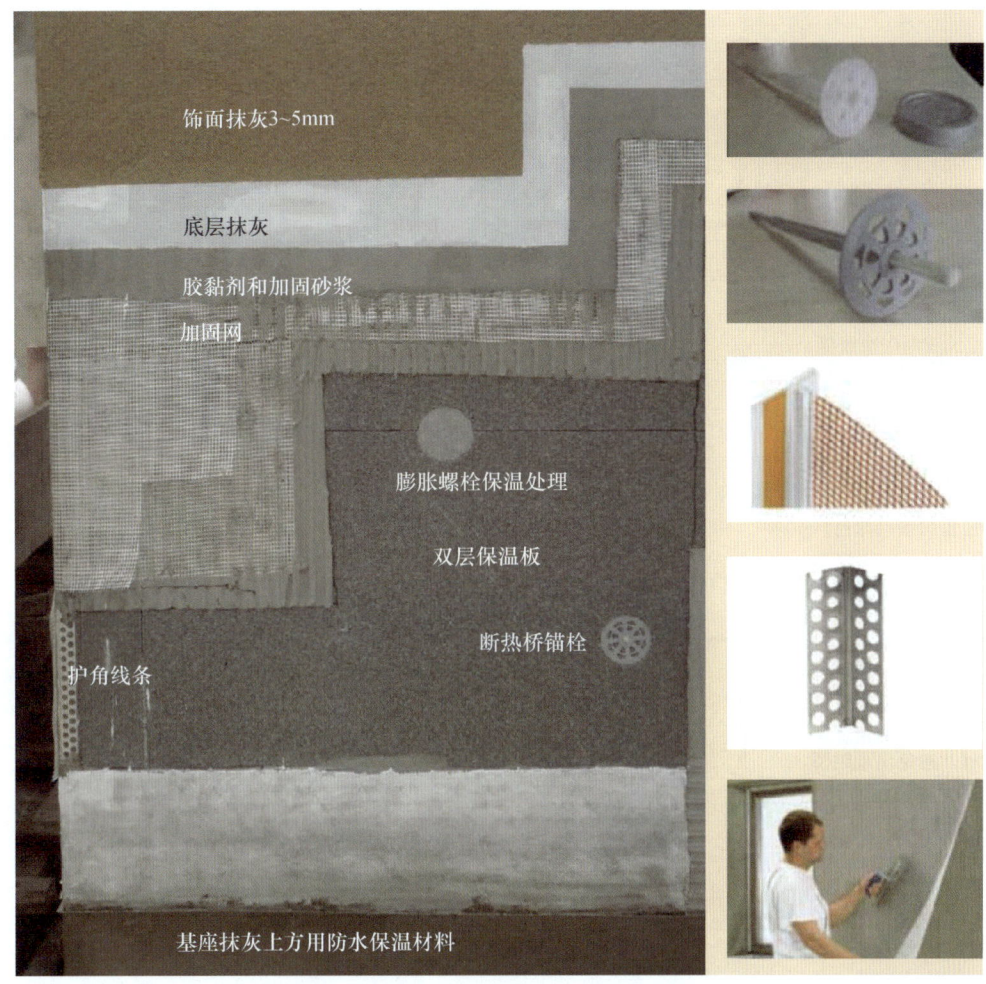

图 5-5　外墙保温系统构造示意图（三）
（资料来源：德国能源署，《中德合作高能效建筑实施手册》）

3. 高效热回收新风系统

被动式建筑采用可控的热回收新风系统，能显著降低开窗通风散热损失，因此被动式建筑理论上不需开窗通风，新风系统可自动连续提供新鲜空气，但实际项目中，每个房间都安装可开启的窗户，对夏季通风很重要。此外，通过冷、热回收装置和辅助冷热源对新风进行调温，在排除室内污浊潮湿的空气同时，达到供暖和制冷的效果（图 5-8）。

值得注意的是，我国的家用厨房通常多油烟，不宜经过新风系统进行排风。因此在一些项目中，每户厨房都设置了独立的排油烟及补风系统，油烟通过灶台上方的排油烟机直接排至室外，补风系统随之开启进风补压。但排油直排系统不能进行热回收，额外增加了电力消耗，而且穿墙洞口也增加了破坏气密性和产生热桥的风险。

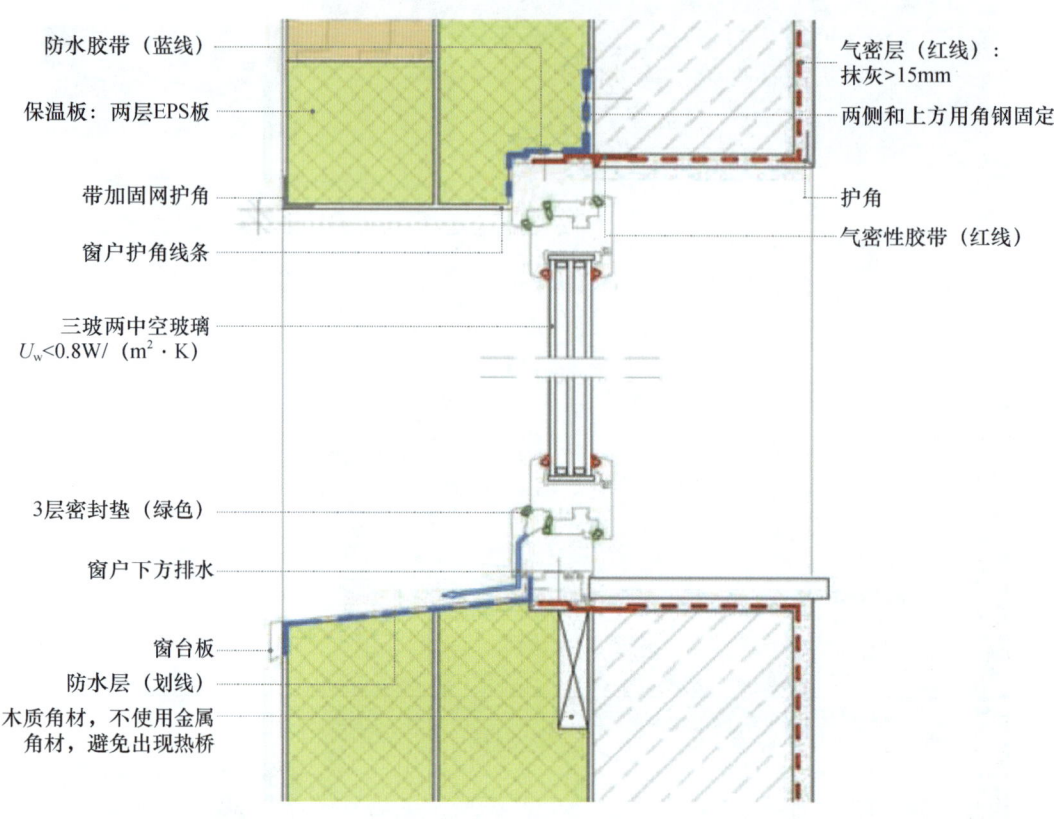

图 5-6　外窗节点详图
（资料来源：德国能源署，《中德合作高能效建筑实施手册》）

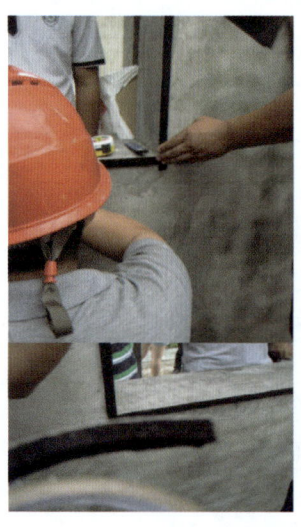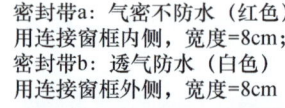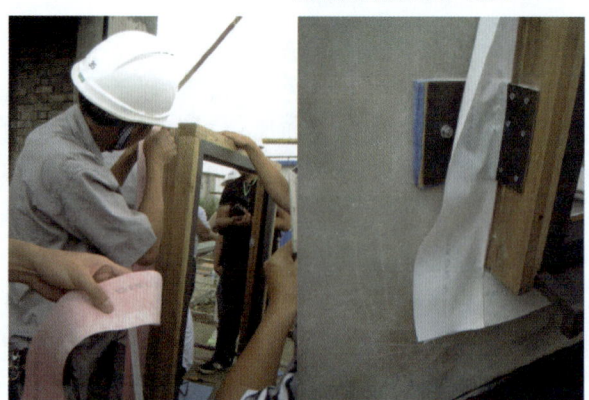

图 5-7　外窗安装细节图
（资料来源：被动房施工技术培训）

5 建筑、建材碳中和技术探讨

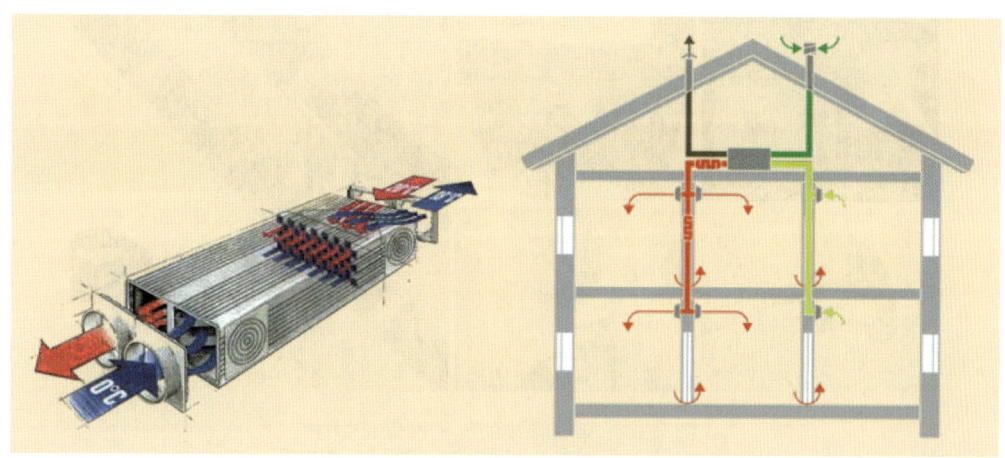

图 5-8　高效热回收新风系统示意图
（资料来源：德国能源署，《中德合作高能效建筑实施手册》）

4. 高气密性

保证被动式建筑的气密性非常重要，除了避免不必要的能量损耗，良好的气密性还能避免因潮气凝结后侵入建筑构件而造成的损坏。当室内热空气接触到保温隔热层时，温度下降（图 5-9）；温度降至凝露点以下，空气中的水蒸气就会转化为水释放出来。建筑构件可能因受潮而浸蚀，保温材料可能因受潮而结块，影响保温效果。因此，须在保温层内侧设置连续无缝的防水隔汽层（膜或板材均适用），避免潮气渗透。墙体在设计时须保证墙面有利于潮气向室外扩散。因此气密膜、气密胶带内层的 S_d 值须远高于外层的 S_d 值。同时，对保温隔热材料的外层应做好防风、防雨保护（图 5-10）。

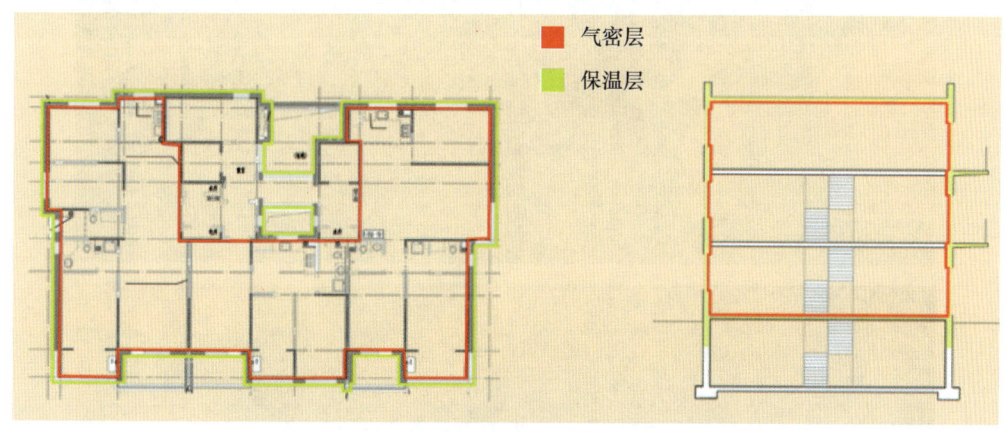

图 5-9　气密层和保温层平面及剖面示意图
（资料来源：德国能源署，《中德合作高能效建筑实施手册》）

5. 无热桥设计

热桥是指建筑围护结构中热传导性能明显区别于其他热阻较均衡区域的部位。热桥效应通常是由以下因素造成：

（1）建筑材料的变换（如钢筋混凝土结构与混凝土砌块交界处）；
（2）建筑构件几何结构（如墙角）；

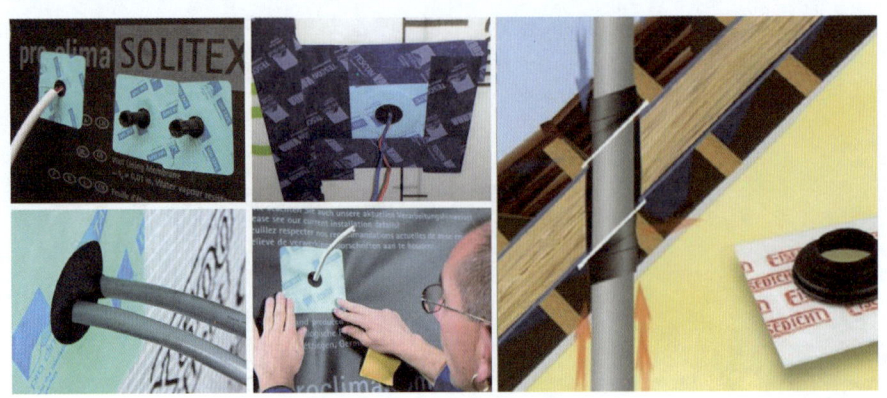

图 5-10 穿墙管线的气密性保证措施
(资料来源:被动房施工技术培训)

(3) 贯穿保温层(如悬挑阳台);
(4) 建筑构件保温层厚度不一致。

热桥是建筑围护结构保温隔热性能的薄弱点,是供暖和制冷期热、冷损失最为突出的部位。相较于无热桥的部位,热桥不仅造成明显的传输热损失,长此以往还可能使建筑物结构受损。当温度较高的室内空气接触到墙体、窗户或屋面中温度较低的热桥部位后,湿空气在这些部位产生结露,日积月累导致霉菌滋生、涂层剥落、木结构及钢材腐蚀以及保温材料性能下降等后果(图 5-11、图 5-12)。

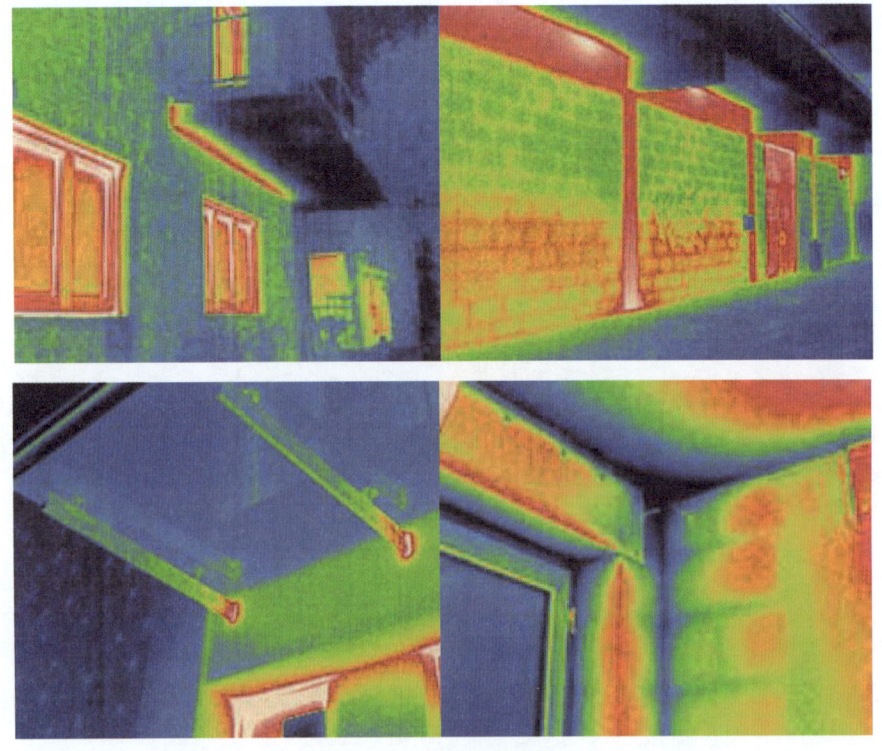

图 5-11 建筑热成像图
(资料来源:德国能源署,《中德合作高能效建筑实施手册》)

图 5-12　Isokrob 断热处理

（资料来源：Schöck Bauteile GmbH）

6. 成本分析及项目案例

通过采用被动式建筑体系进行设计和施工，建筑全年供暖制冷需求显著降低，相比于现行国家标准，其供暖、制冷能耗降低 85% 以上，在长期使用中，节约大量石化能源（煤电、石油或燃气），对缓解能源紧张、减少 CO_2 排放量、减少大气污染都起到重要作用。随着科技的发展，保温材料、高保温性能门窗、断热连接件等产品都已国产化，相比于北方地区的普通建筑，被动式建筑的增量成本目前可控制在 600～800 元$/m^2$。

青岛中德生态园被动房技术中心于 2014 年 7 月在中、德两国总理的共同见证下签署建设合约，是一座集被动式超低能耗绿色建筑技术研发、体验、展览、会议、居住等多功能于一体的综合性建筑，建筑面积 13769m^2，于 2016 年 8 月投入使用。据统计，该中心每年可节约一次能源消耗近 1.3×10^6 kW·h，节省运行费用约 50 万元，减少 CO_2 排放 664t，相当于 53120 棵树木的 CO_2 吸附量。

5.1.2　近零能耗建筑

近零能耗建筑一词源于欧盟《建筑能源性能指令》，该指令于 2002 年开始，经过多次修改，根据最新版《建筑能源性能指令 2018/844/EU》（EPBD 2018）要求在 2018 年 12 月 31 日后，政府拥有或使用的所有建筑应达到"近零能耗建筑"NZEB 标准要求。

近零能耗建筑设计思路强调建筑通过自身被动式、主动式的设计，大幅度降低建筑供热供冷的能耗需求，使能耗控制目标绝对值降低。在欧洲其核心设计思想可以总结为以下几点：

（1）通过被动式优化建筑设计

比较关键的是外立面的设计，需要充分利用日光，确保居住者最佳方式获得阳光，同时通过智能的方式减少使用人工照明，减少玻璃面积、眩光、热损失、冷却负荷，并改善视野和居住舒适度。增加全年完全或部分自然通风的时间，并通过辅助系统，在能量剩余的季节储热，不足的季节提供冷或热能。

（2）减少建筑运营能源需求和消耗

优先考虑结构优化降低供暖、制冷和照明需求，并需要考虑加宽室内舒适区温度带，鼓励居住者通过调节衣服、使用风扇和自然通风来适应和控制自己的舒适度。使用绿色标准如绿色三星、NABERS、DGNB 等设计原则，研究建筑建造和运营的每个环节，找到创新最佳能源的实践方案，这个过程必然需要挑战传统的设计实践和标准，因为传统解决方案最终只能实现相同能源消耗密集型的建筑。

（3）消除化石燃料

在建筑设计过程中避免化石燃料技术，优先考虑建筑本身使用可再生能源生产和存储，通过可再生能源供应所有剩余能源或通过余热热网或热泵技术，来提供持续可负担的低碳能源。建筑用能应综合考虑与新能源零排放车辆结合，能大大地提高能效和改善当地的空气质量。

（4）限制建筑隐含碳排放

设计应考虑和实际核算所有前期建造和运营过程中的碳排放，包括建造、维护、装修、大小翻新、拆除和建筑材料的再利用，使用具体的公认碳数据库，如英国的 WRAP 浪费和资源行动计划，每年可以公开披露绩效。建造过程中建筑所有材料的隐含碳排放总和应该低于 $500 kgCO_2/m^2$，同时需考虑可延长建筑设计寿命的耐久坚固，这样就可以通过运营过程中的减排来抵消这部分隐含碳排放。模块式建筑设计和建造方法，能够更好地进行结构拆分和使用循环经济的原则来研究分析和减少建造过程中产生废弃物。最终也更好地将隐含碳排放和建造全生命周期成本综合考虑进去。

存量建筑翻新实现 NZEB 建筑是个更大的挑战，目前没有明确定义，但以上原则仍是翻修解决方案的重要组成部分，区别在改造需更详细的计划和目标，而且计划需分阶段执行。《欧洲地平线 2020 计划》（EU's Horizon 2020 programme）资助的 Rezbuild 项目，2017 年开始，目标是开发一个基于成本、技术、商业模式和生命周期碳排放相互作用的翻新生态系统，通过不同住宅翻新类型的深度 NZEB 翻新案例，为建筑翻新阶段和利益相关方的生态连接系统确立三个非常有意义核心 KPI 指标：

1）通过结合新颖的可持续建筑和 NZEB 设计理念的统一原则，建立决策树策略，目标一次能源节约率至少 60%；

2）与传统翻新工程比较，至少减少 30% 的安装时间；

3）包安装的住宅改造技术方案成本最长回收期为 12 年。

2019 年 1 月 24 日，住房城乡建设部发布了"关于发布国家标准《近零能耗建筑技术标准》（GB/T 51350—2019）的公告"，自 2019 年 9 月 1 日起实施。通过借鉴国外经验，结合我国已有工程实践，提炼示范建筑在设计、施工、运行等环节的共性关键技术要点，将被动房和零能耗建筑的指标体系进行整合，以 2016 年国家建筑节能设计标准为基准给出相对节能水平，对能耗指标要求体系进行了完善，首次通过国家标准形式界定了我国超低能耗建筑、近零能耗建筑、零能耗建筑等相关概念，与主要国际组织、发达国家提出的名词和控制指标保持基本一致。

《近零能耗建筑技术标准》主要内容：

（1）界定了我国超低能耗建筑、近零能耗建筑、零能耗建筑等相关概念；
（2）对可再生能源利用率做出明确规定；
（3）区分了公共建筑和居住建筑的评价标准；
（4）区分对不同气候区的建筑设计参数；
（5）对不同冷热源的能效比做出规定。

根据该标准提出的各项约束指标，结合我国近零能耗建筑的发展现状，采用性能化评价方式和强制性指标方法相结合的方式，可将我国的近零能耗建筑体系划分为五大评价指标：室内设计参数、围护结构热工性能与气密性、能源系统、负荷指标（居住建筑）、能耗指标[77]（图5-13）。

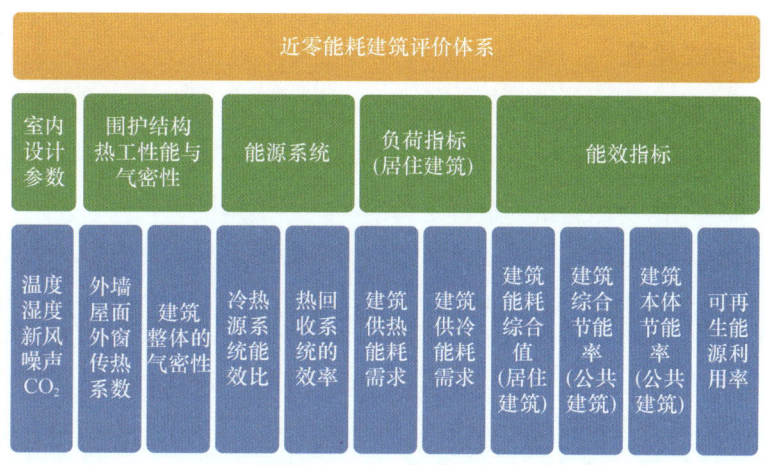

图5-13 《近零能耗建筑技术标准》评价体系
（资料来源：《近零能耗建筑规模化推广政策、市场与产业研究》）

同年12月20日，中国建筑节能协会发布"关于发布《近零能耗建筑测评标准》T/CABEE 003—2019团体标准的公告"，自2020年2月1日起实施。该标准对近零能耗建筑在设计评价、施工评价及运行评估阶段所需要提交的材料进行规定，旨在对近零能耗建筑进行系统性的检测及评价，规范近零能耗建筑检测工作，指导近零能耗建筑项目的评价，推动我国近零能耗建筑的发展。

1. 示范项目

第一批近零能耗建筑示范项目见表5-2：

表5-2 第一批近零能耗建筑评价项目汇总表

编号	气候区	项目名称	面积（m²）	评价阶段	评价标准
1	寒冷	北京市建筑设计研究院C座	8652	设计	近零能耗
2	夏热冬冷	扬州仪征月塘镇田园服务中心B楼	419	设计	近零能耗
3	寒冷	青岛国际院士港研究院6号楼	8011	设计	近零能耗
4	寒冷	青岛国际院士港研究院9号楼	5448	设计	近零能耗
5	寒冷	天友 零舍 示范项目	402	施工	近零能耗

资料来源：摘自《近零能耗建筑规模化推广政策、市场与产业研究》。

2. 技术体系

以国内示范项目所应用的技术体系来看,近零能耗建筑发展的主要技术路线如下:

(1) 以高性能围护结构和建筑整体气密性提升建筑保温性能;
(2) 以遮阳、自然通风、自然采光等被动式技术手段降低建筑冷热负荷;
(3) 通过合理优化建筑用能系统,提升建筑整体能效,实现超低能耗建筑;
(4) 通过可再生能源补充实现近零能耗或零能耗建筑。

3. 成本分析

示范项目增量成本统计发现,居住及办公建筑增量成本为 $600 \sim 800$ 元/m^2;学校类建筑增量成本 1000 元/m^2,主要集中在围护结构和空调新风系统方面。

5.1.3 主动式建筑

1. 简介

1992 年,德国 Fraunhofer 太阳能研究所的 Karsten Voss 教授团队,通过使用太阳能光热光电技术对德国一栋建筑物进行了为期 3 年的供热供暖研究,发现在欧洲部分地区,通过特殊设计,太阳能可满足建筑物全年所有能耗需求,并提出"无源建筑"(Energy Autonomous House,也称"自给太阳能建筑"Self-sufficient Solar House),即无须连接外界能源基础设施,通过太阳能光热光电系统与储能技术的集成应用,能保证建筑所有时段能源(以年为单位)供给的建筑。这是主动式建筑的起源。

随着被动式建筑、近零能耗建筑的普及与推广,主动式建筑也逐渐走进人们的视野,相比于被动式建筑高成本的保温措施、施工时复杂的工艺流程及对施工质量的高要求,光伏设备成本的降低使得业主和设计师将目光更多地聚焦在主动式建筑技术上。同时,建筑物可以与电网直接连接,随着建筑能耗的逐渐降低,光电超过居民实际能耗,多余的光电可并入国家电网或为邻居提供绿电,这种做法能够促使德国政府对主动式建筑的支持和推广。2007 年,德国联邦环境、自然保护、建筑及核安全部(BMUB)提出"主动式建筑"研究计划,旨在研究不同功能建筑的技术、成果转化及建立住宅和公共建筑的建设标准。主动式建筑和电动汽车的结合是本次计划的一项特别研究。通过研究,2011 年在柏林建起一栋示范建筑,建筑面积约 130m^2,设计为主动式建筑,多余能量供电动交通工具使用。2011 年 12 月,为表示重视,时任德国总理安格拉·默克尔亲自启动了该项目。为采集更真实的研究数据,2012 年 3 月,一个 4 口之家开始了长达 15 个月的体验入住,到 2013 年 6 月,通过改建,该建筑向公众开放展示(图 5-14、图 5-15)。

未来"分布式供电"系统是理想的供电模式,主动式建筑的推广会成为该系统的重要组成部分,主动式建筑需要能源系统在整个社区整体协调才能真正发挥作用,社区需建设智能能源网络,连接区域的能源设备,给低品位能源创造利用途径,提高整体的能源利用效率。网络汇总不同消费者的热量需求,连接建筑单体的空调冷热负荷、小区集中式热泵、社区能源站等能源设备,达到可再生能源可利用的规模。这种智能连接方法聚合社区能源需求规模,创造出新的服务模式,也造就德国在主动式社区方面走在世界的前列。

5 建筑、建材碳中和技术探讨

图 5-14 柏林主动式建筑 F87（一）

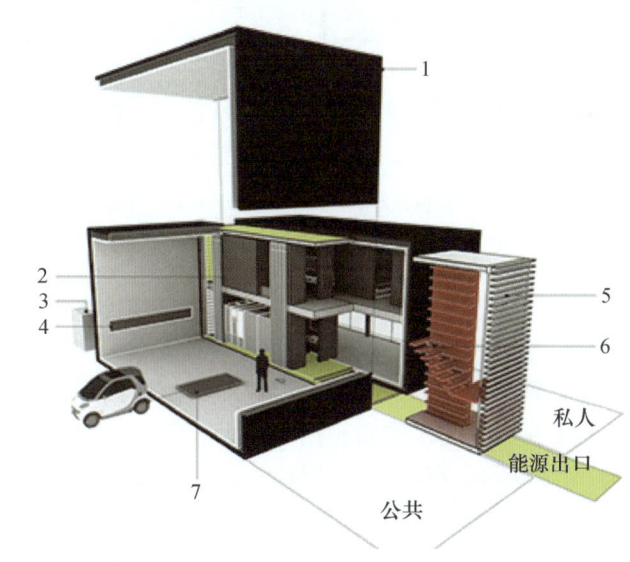

图中概念性方案的关键点：
1—外立面和屋顶光伏模块
2—能量柱
3—电池
4—信息显示屏和充电桩
5—百叶窗
6—楼梯
7—感应充电桩

图 5-15 柏林主动式建筑 F87（二）
（资料来源：https://de.wikipedia.org/wiki/Effizienzhaus_Plus）

主动式社区的推广，由德国地方政府制定长期战略，提供具体政策和投资决定的框架。德国弗莱堡的沃邦新区、埃斯林根的西部新城、斯图加特的赫马登居住社区、拜仁州的维尔德波尔茨里德镇均为主动式社区示范项目，这些项目的基本特征是：利用社区内短程供暖设备，通过太阳能光伏装置产生的电力与热电联供系统解决小区的热电能源需求，同时采用多种可再生能源系统互补，如利用居民日常排泄物、中水处理系统的有机淤泥和生活垃圾产生的生物能，达到社区能源的自身循环和自给自足。

2. 技术体系

相比被动式建筑，主动式建筑作为零能耗建筑的一种表现形式，仅要求年内产生的能源大于所消耗的能源即可，没有明确的定义。在我国，主动式建筑为每年建筑物及其周围100m以内产生的可供建筑使用的可再生能源总量大于建筑物用能110%的建筑，并在不考虑可再生能源情况下，建筑物全年等效电耗不高于50kW·h/（m^2·a）的建筑。在德国，除了满足建筑物能源自给自足以外，主动式建筑通常满足以下条件：

（1）建筑整体外维护结构K值在0.25W/m^2K（保温层厚度大于18cm经济性显著降低）；

（2）光伏板安放角度20°~40°，方向为正南方45°以内（图5-16）；

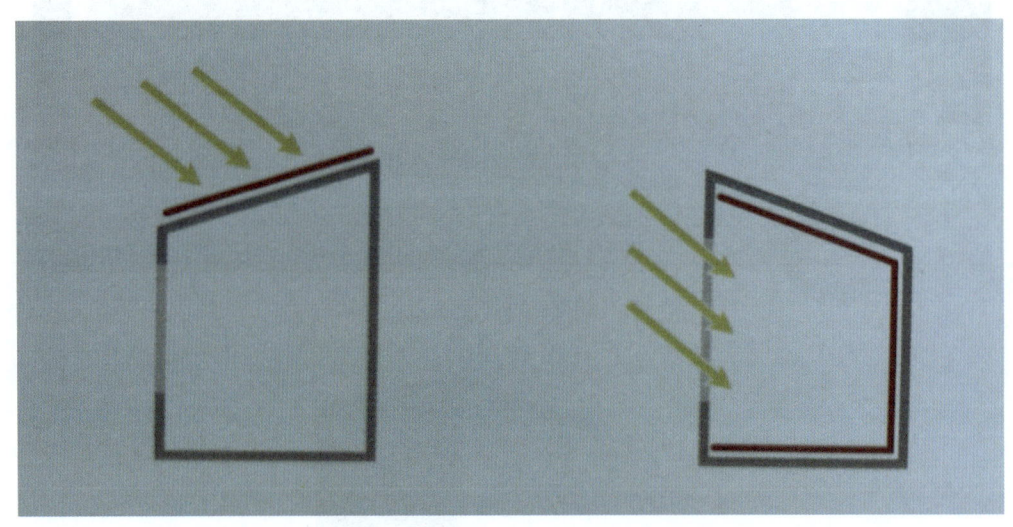

图5-16 主动式建筑（左）和被动式建筑（右）

主动式建筑在技术上与低能耗、零能耗建筑是一脉相承的，但其成为新建筑标准前仍有不少问题与挑战需要解决。第一，建设主动式建筑的核心问题是需要足够的空间来安装可再生能源设备（如光伏技术）并找到融合不同技术的集成方法。考虑到建筑结构有独栋、低层等建筑更容易被建造为主动房。然而我国的建筑多为多层、高层，可用于安装可再生能源技术的建筑面积相对较少。第二，需要考虑如何利用、传输过剩的能源（如将其输入到电网，家庭内部储存，或者将该能源与家庭中其他耗能元件相联系，如电动车等）。这些方面均存在诸多问题，比如能源分配系统，能源生产者（房屋所有者）进入电网时的补偿，以及如何将可再生能源与不可再生能源的能源供应结合起来等。第三，居民需要改变其生活习惯，以适应主动房中的新技术，如主动自然通风。

3. 成本分析

针对独栋住宅，通常主动式建筑建造成本小于被动式建筑，并且建筑形式更加灵活多样（不受被动式建筑开窗面积限制），长期使用还有电力销售的补偿。

4. 项目案例

2012年德国埃斯林根（Esslingen）市中心建成了一个占地10hm^2的新区（图5-17），

其前身是货运站和工业区，通过改造建设新区。新区由 9 栋独立建筑共 560 个居住单元组成，可供 1000 名居民生活。此外，还有 66000m² 商业空间。建筑入口层为商业空间，上部楼层南侧或西侧朝向内庭，提供了理想的居住环境。新区到附近的基础设施、火车站及办公场所都很近，无须使用交通工具，减少出行能耗和碳排放。根据当地政府的要求，新区建筑需要达到全面产能标准，并能够实现碳中和。因此，新区建筑能源系统设计为"光伏＋水源热泵"系统。建筑屋顶整合约 123kW·p 光伏模块，年产电约 34kW·h/（m²·a），光伏设备年产电量比建筑运行的电量需求高 35%。光伏电量的 2/3 在建筑中直接使用，用于建筑运行及用户特殊用电需求（商业），另 1/3 输送到电网，提供公共电网的绿电需求。以附近内卡河流水作为热源，通过单系统运行的电动热泵负责产热，热泵的逆运行也可满足办公、商店及餐饮的制冷负荷。

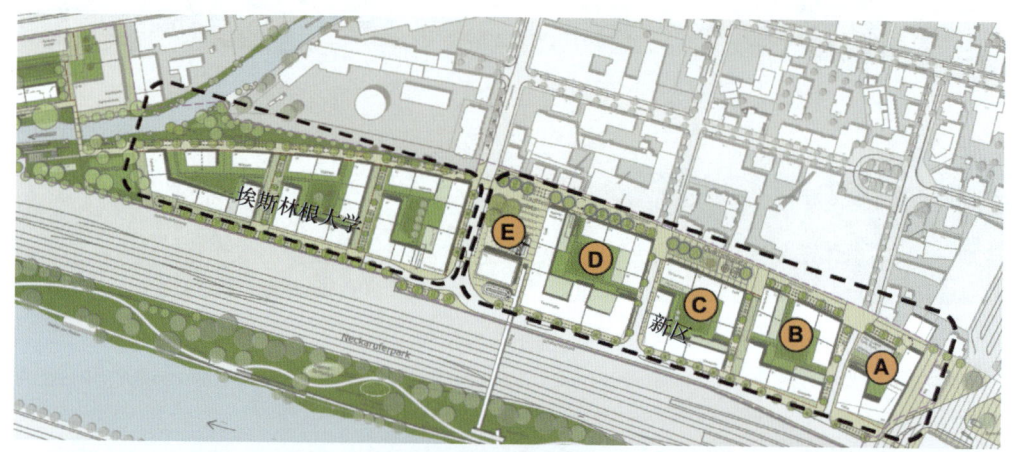

图 5-17 埃斯林根新区

（资料来源：https：//egs-plan.de/projekt/esslingen-weststadt-neu）

维尔德波尔茨里德（Wildpoldsried）位于德国南部拜仁州，总面积 21km²，人口不足 2600 人，是德国第一个完全脱离电网的城镇（图 5-18）。小镇 2019 年利用风能、太阳能、水能和生物质能发电设施生产的电能达到 49343MW·h，而当地居民交通、生活所需的全部电能仅为 5983MW·h，即能源生产量是其消耗量的 8 倍，其可再生能源包括 11 个风力涡轮机、1 个以当地农民生物垃圾及森林的废木材为来源的生物质能发电设施、3 个小型水电系统和超过 2100m² 的太阳能系统。约 200 户家庭拥有太阳能屋顶，包括小学和体育中心在内的 9 座市政建筑也都装有光伏系统，根据固定价格的 20 年购电协议将太阳能、风能和生物质能产生的电力出售给电力公司。同时政府现有32辆新能源汽车出租给居民,当能量过剩时,车辆的电池将优先充电(图5-19)。未来的计划是让汽车在电力短缺的情况下将电力返回电网。所有公共建筑、私人住宅和4家公司都连接到区域供热系统。

图5-18　维尔德波尔茨里德

(资料来源:https://www.sonnenseite.com/de/energie/startschuss-fuer-lokalen-energiehandel-basierend-auf-der-blockchain-technologie-in-wildpoldsried/)

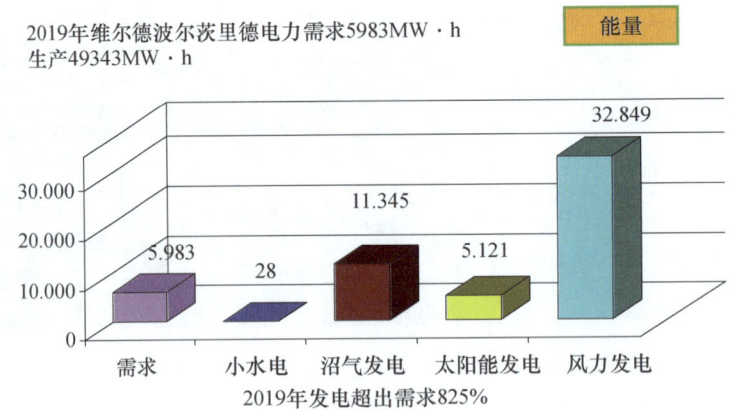

图5-19　维尔德波尔茨里德2019年能源消耗和产生

(资料来源:政府官方网站,https://www.wildpoldsried.de/index.shtml? Energie)

5.1.4　智能建筑

1. 简介

智能建筑(Intelligent Building),以建筑为载体平台,使用自动化建筑设备及通信网络系统,集成优化建筑结构、系统、服务、管理之间的组合,实现低碳环保目标下安全、高效、舒适、便利的建筑环境。其构成主要包括楼宇智能管理自动化系统（Building Management Automation System）和通信智能自动化系统（Communication Automation System）。

高层建筑中控制设备非常多，过去这些系统的控制相互独立，操作和控制的协同难度大，如给排水系统、消防系统、变配电系统、空调系统、安保系统和停车场系统等在建筑中独立存在时，很难集中管理和操作这些系统。随着计算机技术的兴起及信号传输技术的发展，可将各设备的运行状态在中央监控室显示，并能在设置中控功能实现中央管理和操作，大量的信息资源实现共享，既提高智能建筑管理效率，也同时减少系统设备数量及场地使用面积。未来的智能建筑在物联网技术和人工智能技术的普及基础上将有更广阔的前景。智能建筑在不同地区及时间段的定义不同，但主要都包括以下三个方面：可持续性、经济性及用户体验性。

可持续性。智能建筑应该是面向未来的建筑，所以建筑建造过程中应避免使用过多建材和能源消耗，而应使用更多环保材料、可回收可循环利用材料，降低建材生产及建筑垃圾对于环境的污染，实现建筑和环境可持续共同发展。

经济性。通过智能管理系统及人工智能系统，智慧建筑能大量节省暖通空调和照明系统的能源消耗（通常占整个建筑运营能耗的50%～70%）、节约建筑用水资源，实现低成本运营，从而提升业主的投资回报率。

用户体验性。在节约能源资源的核心前提下，通过物联网技术及人工智能系统提高用户体验是智能建筑的另一个核心特征，包括整个建筑体系内部不同区域不同时间的温度、湿度、亮度等的精准调节；用户健康监测；建筑空间高效利用；残障人士、儿童、孕妇、老人等的特殊设施；建筑整体安保系统、安全系统的设计等都可提高用户使用满意度或提升生活办公质量。

2. 技术体系

建筑数字化信息化技术（BIM）：BIM模型是基于项目所有相关方的一个信息数据库，除在设计和施工阶段有很好的辅助作用以外，在管理和运维的可视化过程中也能发挥独特的作用。如通过数字信息化技术可将整体建筑复制（建筑数字孪生模型），实现虚拟建筑的真实可视化。

传感器技术：随着科技进步，各种各样的传感器进入民用市场，其精度越来越高，价格越来越低，也越来越容易实现通过传感器对建筑进行无死角的实时监控，收集各种信息，再通过中央电脑的数据处理，实现对于整个建筑的精确感知。

物联网技术：物联网技术是智能建筑技术的重要组成部分。随着物联网技术不断成熟，智能建筑可以实现空调系统、通风系统、照明系统和安保系统等在精准区域的自动关闭和开启，也能实现远程通过手机等便携设备对于智能家居、智能出行、物流等领域的控制，打造一个建筑和人、人和设备等相互连通的智慧平台。

新能源技术：当今的太阳能、风能、生物质能、氢能等众多新能源技术已逐渐成熟并且成本逐渐降低，加之政府的补贴和推动，民用建筑市场的推广普及也在加速进行。很多建筑不仅实现能源的自给自足，还能为新能源汽车或周边建筑提供多余的能源。通过对能源智能化的管理，能构建分布式能源网络，使能源得到更合理的应用。

人工智能技术：以上的数字化、传感器及物联网技术，可实现人对于建筑的感知。

通过算法实现建筑对自身的"感知",并基于可持续性、经济性及用户体验性的数据设定和使用原则,形成建筑的"神经网络""遗传算法""决策支持系统""专家系统""强化学习系统"和"深度学习系统"等,最终形成人工智能技术。该技术结合新能源技术,依托云计算的强大数据处理能力,实现建筑自动控制和调节各类设备设施,"自我"来应对各种场景和环境。

3. 成本分析

建筑的建造成本仅占全生命周期的 1/4～1/3,使用成本才应是业主持有和使用最为关心的部分。长期来看,智能建筑不仅节省运营成本,还有多余电力销售带来的补偿(图 5-20,图 5-21)。

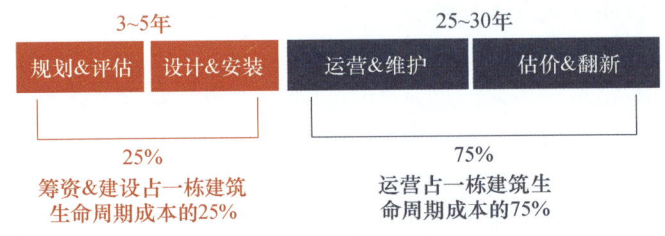

图 5-20　建筑全生命周期成本分布

(资料来源:施耐德电气)

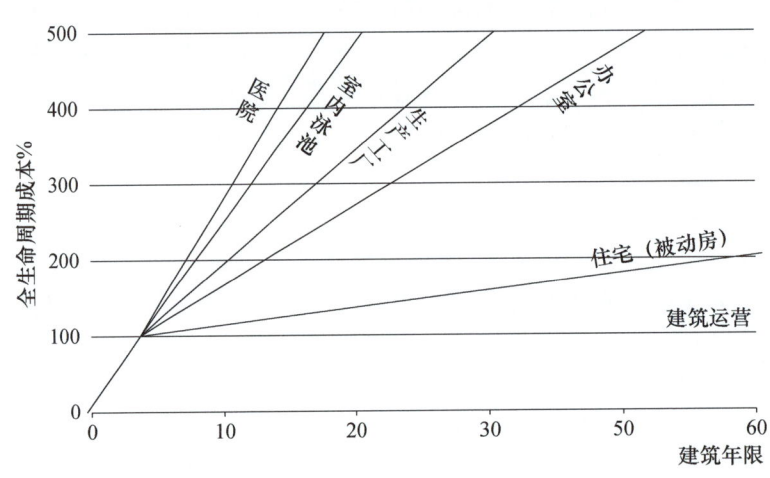

图 5-21　各类建筑全生命周期成本对比

(资料来源:Energy Manual,Detail 2012)

4. 项目案例

世界公认的首幢智能建筑是 1984 年在美国哈特福德市建成的"城地建筑"*City Place Building*(图 5-22),由 SOM 事务所完成。该建筑地上 38 层,地下 2 层,总面积 $1.2 \times 10^5 m^2$,装备先进的通信系统、办公自动化系统及自动监控和建筑设备管理系统,大楼的空调、电梯、照明及防盗等设备都采用了计算机进行监控,并且为客户开设语音通信、文字处理、电子函件和资料检索等各种信息服务,成为智能建筑的里程碑。

阿联酋的比阿哈 Bee'ah 公司是综合环境与废弃物回收管理公司。作为中东地区可持续发展解决方案的创新倡导者,比阿哈公司将沙迦塑造为"中东环境之都"作为其发

图 5-22　世界公认的首栋智能建筑美国哈特福德市"城地建筑"
（资料来源：https：//www.flickr.com/photos/sulitskiy/49156879048）

展目标。其位于沙迦的全新总部大楼于 2019 年摘得 IBcon 大会的"Digie 最智能建筑奖"（Most Intelligent Building），建筑总面积 7000m^2，由扎哈哈迪德建筑事务所 ZHA 设计（图 5-23）。

图 5-23　比阿哈 Bee'ah 沙迦总部大楼效果图
（资料来源：扎哈哈迪德建筑事务所官网，https：//www.zaha-hadid.com/architecture/beeah-head-quarters-sharjah-uae/）

该建筑基于人工智能的预测和自动化控制系统实现内部资源的全面优化，提高能效水平，提升空间利用率，同时降低总体运营费用。如天气凉爽时，建筑立面可调整为自然通风模式——降低建筑制冷产生的能耗，建筑需空调降温时，外界温度升高，高温新鲜空气进入通风能量回收系统，降低温度后进入室内空间，制冷空调产生冷空气后的多余热量也可以回收利用，成为热水供给系统中免费的预热能源。建筑屋顶能够反射太阳光线、有助降低能耗，这些主动或被动的低能耗技术能够节约 30％ 的建筑能耗。大楼的所有用电来源都是低碳或零碳能源，主要来自比阿哈公司废物管理中心回收的市政废物（过去主要需要填埋处理），并辅助大量的光伏电池。建筑结构建造过程也最大程度地降低材料的消耗，大规模使用比阿哈处理的当地建筑废料资源，降低新材料的需求。该项目也可以实现饮用水的极低能耗，同时建筑内部密布废水回收装置，实现大规模的水循环。回收的部分非饮用水用于景观绿化，场地中绿植主要选用当地适应性植物，来降低灌溉方面的水需求（图 5-24）。

图 5-24 比阿哈沙迦总部大楼内部效果图
（资料来源：扎哈哈迪德建筑事务所官网，https://www.zaha-hadid.com/architecture/beeah-headquarters-sharjah-uae/）

不同于传统建筑，比阿哈新总部大楼最大的亮点是通过 AI 虚拟助理，实现建筑内部设施的无缝交互。如帮助员工预订会议室，指引访客找到目的方位，协助管理层调整建筑温度等。多种高端 AI 技术融入建筑各个位置，多维度、深层次改善建筑使用体验，包括人力资源、客户服务、采购、后勤、机械、电气、管道系统等，大幅度提升员工的幸福感、访客的体验感和管理层的工作效率，让所有人拥有更舒适的办公环境。

5.1.5 装配式建筑

1. 简介

装配式建筑以工业化思维模式构造建筑，以大工业生产方式改造建筑业，通过模块化、标准化的一体设计、工厂化生产、装配化施工、一体化装修和信息化管理手段，实现研发、设计、生产制造、现场装配等建筑流程数据化，并逐步推动建筑业从手工业生产向社会化大生产转型。装配式建筑大工业生产的模式也更容易整合现代低碳零碳等科技新成果，以提高劳动生产率和实现建筑产品的可持续发展，如采用更多的节能、环保、全生命周期价值最大化的新技术。作为建筑行业现代工业化生产方式的代表，装配式建筑又被称为建筑预制或建筑工业化。

与传统建造方式比较，装配式建筑的长期优势都能体现减排特征：

降低成本及减排-通过工厂机械化、工业化生产建筑，现场施工仅需拼装，能够缩短现场施工时间，减少施工环节，减少施工人员，降低施工和管理人员的成本；采用模块化、模数化构件设计、流水线的生产，对材料配合比和消耗进行精细化管理，设备设施也能重复使用，实现节约材料和降低成本目标，同时也能够减少建材的隐含碳排放。

保证质量及减排-装配式建筑构件在工厂通过工业化流水线生产和组装完成，整个过程对于原料配合比、环境条件（温度、湿度）、加工精度等进行严格控制，构件的质量更容易得到保证，也更容易整合最新节能减排新技术的应用。

提高效率及减排-装配式建筑构件在施工现场进行组装，简化相应的施工流程（混凝土支模，混凝土养护等），大大提高现场施工效率，同时避免现场材料、水、电、模板等资源的浪费，降低施工现场能源消耗（钢筋加工、模板切割、混凝土振捣等），最终减少能源和材料输入碳排放。

2. 技术体系

按原材料使用，装配式建筑主要分为混凝土、钢结构和木结构体系。

混凝土结构：

建筑混凝土装配式结构由半预制叠合构件（叠合墙板、叠合楼板）、实心预制构件、现浇构件、边缘约束构件及预制梁、楼梯、阳台等建筑部件组成，建筑部件在工厂内采用半自动或高自动化的方式生产，现场采用机械化的方式施工，通过套筒灌浆或普通、自密实混凝土浇铸等方式使整体建筑结构形成一个有机的整体。

其中欧洲比较流行的混凝土预制体系是半预制叠合体系，基础体系由双层内外页墙板和叠合楼板组成，内部使用桁架钢筋链接。桁架钢筋由三根截面成等腰三角形的上下弦钢筋组成，弦杆之间有斜向腹筋相连。桁架钢筋既可作施工起吊构件的吊点，又增加平面额外刚度，防止起吊时开裂。在使用阶段，桁架钢筋作为墙板内外页板与二次浇筑混凝土之间的拉接筋，也可提高结构整体性和抗剪性能。该体系特点是生产效率高、产品质量好、现场大量节省脚手架和模板、能减少施工人工和作业用具、连接简单、构件重量轻，安装精度要求低，适用于高层及超高层建筑（图 5-25）。

混凝土预制结构体系与传统的现浇施工方式相比，便于质量控制、建造速度快、对环境污染小、省材料和人工、综合成本低、工业化生产水平高，是成熟的绿色装配式建筑体系。在此基础上很多可持续节能减排技术也在预制工厂得到很好应用。

图 5-25　欧洲混凝土预制构件工厂（Härle Hoch-u. Tiefbau）
（资料来源：https://haerle-bau.de/leistungen/betonfertigteile/）

叠合保温墙是节能新技术的典型应用案例，墙体由预制内、外页板及中间现浇混凝土和桁架钢筋固定组成，在外页混凝土层浇筑后，立即嵌入聚苯乙烯保温材料，保温板之间的接缝约 2cm 宽，用聚氨酯后续填充。第一层混凝土板经整体养护后，同第二层混凝土板在厂房内连接，形成经典的双层空心层。叠合保温墙除建筑物理和设计方面的优势外，由于没有现场浇筑的缺陷，热桥风险很低。工厂也可以通过特别工艺生产更加轻薄的纤维混凝土保温墙，如总壁厚 30cm，保温层由 12cm 的泡沫聚酯乙烯 WLG035 组成，能达到德国最新能耗规范的被动房低能耗标准要求。与现浇混凝土墙相比，预制构件在工厂生产壁厚准确、振捣更密实，且完全干燥。如图 5-26 所示，通过德国 Syspro 长期跟踪检测，即使在不利的气候条件下，叠合保温墙也比同类型的混凝土低 50%，比砖墙低 75%。

混凝土芯部储能激活楼板和墙板，是工业化构件整合节能新技术的另一应用案例，钢筋混凝土的热容量为 2400kJ/m³K，是水热容量的 60%，

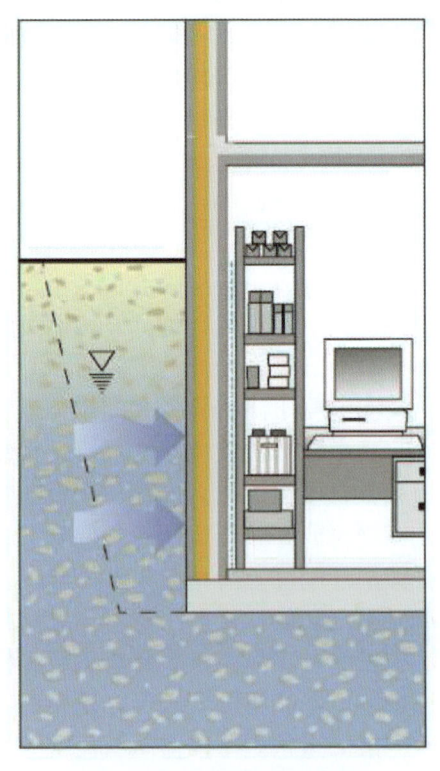

图 5-26　叠合保温墙
来源：德国 Syspro 高品质联盟

温度每升高1K，每1m³混凝土可存储2400kJ或约0.7kW·h热量。通过混凝土固体吸收储热器，白天混凝土外表面随着太阳照射而变暖储存热能，夜晚混凝土在不同时间再次释放热能，该系统和热泵系统配合，可使其运行更平稳，实现更低运营成本。但吸收器混凝土构件需要受更多温度、湿度变化及冻融循环的影响，运行过程比正常混凝土中受到更大的应力，因此对混凝土生产的要求更高，图5-27为固体吸收储热构件工厂和工地安装图片，混凝土需要更完美的配合比和外加剂、更完美的生产工艺和无隙振捣密实、管道和钢筋需足够的混凝土覆盖层、浇筑后新鲜混凝土也需更完好的后养护处理环境及吸收器表面需有效涂层等。根据目前的知识水平，固体吸收器构件只能在精心控制的条件下在预制混凝土工厂中制造，其预期寿命至少和建筑及管道材料等寿命。

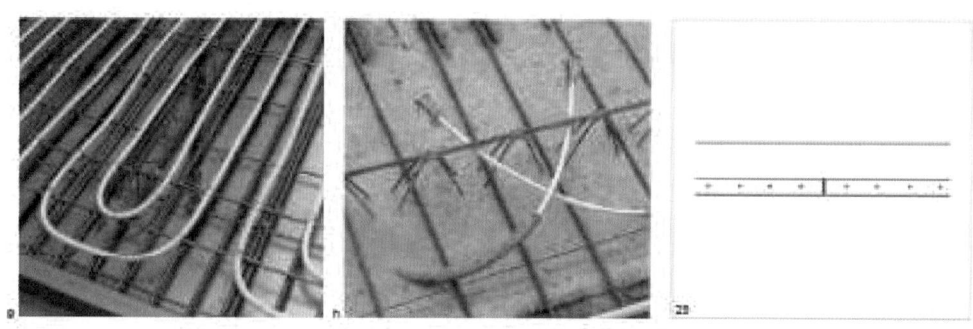

图5-27 固体吸收储热构件工厂和工地安装
(资料来源：Syspro高品质联盟)

随着热泵效率逐步提升，能源系统不断创新，建筑构件可以整合不同的新技术如阳光能源吸收装置及不同存储介质储能装置如冰蓄能、PCM、水储能装置，进一步推动高保温建筑维护结构[$U<0.20W/(m^2·K)$]实现能源供给的自给自足。

钢结构：

通常来讲，钢结构是天然装配式建筑，仅需将主体结构和围护系统、设备系统及内装系统整合到一起，其工业化程度高，现场安装速度快，运输成本和运输效率高，构件集成度高，建筑生命周期结束后材料可大量回收利用，故也可称为绿色可持续建筑。但新建钢结构建筑的隐含碳排放偏高，安装精度要求高及钢结构的防火防腐问题都需要寻找更长久、经济的解决方案，对其发展产生限制。

木结构：

木结构是中国古代建筑中广泛应用的结构体系，以木构梁柱为承重骨架，柱与梁之间多为榫卯结合，以砖石为体、结瓦为盖、油饰彩绘为衣，经能工巧匠精心设计、巧妙施工而成。如今，木结构已进入现代木结构阶段，该结构是唯一无需可再生能源应用平衡，就能实现全生命周期内碳中和的建筑体系，其材料也是可再生的建筑材料，正在受到各国的广泛重视。其特点是环境污染小、碳排放量少、天然的保温性能、优秀的抗震特性、加工方便。适用于各类低层建筑建筑（图5-28）。

木结构装配式建筑项目案例

德国明斯特的H7，2016年完工，是一座7层办公楼，26m高，建筑面积4500m²，

图 5-28 木构件连接
(资料来源：https://zhuanlan.zhihu.com/p/81072037)

结构由混凝土和木材组成，是德国 2017 年前最高的木材与混凝土混合建筑。地下部分由传统混凝土结构建造，楼梯间核心筒区域采用现浇混凝土。楼板采用混合结构建造，外墙采用预制承重复合实木结构，楼板采用预制木与混凝土复合结构，放置在外墙和中轴之间，胶合梁和钢筋混凝土叠合楼板通过特殊螺钉链接，叠合楼板放置在由现浇混凝土制成的圈梁，至木质外墙的前端，在火灾时起到阻隔楼层的作用。所有承重木制部件厚度都比理论计算厚 63mm，这样可以承受 90min 的理论火灾持续时间。通过用木材替代钢筋混凝土，每 m^3 替代产生减排为 1.1t，木材本身每 m^3 还能固碳 0.9t，和传统钢筋混凝土建筑相比，可减排约 262t 的 CO_2 排放。区域内的一家有机产品连锁零售公司，还通过外露的内部结构木材构件直接作为室内装饰，向客户展示天然原材料的品质（图 5-29～图 5-31）。

5 建筑、建材碳中和技术探讨

图 5-29 明斯特 H7 大楼

（资料来源：Baunetz https：//www.baunetzwissen.de/nachhaltig-bauen/objekte/buero/buerogebaeude-h7-in-muenster-5254643）

图 5-30 H7 大楼施工过程

（资料来源：Baunetz https：//www.baunetzwissen.de/nachhaltig-bauen/objekte/buero/buerogebaeude-h7-in-muenster-5254643）

153

图 5-31　H7 大楼竣工后室内效果

（资料来源：Baunetz https：//www.baunetzwissen.de/nachhaltig-bauen/objekte/buero/buerogebaeude-h7-in-muenster-5254643）

奥地利多恩比恩的"生命周期塔"是另外一座木材与混凝土结构办公楼案例，8 层 27m 高，建筑面积 2319m²，世界上第一个采用模块化建筑体系的木材与混凝土混合被动式建筑，也是当时世界最高的木材与混凝土混合建筑。与钢筋混凝土和传统钢结构系统相比，预制结构元件所需的施工时间缩短多达 50%。在基础完工后，仅 8d 时间大楼完工。通过木材与混凝土的结合，减少建筑物中混凝土量，降低结构重量，基础更小，降低隐含碳排放量达 90%。在建筑生命周期中，资源需求减少 39%。在建筑寿命结束时，建筑材料可有效重复使用，或回收转化为生物能（图 5-32～图 5-34）。

图 5-32　生命周期塔

（资料来源：Hermann Kaufmann Architekten，https：//www.hkarchitekten.at/de/projekt/lct-one/）

5 建筑、建材碳中和技术探讨

图 5-33　生命周期塔施工过程

（资料来源：proHolz Austria https：//www.wooddays.eu/en/architecture/best-practice-architecture/detail/lct-one/index.html）

图 5-34　生命周期塔的室内效果

（资料来源：Hermann Kaufmann Architekten，https：//www.hkarchitekten.at/de/projekt/lct-one/）

5.1.6　可再生能源及节能技术在建筑中的应用

在综合使用建筑节能技术、减少运营能源需求的基础上，建筑运营碳中和的过程需要深度开发利用可再生能源，最终实现建筑低碳零碳甚至负碳目标。根据项目所在地的资源特点，可以选择以下应用技术：

1. 热泵

热泵是一种充分利用低品位热能的高效节能装置，可以把热能从低温"泵"到高温，其工作原理是以逆循环方式迫使热量从低温物体流向高温物体的机械装置。它仅消耗少量的逆循环净功，就可以得到较大的供热量，可以有效地把难以应用的低品位热能利用起来达到节能目的。与受季节和天气影响较大的太阳能集热技术相比，热泵具有稳定性较高的优势。不同于传统的供热技术，热泵的热源为自然环境中的热能（土壤、空气和水）或余热。它可以有效地利用分散于四周环境中的低温热能或低温余热，这部分低品位的能源是其他传统设备无法利用的。

热泵技术在空调、冰箱中的应用已极为普遍。供暖热泵把水、土壤和空气中的热量作为热源，可以用1倍电力获取3倍的低温环境热量，并将其"提纯"，转换为人们需要的热能。也就是说热泵采暖的效率相当于电采暖的3倍。热泵最适合和辐射式采暖系统，如地板辐射采暖或墙壁辐射采暖结合使用，其运行成本也优势明显。空气源热泵工作原理如图5-35所示。

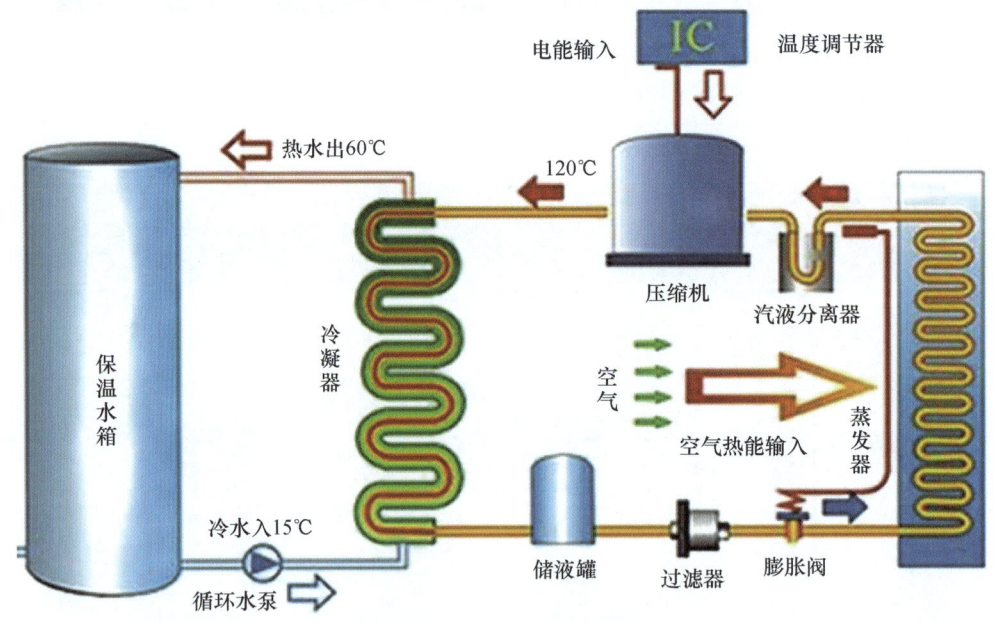

图5-35 空气源热泵工作原理

（资料来源：http://www.xiugei.com/zixun/ssjiaju/zs3259.html）

2. 太阳能集热系统

太阳能集热器是将太阳辐射能转换为热能的设备。由于太阳能比较分散，必须设法把它集中起来，所以集热器是利用太阳能的关键组成部分。根据用途不同，集热器及其匹配的系统有多种类型，如用于炊事的太阳灶、用于产生热水的太阳能热水器、用于干燥物品的太阳能干燥器，以及太阳房、太阳能热电站、太阳能熔炉、太阳能海水淡化器等。太阳能制备热水是一种最常见的可再生能源的利用形式，主要用于生活热水供应，也可在春秋过渡季节用于辅助供暖，同样也可和新风系统或地板采暖等需要低温热源的装置联动使用，作为主要或辅助能源。太阳能热水系统主要有集中式和分户式两种类型。集中式设备可以为整栋建筑提供热水,分户式通常仅供应一户或两户。分户室外挂太阳能集热器还可以为其下方的窗户提供遮阳的功能。

3. 太阳能光伏发电

光伏发电是通过太阳光照射在太阳能电池材料上,利用半导体材料接收阳光辐射后产生电位差的特性,即光生伏特效应,将阳光辐射转化为电能。这里的太阳能电池材料是介质,用来吸收太阳光照,所以从发电原理和过程来看,只要有太阳的地方就能发电,而且是取之不尽、用之不竭的可再生能源。在发电过程中,不产生噪声,不污染环境,关键是也不产生危害人体的辐射,既环保、低碳又安全。光伏发电可以作为独立系统供自己使用,也可以通过经逆变器转化为230V交流光伏电,直接输送至公共电网,即光伏并网发电,为其他建筑或用户供电。独立系统需要较大容量的储电电池和控制系统,用于管理光伏发电和用电需求之间的不平衡。

4. 混凝土核心激活技术

利用建筑材料本身的蓄热性能平衡室内的温度波动。常见的辅助做法是将管路预先埋入混凝土构件中,通入循环水,强化建材的蓄热性能。同理,如果冬季将热水输入楼板埋管中,可以进行辐射供暖(图5-36)。

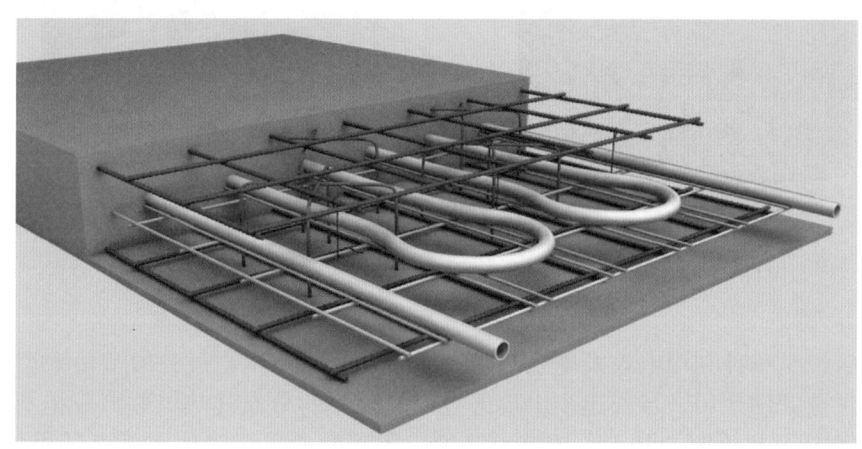

图5-36 混凝土核心激活技术

(资料来源:https://www.uponor.com/de-de/produkte/deckeninstallation/contec-betonkernaktivierung)

混凝土构件白天吸收热量,夜晚温度降低后再将储蓄的热量释放出来。利用这个性能,可以对室内温度的波动起到平衡作用。楼板埋管系统对上下两个方向的制冷或制热效果都十分明显。楼板埋管系统由于能够双向制冷、热,且具有比较恒定的输出功率和相对较小的温差(即不需要将循环水降到很低的温度),其综合能源效率比常规的地板采暖或屋顶低温辐射制冷高。

混凝土楼板(埋管)制冷的优势在于其良好的储热性能,即使制冷需求再大,建筑构件本身的升温幅度也不会很高。但是建筑构件激活技术无法实现单个房间的制冷温度调节。因此不适用于要求具有不同调温要求的建筑。

5. 生物质能

生物质能来源于动物或植物等生物材料,包括木材、甘蔗、粪便、有机肥、有机垃圾和多种农业副产物,如废木料、秸秆等,是太阳光转化的化学能有机存储。通过直接燃烧，可转化为电能或热能，通过发酵可转化为沼气或生物乙醇等燃料。燃木取火是人类所使用的最古老的能源，可常年用于采暖。包括木材在内的任何一种生物质都属于"碳平衡燃料"。燃烧过程中释放的 CO_2 量等于或小于生物生长过程中吸收的 CO_2 量。如果让木材在森林中慢慢腐烂，木材自然分解释放出的 CO_2 也与直接燃烧相同，所以不会影响碳平衡。由于生物质燃烧过程不会产生温室效应，利用生物质采暖对气候保护尤为重要。在欧洲主要有三种固体生物质燃烧技术：木质颗粒燃烧采暖、木块燃烧采暖和木屑燃烧采暖。使用木屑的优势在于燃烧锅炉可自动运行，无须人工投料。图 5-37 为小型生物质（木屑）锅炉。

图 5-37　小型生物质（木屑）锅炉

（资料来源：https://www.zagst.de/index.php/heizung/waerme-erzeugen/biomasse-heizkessel.html）

6. 热电联产

热电联产是一种利用电站发电余热生产供暖热水的技术，过去通常是大型电站搭配城市集中供热管网使用。目前逐步出现的技术是独立的分布式热电联产发电机组（BH-KW），是小型化热电联产技术，该技术已被应用于对建筑群和住宅小区的供热和供电。其原理与大型热电联产的工作原理相同，区别只在于规模和功率较低（15～200kW）。

独立式热电联产发电机组通过发电产生的余热供热，避免使用冷却塔，可更有效利用能量，提高经济性，减少 CO_2 排放。一般情况下，热电联产机组可以至少利用燃烧热能的 30%～40% 来发电，之后再次利用 30% 左右的中低温余热生产供热用的热水。效率高的项目一次能源利用率可达 70% 以上。在夏季还可搭配吸附式或吸收式制冷设备制冷，从而进一步降低综合运行成本（图 5-38）。

空调制冷需要消耗大量的能源，分体式空调机尤其耗电。如果建筑规划合理，就能大幅降低建筑的实际制冷需求，在很多情况下甚至可完全避免主动制冷。不可避免的制冷需求则尽量通过可再生能源或节能技术系统的综合利用来解决。绝大部分建筑在夏季没有供暖负荷，但会出现冷负荷，需要电力。这种情况可考虑热电冷联供系统（KWKK）。热电冷联供系统是热电联供系统的升级版。首先利用燃烧产生的高温烟气发电，之后充分利用低温余热，冬季直接供热，夏季则搭配吸附式或吸收式制冷设备制冷，从而进一步降低综合运行成本。

图 5-38 供 30 户使用的微型热电联产机
注：该机能够产生 30kW 电能、52kW 热能。
（资料来源：https：//www.borgmann-haustechnik.de/bhkw-fuer-30-wohneinheiten.html）

7. 家用风电

风力发电是将风产生的动能转化为电能的技术，是无公害可持续能源之一，理论上也是取之不尽，用之不竭的，非常适合因地制宜地用于缺水、缺燃料和交通不便的沿海岛屿、草原牧区、山区和高原地带。根据目前的风力发电技术，仅需每 1s 3m 以上的微风速度，便可开始发电，且不需要使用任何燃料、电力等辅助，而且不产生辐射或空气污染。因风量不稳定，故风力发电机初始输出的是 13～25V 之间变动的交流电，须整流后对蓄电瓶充电，将电能变成化学能后，通过逆变装置，将化学能转变成 220V 交流电，就能开始稳定使用（图 5-39）。

8. 太阳能制冷

太阳能制冷是对光辐射热能的间接利用，可由太阳能光电转换制冷和太阳能光热转换制冷两种途径来实现。太阳能光电转换制冷是通过太阳能电池将太阳能转换成电能，再用电能驱动常规的压缩式制冷机。太阳能光热转换制冷比较新颖，将太阳能转换成热能，再利用热能驱动制冷机制冷，主要有太阳能吸收式制冷系统、太阳能吸附式制冷系统和太阳能喷射式制冷系统。

技术最成熟、应用最多的是太阳能吸收式制冷。吸收式制冷利用溶液浓度的变化来获取冷量，即制冷剂在一定压力下蒸发吸热，再利用吸收剂吸收制冷剂蒸汽。它相当于用吸收器和发生器代替压缩机，消耗的是热能。吸收式空调采用溴化锂或氨水制冷机方案，虽然技术相对成熟，但系统成本比压缩机高，主要用于大型空调，如中央空调等。图 5-40 为溴化锂制冷机（14MW）。

太阳能吸附式制冷，是通过制冷装置中的吸附剂（如溴化锂）在特定的温度及压力条件下能够大量吸附水蒸气（或其他气体），而在另一种温度及压力条件下又能把它完全释放出来。这种吸附与脱附的过程将导致压力的变化，从而起到了类似于压缩机的作用。利

图 5-39　家用风力发电机

（资料来源：EnergieAgentur. NRW https：//www. bauen. de/windenergie. html）

图 5-40　溴化锂制冷机（14MW）

（资料来源：https：//de. wikipedia. org/wiki/Absorptionsk％C3％A4ltemaschine＃/media/Datei：Absorption_heat_pump. jpg）

用压力变化开闭阀门就能让介质按照人的意愿在需要制冷的室内蒸发吸热，之后在室外冷凝放热，从而达到制冷的目的。太阳能吸附式制冷不需要额外动力，仅靠阳光辐射提供中低温热能就可以运行。但由于吸附脱附的过程受到阳光辐射强度的影响，且明显比机械推动的压缩机慢得多，所以目前此类机组只能间歇性地运行，尚无法提供稳定的冷量。

太阳能用于制冷，其最大的优点是季节匹配性好，天气越热越需要制冷的时候，通常阳光辐射也最强烈，系统制冷量也越大。因此，太阳能制冷是一种非常合理的制冷方案，未来会发挥重要的作用。

9. 冰蓄系统

为使太阳能热源跨季节使用，可使用大体积"储冰罐"来利用热泵水相变化能量。这些储冰罐也可成为普通独立住宅和联排住宅的标准解决方案，整合太阳能技术与热泵技术，显著提高热泵的效率或保持热泵效率同时减少对地面换热器的投资。

液态水到 0℃ 固态冰凝固相变会释放大量热量，可以将等量的水从 0℃ 加热到 80℃。意味着与热水储存罐相比，冰蓄能量密度要高得多。1L 水冷却 1°K 就会释放 1.163W·h 的能量，而结冰期间，如温度保持在 0℃ 不变，会进一步释放 93W·h 的结晶能量，这些能量可以被热泵使用（图 5-41）。

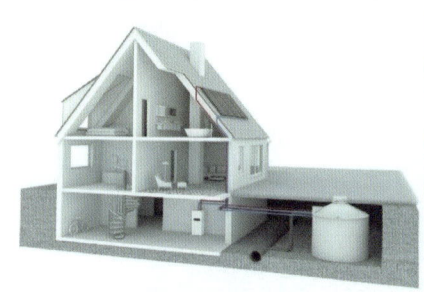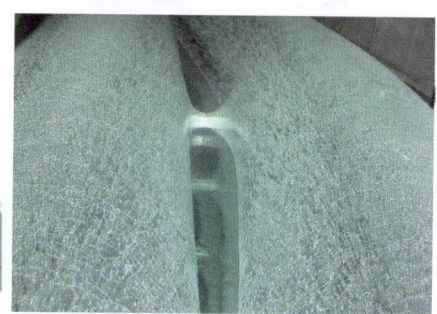

图 5-41　冰蓄系统示意图

（资料来源：菲斯曼 VITOFRIOCA 系统手册）

在冬季，热泵从储冰罐中提取大量的热量，使其降温到 0℃，再进一步抽出热量，水就会结冰，这时潜热原理开始发挥作用，它在水从液态到固态的过渡中用相对较小的储冰量来满足冬季的热量需求。在夏季，储冰系统又被多余的太阳能热量加热，冰就会融化，将热量储存；同时冰库的冷量也可以在夏季用于制冷，而制冷时从建筑中提取的热量被送回冰库，从而为下一个冬季供暖期提供所需的能量。在实践中，一个容积为 10m³ 的储冰罐所提供的能量与燃烧 110L 燃油的能量相等。

5.2　建材行业碳中和转型技术路径

根据《中国建筑能耗研究报告 2020》[53] 的数据统计，2018 年全国建筑全过程碳排放总量 49 亿 t，占全国碳排放的比重为 51%，其中建材生产阶段碳排放 27 亿 t，占全国碳排放的比重为 28%。建材中的钢材、水泥和铝材是碳排放占比最多的三种材料，为总建材占比的 99.54%，占全国碳排总量比分别为 13.53%、11.55%、2.79%。而钢材和水泥在总建材排放中的占比为 90%，减排重心非常明确（图 5-42）。

为保证 CO_2 核算数据来源的可获得性、可靠性、可核查性和可持续性，《联合国气候变化框架公约》中明确，各缔约方均按国民经济行业核算本国生产和非生产部门温室气体排放。

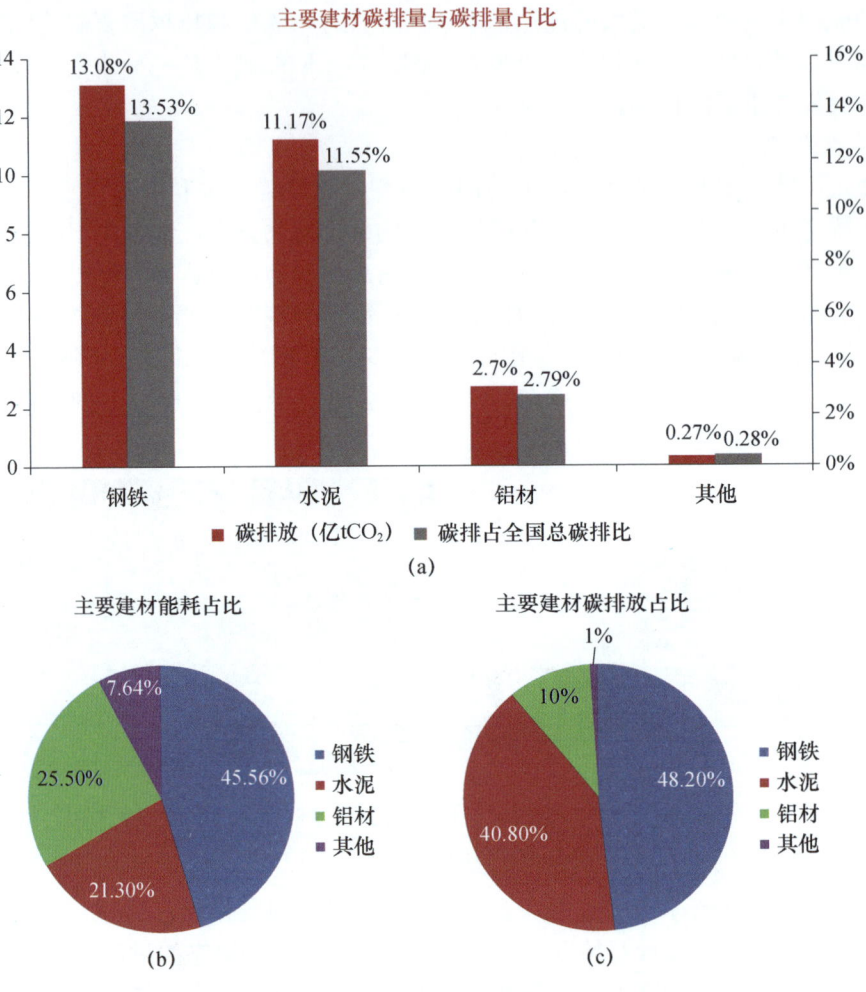

图 5-42 主要建材碳排放量占比

2021年3月中国建筑材料联合会研究制订了《建筑材料工业二氧化碳排放核算方法》[78]，供建筑材料及各行业、各区域核算 CO_2 排放使用。建筑材料及各行业的 CO_2 排放分为燃料燃烧过程排放和工业生产过程（工业生产过程中碳酸盐原料分解等）排放两部分。

中国建筑材料联合会依据《建筑材料工业二氧化碳排放核算方法》发布的《中国建筑材料工业碳排放报告（2020年度）》显示，除钢材外的建材行业2020年 CO_2 排放 1.48×10^9 t，比2019年上升2.7%。行业每万元工业增加值 CO_2 排放比2019年上升0.2%，比2005年下降73.8%。

《中国建筑材料工业碳排放报告（2020年度）》对水泥制造（包括：石灰石、石膏开采，石灰和石膏制造的石膏工业；黏土砖瓦及建筑砌块制造，其他建筑材料制造的墙体材料工业；建筑陶瓷制品制造，卫生陶瓷制品制造的建筑卫生陶瓷工业；平板玻璃、特种玻璃和其他玻璃制造及技术玻璃制品制造的玻璃工业）；5个主要分支进行了分析。

2020年水泥工业 CO_2 排放达 1.23×10^9 t，占除钢材以外的建材行业总排放的83.1%，同比上升1.8%，其中煤燃烧排放同比上升0.2%，工业生产过程排放同比上升2.7%；石灰石膏行业 CO_2 排放达 1.2×10^8 t，占建材行业总排放的8.1%，同比上升

14.3%，其中煤燃烧排放同比上升5.5%，工业生产过程排放同比上升16.6%；墙体材料工业CO_2排放达$1.322×10^7$t，占建材行业总排放的0.09%，同比上升2.5%，其中煤燃烧排放同比上升2.4%；建筑卫生陶瓷工业CO_2排放$3.758×10^7$t，占建材行业总排放的2.5%，同比下降2.7%；建筑技术玻璃工业CO_2排放$2.74×10^7$t，同比上升3.9%。从碳排放量结构来看，水泥碳排放占全行业碳排放总量的80%以上，其中燃料燃烧排放占全行业燃料燃烧排放总量的75.5%，过程排放占全行业生产过程排放总量的89.9%，是建材行业实现碳达峰的关键。

5.2.1 水泥行业碳中和转型路径

据数字水泥网统计，水泥行业碳排放占全世界总排放的7%~8%，国内水泥碳排放占全国总排放量约13.5%，工业行业排名仅次于钢铁行业（约占17%）。针对水泥生产过程中碳排放的减排潜力，水泥可持续委员会（Cement Sustainability Initiative，CSI）一直在系统评估水泥生产过程中进行技术改进，挖掘能源效率提升的潜力，从2000年开始CSI制定基于互联网的公开应用工具《水泥二氧化碳排放及能源协定书》，该工具可以定期收集数据形成CSI"获取正确数据"（GNR）项目报告，向利益相关方提供全球和区域成果。

2017年，CSI委员会联合欧洲水泥研究院（European Cement Research Academy，ECRA）通过调研全球900家水泥工厂做出的联合报告CSIGNR-2014的最新数据，全球熟料平均碳排放强度为842kg/t，熟料、水泥平均占比为75%，即平均每吨水泥碳排放约630kg/t。[79] 根据《建筑材料工业二氧化碳排放核算方法》，目前国内熟料碳排放强度为840~860kg/t，如果使用同样熟料、水泥占比，则水泥的吨碳排放为645kg/t，与国际水平持平。图5-43为水泥制作从原材料矿山开采、运输、存储、原料磨、干燥、燃烧、熟料存储、熟料粉磨、水泥窑加工、存储、运输全过程。[16]

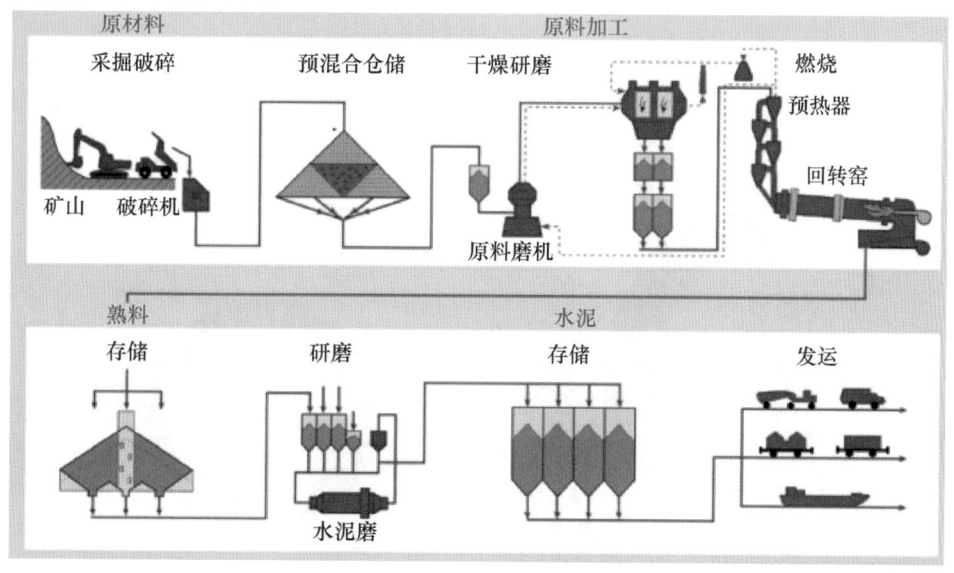

图5-43 水泥制作流程示意图
（资料来源：欧洲水泥研究院）

而 IEA（国际能源署）和 CSI 在《水泥工业低碳转型技术路线图》[80]中预计，2030年行业平均吨熟料 CO_2 碳排放强度会下降至约 800kg/t，当前水泥全球整体碳排放距目标仍有 6%。图 5-44 为实现目标报告中 CSI 确定了可持续性指标作为衡量成功的参数，并制定参照路线图，以及以下哪方面技术可以实现哪些目标，"衡量什么，管理什么"等内容：

- 能源消耗（GJ/t 熟料、kW·h/t 水泥）效率提升 3%；
- 替代燃料，包括绿氢、生物质燃料使用（12%）；
- 熟料占比率降低（37%）；
- 创新减排技术（包括碳捕捉 48%）；
- 而据《巴黎协议》的 2DS 协议中要求生产每 1t 水泥的 CO_2 的排放量目标为 520~524kg/t，与当前水泥全球整体碳排放仍有 20% 的空间。

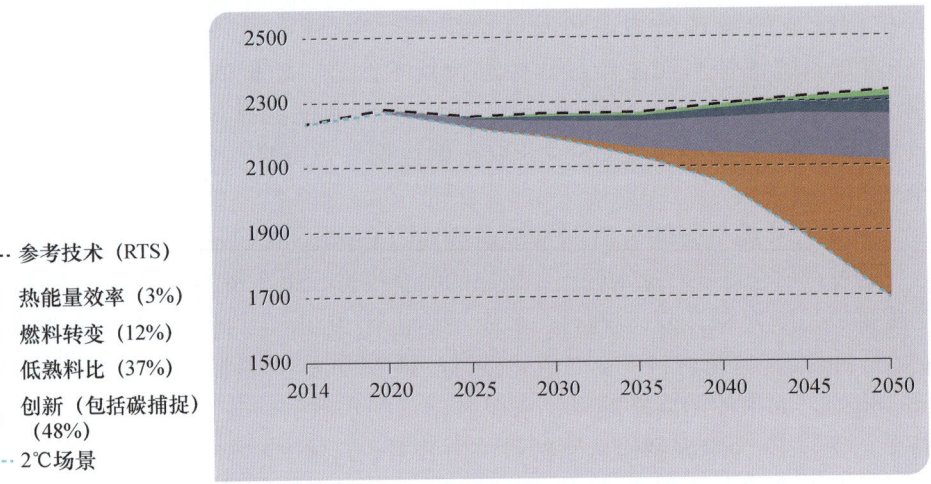

图 5-44　全球水泥参考技术 CO_2 减排场景 RTS 与 2℃缓和场景（2DS）

（资料来源：CIS-IEA《水泥工业低碳转型技术路线图》）

在欧洲，由于 CO_2 排放成本上升、政策和政府资助等因素，此行业路线图正在加速转变为企业路线图（图 5-45）。

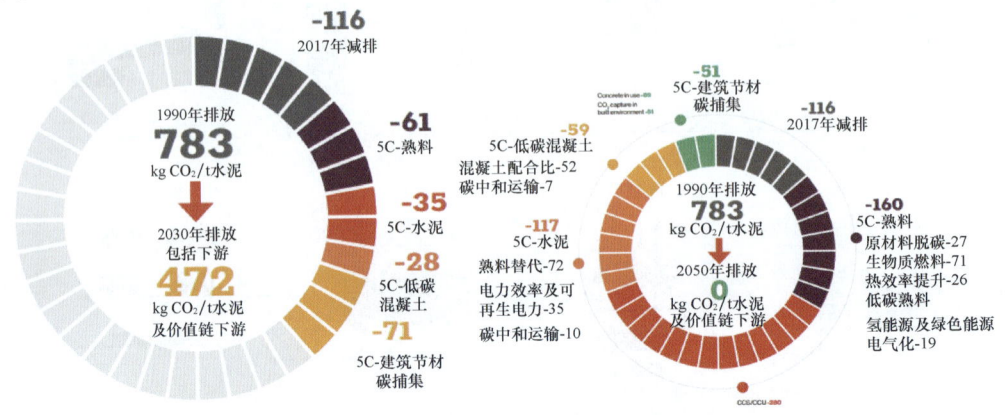

图 5-45　欧洲绿色协议之水泥零碳路线图

（资料来源：Cembureau-European Cement Association "Cementing the European Green Deal" 2021）

5 建筑、建材碳中和技术探讨

而欧洲水泥协会根据欧洲绿色协议的规定而制定的最新减排目标，根据图5-45，到2030年直接把欧洲水泥减排目标比IEA CSI的减排目标提升27%，到2030年吨水泥平均排放需要降到472kg，并提出5C减排技术方向，即熟料Clinker、熟料替代Cement、低碳混凝土Concrete、建筑节材Construction、碳捕集Carbonization，其技术核心和IEA CSI报告一致，仅仅是把熟料替代分成两部分，增加了单独低碳混凝土的部分。

目前中国大都使用近些年投资的先进节能的干式水泥生产工艺，如图5-46所示，包括节能的3～6级旋风预热器及分解装置、气体和材料反向运动、预热和预分解阶段消耗大概60%的能量，以及约90%的碳酸钙化学反应，剩下10%的化学反应和40%加热阶段，一次性在水泥回转窑中完成，反向热气在水泥窑中将原材料从900℃升到1500℃，经过充分的矿化反应，最终形成水泥熟料。燃料燃烧也分为两部分，一部分在预热阶段，另一部分在水泥窑阶段，能量通过火焰辐射和筒壁导热传递，热熟料经过大幅度冷却，形成成品熟料。原料煅烧分解过程中会产生大量CO_2。目前，市面上常见的水泥以石灰石和黏土为主要原料，石灰石主要成分为碳酸钙，经过高温煅烧分解为氧化钙和CO_2。

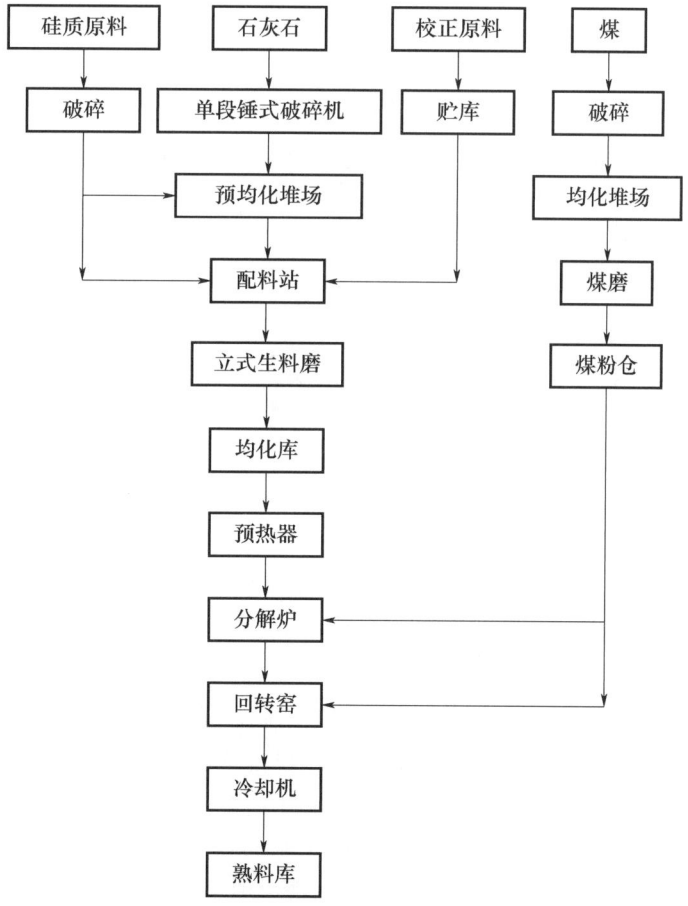

图5-46 干式水泥干式生产工艺流程图

水泥生产是一个复杂过程，原料来源复杂，生产工艺复杂，根据不同的机构分析，碳排放也不尽相同，但相同的观点是92%~95%的碳排放来自熟料生产过程。根据欧洲水泥研究院的研究，碳排放约1/3来自燃料燃烧产生，约2/3来自熟料烧结过程矿化反应产生。根据表5-3测算，水泥熟料煅烧烧结过程产生CO_2，约占水泥行业总体碳排放的44%，水泥行业几乎均采用煤炭作为燃料，煤炭燃烧会释放大量CO_2，占总过程排放的48%[81]。而根据麦肯锡化工咨询报告，碳排放55%~70%来自煅烧过程，25%~40%来自化石燃料燃烧（图5-47）。

表5-3 水泥生命周期碳排放

阶段	原料开采、生产及运输	生料煅烧时的矿物化学分解	工厂生产能耗	水泥运输	总计
碳排放[（$kgCO_2$/1t 水泥）]	35.15	462.87	505.92	58.56	1062.5
占比	3%	44%	48%	6%	100%

资料来源：余海勇等，《水泥生命周期碳排放研究》。

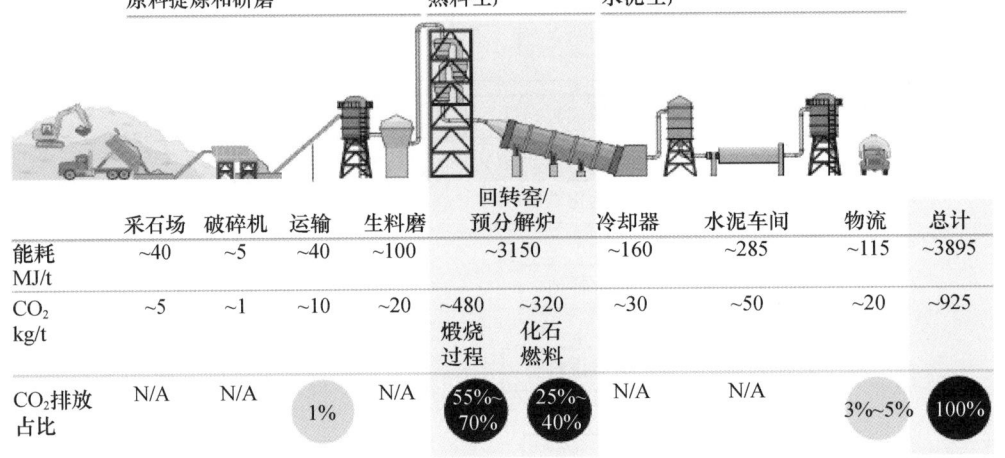

图5-47 水泥生产全周期过程中的能耗和排放细分
（资料来源：麦肯锡化工咨询报告《"中国加速迈向碳中和"水泥篇：水泥行业碳减排路径》）

水泥行业作为碳排放大户，2020年水泥工业CO_2排放12.3亿t，要实现2023年率先碳达峰目标，时间紧，任务重。中国水泥行业实现碳达峰可以考虑从以下方面着手：

1. 水泥碳减排途径之一：去产能、控产量

2019年我国水泥熟料产量15.23亿t，年实际运行产能20.15亿t，平均产能利用率为76%，水泥行业总体处于产能过剩状态。目前去产能、控产量是行业限制碳排放总量的主要抓手。

2016年水泥行业开始供给侧结构性改革，政府出台多个政策严控新增产能，从生产源头压减生产总量。碳中和背景下水泥行业将形成新一轮供给侧结构性改革，新增产能控制更紧、产能减量置换更加严格、错峰生产的地域和时间范围更大，不同企业（根据单位碳排放量）施行差别化标准。

2020年10月，工业和信息化部在《水泥玻璃行业产能置换实施办法（修订稿）》征求意见稿中，将位于大气污染防治重点区域以及非大气污染防治重点区域的熟料建设项目置换比例，分别从过去1.5∶1与1.25∶1，调至2∶1与1.5∶1。同年12月，工业和信息化部联合生态环境部下达《关于进一步做好水泥常态化错峰生产的通知》，此次文件下达的重点在于推进错峰生产的"常态化"，继续巩固产量限制措施的实施。

2. 水泥碳减排途径之二：提高过程能效、电耗及燃料替代等技术手段

1）能效提高

水泥生产中碳排放来源于原料煅烧过程中化学排放及生产能耗排放。熟料生产所需温度可达1450℃，形成稳定的烧结阶段，根据CSI数据，化石能源燃烧平均产生碳排放306kg/t（熟料842kg/t），这个过程理论上需要1650～1800MJ/t能量，1kg标准煤=29.271MJ，即56～61kg/t标准煤能量，根据原料含水率的不同，正常3%～15%含水率时，需额外200～1000MJ/t熟料（7～34kg/t标准煤）用于原料干燥。因此生产熟料的理论最小能量需求为1850～2800MJ/t（63～95kg标准煤）[79]，在水泥生产过程中，窑废气、旁通气体和/或冷却器废气产生的余热常常可以回收用于原料或其他材料的干燥，或水泥加入高炉炉渣等成分时都能减少能源消耗，提高水泥设备能源效率。据2014年GNR（CSI "Getting the Numbers Right"数据库），水泥熟料生产全球实际能源消耗加权平均为3510MJ/t，即120kg标准煤/t（原料湿度为平均值），能源消耗最佳的前10%约为3000MJ/t，即103kg标准煤，和我国先进干法分解水泥生产线水平相当。另外90%水泥熟料能源消耗需要4100MJ/t，140kg标准煤，湿法生产最高能源消耗达5700MJ/t，195kg标准煤/t。德国水泥工业研究所（the Research Institute of the Cement Industry, Germany）进行的一项研究，使用一条6000t/d最新技术的生产线，代替两条3000t/d老旧生产线，可以减少约400MJ/t（14kg标准煤）的燃料，水泥基于理论和经验的最先进的水泥窑的能源需求大致数据如下：

3级旋风级：3400～3800MJ/t熟料（116～130kg标准煤）

4级旋风级：3200～3600MJ/t熟料（109～123kg标准煤）

5级旋风级：3100～3500MJ/t熟料（106～120kg标准煤）

6级旋风级：3000～3400MJ/t熟料（103～116kg标准煤）

由于水泥生产是高资本密集型的，水泥窑的寿命通常为30～50年，通过技改换掉原有设备几乎都已经操作，如预热器熟料冷却器、燃烧器等。全球过去24年平均能效提升仅仅减少了225MJ/t（7.7kg/t标准煤）的能量消耗。一般来说，使用更大产能规模如10000t/d置换6000t/d需要更长的时间，而且熟料生产工艺对热能有最低的需求，不可能无限提高效率，能源效率提升达到的效果会非常有限，所以这部分碳排放由可再生能源替代来降低就变得更加重要。

2）替代燃料

替代燃料是更优先、更具成本效益的手段。据麦肯锡的测算，在中国，目前煤炭为逾95%的水泥生产供热，是现阶段石灰石煅烧使用的主要燃料。由于煤炭价格低廉，煤炭燃料不太可能被完全取代，但会在燃料结构改善过程中不断降低份额。在燃料替代过程中，天然气虽不能帮助水泥行业实现燃料的零碳排放，但可显著降低燃料的碳排放强度，因此可能在未来的碳减排中扮演一定程度的过渡技术角色。不过，天然气虽然单

位热值更高，但单位热值成本较煤炭高出近 2 倍，所以技术推广比较困难。煤炭和天然气燃料成本对比见表 5-4。

表 5-4 煤炭和天然气燃料成本对比

项目	热值（MJ/kg）	2020 年均价	单位热值均价	单位热值 CO_2
动力煤	22	571	26	4.4
液化天然气	48	3390	71	2.34

根据 CSI 报告[79]，全球替代燃料占比是水泥总燃料需求的 16%，其中单一最大量来自生物质燃料替代，占比 6%，生物质燃料在生长过程中吸收的碳大于等于燃烧时排放的碳，所以是零碳可持续燃料，在能效最高、最先进的前 10% 水泥厂中，生物质燃料替代已超过 17%，含生物质的燃料主要是经过预处理的工业淤泥、生活垃圾（含有机纤维）、废木材、锯末、秸秆和污水污泥等，理论上也可使用天然木材、绿藻或芒草等可再生生物有机燃料，这些植物可以快速生长，但这些材料不是废弃物，必须有土地种植收割，必须考虑经济和生物多样性等可持续原因，故只具备地域特征，而对水泥行业来说并不具全局意义。另外，其他废弃物替代燃料主要有废轮胎、废油和工业溶剂、塑料、纺织、纸张等，在全球能效最高的前 10% 水泥厂使用率超过 30%，这些替代燃料大多数比化石燃料含碳量低，在燃烧过程中可以降低碳排放，同时协同处置废弃物，但这些废弃物热值也大多数低。

理论上水泥窑可 100% 使用有机替代燃料，但由于技术原因如绝大多数有机物质热值较低（10～18GJ/t），大多数水泥窑需要 20～22GJ/t 的燃料热值，所以理论上现代水泥分解炉中最多可以添加 60% 低热值的有机燃料；另外，废弃有机物中也可能含有对分解和环境不利的元素，如氯含量高时就需要增加氯气旁路系统，造成 CO_2 减排提高的同时更高的能源需求。所以提高替代率需要技术的渗透和区域内对废弃物严格立法，如垃圾填埋厂的管制、废弃物收集及处理和替代燃料生产的清晰立法，水泥厂就可以通过可持续方式获取这些燃料；同时需要加强宣传，提高社会对水泥厂使用废弃物的接受程度；碳交易提高碳税也会增进水泥厂替代燃料的使用，欧洲的经验可以证明由于碳交易价格升高，生物质替代燃料的使用率也会提高，但这样的做法，也提高了生物质燃料的价格，从过去零成本甚至负成本，到目前热值高，氯等杂质含量低的替代生物质燃料的价格也显著提高，如锯末或稻壳，热值超过焦煤，而且政府对生物质发电等补贴政策的竞争，会进一步提高生物质燃料的成本，制约水泥生产使用生物质燃料的替代比例。据 CSI 预测[79]，生物质燃料的成本到 2030 年会超过传统燃料成本的 30%，到 2050 年会超过 70%。故替代燃料及其替代率是一个复杂的体系博弈结果，是技术、社会、经济、法律、可获得性和成本的共同作用，甚至社会法律的作用大于技术的进步，但全球整体发展趋势说明生物质替代燃料会在全球水泥行业进一步增长，据 CSI 的预测替代率在 2030 年全球平均可能提高到 35%，其中发展中地区替代率为 15%～20%，发达地区替代率为 50%～60%；2050 年全球平均可能提高到 45%，其中发展中地区 30%，发达地区水泥的替代率 60%；但受技术、政策和资源的制约，中国国内目前使用替代燃料的生产线较少，为不足 1% 的水泥生产供热。根据麦肯锡预测，到 2050 年在燃料组成占比会达到 5%～10%。

3）降低电耗

水泥生产工艺中还需要大量消耗电力，目前根据 CSI 报告的全球平均电耗 104kW·h/t（不含碳捕捉工艺），在先进的干法处理工艺中，总电耗分别为：原料存取 2%，原料制备 25%，熟料生产 25%，燃料研磨 3%，水泥研磨 43%，包装和装载 2%，数字已包含约 5% 工艺优化产生的行业平均 5% 的能效优化。根据 CSI-GNR 数据，过去十几年，全球水泥电力消耗平均降低 9%，约减少 10kW·h/t 电力消耗，这和设备大型化的趋势有关。以上电耗数据是全球样本的平均值，使用不同工艺，如高压研磨辊和立式辊磨机用于原料和水泥的研磨比使用球磨机消耗电能更高。水泥性能越高，需要磨得越细，能耗也会显著增高。大型研磨设备可能节约能源，但是当超过 1000t/h 研磨速率时，可能造成某些颗粒物无法磨细或者无法均匀，产能的灵活性也降低，这些说明未来高质量发展的要求下电力消耗会有上升趋势，而且热效率提高的技术也可能提高电力需求，如最先进的箅冷技术可以减少熟料生产过程中的热能消耗，却需要增加电耗，加上环保要求更低的粉尘污染物的排放，电耗也会增加，如减少 NO_x 和 SO_2 的技术可能带来额外 5kW·h/t 的电力需求。另外，根据可再生能源特点设计可以灵活开停的粉磨设施可能提高电力消耗，但能大大减少碳排放，产能利用效率可能更高，所以水泥行业电力碳中和是和国家电力系统碳中和密切相关，因此，目前电力需求反应水泥产品及其质量组合、环保因素、能源效率因素、工厂技术环境、工艺水平等因素下综合评定未来的水泥生产过程中电力消耗组合。据 CSI 报告预测，通过持续技术改革，全球水泥生产平均电耗会略微下降，从目前 104kW·h/t 到 2030 年达到约 100kW·h/t，到 2050 年平均下降到 90~95kW·h/t。碳捕捉技术（CCS）在全球的水泥生产中已经开始试点，根据不同的技术电力消耗会增加 50%~120% 的电力，根据 CSI 报告预测。如果 2030 年全球 20 条生产线工业化应用 CCS 技术，涉及 4000 万 t 熟料产能，全球平均水泥电力生产需求会增加 1kW·h/t，达到 101kW·h/t，而 2050 年全球绿色电力普及；如果碳捕捉技术应用达到全球 20%，则平均电力消耗会增加到 105~110kW·h/t 的水平。[82]

国际上一些先进水泥企业如海德堡水泥、中国建材集团也在研究绿氢作为替代燃料，但由于绿氢目前制作成本较高，需要大量的电力，技术均处在研究阶段。

3. 水泥碳减排途径之三：原料替代技术手段

1）寻找低温烧结原材料替代物

寻找低温烧结原材料替代物也是低碳技术选择之一，世界范围内石灰石和石英储量丰富，某些低钙石灰硅酸盐，如硅灰石（碳硅比 C/S=1），可以在低于 250℃ 的燃烧温度下烧结，而且与传统水泥硅酸盐熟料相比，熟料具有更强的抗水化性能，对水分不敏感，便于运输和储存。这种材料生产的混凝土具有长时间的工作性能、耐久性和可完全循环再利用的特性，在富含 CO_2 的环境中，硅酸盐和 CO_2 反应使混凝土碳化，所以安全性需要进行评估，目前仅适合非结构区域使用，如靠近 CO_2 排放工厂的非结构部分的预制件、铁路轨枕和路牙石等，混凝土最高强度可达 80MPa。

寻找新的低烧结温度原材料的领域已经进行了许多有益的探索，如二钙硅酸盐、钙硫铝酸盐、预水化钙硅酸盐等，但目前大都在试点阶段，仅仅能够少量取代传统的硅酸盐水泥熟料。

2) 添加助溶剂

研究表明，原料中的某些成分能够促进熟料烧结，这些成分即使非常少量，也能在同样温度，降低熟料液相的黏度，或者降低熟料烧结的温度，这些物质提取出来就可以作为矿化助熔剂来提升水泥化合物形成和降低熟料烧结温度，氟化物就是其中的物质，能够有效地促进硅酸三钙（Ca_3SiO_5）的形成并降低其稳定的烧结温度。通过欧洲水泥研究院的研究，理论上烧结温度可以降低 200K，节约燃料 5%，而在实测实验中，当加入 1% 质量的氟化物，可以降低烧结温度 150K，同时如使用氟化钙（CaF_2），还能进一步降低碳酸钙的分解温度，总节约最高达 180MJ/t 燃料（约 6kg 标准煤），但助溶剂大量添加会影响水泥质量及增加水泥窑的运行成本，使用氟化钙（CaF_2）也要再分析性价比和可获得性，除氟化钙（CaF_2）本身成本外，还需增加 1kW·h/t 的耗电量，目前在我国会增加间接碳排放约 0.5kg。氟化钙大量存在于特种玻璃如触摸屏、液晶屏生产企业，光伏企业单晶硅、电池片、组件及有机氟化物化工企业等的生产过程中产生的处置污泥，通过协同水泥生产是消化此类工业污泥的一条合理路径。

《国家应对气候变化规划（2014—2020 年）》中指出："水泥行业要鼓励采用电石渣、造纸污泥、脱硫石膏、粉煤灰、冶金渣尾矿等工业废渣和火山灰等非碳酸盐原料替代传统石灰石原料。"通过原料替代可以减少与石灰石相关的碳排放，但当前替代实施量较为有限。

3) 熟料替代

另外一个有着广泛应用的领域是熟料替代领域，在 IEA（国际能源署）和 CSI《水泥工业低碳转型技术路线图》[80] 中预计：到 2030 年，该技术能够实现减排目标的 37%。据 GNR 数据显示，全球熟料与水泥的平均比例为 75%，2020 年全球水泥产量 41 亿 t，相当于熟料替代已经超过 10 亿 t，掺和的材料根据区域可获得性，主要有矿渣、粉煤灰、天然火山灰或石灰石粉等，熟料替代能够大大降低水泥行业的碳排放，全球最佳的前 10% 公司，所覆盖的水泥熟料比为 65%，后 90% 的公司平均为 88%。国内由于大量使用粉煤灰和高炉炉渣，平均熟料水泥比已经可以做到 58%，居世界先进水平，欧洲的平均值为 73%，欧洲前 10% 的熟料与水泥比为 66%，在表 5-5 中，根据欧洲最新水泥标准 EN197-1，其中矿渣水泥 CEMⅢ/C 最多可以替代 95% 的熟料。

表 5-5 欧洲水泥标准

水泥种类	名称	符号	组成/重量%		
			主成分		少量成分
			熟料	混合材	
CEMⅠ	硅酸盐水泥	CEMⅠ	95~100		0~5
CEⅡ	普硅水泥	MⅡ/A—	80~94	6~20	0~5
		CEMⅡ/B—	65~79	21~35	0~5
CEMⅢ	矿渣水泥	EM/	35~64	36~65	0~5
		CEMⅢ/B	20~34	66~80	0~5
		CEMⅢ/C	5~19	81~95	0~5

续表

水泥种类	名称	符号	组成/重量%		少量成分
			主成分		
			熟料	混合材	
CMⅣ	火山灰水泥	CEMⅣV/A	65~89	11~35	0~5
		CEMⅣ/B	45~64	36~55	0~5
CM	复合水泥	CEMV/A	40~64	各18~30	0~5
		CEMV/B	20~38	各31~50	0~5

注：普硅水泥中可以掺高炉矿渣（S）、硅粉（SF）、天然火山灰（P）或燃烧灰（Q）、硅质与石灰质粉煤灰（FA）、烧页岩灰（T）、石灰石粉（根据杂质含量分为两种）及复合等9种。
资料来源：根据欧洲水泥标准EN197-1整理。

国内外的一系列研究都证明，大比例添加粉煤灰不会降低混凝土的性能，粉煤灰类似火山灰的特性，而火山灰在2000多年前已经由罗马人采用成为建材，有上千年的使用历史，在混凝土中的应用可以帮助减少加水量，提高混凝土的流动性等，如北京城建构件厂曾经进行"高掺量粉煤灰混凝土应用研究"，在自密实混凝土中掺用30%~45%粉煤灰，作为增黏剂，保证这种混凝土发生离析与泌水现象，而且在数小时内几乎没有坍落度损失，满足长途运输后仍然能够自密实的效果，成果获得北京市科技进步三等奖。国外的研究 V. M. Malhotraand 和 P. K. Mehta 合著的《高性能大体积粉煤灰掺和混凝土》"HIGH-PERFORMANCE, HIGH-VOLUME FLY ASHCONCRETE"[83]（表5-6）：胶凝材料中至少有50%粉煤灰可以实现低用水量，通常低于130kg/m³，降低水泥用量，通常不多于200kg/m³，混凝土28d抗压强度≥30MPa，坍落度>150mm的混凝土，水胶比在0.35左右或更低，一般需要掺高效减水剂，如果暴露于冻融环境里的混凝土必须掺引气剂使气孔间隔系数足够小，对28d抗压强度<30MPa，坍落度<150mm的混凝土，水胶比可以在0.40左右，不用掺高效减水剂。

表5-6 减少自密实混凝土配合比

项目	28d强度 20MPa	28d强度 30MPa	28d强度 40MPa
用水量	120~130	115~125	115~120
ASTMⅠⅡ型水泥	125~130	155~160	180~200
ASTMF型粉煤灰	125~130	215~220	220~225
粗骨料（D_{max}<19mm）	1170±10	1200±10	1110±10
细骨料	800±10	750±10	750±10

资料来源：V. M. Malhotra, P. K. Mehta., HighPerformanceHVFC. Jan, 2005。

需要注意的是，粉煤灰目前全球年产量约8×10^8t/a，主要来源是煤燃烧发电后的废弃物，而随着全球碳排放的控制，IPCC第六期的1.5℃特别报告中建议全球尽快放弃煤电，应该宣布在2025年前关闭所有煤电，因此全球煤电会逐渐减少，自然界的火山灰存量很少，2003年的年产量只有3.5×10^7t，且分布非常不均匀，无法提供足够的供应。

根据北京科技大学教授倪文在"十三五"国家"863"项目"尾矿制备绿色环保新

型建筑材料关键技术与示范"研究中初步证明,通过掺入水淬高炉矿渣、钢渣、脱硫石膏、粉煤灰和尾矿微粉等多种固废的协同,替代作用会进一步提高,最高替代比例可达到99%。表5-7是一个实际应用的C30协同替代配料配合比,其中0526-1号配合比钢渣微粉60%,矿渣微粉26%,脱硫石膏14%,35d混凝土强度实现45.5MPa。

表5-7 C30多种替代物协同混凝土配合比(kg/m³)

原料	矿粉	石膏	钢渣粉	细骨料	粗骨料	水	外加剂	胶材总量	3d	7d	35d
0526-1	117	63	270	787	963	144	8.1	450	24.1	33.3	45.5
0526-2	90	90	270						23.6	32.9	39.8

资料来源:北京科技大学教授倪文。

根据倪文的研究,C-S-H凝胶是对混凝土强度贡献最大的物相之一,是由硅(铝)氧四面体连接而成的链状构造硅酸盐。水淬粒化高炉矿渣含($SiO_2+Al_2O_3$)/($CaO+MgO$)的摩尔比在0.9以上,而纯水泥熟料中的($SiO_2+Al_2O_3$)/($CaO+MgO$)的摩尔比在0.3左右。因此水淬粒化高炉矿渣在形成C-S-H凝胶的过程中对硅氧四面体和铝氧四面体贡献潜力比水泥熟料大2~3倍。同时在充分除铁的条件下(金属铁含量低于0.5%),采用任何转炉比表面积大于420m²/kg的钢渣(立磨磨细),协同加入较高石膏含量(大于10%),不含水泥熟料(或水泥熟料含量不超过20%)的胶凝材料体系中,钢渣都不会出现安定性不良的问题。

综上,水泥中可以大量掺入替代熟料的材料,如GBFS高炉矿渣和粉煤灰,天然火山灰等,这样可以大大减少碳排放的同时,在胶凝材料水化过程中可以延缓氢氧化钙生成的水化过程,混凝土早期强度可能比较低,但是水化热大大降低,同时可以提高混凝土抵抗硫酸盐等的耐化学性,混凝土耐久性会提高,适合大面积推广,对水泥碳减排、碳中和作用重大。

另外,混凝土回收渣破碎物、磨细石灰岩、电石污泥、黏土、硅灰、加气混凝土粉或制糖业石灰渣,都可以作为水熟料替代物研究使用。

推广过程中,非常需要重视替代材料的可获得性、国家或地区标准建立、性能价格比、未来资源的可持续性和未来价格走势等因素。

4. 水泥碳减排途径之四:低碳技术及碳捕捉

1)提高产能、增氧、改造等技术

在熟料燃烧过程中通常可以使用富氧空气燃烧,来提高能效、产量或者使用低热值化石燃料或替代燃料,富氧状态下减少空气中氮元素加热的部分,燃烧火焰变短、变亮,相当于火焰在更加绝热状态升温,因此可以节约燃料,根据经验这种工艺能产生5%的燃料节约,减少100~175MJ/t(3.4~6kg标准煤/t)热力输入,同时减排CO_2 9~15kg/t。但氧气制备需要增加能耗10~35kW·h/t,根据目前电力碳强度,可能造成潜在5~18kg/t间接碳排放,富氧技术还能生成更纯的CO_2,同碳捕捉和封存结合,可以产生更好的效果。但富氧技术会增加窑耐火材料的损坏,以及理论上增加烧结区NO_x生成,由于减少二级风的流量,造成二级风温度升高,会影响熟料冷却器的工作效果,所以目前水泥厂大部分使用这种技术提高短期产能,而用作长期减排技术尚在研究之中。

用更先进的多通道燃烧器代替单通道燃烧器，能够使用更多替代燃料，同时燃料用量也会降低，NO_x的排放能够降低，单通道燃烧器需要20%～25%的一级风，而多通道燃烧器仅需8%～12%。根据二级风的温度，一级风量降低5%～10%，在传统窑中吨熟料可节约能源50～80MJ/t（2～3kg标准煤/t），在预煅烧窑中可节约25～40MJ/t（1～1.5kg标准煤/t）的能源。

使用三代往复式箅冷机改造传统水泥生产中的多筒卫星式冷却机或旋转式冷却机也能大量节约能耗，热的熟料在这里加热助燃空气，多筒卫星式冷却机和旋转式冷却机只能使用助燃空气等冷却空气，熟料只能冷却到环境温度200℃以上，而箅冷机使用大量的冷空气，可以将熟料冷却到环境温度80℃以上，多余的热空气用到干燥工艺或者发电。三代箅冷机最高产量能达到12000t/d，热回收效率能够达到75%～80%，吨熟料热损失低于0.42MJ/t，二代箅冷机热效率为50%～65%，整体工艺可以减少能源使用100～300MJ/t（3～10kg标准煤/t），约减排22～26kg碳排放，但整体工艺需1～6kW·h/t额外电力，目前可能带来潜在的0.5～3kg/t的增排。

还有许多技术可以提高能效，降低碳排放，如余热回收技术，预加工替代燃料（磨细、预干燥、气化等）、提高工厂自动化控制水平、采用变频电机技术、使用更高效电机等。

2）碳捕捉技术

碳捕集利用与封存（CCUS），是针对生产过程中排放的CO_2进行捕获提纯，投入到新的生产过程中进行循环再利用或长期封存的一种技术。其中，碳捕集是指将大型发电厂、钢铁厂、水泥厂等排放源产生的CO_2收集起来，并用各种方法储存，以避免其排放到大气中。

CCUS技术在发电和一些大型排放的工业行业已有较长实践经验，到目前为止，全球水泥行业中工业规模级别的试点还比较少，仅回转窑上有个别案例。根据欧洲水泥研究院ECRA的研究，目前欧洲6000t/d，$2×10^6$ t/a水泥厂碳捕集示范项目的成本为50～70欧元/t CO_2，不含运输和存储成本，预计随着规模化运行，未来成本可能降低到40欧元/t CO_2以内。

熟料燃烧后的碳捕捉技术仍处于研究或小规模试点阶段，最可靠的技术是化学吸附捕捉。在其他行业，如电力行业已经开始规模应用，能够实现高减排。还有几种长期来看更高效、更有应用潜力的碳捕捉技术已得到小规模实验应用，如高效分离CO_2的膜技术、物理捕捉技术、聚合物碳吸附技术、钙循环技术、富氧/全氧燃料碳捕捉技术等。未来，随着全球CO_2排放成本更加昂贵，技术会越来越具备经济推广可行性，随之，成本大大降低，会逐渐成为碳捕捉循环的主流技术。

单乙醇胺MEA化学吸收碳捕捉技术，是目前研究和实践最充分的一种燃烧后碳捕捉技术，工艺流程如图5-48、图5-49所示，燃烧后的烟气在直接接触式冷却器（DCC）中冷却，通过NaOH洗涤去除SO_x，除水后冷却烟气进入吸收塔，CO_2在塔内通过30%的MEA溶液从烟气中吸收，挥发的MEA物质在吸收塔顶部的水洗段回收，而富含CO_2的MEA溶剂在解吸塔中通过再生工艺获得高纯度的CO_2，MEA溶剂的再生，需要350～450kPa的饱和蒸汽，此过程的能量可以从原料气体和水泥窑的冷却器通风口部分提供，剩余须由单独的动力提供。此工艺可以得到90%～99%的CO_2，CO_2经压缩后再运输处置。

图 5-48　MEA 化学吸收法 CO_2 捕获工业模型示意图
（资料来源：CSI_ECRA_Technology_Papers_2017）

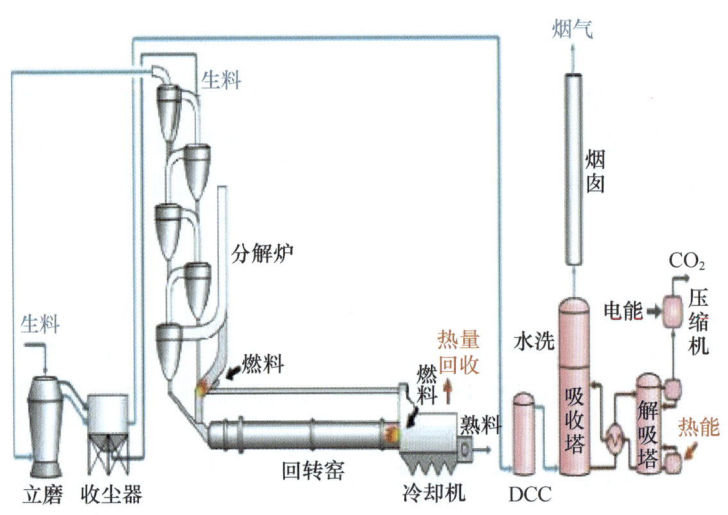

图 5-49　MEA 化学吸收法 CO_2 捕获工艺流程平面示意
（资料来源：碳排放交易网 http://www.tanpaifang.com 2019-09-10《水泥工业几种 CO_2 捕获工艺介绍》）

此方法中为防止溶剂的降解，在烟气进入吸收塔前必须有第二级处理系统 SNCR，降低烟气中 NO_x 和 SO_x 和其他杂质的含量，增加占地需求，同时被降解的废弃 MEA 溶液需要处置，增加环保、健康和安全 EHS 方面的支出。溶剂再生锅炉需巨大的能量输入，根据不同的研究，熟料生产的余热只能满足溶剂再生所需热量的 4%～15%。另外吸收过程中的风机、泵及 CO_2 的压缩工艺等都需要额外能耗，所以这样的工艺一般都需要配置煤燃烧的热电联产（CHP）电厂或天然气燃烧的气电联产电厂（Natrual Gas Combined Cycle，NGCC），而这些电厂产生的额外碳排放也可由统一的碳捕捉装置捕捉。

根据表 5-8，国际能源局 IEA 委托欧洲水泥研究院 ECRA[16] 的研究报告显示，实施化学捕捉规模化应用的项目结果差异巨大，其中挪威 Norcem 公司是海德堡水泥集团的子公司。2008 年，英国咨询公司 Mott Mocdonald Ltd. 在国际能源组织 IEA 温室气体 GHG 研究项目支持下，实验研究 MEA 化学吸附和全氧吸附的技术，其生产成本上升了 97%，达到 118 欧元/t 捕捉成本（不含电力增加的间接碳排放捕捉成本）；2013 年，在其 Brevik 地区的 3300t/d 回转窑能力设施中使用 MEA 化学吸附方法，每年收集 1 万 t 碳排放，项目由挪威国有公司 GASSNOVA 公司资助 75%；2018 年 10 月，海螺水泥与大连理工大学化工系合作，在中国安徽芜湖白马山水泥厂 5000t/d 生产线上改装 5×10^4 t/a CO_2 捕获设施，采用 MEA 溶剂从烟气中吸收 CO_2，成本为 51 欧元/t 捕捉成本（图 5-50）。

表 5-8 水泥后燃烧碳捕捉成本概算

项目	Norcem 研究	M. MacDonald 研究	芜湖研究
窑产能	3300t/d	2760t/d	6000t/d
碳捕捉技术	Chem. Abs. /MEA	Chem. Abs. /MEA	Chem. Abs. /MEA
附加电厂（在 PCC 厂中的碳捕捉）	NGCC	CHP	CHP
烟预处理	SNCR，$DeSO_x$	SCR，$DeSO_x$	SCR，$DeSO_x$
蒸汽生产可用余热	15%		
经济工厂的寿命		25 年	25 年
利率	7%	10%	14%
产能利用率	84%	90%	91%
捕捉装置投资成本	110M €**	294M €	168M €*
运营成本	20M €/a** &***	31M €/y	49M €/y*
费用（碳捕捉）	45 €/tCO_2**	59 €/tCO_2	
总费用（碳减排）		107 €/tCO_2	51 €/tCO_2*

* 美国 2013 计算原始成本；

** NOK2006 计算原始成本；

*** 运营成本不包括 CO_2 运输成本。

图 5-50 芜湖白马山水泥厂 50000t/a 碳捕捉示范项目

（资料来源：央视网 2019-12-10 报道：我国建成首个水泥窑烟气 CO_2 捕集纯化项目）

化学吸收整体工艺成熟，大部分技术在其他领域如电力系统都有广泛应用，工艺过程也不需要改动整体熟料烧结工艺，所以可最快速推广，但整个工艺设备投入巨大。根据欧洲水泥研究院的研究，可以增加整条水泥工厂生产线成本的68%~108%，而且化学吸收碳捕捉需要消耗大量的额外能源，据测算可达2700~3500kJ/t CO_2，加入熔剂再生的能源需求，每吨捕捉的能源需求几乎翻倍，设备投资成本和额外的能源等成本的大幅增加，使得未来推广前景并不十分确定。

NORCEM公司在大规模实践化学吸附的过程中，还建立了测试中心，与大量的技术公司合作对其他未来有前景的碳捕捉技术进行研究和测试，其中包括Aker Solutions公司实验的冷却氨水吸收法（CAP）；美国三角研究院RTI的固体聚合物吸收法，得出比冷却氨水吸收法更低能耗的结论；由荷兰KEMA公司、以色列Yodfat、挪威科学与技术大学（NTNU）组成的国际技术联合体小规模测试了膜技术吸收法；ALSTOM公司测试了钙再生循环法（RCC）。

纯氧/富氧燃料碳捕捉技术在欧洲被认为是一种比较有希望大规模推广的技术，纯氧燃料碳捕捉工艺流程见图5-51，主要由纯氧气与回收CO_2混合产生的一种富含CO_2的烟气，使浓缩后的CO_2在净化装置（CPU）中更容易净化，理论上几乎可以捕捉所有水泥生产产生的CO_2。研究数据显示，纯氧技术能够增加产量并稍微降低燃料消耗，但相对MEA化学吸收技术，纯氧燃料技术受气体成分变化影响，传热、燃烧、物料、气体的流量及熟料的形成过程都会产生变化，必须对水泥窑及烧结工艺进行大幅改造，熟料冷却机、回转窑、分解炉和预热器中的气体氛围发生的变化，对烧制过程、产品质量和成本都产生影响。纯氧燃料窑所需的主要附加装置包括：两级熟料冷却器（第一级以纯氧气燃料模式运行，第二级以空气模式运行）—废气再循环系统—气体—气体热交换器（可选，蒸汽热交换器）—冷凝机组—空气分离装置（ASU）—CO_2净化装置

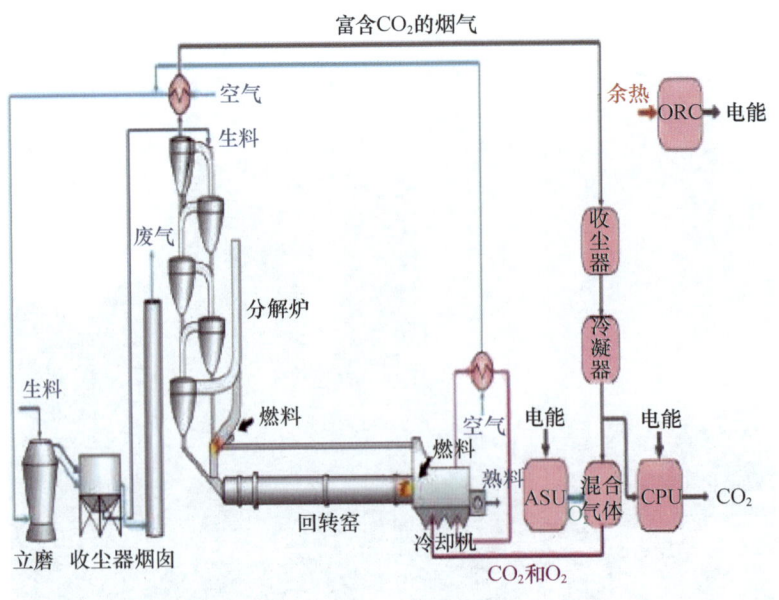

图5-51 纯氧燃料碳捕捉工艺

（资料来源：碳排放交易网 http://www.tanpaifang.com 2019-09-10《水泥工业几种CO_2捕获工艺介绍》）

（CPU）—氧燃烧回转窑燃烧器等。纯氧燃料碳捕捉技术实践中可以捕捉90%以上碳排放，与没有纯氧燃料碳捕捉的工厂相比，纯氧燃烧过程需要大量的额外能源，主要来自空气分离装置（ASU）和CO_2净化装置（CPU）的电力需求，这是生产成本上升的主要部分，部分电力需求可以通过余热发电系统满足。

相比之下，富氧燃料碳捕捉技术对水泥主要部件窑、冷却器、生料磨及生产工艺改动不大，也不需要大幅度提高密封件性能，投资稍微减少，熟料产品的质量也不受影响，但富氧捕捉技术碳捕捉效率大大降低，为60%~70%。

据欧洲水泥研究院测算（表5-9 富氧燃料场景：生产成本及碳减排成本），如果在6000t/d水泥设备加装整套纯氧燃料捕捉系统，不含CO_2运输、存储和土地购买等，需要投资2.75亿~2.9亿欧元。虽然一次性投资非常高，但碳捕捉效率比较高，实践中约每1t水泥0.55t CO_2，捕捉成本较低，不含运输及存储每1t CO_2的捕捉成本为43欧元。而富氧碳捕捉技术，如果按照65%捕捉效率计算，约为每1t水泥0.37t CO_2，不含运输及存储每1t CO_2的捕捉成本会提升至55.2欧元。[84]

表5-9 富氧燃料场景：生产成本及碳减排成本

项目	全氧燃料		部分含氧燃料	
	改造*	新设备	改造*	新设备
投资成本	103.7M €	290.7M €	85.1M €	275.1M €
资金成本	9.0 €/tcem*	25.2 €/tcem	7.4 €/tcem*	23.8 €/tcem
固定成本	18.2 €/tcem		18.0 €/tcem	
可变成本	29.3 €/tcem	29 €/tcem	28.4 €/tcem	27.3 €/tcem
生产成本***	56.5 €/tcem*	72.4 €/tcem	53.8 €/tcem*	69.1 €/tcem
生产成本增量	42%		36%	
碳减排成本（直接排放）**	41.2 €/tCO₂	39.1 €/tCO₂	53.8 €/tCO₂	49.2 €/tCO₂
碳减排成本（含间接排放）****	45.2 €/tCO₂	43 €/tCO₂	60.3 €/tCO₂	55.2 €/tCO₂

* 假设现有水泥厂折旧费用已付清；
** 不包括CO_2运输、储存及间接排放；
*** 不包括运费、原材料存储、土地及许可费用等；
**** 包括电网发电排放，但不包括运输、仓储排放。
资料来源：中国建筑材料联合会，《建筑材料工业二氧化碳排放核算方法》。

图5-52碳捕捉减排（直接排放）成本对比说明，纯氧技术在长期成本方面具有巨大优势，但纯氧燃料技术仍处于基础研究阶段，因为该技术的集成需要对水泥生产工艺进行实质性的调整。近年来，围绕含氧燃料在熟料水泥燃烧过程中的应用展开了不同的研究。结合这些研究结果，为未来详细研究奠定了一定基础，但目前全球还没有任何一个工厂启动在熟料水泥燃烧过程中规模化使用纯氧燃料技术。作为前期研究阶段，ECRA欧洲水泥研究院正在准备建立氧燃料的概念研究试验水泥窑，根据专家预计2030年前不会实现商业应用。

富氧燃料碳捕捉技术和燃烧后捕捉技术如钙循环相结合，理论上可以实现协同效应，但由于技术的复杂性，实践中尚未得到积极研究。这些组合的效益也主要取决于能源需求的增加与捕获效率间的平衡。

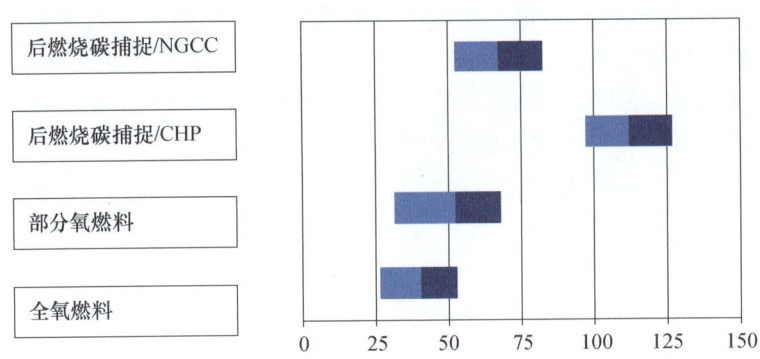

图 5-52　碳捕捉减排（直接排放）成本对比
（资料来源：欧洲水泥研究院）

3）碳封存和利用

碳封存技术需要相匹配的地质条件，如靠近衰退期油田、盐水层等；碳封存基础设施一般规模巨大，水泥厂单个企业难以承担，可考虑和其他企业组团参与；图 5-53 是中信集团拟建设的长兴岛 $3×10^6$ t 碳捕集、利用与封存示范项目，该项目集合周围恒力石化、天瑞水泥、中石油大连石化搬迁 $2.4×10^6$ t 乙烯的炼化项目、聚酯园区等项目，捕捉后的 CO_2 通过管道汇集后，注入地下 1800m 盐水层，在地层中固化，达到永久封存的目的。

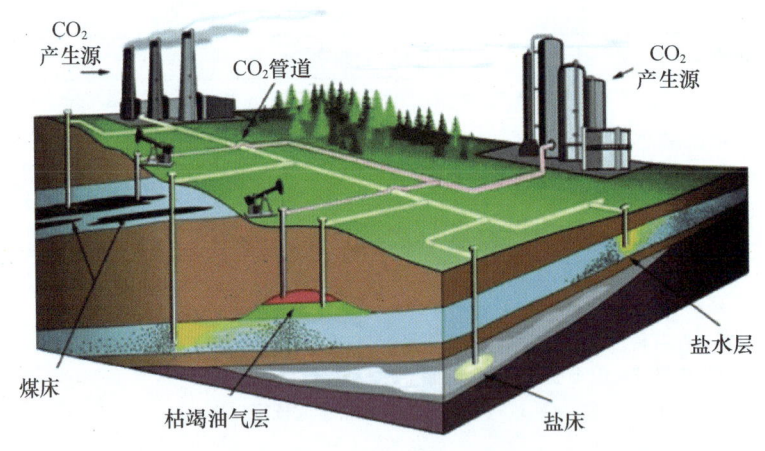

图 5-53　$3×10^6$ t "碳捕集和封存示范项目"落户长兴岛
（资料来源：互联网澎湃号新闻）

CO_2 有多方面利用技术，传统方法可以用于工业，如 CO_2 气体保护焊；食品工业如添加碳酸饮料、食品和蔬菜保鲜、干冰原料等，海螺集团就于 2019 年在其碳捕捉示范项目白马山水泥厂建设年产 3000t 干冰项目，将捕集的 CO_2 转换为高附加值的干冰，开辟一条价值副产品的新生产途径，但是目前通过传统的 CO_2 利用的项目都属于小型项目，规模应用有限，效益欠佳。

对水泥工业有意义的技术探索也有很多，如 CO_2 加 H_2 通过催化反应，合成甲醇，进而生产燃料、化学品、聚合物等产品（图 5-54）。

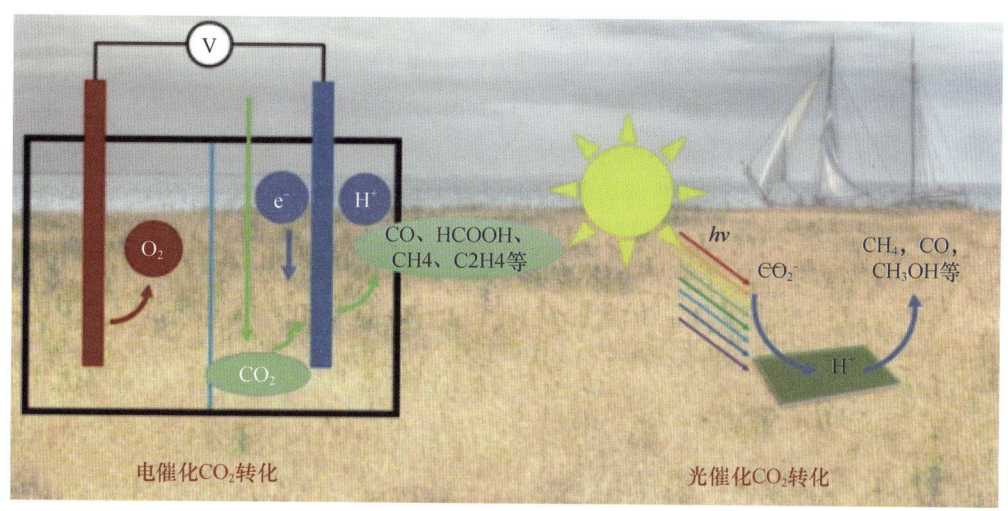

图 5-54　CO_2 化学转化示意图（一）

（资料来源：刘志敏，《二氧化碳化学转化》）

该技术已经有规模量产的案例，爱尔兰的 George A. Olah 可再生甲醇工厂，于 2012 年建成，当年生产 1000t Vulcanol 品牌的甲醇，2014 年达产，年生产 4000t 甲醇，回收 5600t CO_2，能源由一座火山提供（图 5-55）。

图 5-55　冰岛火山碳捕集甲醇厂

（资料来源：腾讯网 2020 年 2 月 28 日）

对于水泥行业，技术研究更多关注的是氢化反应中氢的来源，因为可以利用可再生能源电解水生产氢和氧，而氧可以用于未来的氧燃料水泥窑，该技术的最大缺点是电力需求巨大，所有工艺步骤都必须使用可再生能源提供电力，否则会导致 CO_2 排放量的净增加。

CO_2 的另外一个生产化学物质案例是"Skymine"过程，由 Skyonic 设计发明的一种工业化生产过程，该技术将含 CO_2 的废气在吸收塔内用 NaOH 溶液处理吸收，并产

生 $NaHCO_3$，反应所需要的能量来自工厂的废热，美国圣安东尼奥的国会水泥公司已经在其水泥工厂建成一个规模化示范项目，生产 $NaHCO_3$ 和其他衍生产品如 HCl 和漂白剂 NaClO，据称这样生产出来的 $NaHCO_3$ 比食用小苏打还要清洁，产品可以获得额外销售收入，该工厂现场通过氯碱电解制作 NaHCO3 溶液，是一种额外成本，满负荷运转时工厂可以盈利，每年可以捕捉 75000t CO_2，此技术工艺增加电耗 50～90kW·h/t。

也可以利用 CO_2 生产微藻，这个技术的优点是含 CO_2 的烟道气体无须进一步净化即可使用，微藻光合作用速率高、繁殖快，相当于森林固碳能力的 10～50 倍，可在淡水、海洋、盐碱湖和工农业废水等多种水环境中生长，1kg 的微藻能够固定 1.3～2.4kgCO_2，微藻也可以帮助吸收固定一些微量营养元素的循环，如磷元素。根据研究，水泥生产尾气中氮氧化物对藻类生长没有不利影响，微藻生成后可以用来养鱼或作为第三代生物燃料发电，但微藻也会吸收有害重金属，如果作为食品加工时，需要控制烟气中的重金属含量。该技术最大缺点是微藻生产的占地需求巨大。台湾水泥公司与台湾工研院合作在其和平工厂建成 CCUS 钙循环碳捕捉封存及利用示范项目，使用袋式管状反应器来生产微藻，减小占地，并进一步加工高经济价值的虾红素（图 5-56）。

图 5-56　台湾水泥公司和平工厂袋式管状反应器
(资料来源：水泥网)

水泥行业也一直在研究和推动混凝土使用 CO_2 来养护，即碳养护，该技术通过 CO_2 和水反应形成 CO_3^{2-} 与混凝土中钙、镁组分反应，形成 $CaCO_3$，该反应在 40 亿年前的地球已经开始进行，该反应能够实现温室气体的封存及混凝土强度和耐久性的提升，从而降低水泥使用量。该技术仍处在试点阶段，有待进一步规模化推广（图 5-57）。

CCUS 是化石能源低碳利用的协同手段，是全球未来应对气候变化的重要技术选择之一。水泥行业的 CCUS 技术仍处于理论探究或小规模示范阶段，大规模的实践和数据大多还是空白，且面临着高能耗、高成本问题。据《中国碳捕集、利用与封存（CCUS）技术路线图研究报告》，在整体煤气化联合循环发电系统中，加装 CCUS 后每

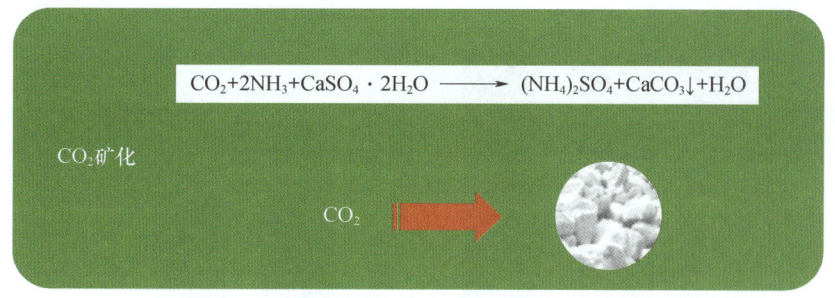

图 5-57 CO_2 化学转化示意图（二）

（资料来源：刘志敏，《二氧化碳化学转化》）

1kW·h 发电能耗增加 14%～25%；项目初期的投资和运营都增加大量成本。海螺水泥 2018 年下半年推出我国首个水泥 CCS 试点项目，投资逾 5000 万元人民币，每年捕获约 50000t CO_2，而海螺水泥每年碳排放 2.62×10^8 t，如果全部采用 CCS 技术，需要逾百亿元初始投资成本。表 5-10 是中国国内水泥企业近期的碳减排示范项目。

表 5-10 水泥企业技改措施和成果

水泥企业	技改措施	节能减碳成果
海螺水泥	利用余热发电技术降低电能消耗，使用矿粉及粉煤灰、炉渣和煤矸石等工业废渣进行熟料替代，并利用水泥助磨剂来降低熟料消耗	实现 CO_2 降排 1.4497×10^7 t/a，降低熟料消耗 8.0863×10^6 t/a
中材国际	研发水泥低能耗绿色烧成技术及装备系统，使用生料辊压机终粉磨及生料立磨外循环系统	电耗降低 10～12kW·h/t.cl，较国外先进的传统立式辊磨技术降低近 20%～30%；水泥立磨终粉磨技术及装备现电耗降低 10%～15%
金隅集团	发展水泥窑协同处置和燃料替代等	利用余热累计发电 1.15×10^{10} kW·h，直接降低碳减排 2.5×10^5 t/a
塔牌水泥	利用替代衍生燃料（RDF 等）	每年节约 7×10^4 t 标准煤

5. 水泥碳减排的政策影响：碳交易

中国水泥行业 CO_2 排放占到全国工业排放的 20%，年碳排放量约为 1.376×10^9 t，占当前全国碳排放总量约 13.5%，是排在电力和钢铁之后的第三排放大户，预计水泥行业碳达峰时水泥熟料年产量仍约为 1.6×10^9 t，因此预计 2022 年年底前会进入全国碳交易系统，所以水泥企业需要提前做好碳资产的准备工作。

在政府大力推进"碳中和"工作的背景下，拥有良好碳排放数据基础的水泥行业可能最先纳入全国碳交易市场（交易机制见图 5-58）。水泥龙头企业的生产线和技术手段更为先进，环保设施配套更为齐全，在单位排放配额下能实现更高的产量，且凭借雄厚的资金实力和充沛的现金流，亦可购入更多排放额度，具备更好的产量弹性，最终实现更好的盈利。因此水泥行业纳入碳交易市场总体更利于进行技术性碳减排投入的龙头企业。具体以过去 3 年产量和产能为基准核定，操作细则还需要参照生态环境部、工业和信息化部的决定。

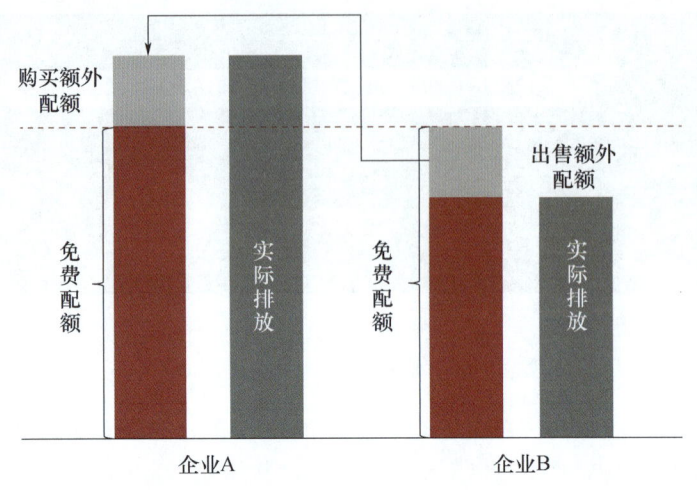

图 5-58　碳排放权交易机制

2014 年，葛洲坝水泥作为首批进入湖北碳市场交易的水泥试点企业，效果显著，公司第一年花费 3000 多万元买配额，之后摸索了一套适合水泥行业的完善碳资产交易的方法，同步规划节能减排战略，大力淘汰落后产能、建立能源管理体系、大数据监控平台、大规模利用工业废渣作为原材料及改造稀土永磁电机等，截至 2020 年，其熟料的 CO_2 排放量比 2015 年同比减少约 1.2×10^6 t；吨熟料生产煤耗下降 12％，电耗下降 7％，单位产品的综合能耗达到中国先进水平。

国际上参加碳交易受益企业如拉法基豪瑞水泥集团，2018 年集团吨水泥碳排放比 1990 年减少 25％，主要使用零碳、低碳燃料替代，包括生活垃圾、不可回收塑料，替代 50％化石燃料，减少 20％燃烧排放；水泥生产尾气热电联产 CHP；使用可替代原材料；在加拿大建设全世界水泥行业第一条溶液碳捕捉示范项目；利用植被混凝土技术建设城市生态公园和生态建筑；大量使用透水混凝土，实现良好城市水系统循环；降低混凝土的导热吸热系数，降低城市热岛效应；提高混凝土性能，降低建筑过程中的材料使用量。由于实际 CO_2 排放比预测排放量低得多，拉法基豪瑞水泥集团拥有多余的碳排放配额，2008 年，集团通过碳排放许可盈余 420 万美元，2012 年又从碳交易盈利 5600 万欧元。[85]

5.2.2　钢铁行业碳中和转型路径

1996 年我国粗钢产量破亿吨，超过日本，此后连续 26 年世界第一。2020 年，全球粗钢产量约 1.878×10^9 t，我国粗钢产量突破 1×10^9 t 大关，达到 1.065×10^9 t，占全球粗钢产量的 56.76％（图 5-59），其中出口 5.14×10^7 t（不足总量 5％），进口 3.79×10^7 t（不足总量 4％），净出口仅 1.35×10^7 t[1]。因此，我国成为名副其实的世界钢铁工业的生产消费中心。同时，2020 年全球炼钢行业排放了全球 7％～8％的碳排放，主要原因是 75％企业使用煤作为燃料，中国钢铁业也是中国碳排放量最高的工业制造行业，2019 年，中国钢铁行业能源相关 CO_2 排放量 1.574×10^9 t，占到当年全国总排放量的 17％[2]，是中国仅次于电力部门的第二大碳排放源，约占全球钢铁行业碳排放总量的

60%。根据麦肯锡测算，如果实现 21 世纪末全球平均气温上升不超过 1.5℃ 的目标，到 2050 年中国钢铁行业须减排近 100%[3]，这是极具挑战的目标，钢铁业需要从设计、生产、技术、供应、消费等多个关联领域共同推进零碳转型。

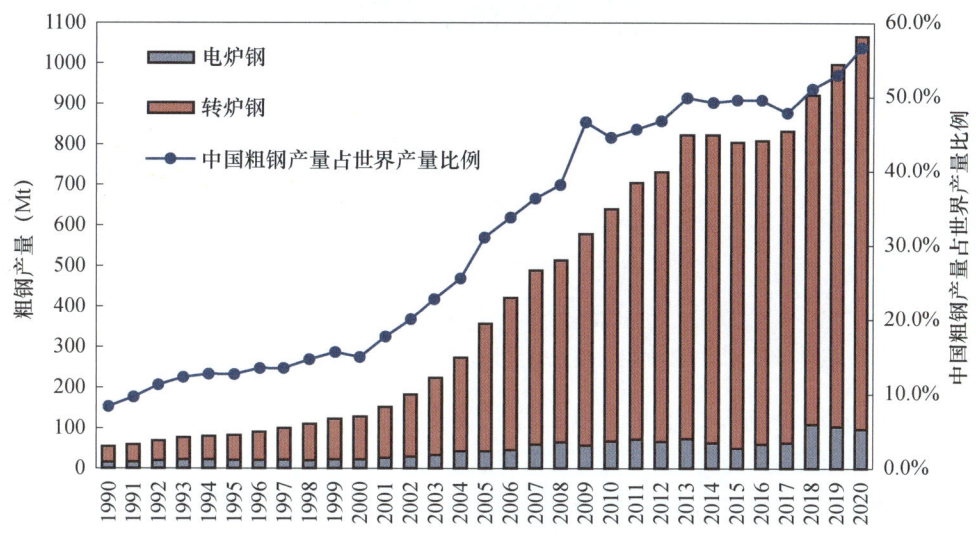

图 5-59　1990—2020 年中国粗钢产量及世界占比
（资料来源：张琦，沈佳林，许立松《中国钢铁工业碳达峰及低碳转型路径》[4]）

钢铁行业在中国是支柱性工业行业，约占 GDP 的 5%。行业涉及产业关联度高、面广，消费中 58% 用于建筑领域，35% 左右用于其他工业制造业，因此在经济建设、社会发展、就业稳定等方面发挥着重要作用。我国钢铁业产量虽然占全球总产量的半壁江山，但目前仍以碳排放强度高的长流程高炉-转炉（BF-BOF）为主（图 5-60），约占总产能的 90%，该流程主要使用煤和铁矿石等原材料，经过材料处理、炼铁、炼钢、钢材加工等步骤，将铁矿石中的铁还原提炼出来，并对元素比例进行除杂及调整，将生铁最终熔炼成钢，每 1t 消耗铁矿石约 1.65t。

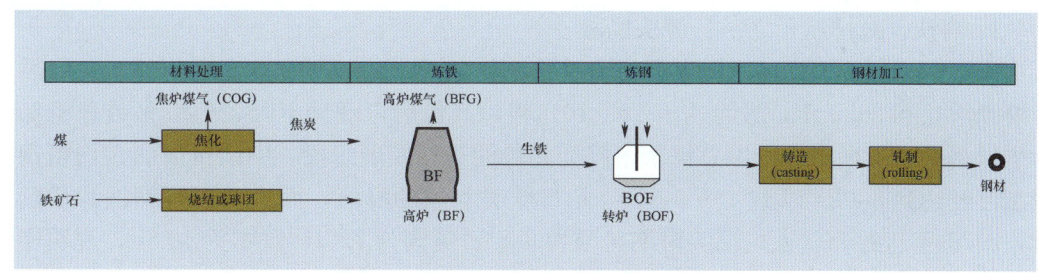

图 5-60　长流程高炉-转炉炼钢示意图
（资料来源：RMI 落基山研究所，《碳中和目标下的中国钢铁零碳之路》）

长流程的碳排放案例见图 5-61，其中材料处理环节的铁前流程主要包括焦化、烧结和高炉炼铁，其 CO_2 排放占整个流程的 87% 以上，目前我国全流程吨钢能耗 600~700kg 标准煤，排放 CO_2 2.0~2.4t。而 2019 年，欧洲的吨钢长流程共生产钢材 1.59×10^8t，吨钢排放平均值为 1.85t CO_2，比我国略低[5]。

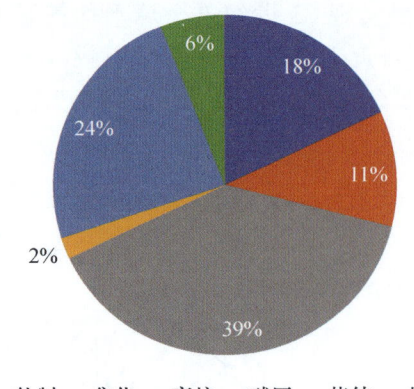

图 5-61　某大型钢铁联合企业各工序 CO_2 排放占比
（资料来源：张琦，沈佳林，许立松《中国钢铁工业碳达峰及低碳转型路径》[4]）

以废钢为原料短流程的电炉钢（EAF）每 1t 电耗 250～350kg 标准煤，排放 CO_2 0.35～0.50t，和传统工艺相比，可以减少燃煤和石灰石使用，以及每 1t 减少超过 1.5t 的碳排放，全球平均短流程钢产量占比为 27%，美国占比 70% 左右，中国仅为 10%，占比明显偏低。[6]

钢铁工业的能耗占全国总能耗的 16%，煤炭、焦炭、高碳化石能源占我国钢铁能源投入的 90%，而且高炉设施投产后平均设备寿命约 13 年，目前绝大多数产能还没有达到正常使用年限的 1/3[7]，与其他钢铁生产国相比，我国钢铁高碳资产的搁浅成本更高，在"双碳"目标和去产能的双重压力下，钢铁行业面临严峻挑战，所以中国钢铁业必须走出自己的一条低碳绿色发展之路，即考量成本、技术成熟度和资源可用性，考虑轻重缓急，尽快实现源头去产能，改变生产原料结构，提高应用废钢比例，发挥电炉短流程工艺的低碳绿色优势，逐渐推动碳捕集利用与封存（CCUS）、生物质或氢气直接还原炼钢（H_2-DRI-EAF）的冶金低碳技术生产工艺，最终实现钢铁业 2060 年的碳中和目标（图 5-62）。

1. 钢铁碳减排途径之一：源头削减

中国钢铁产业短期需求判断研究有许多不同的观点，有研究观点认为最大达峰需求会继续增长到 2030 年，最终达 $1.19×10^9$t 粗钢产量后再缓慢下降，但大多数分析都认为中国钢铁产量即将进入以总需求下降为趋势的长期发展阶段，中国目前的人均粗钢消费量已经达到 800kg 以上（图 5-63），超过欧美等国的峰值，而且从人均钢铁蓄积量来看，2020 年达到 7t，人均顶尖时期美国为 8.8t，英国为 7.6t、日本为 10.5t，说明伴随工业化和城镇化水平的不断提高，我国大部分省、区、市已进入工业化后期，有些省区市已经进入后工业化高质量发展阶段，制造业比例降低，基础设施建设速度会逐渐放缓，钢铁等基础材料的需求也将逐渐达峰并进入下降阶段。钢铁行业"双碳"目标转型第一步必须是降低粗钢产量，受国内下游行业需求量、出口、上游原材料价格和政策影响，"十三五"期间钢铁已经开始化解过剩产能 $1.5×10^8$t 以上，取缔劣质"地条钢" $1.4×10^8$t，政策和种种市场迹象表明，中国人均粗钢消费量将在短期内达峰并开始下降，届时粗钢总产量也将进入下降的阶段。

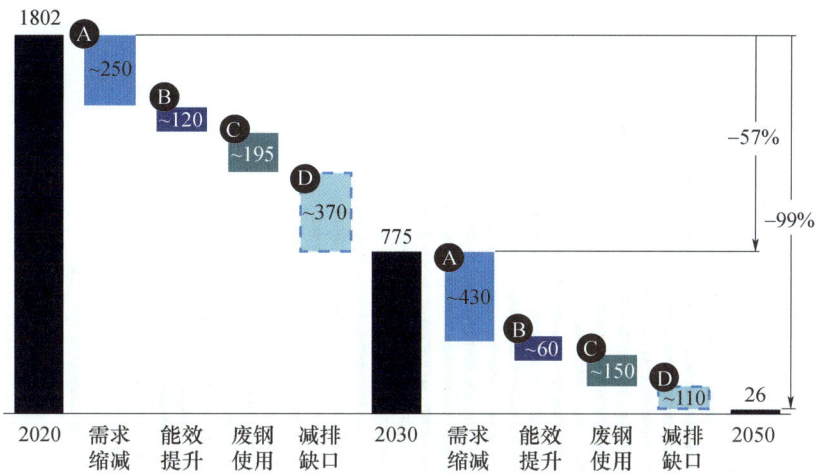

图 5-62　麦肯锡中国钢铁行业从 2020 年到 2030 年和 2050 年减排路径图

（资料来源：麦肯锡《"中国加速迈向碳中和"钢铁篇：钢铁行业碳减排路径》）

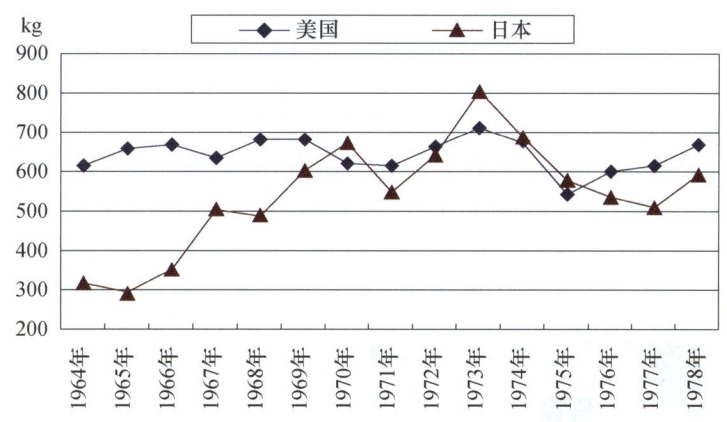

图 5-63　1964—1978 年日本和美国人均粗钢消费

（资料来源：《1949—1979 年国内外钢铁统计》）

2021 年 5 月，我国出台了新版《钢铁行业产能置换实施办法》和《关于钢铁冶炼项目备案管理的意见》，钢铁产能配置从严，进一步提高项目备案、置换门槛，迁址建设项目备案也同步加严；2021 年钢铁去产能"回头看"检查，推进粗钢产量压减；同年 5 月还出台了《关于取消部分钢铁产品出口退税的公告》涉及 146 个商品代码，控制钢材产品出口过剩产能。2021 年 8 月《关于进一步调整钢铁产品出口关税的公告》中 169 个税号钢铁产品出口退税全部取消为零。

此外，从中长期来看，随着城镇化水平的不断提升，新增建筑和基础设施将逐渐减少，对钢材的需求也将减少。同时，法律法规监管力度的提高，市场对质量要求的提升，建筑和基础设施的寿命将有所延长，并伴随着技术和建筑材料质量的提升，市场会使用更多高强钢、碳纤维等高新材料替代，建筑等行业对钢材消费的支撑作用将会逐步减弱，进一步削减钢铁的需求（图 5-64）。

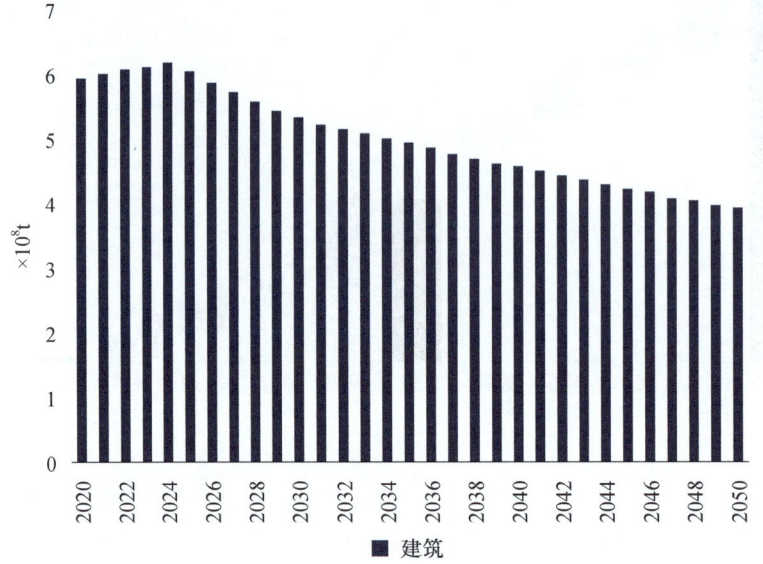

图 5-64　零碳情景建筑行业的钢材需求（2020—2050 年）
（资料来源：RMI 落基山研究所，《碳中和目标下的中国钢铁零碳之路》）

不远的将来，钢铁行业将被纳入我国的碳交易价格体系，也会推动钢铁需求进一步下降。同时，随着欧盟排放交易体系（EUETS）等国际碳价格体系的加速推进，虽能够提供一个低碳钢铁产品的新兴市场机遇，总体将对中国钢铁出口产生更大的挑战。根据麦肯锡报告预测，源头产能削减将会给钢铁业带来约 35% 的 CO_2 减排（图 5-65）。

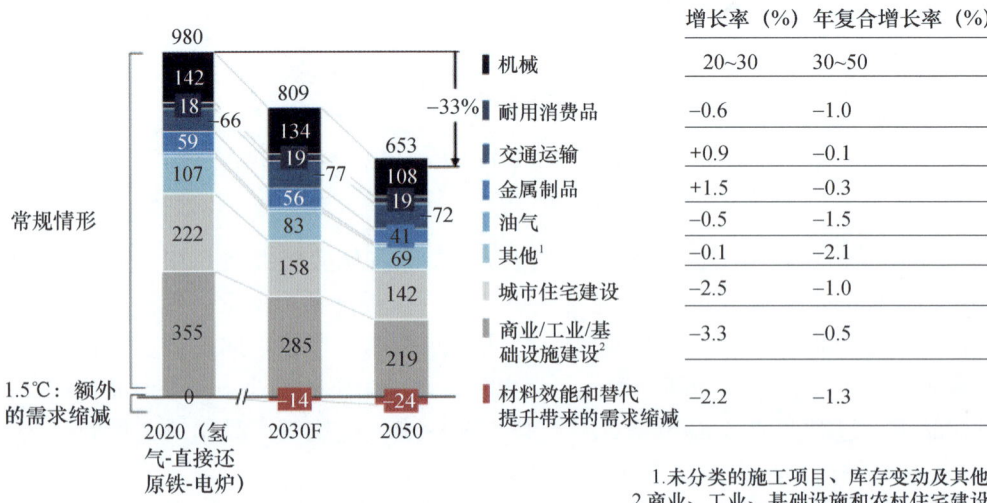

图 5-65　1.5℃情境下中国钢材需求下降情景预测
（资料来源：麦肯锡《"中国加速迈向碳中和"钢铁篇：钢铁行业碳减排路径》）

目前，我国钢铁业前10位产量已经达到4亿t，占全行业的40%，工业和信息化部提出的目标为60%，其中央企占比达63%，行业集中度会进一步加深，钢铁行业因此也会更大力度落实和执行国家产业政策，如2021年宝武集团、河钢集团和鞍钢集团已经宣布其碳达峰和碳中和目标（图5-66）。

	企业	产量（万t）	企业属性
1	宝武集团	11529	央企
2	河钢集团	4376	国企
3	沙钢集团	4159	民企
4	鞍钢集团	3819	央企
5	建龙集团	3647	民企
6	首钢集团	300	国企
7	山东钢铁集团	3111	国企
8	德龙集团	2826	民企
9	华菱集团	2678	民企
10	方大集团	1960	民企
	总和	41505	
	央国企总和	26235	
	央国企占比	63%	

图5-66　2020年中国钢铁产量前10位企业央、国企占比
（资料来源：世界钢铁协会）

2. 钢铁碳减排途径之二：技术提升

钢铁业进一步的碳减排、碳中和需要从能效提升、技术进步及使用CCUS技术入手，由于中国目前长流程高炉-转炉占主要比例，短期内减排需要基于目前的长流程高炉-转炉（BF-BOF）技术进行改进，而长期则需要完全颠覆传统的初级钢生产过程（图5-67）。

	技术路线	减排潜力（% of BF-BOF）	技术成熟度	资源可得性	经济性	容易度	潜力
长流程改进技术	能效提高	15%~20%	●	●	●	●	- 干熄焦, 微波烧结, 余气回收等 - 数字化管理可以带来10%~15%能效提升
	纯氧高炉	30%	◐	◐	◐	◐	- 在中国、日本等地实验中 - 能够利用现有高炉的设备和经验
	高炉喷吹氢气	20%	◐	◐	◐	◐	- 利用焦炉煤气中的氢气 - 中国有试点项目
	生物质	30%（95%如果配合CCS）	◐	◐	◐	◐	- 中国的生物质资源较为紧缺
	碳捕集与封存(CCS)	60%	◐	◐	◐	◐	- 目前中国的试点项目比较有限
	熔融还原(HIsarna,HIsmelt,COREX,FINEX等)	0%~20%（80%如果配合CCS）	◐	◐	◐	◐	- 中国有一台HIsmelt设备 - 需要技术完善 - 工业和信息化部政策支持
颠覆性初级钢技术	氢气直接还原铁	95%	◐	◐	◐	◐	- 中国有试点项目, 且受工信部政策支持 - 需要绿氢的成本降低
	氢等离子体熔融还原	95%	◐	◐	◐	◐	- 建龙钢铁试点项目的最终阶段 - 可以从煤基逐步转到氢基
	直接电解	95%	◐	◐	◐	◐	- Boston Metal等公司在进行研发

图5-67　长流程高炉-转炉脱碳技术列表
（资料来源：RMI落基山研究所，《碳中和目标下的中国钢铁零碳之路》）

3. 钢铁碳减排途径之三：能效提升

技术提升的短期首要任务是提升能效，2021年10月《关于严格能效约束推动重点

领域节能降碳的若干意见》中提及:"到 2025 年钢铁等重点行业达到标杆水平的产能比例超过 30%,能效水平明显提升,碳排放强度明显下降,2030 年行业整体能效水平和碳排放强度达到国际先进水平。"

许多技术都可以在流程中提高能效,如烧结过程中的微波烧结、烟气循环技术;炼焦过程中的余热回收、焦炉煤气产品化技术;高炉炼铁过程中提高焦煤比、煤气回收,大比例球团等;轧制过程中免加热轧制技术;全流程能源数字化智能管理平台的应用等。自 2000 年以来,中国吨钢综合能耗已下降近 40%。据麦肯锡咨询预测,到 2050 年有约 1.8 亿 t CO_2 的减排潜力,将继续贡献全行业 15% 的 CO_2 减排。[85]

4. 钢铁碳减排途径之四:新技术应用

1)熔融还原技术

熔融还原技术种类繁多,比较有代表性的是三种:COREX、Finex 和 HIsmelt,而 HIsmelt 是一种有利于碳减排的直接熔融还原的炼铁工艺,是典型的一步法熔融还原工艺。该工艺可直接熔炼经预热处理的铁矿粉和其他适合的含铁原料,并喷吹煤粉作为系统的还原剂及热量来源。相对传统的高炉炼铁工艺,HIsmelt 熔融还原炼铁工艺省去烧结及焦化两个环节,工艺中不使用焦炭、烧结矿或球团炉料,不需建焦炉和化工设施,只需要普通煤炭和低品位铁矿,同产能的情况下可节约运行成本,且这种工艺在生产过程中产生的大量蒸汽及富余煤气均可以用于发电,生产系统的能源利用效率很高。该工艺尾气中的 CO_2 浓度极高(约为 90%),非常适合碳捕捉、利用和封存技术的结合使用,碳排放强度可降低 80%。HIsmelt 工艺设施包括矿粉预热及喷吹系统、煤粉制备及喷吹系统、熔融还原炉(SRV 炉)、热风炉、出铁场、渣处理及湿法除尘等系统,除矿粉预热、热矿喷吹系统与 SRV 炉体部分不同外,其他部分类似传统高炉。

为实现进一步减排,由 Corus、DCTS 和 TaTa 公司提出的新型熔融还原工艺 HIsarna,将 Isarna 的熔融旋涡熔炼炉和 HIsmelt 熔融炉相结合,整合炼焦、炼铁和炼钢为一体,并伴随喷吹纯氧,故此工艺被命名为"HIsarna"。该工艺能够产生单一碳排放源,与传统高炉相比直接减少 CO_2 排放 20%,并降低运营成本,如配合 CCS,CO_2 排放量可降低 80%,能大大减少 CCS 碳捕捉的成本。该技术在荷兰 Ljmuiden 的 TaTa 公司开发,在印度也开始使用。

氢等离子体熔融还原(HPSR)技术也是新的低碳技术,该技术利用氢作为熔融还原工艺的还原剂。如能实现量产,将完全替代高炉-转炉生产方式,目前奥钢联的 Su Steel 项目及中国建龙集团都在试验该技术。

熔融还原技术路线也可继续使用转炉,为技改提供思路,我国目前的建龙钢铁、宝钢、八一钢铁都在应用这项技术,邢钢搬迁优化项目将采用"熔融还原+电炉"的路线。但该技术在效率和设备容限方面仍需进一步提高。

2)纯氧高炉

在高炉中用纯氧代替空气,帮助煤更充分燃烧,提高炉顶气体的 CO_2 浓度,可以降低 CCS 成本,该技术可将粗钢的碳排放强度降低 30%,但目前仍在中国、日本和欧洲等地试验。

3)欧洲超低 CO_2 炼钢 ULCOS 项目

正在研究中的 ULCOS(Ultra Low CO_2 steelmaking)项目,是在世界钢铁协会的

协调下,由安赛乐米塔尔公司牵头,协同 15 个欧洲国家的 48 家企业和机构联合发起的超低 CO_2 炼钢研发项目,目标是实现吨钢 CO_2 排放量降低 50%或更多,并为实现减排研发突破性炼钢工艺。ULCOS 的研究包括从基础性工艺的评估到可行性研究实验,最终实现商业化运作。从所有可能减排 CO_2 的潜在技术中进行分析,选择最有前景的技术。该研究以成本和技术可行性为基础进行选择,并对工业化示范性水平进行评估,最后实现大规模工业化应用。主要包括四条技术路线:炉顶煤气循环氧气高炉工艺 TGR-BF、直接还原工艺 ULCORED、熔融还原工艺 HISARNA、电解铁矿石工艺 ULCOWIN/ULCOLYSIS。

4) 高炉炉顶煤气循环技术——TGR-BF

高炉炉顶煤气循环(TGR-BF)工艺是利用 CO_2 捕集技术,把高炉煤气分成 CO_2 富集煤气和 CO 富集煤气,大多数钢铁企业建议将富余高炉煤气采用变压吸附分离 CO_2。CO 富集煤气循环回到高炉内作还原剂使用,可降低高炉炼铁焦比,降低成本。CO_2 富集煤气则经过一次、二次除尘净化和压缩后,送入 CO_2 管网或存储系统。另外,高炉内吹富氧或纯氧替代空气,就不需要从煤气中分离 N_2,可避免 N_2 在循环过程中的富集,更有利于煤气中 CO_2 的捕捉。

项目在瑞典律勒欧的 LKAB 高炉进行试验,高炉工作容积为 $8.2m^3$,炉缸直径为 $1.4m$,设 3 个高炉炉缸风口,用于喷吹循环煤气、煤粉和氧气,设 3 个炉身风口,用于喷高炉炉顶循环煤气。该研究将高炉炉顶煤气经过 CO_2 分离处理,再加热到一定温度后喷入高炉。从主风口喷入的炉顶煤气温度为 1250℃,从炉身下部风口喷进高炉的炉顶煤气温度为 900℃,并用冷态纯氧喷吹代替通常的鼓风操作。之后,采用 VPSA(真空变压吸附)对炉顶煤气中的 CO_2 进行吸附分离,然后从高炉风口和炉身下部进行喷吹试验,试验结果:炉况顺利、炉身工作效率稳定,最大将燃料比降低 24%,可削减碳排放 24%,如果加上 CCS 脱除高炉煤气中的 CO_2 量,CO_2 减排量可达 76%。

在中国,高炉炉顶煤气循环技术在宝武集团八钢公司也做了示范应用,主要采用 100%高富氧鼓风,煤气脱除 CO_2 后,经加热从炉身和风口喷入高炉,与传统高炉相比,可减少碳排放 40%以上,产能提升 40%左右。[8]该公司最终目标是更大幅度降低焦比,并实现 CO_2 减排量超 50%。

另外,日本 CO_2 URESE50(CO_2 Ultimate Reduction in Steelmaking process by innovative technology for cool Earth50)采用炉顶煤气循环实现 CO_2 减排 30%(如使用富氢气体,碳减排 10%左右)。韩国 FINEX 项目中炉顶煤气经变压吸附脱除 CO_2 后循环使用,煤耗下降 22.4%。

因此,在不改变工艺流程结构或炉料结构的情况下,现有高炉可规划采用炉顶煤气循环氧气高炉技术改造和推广应用或作为碳减排可行性储备技术。

5) 氢气气基竖炉直接还原工艺——ULCORED

ULCORED 工艺主要采用气基竖炉作为还原反应器,用煤制气、天然气或生物质合成气取代传统的还原剂焦炭,并且通过竖炉炉顶煤气循环和预热,减少气体消耗,降低工艺成本。以天然气基 ULCORED 为例,含铁炉料从气基竖炉顶部装入,净化后的竖炉炉顶煤气和天然气混合喷入气基竖炉并还原含铁炉料,而直接还原的铁产品从竖炉底部排出,送入电弧炉炼钢。新工艺竖炉炉顶煤气的 CO_2 可通过 CCS 技术捕集储存。

与欧洲高炉碳排放的均值比，ULCORED 工艺加 CCS 技术，CO_2 减排 70%。此外，天然气基 ULCORED 的氧化技术工艺不需重整设备，设备投资降低。

在此基础上，ULCOS 提出了氢气直接还原炼钢技术（hydrogen-based steelmaking），采用 H_2 作为还原剂，氢气来源于电解水的绿氢，大幅降低 CO_2 的排放量。在该流程中，氢气竖炉直接还原的碳排放几乎为零，若使用电网电力电解产生氢，按照目前电网排放强度全流程 CO_2 排放量仅有 300kg/t 钢，与欧洲传统高炉-转炉流程吨钢 1.85t 的 CO_2 排放相比减少 84%。

6）电解铁矿石工艺——ULCOWIN/ULCOLYSIS

该工艺直接使用电力通过电解技术来生产铁，目前有三种电解方法：水溶液中铁离子的电解沉淀、高温熔盐和熔融氧化物电解。

水溶液电解法：该工艺利用电极、电解液将铁从矿石中分离出来，随后与电弧炉配合，调整元素比例，制成各种钢铁产品。实验包括酸溶液电解沉淀法、碱溶液电解沉淀法，两种方法都在实验室中制出铁样，但采用酸溶液能耗非常大，而采用碱溶液能耗非常低，且不难扩大规模，试验中碱溶液方法制出 1.6kg 铁。

高温电解法：使用熔盐电解法生产固态铁。

熔融氧化物电解法：生产液态铁。

通过试验总结，该项目会进一步研究碱溶液电解法和高温电解法。

目前安赛乐米塔尔和美国 Boston Metal 等公司准备商业应用这种技术。

截至目前，ULCOS 项目从资本与运营成本的角度来看，还没有得到清晰的结论，采用 ULCOS 工艺，通过节能和生产力的提高计算的投入与产出比仍无法实现平衡。将 ULCOS 与 CCS 技术相结合，能够减排超过 50%，但需要大量的资金投入，也同时增加生产成本，如无其他有效碳排放削减政策配套，会危及欧洲钢铁业的市场竞争力。

中国钢铁企业也已经针对新技术新工艺开始布局，宝武、河钢、酒泉钢铁、建龙钢铁等企业已开始与国内外技术合作伙伴在氢能炼钢、熔融还原等领域合作。在新一轮的发展过程中，中国钢铁行业可充分利用以往积累的集成创新能力，扮演好将新技术、新工艺快速产业化、规模化的关键角色，为中国和全球钢铁行业脱碳做出贡献。

5.钢铁碳减排途径之五：生物质、氢等可持续能源替代新技术应用

1）氢基炼钢 Hydrogen-based Steelmaking

直接减排制铁 Direct Reduced Iron Making（DRI）用氢气替代焦炭，用于铁的还原，绿氢通过可再生能源生产，并结合零碳电力的电炉炼钢的工艺，最终能够实现钢铁生产的零碳化，是高炉-转炉传统生产方式的替代方案。瑞典的 HYBRIT 项目已经通过氢气—直接还原铁—电炉路线生产出全球第一吨零碳钢材。但根据欧洲的测算，使用 DRI 工艺每生产一吨粗钢需要 3.5~5.5MW·h 可再生能源制出的绿氢，是目前传统高炉-转炉能源消耗的 3 倍（约 1.6MW·h）。在没有足够的可再生能源制绿氢的前提下，需要考虑使用天然气和灰氢加 CCS 的方式作为过渡阶段。日本的 COURSE50 项目、德国蒂森克虏伯公司和中国一些炼钢公司已在试点应用这种工艺。而该技术在印度、美国等国的应用，主要是利用天然气作为还原剂，可降低煤炭消耗和碳强度，也可以成为日后氢基炼钢的过渡途径。

氢基炼钢技术近期在欧洲炼钢领域崭露头角，目前已经有两种方式处于示范状态，

有望在未来10年大规模量产使用，一种是将H_2作为还原剂用于高炉炼钢替代传统焦炭，代替煤粉天然气等辅助还原剂，以减少钢铁生产的CO_2排放。欧洲已经有四家企业建成8个项目。

其中德国的蒂森克虏伯集团与液化气公司合作，计划到2050年投资100亿欧元，2019年11月11日，在德国杜伊斯堡的蒂森克虏伯钢厂，氢被喷吹入9号高炉的一个风口，进行富氢还原炼铁试验，证明喷吹纯H_2低碳冶炼技术的可行性和安全性，并逐步将H_2的使用范围扩展到该高炉的全部32个风口（图5-68）。蒂森克虏伯计划从2022年开始，将该地区的其他三座高炉都使用H_2代替煤进行冶炼，从而降低钢铁生产CO_2排放，降幅可达21%。

图5-68　Thyssenkrupp氢气管道
注：德国Thyssenkrupp开展首次在高炉中使用氢气的测试。
（资料来源：Thyssenkrupp）

2017年，由奥钢联发起H_2FUTURE项目，设立的最终目标是2050年减少80%CO_2排放，项目成员单位包括奥钢联公司、西门子公司、Verbund公司（奥地利电力供应商，欧洲最大的水电供应商）、奥地利电网（APG）公司、奥地利K1-MET中心组等。该项目将建设世界最大的氢还原研究中试工厂。西门子公司提供质子交换膜电解槽的技术解决方案；Verbund公司提供可再生能源发电；奥地利电网公司的主要任务是确保电力平衡供应，保障电网频率稳定；奥地利K1-MET中心组将负责研发钢铁生产过程中H_2可替代碳或碳基能源的工序，定量对比研究电解槽系统与其他方案在钢铁行业应用的技术可行性和经济性，同时研究该项目在欧洲甚至是全球钢铁行业的可复制性和大规模应用的潜力。2019年11月11日，奥地利林茨奥钢联钢厂阿尔卑斯基地6MW电解（PEM）制氢装置投产，氢气产量为1200Nm³/h，电解水产氢效率为80%以上，电解槽将进行为期26个月的示范运行，示范期为5个中试和半商业化运行阶段，用于试验证明PEM电解槽能够从可再生电力中生产绿色氢，并提供电网服务。试验结果将在欧盟28国展开对钢铁行业和其他氢密集型行业更大规模的复制性研究。项目最终目标是提出政策和监管建议，以促进氢在钢铁的部署。H_2FUTURE项目的氢能产业链如图5-69所示。

实践证明，高炉的最佳减排是使用绿氢，可实现减排约21%。如使用德国电网制氢，目前碳排放会增加36.9%；如采用在焦化环节产生的焦炉煤气中纯化的灰氢，减排效果仅2.1%；如果使用通过CCS碳捕捉的蓝氢，效果和绿氢差不多。[86]

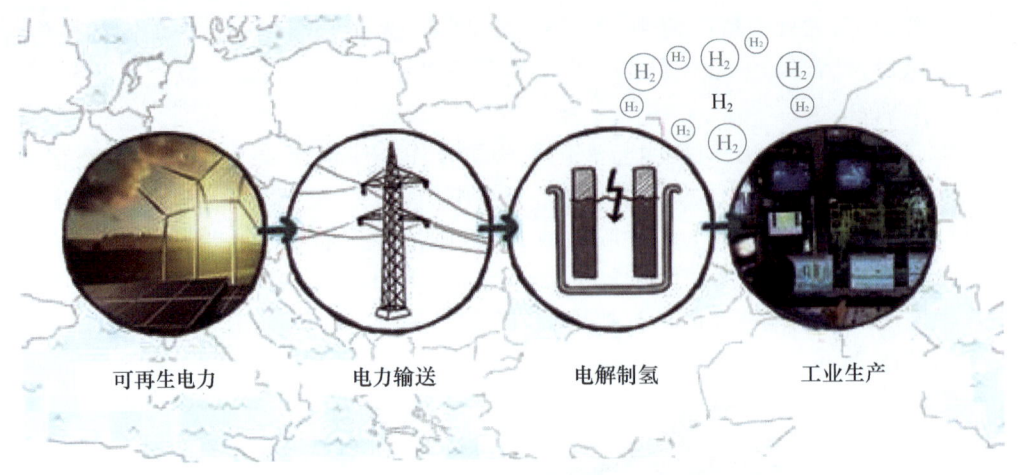

图 5-69　H_2FUTURE 项目的氢能产业链
(资料来源：储满生等，《我国开展氢冶金的适宜工艺路线》)

而第二条途径是在电炉废钢再利用方面，可以全部使用氢替代传统燃料，工艺如图 2-18 所示。

电炉直接减排工艺中，如果使用可再生能源电解产生的绿氢，可以达到减排 95% 的效果，不过这样做也需要大量的绿色电力，目前德国已经投产和计划投产的 8 个项目，共有产能 2.045×10^7 t，每年需要电力 66TW·h，这个电力需求是德国目前一年全国可再生能源装机容量的 28%。所以氢在炼钢领域的一个关键点在于绿氢的大规模经济的方式获取和加入。[33]

一个令人振奋的案例是瑞典 SSAB 5×10^6 t 高质量零碳绿钢的生产。瑞典大型钢铁公司 SSAB 联合欧洲最大的能源公司——Vattenfull 公司、欧洲最大的铁矿石生产商 LKAB 于 2016 年成立了联合公司 Hybrit 公司。该公司致力于打造全流程无化石燃料的电力和氢燃料钢材，最终大规模取代焦炭炼钢的工艺，预计能减少瑞典碳排放 10% 和芬兰碳排放 7%，钢厂预计投产时间为 2024 年，届时成为全世界第一座能够量产的、从铁矿石矿山运输到生产全过程、全生命周期的零碳钢材生产基地，制造新品牌 H_2GS（H_2GreenSteel）零碳钢材，总投资预算约 30 亿美元，氢由瑞典 Boden-Luea 地区通过风能发电生产，生产热轧、冷轧钢板及镀锌线材，用于汽车、交通、建筑、管道及白色家电等领域，预计到 2030 年达产后，每年能够生产 500 万 t 零碳 H_2GS 品牌的钢材。

H_2GS 董事会主席卡尔-埃里克·拉格克兰茨（Carl-ErikLagercrantz）曾表示："我们希望加快欧洲钢铁行业的转型，电气化是减少运输业 CO_2 排放的第一步，下一步是用高质量的无化石能源的钢材制造车辆。"

目前我国也在氢冶金技术方面开展深入的研究，2019 年 1 月 15 日，中核集团、宝钢集团和清华大学三方签订《核能-制氢-冶金耦合技术战略合作框架协议》，制定如图 5-70 中国宝武集团低碳冶金技术路线图，将开展四代超高温气冷堆核能制氢技术的研发，并与钢铁冶炼和煤化工工艺耦合，实现钢铁行业的 CO_2 超低排放和绿色制造。经初步计算，一台 6×10^4 kW 高温气冷堆机组可满足 180 万 t 钢对氢气、电力及部分氧气的需求，每年可减排约 300 万 t CO_2，减少消费约 1×10^6 t 标准煤。

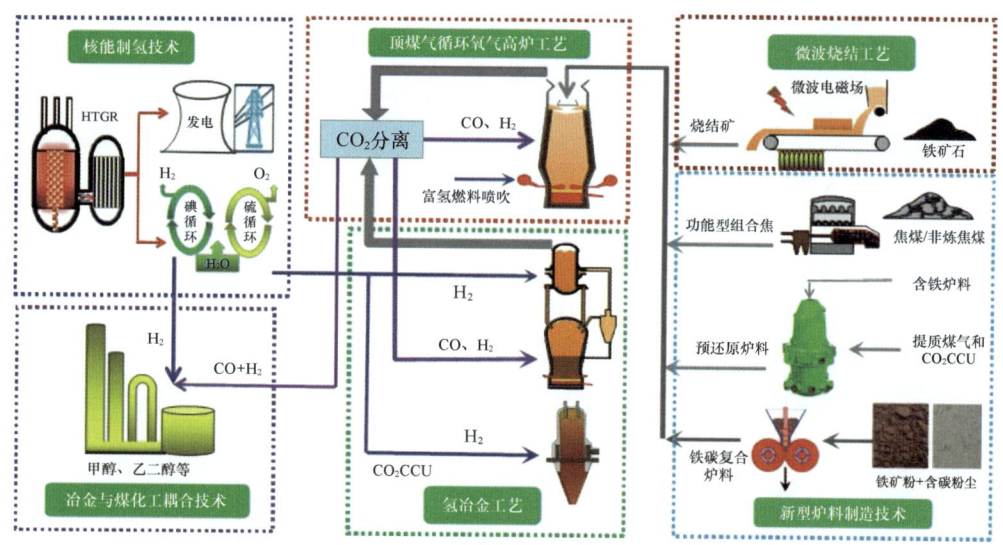

图 5-70 中国宝武集团低碳冶金技术路线图
(资料来源：储满生等，《我国开展氢冶金的适宜工艺路线》)

2019年11月，河钢集团组建氢能技术与产业创新中心，并与意大利特诺恩集团在氢冶金技术方面开展合作，建设 $1.20×10^6$ t 规模的氢冶金示范工程。持续供应低碳低成本的绿氢是氢冶金技术的关键，需要考虑如西南地区（四川、云南、重庆、贵州），拥有丰富的绿色电力和水资源，可能实现低成本的绿氢生产，经济性可能更高。此外，绿氢直接还原出的生铁又称海绵铁，可被运输并用于转炉，以替代传统生铁。这有助于提高现有设施的利用率。另外，日本钢铁工业的 COURSE50、韩国浦项的全氢高炉炼铁技术、美国的 AISI 项目也在研究绿氢炼钢的技术。

2）生物质能源

生物质也可支持钢铁的脱碳，如使用固体生物质燃料的木炭可以作为焦炭的替代品。目前，巴西每年大约有 $1×10^7$ t 生铁的生产使用木炭，安赛乐米塔尔在欧洲根特地区的示范工厂投资 $4×10^7$ 欧元，将废木材转化为生物煤，以替代目前注入高炉的化石燃料煤。而生物天然气也可做直接还原铁工艺的原料。不过生物质燃料在我国整体供应的缺乏情况来看，大规模推广有一定难度。

6. 钢铁碳减排途径之六：电炉＋废钢（EAF）

由于电炉废钢短流程工艺碳排放量明显低于长流程，对铁矿石、焦煤、焦炭的消耗量也更少。低碳排放及低自然资源消耗等因素，使国际炼钢业大量采用电炉废钢模式生产，中国以外其他地区平均水平为50%，美国近70%，欧洲40%，日本24%。截至2020年年底，中国电炉钢产能为 $1.7375×10^8$ t，其中全废钢电炉短流程产能为 $1.282×10^8$ t。在2020年中国粗钢产量的 $1.065×10^9$ t 中，电炉钢产量占比约10%，比历史最低点7%仅提高3个百分点。与世界平均水平差距较大。图 5-71 为 2016—2020 年中国电炉钢产量情况。

中国电炉钢占比长期处于低位的主要原因是废钢供给不足，转炉流程也消耗掉大量废钢，长短流程企业废钢资源竞争激烈，以及废钢回收供给体系效率不高。截至2019年，工业和信息化部废钢铁行业准入企业约400家，但全国经营废钢的企业超过2000

家，产业集中度和行业规范性较低。但随着我国总体蓄钢量的增加，2020 年中国钢铁积蓄量已达 1×10^{10} t 左右，可统计废钢供应量约 2.6×10^8 t，年增量约 2×10^7 t，特别是来自机械和汽车两大行业的报废增加。2020 年 12 月《再生钢铁原料》（GB/T 39733—2020）国家标准的批准和及优质废钢进口的放开，将进一步提高废钢整体供应并降低废钢成本。政府持续引导废钢行业整合并出台利好的财务和税收政策，将促使钢铁企业主动使用废钢。影响电炉生产的主要因素是废钢供应量和成本，而成本主要是由废钢的价格和电费组成。目前各地方执行的差别化电价政策多以惩罚性为主，与转炉炼钢相比，全废钢电炉炼钢需增加约 300kW·h/t 的用电量，如图 5-72 按 0.6 元/（kW·h）电价估算，仅电费成本就高出 180 元/t 钢，造成电炉炼钢成本偏高。未来随着"双碳"目标的推进，如能采用优惠电价政策会降低再生钢成本，会推动产业进一步向前发展。

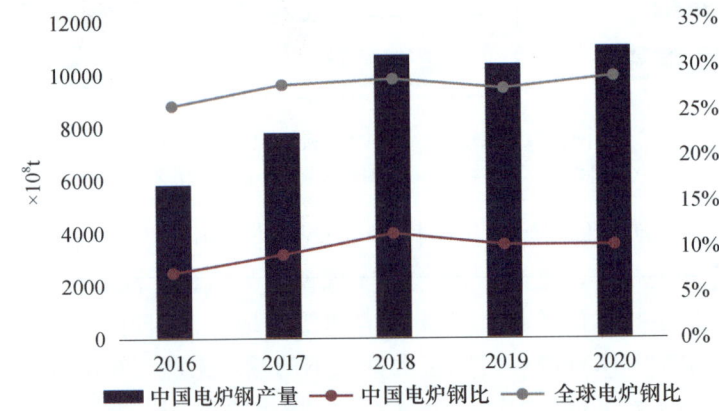

图 5-71 2016—2020 年中国电炉钢产量情况

（资料来源：根据冶金工业规划研究院统计资料整理，按照工业和信息化部
《钢铁行业产能置换实施办法》折算产能估算）

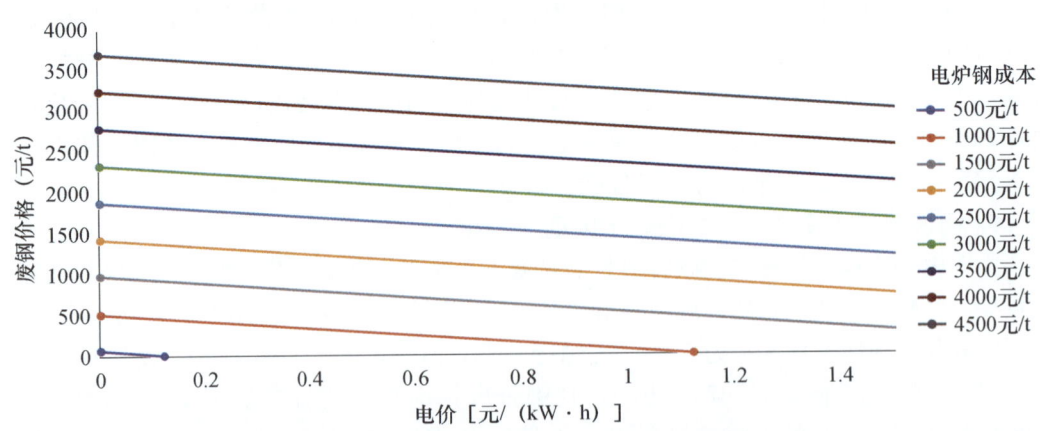

图 5-72 废钢价格和电价对电炉钢成本的影响

（资料来源：RMI 落基山研究所，《碳中和目标下的中国钢铁零碳之路》）

2020 年 12 月，在"双碳"目标下，工业和信息化部发布《关于推动钢铁工业高质量发展的指导意见（征求意见稿）》提出钢铁工业要力争率先实现碳排放达峰，超低排

放改造完成率达 80% 以上，能源消耗总量和强度降低 5% 以上，并进一步提出："到 2025 年，电炉钢产量占粗钢总产量比例提升至 15% 以上，力争达到 20%；废钢比达到 30%"。随着碳交易的推进，碳成本的增加会促进电炉生产，根据 RMI 落基山研究所《碳中和目标下的中国钢铁零碳之路》的零碳情景下，中国基于废钢的短流程电炉钢生产将从目前仅占总钢铁生产的约 10%，会逐渐扩张到 2060 年 60% 的比例[87]。尤其是我国沿海地区如浙江、福建、广东钢铁需求高，废钢供应也充足，但区域内钢铁产能低，目前供应主要靠区域外输入，更加适合考虑废钢-电炉的循环经济模式为区域提供钢铁供应，配合电力的清洁化，可尽快实现钢铁生产的低碳转型。

7. 钢铁碳减排途径之七：炼钢过程的碳捕捉及封存利用 CCUS

H_2 直接还原炼钢等新技术成本非常高或者尚在研发过程中，减排缺口仍需要由碳捕集利用与封存 CCUS 来完成。根据 IPCC 发布的《关于 CO_2 分离回收储存特别报告》，预计到 2100 年 CCS 对减少温室气体排放的贡献可达 15%~55%。但捕捉技术除投资可行性外，还需要电价和电力来源的清洁性，如高炉上采用的 CCS 技术，需要额外增加每吨钢约 0.15MW·h 电能消耗。另外，CCUS 也需要相匹配的地质条件，如靠近衰退期油田、盐水层等。因此具体技术部署应基于区域性评估，因地制宜选择方案。

CCS 技术在炼钢行业指炼铁厂等固定排放源产生的 CO_2 分离回收后，输送到储存层，压入地下进行储存，从而抑制 CO_2 向大气排放的手段。降低分离回收时的能耗和成本是 CCS 技术研究的主要课题之一。主要采用两种方法以提高 CO_2 的浓度：一是改进燃烧和氧化工艺的氧燃烧法，即用纯氧或富氧替代空气进行燃烧和氧化；二是采用化学吸收、物理吸附、膜分离和深冷分离等方法对产生的 CO_2 进行分离回收。CO_2 地下储存技术是把 CO_2 压入地下空间进行封闭储存的技术。因此，储存场所必须具备下列条件：储存 CO_2 的空间、防止 CO_2 泄漏的密封层和密封的地质结构。

根据工艺的不同，如图 5-73 碳捕捉的效果不同，使用新型 HIsarna 熔融工艺，在 HIsarna 熔融炉中可以捕捉约 80% 的 CO_2，在烧结和焦化炉中可以捕捉约 20%，在高炉 BF 中可以捕捉约 50%，在 BOF 转炉中捕捉大约 10%。如果转炉 BOF 变为电炉 EAF 可以减少 10% 碳排放，如果高炉工艺用绿氢 DRI 直接还原可以减少 98% 的 CO_2 排放。

2016 年，Masdar Al Reyadah 钢铁公司联合阿布达比国家石油公司（Adnoc）建成年捕捉 $8×10^5$t CO_2 商业化运作的 CCS 项目，捕捉地点位于其阿联酋 Musaffah 地区的工厂，是世界上第一个钢厂建立的大型商业化运作的碳捕捉项目（图 5-74）。该项目投资 $4.5×10^8$ 第纳尔，共包括三个部分：第一部分为钢厂内的 CCS 碳捕捉；第二部分为 CO_2 气体压缩脱水提纯；第三部分管道运输到 42km 外的 Rumaitha 和 Bab 地区，并注入 Adnoc 的油田增加油田石油回采。[11]

欧洲的 CCUS 技术，主要通过欧盟层面的创新基金、欧洲设施连接基金（CEF）等大型基金支持，如跨境 CO_2 运输基建项目（共同利益 PCI）和其他创新规模化的气候技术，各国也有区域性基金支持。其理想状态是建立大型地下存储中心，链接区域内不同工业项目分散捕捉到的碳排放，但在欧洲，由于严格的环保和监测机制，以及大量民众反对在其地区进行 CO_2 的地下储存，所以钢铁厂附近很难找到足够的存储空间。除可行性及储存容量方面的技术限制外，CCS 技术本身成本巨大，预计储存每 1t CO_2 的成本在 30~60 欧元，就钢铁业而言，很难通过自身力量负担 CCS 技术的投资应用。2019

年法国 Arcelor Mittal 联合其他合作伙伴在敦刻尔克 Dunkirk 建立了大型碳捕捉示范项目，该项目部分由欧盟 2020 地平线计划 The Horizon 2020 programme 资助。2021 年每小时能够捕捉 $0.5t\ CO_2$。项目总目标是 2025 年争取达到 125t/h、1×10^6 t/a，2035 年将达到 1×10^7 t/a 的捕捉量。

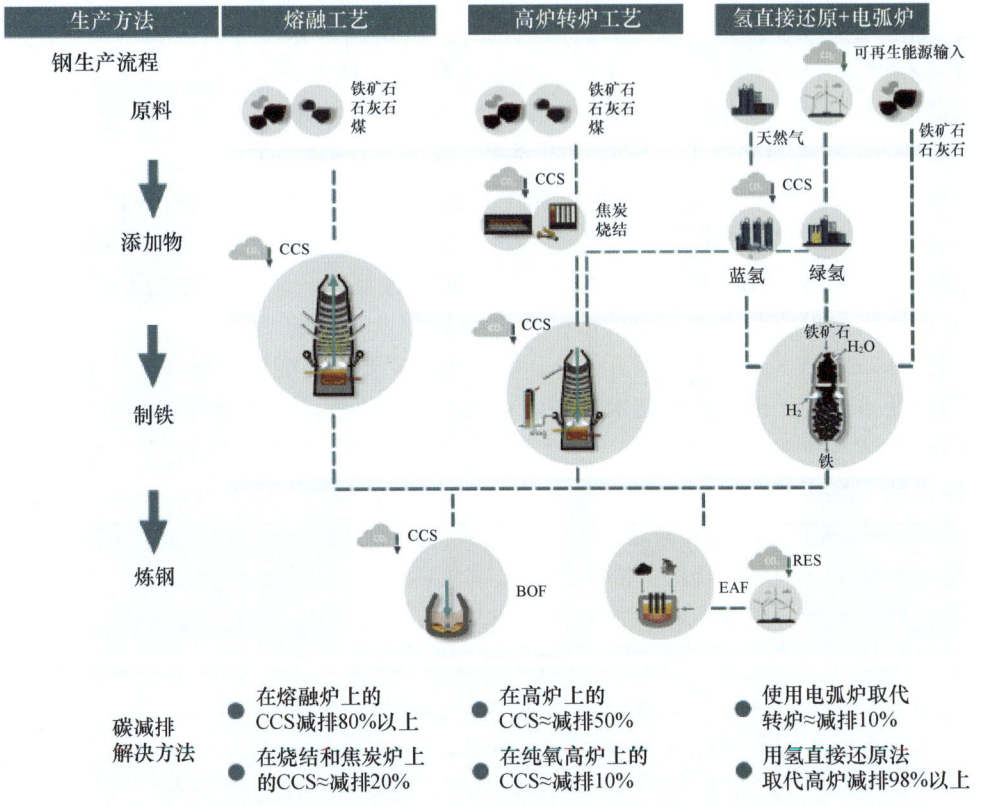

图 5-73 炼钢过程中的碳捕捉 CCS 位置

（资料来源：www.frompollutiontosolution.comand）

图 5-74 AL REYADAH 碳捕捉工厂

（资料来源：Carbon Sequestration Leadership Forum https：//www.cslforum.org）

我国的环渤海地区（东北、津冀、山东），密集布局了大量钢铁企业，占全国超过 40% 的钢铁产量，同时还有大量的火电、油气、水泥等其他高碳排放强度的工业，有望实现协同碳捕集利用与封存规模化基础设施建设，摊薄资本支出成本（如管道、封存场地建设等），且其靠近衰退期油田，运输效率高，还可通过增加油田回采获得额外收益。

5.2.3 玻璃行业碳中和转型路径

截至 2020 年年底，我国玻璃行业在产产能为 9.62×10^8 t，实际产能 1.091×10^9 t，实际产能利用率为 88%。据玻璃信息网的数据，2020 年玻璃行业碳排放 3.448×10^7 t，占国内全部碳排量的 0.3%，占建材行业全部碳排量的 4.2%。虽然玻璃行业整体碳减排负担相对较轻，但行业产能过剩问题较严重，产业政策仍然坚持产能限制和淘汰落后产能等措施，如沙河地区，2017 年产能一度占全国 20%，因未取得排污许可证，导致部分生产线陆续关停，至 2020 年年底在产产能降至全国的 10%。

由于玻璃制造过程具有连续性，产量限制无法像水泥行业那样执行错峰生产，故限产重心主要是产能的限制：一方面是关停落后产能，防止玻璃产业结构性的产能过剩，对平板玻璃等低端产能坚决依计划限期关停；另一方面则继续执行严格的产能置换比例、限制"僵尸产能"复产，鼓励企业将低端产能进行转换，优化产能结构。

能耗是平板玻璃行业碳排放的主要来源，节能是玻璃行业实现碳减排的主要途径。玻璃生产主要是对原材料（石英砂、纯碱、石灰石、长石等）进行预加工、熔制成型。生产过程中原料碳酸盐分解及配合料中碳粉氧化产生的碳排放占比约 19%。其余部分主要来自化石燃料燃烧及外购电力消耗。根据李晋梅等在《平板玻璃企业碳排放计算依据对比及实例分析》的测算，两者合计占比逾 80%（图 5-75）。

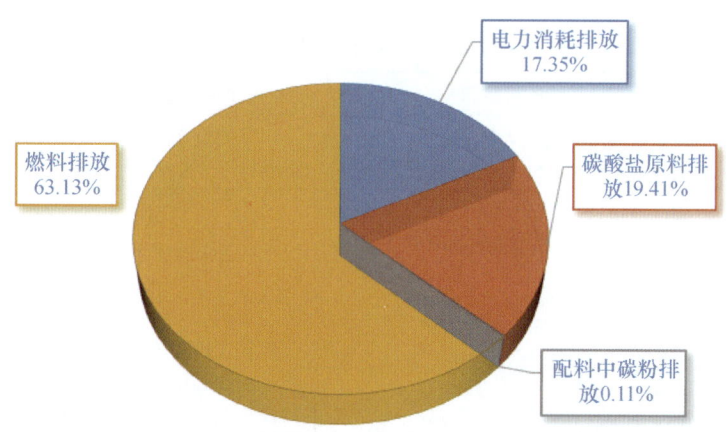

图 5-75 平板玻璃生产各环节碳排放占比
（资料来源：《平板玻璃企业碳排放计算依据对比及实例分析》，李晋梅等）

天然气是相对低碳的燃料，单位热值含碳量显著低于石油焦、煤焦油、重油。通过"煤改气"，单位质量箱可以实现碳减排 20% 左右，但在成本上也相应增加 10%~20% 不等[88]（图 5-76、表 5-11）。

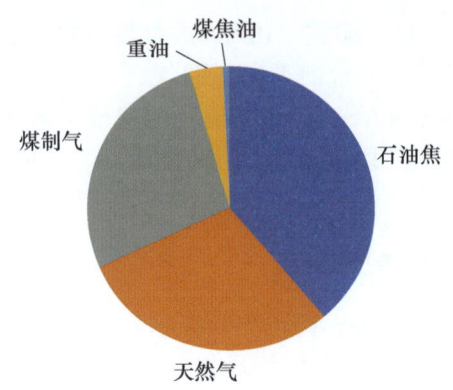

图 5-76 全国玻璃产能占比（分燃料）
（资料来源：《平板玻璃企业碳排放计算依据对比及实例分析》，李晋梅等）

表 5-11 平板玻璃行业常用燃料相关参数（GB/T 32151.7—2015）

项目	燃料均价（元/m³）（kg）	燃料用量 m³（kg）	燃料成本（元/质量箱）	原材料（元/质量箱）	人工成本和制造费用（元/质量箱）	环保成本（元/质量箱）	单重箱玻璃成本（元/质量箱）
石油焦	1.7	11	19.1	25	10	5	59.1
天然气	4.4	8.5	37	25	10	1	73
煤制气	1.1	20	22	25	10	5	62
重油	2.7	9.8	26	25	10	3	64
煤焦油	2.2	10.4	22.3	25	10	5	62.3

资料来源：《平板玻璃企业碳排放计算依据对比及实例分析》，李晋梅等。

在日用玻璃生产过程中，CO_2 排放源类型主要有化石燃料燃烧排放、过程排放、购入的电力及热力产生的排放等三类（表 5-12）。[89]

表 5-12 日用玻璃行业碳排放源类型

排放源名称	具体的排放源	排放源类型	主要设施
化石燃料燃烧排放	煤、重油、煤气、天然气、焦炉煤气、石油焦、柴油、汽油等燃料燃烧排放	固定排放源、移动排放源	煤气发生炉、玻璃熔窑、锅炉、厂内机动车辆等
过程排放	生产使用的原料中含有碳酸盐如石灰石、白云石、纯碱等在高温状态下分解产生的 CO_2 排放；生产过程中碳粉中的碳被氧化成 CO_2 排放	工业过程排放源	玻璃熔窑
购入的电力及热力产生的排放	企业生产过程购入的电力及热力产生的排放	其他直接排放间接排放的耗电、用热设备	原料制备、运输、退火窑、空压机、鼓风机、其他生产设备运行等

资料来源：《我国日用玻璃行业碳排放现状及碳中和路径研究》，孙晓峰等。

1. 日用玻璃行业碳排放量核算

日用玻璃行业碳排放量核算，可以借鉴《中国平板玻璃生产企业温室气体排放核算方法与报告指南（试行）》及《工业其他行业企业温室气体排放核算方法与报告指南（试行）》进行，单位产品 CO_2 排放量的平均水平为 $0.802\sim0.975tCO_2/t$ 玻璃制品。

各环节碳排放量分布情况如下：化石燃料燃烧排放占比 65.23%～66.67%；过程

排放占比 10.20%～10.24%；购入的电力及热力产生的排放占比 23.13%～24.53%。

2. 玻璃行业碳中和路径分析

1）优化产业结构，推进低碳发展。

（1）优化产业结构。依据《产业结构调整指导目录（2019 年本）》《日用玻璃行业规范条件》（工信部 2017 年 54 号公告）和《日用玻璃行业"十四五"高质量发展指导意见》（中玻协〔2021〕35 号）等文件要求，通过淘汰落后产能和优化产业结构，推进玻璃行业的绿色低碳发展。主要从三方面考虑：一是关停淘汰技术的落后产能，二是限制"僵尸产能"复产，三是严格控制产能置换比例。

（2）优化产品结构。优化产品结构，开发绿色玻璃产品，如轻量化玻璃制品是提高生产率、增加效益、实现碳减排的主要措施之一。玻璃制品轻量化是指在满足使用要求和保证产品质量的条件下，降低玻璃制品的重容比，单位容量制品能耗可降低 30% 左右。在技术层面上，从原料组织、配料、熔制、成型、退火等环节进行控制；在管理层面上，通过制定绿色产品标准、生产技术规范等，积极引导企业进行绿色产品的研发。

（3）优化燃料结构，使用低碳燃料。在满足玻璃液熔化质量安全的情况下，进一步优化玻璃行业能源消费结构。玻璃窑炉尽可能采用碳含量低、适度采用氢含量高的燃料，研制电力与化石燃料的最佳组合方案，鼓励企业积极采用光伏发电、风能、生物质能及氢能等可再生能源技术。表 5-13 列出了不同燃料燃烧 CO_2 排放量。

表 5-13 不同燃料燃烧 CO_2 排放量

分类	CO_2 排放量（kg/GJ）	分类	CO_2 排放量（kg/GJ）
天然气	56.05	重油	74.45
焦炉煤气	45.86	煤焦油	84.05
发生炉煤气	108.57	石油焦	92.19

2）优化原料结构，改进低碳配方。

（1）合理调整碱用量。综合考虑熔化温度、成型性能等因素，合理减少纯碱用量，如采用苛性钠（NaOH）代替纯碱（Na_2CO_3），可减少 CO_2 的排放量。

（2）引入活性原料。引入活性原料能加速硅酸盐的形成和加速玻璃澄清和均化，同时降低熔制温度和减少碳酸盐的用量，如采用含有 Li_2O 的锂云母、锂长石、锂辉石代替玻璃组分中的部分 Na_2O。当玻璃组分中引入 0.13%～0.26% 的 Li_2O 时，玻璃熔化温度可降低 20～30℃，可节约纯碱 19.3%，可减少 CO_2 排放量达 28% 以上。

（3）适当增加碎玻璃。在玻璃熔制过程中，引入的碎玻璃仅需经历物理变化即可熔化成玻璃液，它能降低熔体的表面张力，提高料层的热辐射透过率，而且其润湿性好，易分布到配合料中去。碎玻璃相当于经脱碳处理后的原料，利用碎玻璃可以减少玻璃原料中碳酸盐的分解所释放出的约 150kg 的 CO_2。碎玻璃每增加 10%，可节约能耗 2.5%，当增至 60% 时，理论上能耗可减少 6%，CO_2 排放量降低 5%～20%。

3）提高能效，加强节能低碳改造。

（1）合理规划设计厂区布局，集约化利用土地及建筑物，减少因平整土地和建筑物建设中的碳排放，实现厂内物流量最小化，减少非必要的物流导致的碳排放。

(2) 改善玻璃配合料制备质量。确保配合料的制备质量，有助于改善玻璃的熔制质量，提高产品档次、产品合格率和延长玻璃熔窑寿命。

(3) 推广节能环保型玻璃熔窑。优化窑炉结构设计，综合采用先进适用的窑炉结构和耐火材料，提高玻璃熔化质量，提高窑炉周期熔化率。优化和配置计算机控制系统等措施，确保玻璃熔制过程中各类参数的稳定性和精确性，实现低空燃比燃烧，强化炉窑全保温，提高热效率。

(4) 采用全氧燃烧、富氧燃烧等先进燃烧技术，有利于加速熔化过程、提高生产能力，同时提高玻璃熔化质量；有利于减少氮氧化物、粉尘排放量；有利于减少散热损失、节约能源等。

4) 提高玻璃熔窑余热利用率，利用高效余热锅炉等回收热量。

5) 发展先进适用技术装备，加强新一代信息技术、数字技术、智能制造与日用玻璃制造的深度融合，提高能源利用率。

6) 选用能效比高的电机、水泵、空压机、锅炉等技术成熟的设备。

综合考虑燃料、窑炉技术水平等因素，目前玻璃行业已经制定《玻璃保温瓶胆单位产品能源消耗限额》（QB/T 5360—2019）、《玻璃瓶罐单位产品能源消耗限额》（QB/T 5361—2019）、《玻璃器皿单位产品能源消耗限额》（QB/T 5362—2019）等多项能耗限额标准。相关行业协会也出台一些碳排放相关标准，如《日用玻璃单位产品碳排放限值》《日用玻璃行业低碳企业评价技术要求》等，使日用玻璃企业在 CO_2 排放、管理、减排技术提升方面有据可依。

5.2.4 铝行业碳中和转型路径

根据全球铝业协会 2020 年发布的《全球铝工业生命周期清单报告》，2019 年，全球原铝生产量 6.433×10^7 t，碳排放量为 10.52 亿 t，比 2018 年略减少 1.7×10^7 t。而 2005 年，全球原铝碳排放总量 5.55×10^8 t，2010 年为 7.27×10^8 t，2015 年为 9.62×10^8 t，15 年间增长了 89.6%，年均增幅为 4.7%。同期全球原铝产量从 3.2×10^7 t 增长到 6.433×10^7 t，原铝行业碳排放总量增幅略低于产量增幅（图 5-77）。

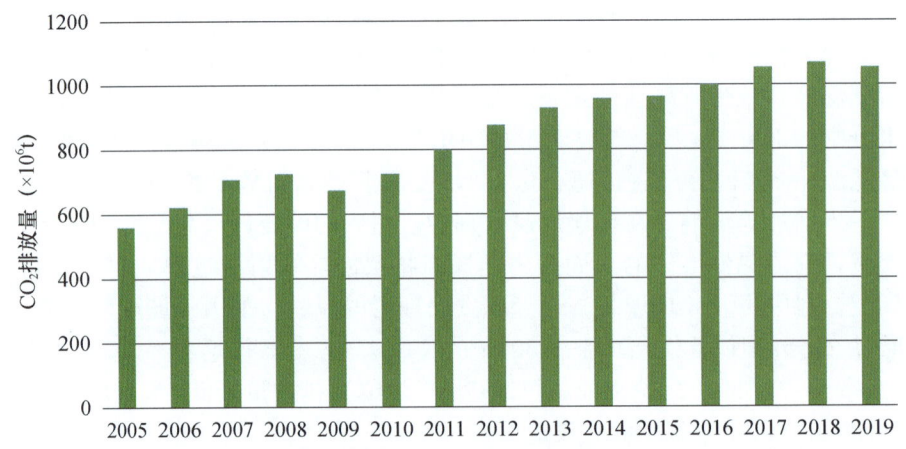

图 5-77 2020 年《全球铝工业生命周期清单报告》

（资料来源：国际铝业协会 IAI）

铝生命周期包含铝土矿开采、氧化铝冶炼、电解制铝、铝加工、铝回收与处理及再熔铸。根据单吨电解铝生产分别消耗氧化铝约 1.95t、冰晶石约 5kg、氟化铝约 27kg、阳极炭块约 0.5t、电能消耗约 13500kW·h。根据 IAI 数据统计（图 5-78），2020 年全球由铝土矿至终端应用（全流程）单吨铝平均碳排放约 16.51t，年降幅为 1.5%，废铝回收再熔铸环节碳排放占比约为全流程的 5%。铝生命周期中碳排放集中于电解环节。

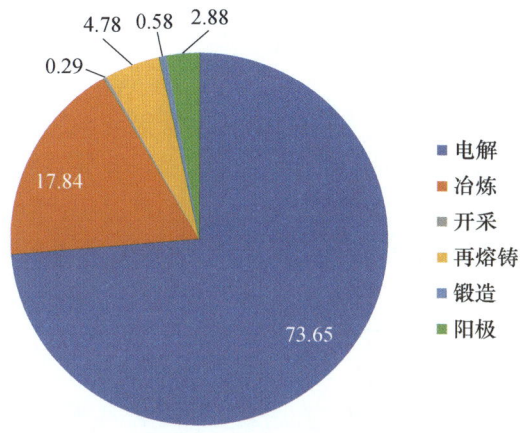

图 5-78 铝生命周期中的碳排放量占比（%）

相关数据显示，2020 年，我国电解铝产量 3.72446×10^7t，耗电量为 5028 亿 kW·h，占 2020 年全社会用电量 7.511×10^{12} kW·h 的 6.7%，用电占比较高。受地区碳排放因子差异影响，根据《中国电解铝生产企业温室气体排放核算方法与报告指南（试行）》披露，单吨电解铝在国内电解环节耗电量对应碳排放量在 10.69~14.62t。从用能结构来看，电解铝生产中消耗能源的 86% 来自碳排放最大的火电，实现"双碳"目标，难度很大（图 5-79）。

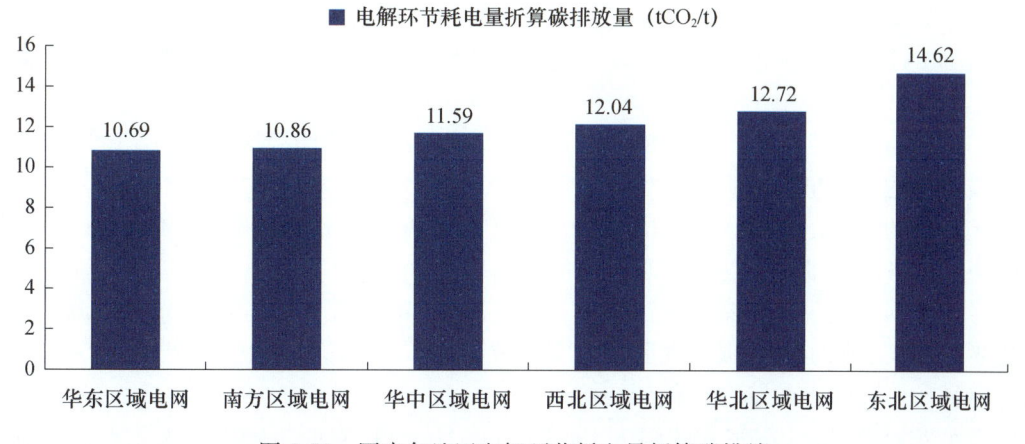

图 5-79 国内各地区电解环节耗电量折算碳排放

基于长期跟踪和研究中国铝工业全生命周期物质流、能耗和温室气体排放的基础，近期中国科学院、清华大学及复旦大学进行一项联合预测，预测我国铝工业未来 80 年的碳排放量，得到以下预判：

第一，如果没有新的重要应用方式出现，氧化铝和原生铝产量可在2030年前达峰，而再生铝产量将持续上升，并预计可在2040年前后超过原生铝，成为铝材的主要原料。氧化铝冶炼和原生铝电解是铝工业碳排放最大的两个生产环节，其排放约占总排放量的9%和88%，决定了铝工业碳排放总量的峰值。如果没有技术突破带来重要的新用途出现，预计我国氧化铝和电解铝产量的峰值可在2028年前后达到，分别约为$8.4×10^7$t和$4.1×10^7$t。达峰的主要原因是铝需求量增长将趋缓，且再生铝产量将快速增加。随着越来越多存量铝进入报废期，铝废料产生量将持续增加，并使再生铝产量在2040年前后超过原生铝产量。

但如果考虑铝具有轻质、高强、耐腐蚀、可多次循环利用等优势，以及技术的不断进步，铝在建筑、交通等领域的应用范围可能会扩大，并导致氧化铝和原生铝产量峰值的提高和达峰年限的推迟。

第二，现有技术水平和能源结构下，铝工业到2030年可实现碳达峰目标。达峰的关键在于氧化铝和电解铝产量的达峰。由于再生铝生产的能耗仅为原生铝的4.9%，碳排放仅为原生铝的4.2%，随着原生铝逐步被再生铝替代，原生铝产量在2030年前的达峰将推动碳排放达峰的实现。同时，铝工业有望实现2030年碳排放强度下降65%的目标。假设我国人均存量铝饱和水平为欧洲、美国和日本人均存量饱和水平均值的75%，要实现这一减排目标，到2030年我国再生铝的回收率需达到85%以上，铝工业的清洁能源比例需达到45%以上。虽然现有水平与这些指标尚存在较大差距，面临巨大的减排压力，但这些指标仍比世界先进水平低。因此，我国铝工业仍有望完成减排目标任务。

然而，按照现有的技术水平和能源结构，预计2030年铝工业单位国内生产总值CO_2排放量可比2005下降43%，与65%的目标还有较大差距（>20%）。主要原因如下：

（1）铝废料的回收再生率较低，导致再生铝产量对原生铝的替代水平受限。

（2）如无颠覆性技术出现，通过提高生产技术水平来节能减排的空间已不大。根据国际铝协IAI数据，中国电解铝能耗强度已世界领先水平；氧化铝冶炼能耗强度略高于世界先进水平，但差距不大。

（3）清洁能源比例低。中国能源以煤为主，铝工业清洁能源比例仅为13%。

（4）铝的需求量高，碳排放也居高不下。

（5）铝的隐含出口量大。我国每年出口产品中隐含的铝占消费量的20%以上，相当于为世界各国特别是发达国家承担了能耗与碳排放代价。

尽管中国已经采取控制电解铝产量、淘汰落后产能等措施，但仅依靠产能调控和技术进步无法实现铝工业低碳化发展。为实现减排目标，还需从以下几个路径着手应对：

路径一：技术上的革命性创新

自1886年美国人霍尔和法国人Paul Louis Heroult发明熔融电解法生产金属铝以来，这一传统生产工艺已历经130余年，由于格外耗电，电解铝厂也被称作"电老虎"，每生产1t电解铝电费占总生产成本的40%左右，是最大的成本要素，需要革命性技术创新。目前有一种仍在实验和推广前期的技术，无须碳阳极电解，而采用惰性阳极电解的技术，其惰性阳极材料可多次循环使用，而且不会排放CO_2，每个惰性阳极在生产原铝的过程中可释放与 70hm² 森林同样多的氧气，如能成功在全国推广应用，按 2020 年中国原铝产量规模折算，每年可减碳排放量约 $6.67×10^7$ t，节省优质炭素资源约 $1.48×10^7$ t，同时产生氧气 $3.32×10^7$ t。因此，惰性阳极铝电解技术是彻底变革铝电解行业的颠覆性技术，是实现"双碳"目标核心战略性技术。2018 年 5 月，加拿大政府、美铝、力拓和苹果公司联合投资 $1.88×10^8$ 加元成立 Elysis 公司，开展金属陶瓷惰性阳极铝电解技术工业化研究，目标在 2024 年前建立工业化级无碳铝生产线。2019 年 12 月，Elysis 生产第一批无碳铝，用于苹果手机外壳；2021 年 4 月，Elysis 公司宣布，将在加拿大魁北克 Alma 铝冶炼厂的 450kA 电解槽末端安装工业惰性阳极电解槽实验原型，验证技术工业规模的有效性。与此同时，2021 年 4 月，俄罗斯铝业集团宣布 140kA 新型惰性阳极电解槽实现行业最低的碳排放，即每 1t 铝的 CO_2 当量低于 0.01t，该电解槽产能达 1t/d，铝纯度大于 99%。上述进展显示，欧美国家在惰性阳极铝电解技术的工程化应用方面已取得突破性进展，同时这些公司都对惰性阳极铝电解核心技术、关键工艺和成套装备高度保密，构筑系统的技术壁垒。中国的惰性阳极研发起步于 20 世纪 90 年代，基本与发达国家同步发展。迄今为止，包括中国铝业、中南大学、东北大学、郑州大学、贵州大学和昆明理工大学在内的诸多企业和高校均开展了惰性阳极技术的研究。如 2011 年，中南大学与中国铝业集团联合开展了金属陶瓷惰性阳极 20kA 铝电解工程化试验，这是国内首次中长期惰性阳极铝电解试验，系统地考察了金属陶瓷惰性阳极规模铝电解的可行性，获得了翔实可靠的技术参数和丰富的操作经验。但我国目前的工业化应用开发还处于起步阶段，与发达国家的差距逐渐拉大，需进一步加强研发力度和规模。[90]

路径二：用能结构性调整

据铝业先锋网站报道，俄罗斯 95% 电解铝通过水电，吨铝碳排放仅为 4t，而中国 86% 电解铝通过高碳排放的煤电生产。我国 2020 年生产的 $3.72446×10^7$ t 电解铝中，有 $3.205×10^7$ t 是用火电能源生产出来的，而煤电铝的吨铝碳排放可高达 21t[91]。这意味着在我国通过调整用能结构来降低碳排放空间很大。中铝集团、魏桥集团、神火集团等几家大型铝企业已开始行动，正利用云南等地区水电资源发展水电铝，而中铝集团与中广核集团也在广西防城港市探索核电铝的发展模式，还有一些铝企业在"十四五"发展规划中作出了用电向低碳能源转型、产能向低碳能源区域转移的"双转"安排。未来，如我国电解铝生产的低碳能源占比能提高到 30% 以上，碳达峰目标在电解铝行业可提前实现。

路径三：存量铝循环再使用

铝表面有致密的、能够自我生成的氧化物保护膜，能够保证不生锈并保持其特性，即理论上金属铝可以全部回收进行再生循环利用，因此，铝有"能源储蓄银行"的美称，即电解铝在生产过程消耗的能源，通过再循环使用中"支取"，返还给社会，回收废铝回炉再生消耗的能量是生产电解铝的 4.9%，而再生铝与原铝的品质完全相同。据铝业先锋网的文章《铝是如何制造及其未来》报道，1kg 的回收空饮料罐，可以节约 8kg 铁铝氧矿石、4kg 氟化物及 14kW·h 电力，欧洲已实现 95% 以上的空饮料罐回收再利用。

根据 IAI 的统计，全球生产的电解铝有 3/4 都还在循环再生使用，其中 35% 用于建筑及其结构中、30%用于电缆中，还有30%用于交通中。资源匮乏的日本没有电解铝厂，几乎全部使用再生铝。[92] 2019年，美国再生铝占国内铝总产量的80.63%，世界再生铝产量占比平均为33.1%，而中国再生铝占比仅为16.26%。如能建立完善的废铝回收体系，"十四五"末中国再生铝产量占比能达到世界平均水平，再生铝年产量可达1.5×10^7 t，也可提前实现铝行业碳达峰目标。

路径四：管理上常规性降碳

多种管理提升可以降碳，如缩短流程，将电解铝生产链延伸到铝材加工，减少铝液铸锭和轧制前重熔的环节，节能降碳量和减少金属烧损量；又如持续优化工艺过程控制，加强余热回收等综合节能技术，能起到降低能耗、降低物耗、降低碳排放强度的作用；通过数字化、智能化、区块链化可以构建"互联网+降碳"管理模式，实现电解铝产业链的精准降碳、智能降碳。管理降碳另外的形式如中铝集团5年前设立的"降碳节"，促进理念降碳、生产降碳、管理降碳、科技降碳和生活降碳的活动，能够实现深入人心的降碳宣传效果。

5.2.5 陶瓷行业碳中和转型路径

据《中国建筑材料工业碳排放报告（2020年度）》显示，建筑卫生陶瓷工业CO_2排放3.758×10^7 t，同比下降2.7%，其中煤燃烧排放同比下降4.2%，天然气燃烧排放同比下降2.1%，焦炉煤气燃烧排放同比上升21.4%，高炉煤气燃烧排放同比上升58.4%，发生炉煤气燃烧排放同比下降95.4%。此外，建筑卫生陶瓷工业的电力消耗可间接折算约合1444万 tCO_2 当量。[93]

在生产建筑陶瓷墙地砖时，原料利用水煤气喷雾干燥和窑炉烧成时消耗大量能量，并产生碳排放。《建筑卫生陶瓷行业污染物治理白皮书》提到，为减少传统的水煤气炉带来的污染，建筑陶瓷行业多采用煤清洁生产技术（有关除尘、脱硝、脱硫、消白烟、污水处理等方面的技术）或"煤改气"以达到《陶瓷工业污染物排放标准》。

近年来，国家对瓷砖行业的重视程度逐渐增强，对《陶瓷工业污染物排放标准》《建筑卫生陶瓷单位产品能源消耗限额》两个行业标准进行反复修订并淘汰未达标产业。

虽然"煤改气"增加改造成本并使原燃料成本考虑天然气市场供需问题，但可以使陶瓷生产企业在节能环保方面做出巨大改进。据《陶瓷企业燃料"煤改气"技术措施及节能环保效益》[94]分析，陶瓷生产企业在使用燃料上的"煤改气"，通过对用能工艺和设备的改进，可以达到较大的节能效果和降低燃料成本。在原料加工工序采用天然气代替较普遍使用的水煤浆能耗降低了11.86%。如果采用天然气的同时结合热电联产措施，则更可以降低天然气燃料成本30.69%。在窑炉烧成工序阶段采用天然气，由于淘汰煤气发生炉减少能源转换损失，并对采用天然气燃烧的窑炉运行参数调节措施，也能大大降低工序能耗，从而节约标准煤的消耗量。

此外，"煤改气"后不使用燃煤，消除了烟气SO_2的排放和燃烧过程粉尘排放，减轻了环保设备的负担。厂区由于取消了燃煤堆放仓储、煤气站、煤渣堆放场地，减少了陶瓷企业的用地面积，以日产6×10^4 m^2仿古砖，4条窑炉生产线规模的陶瓷厂来预计，可节约用地2×10^4 m^2，节约基建投资1.2×10^7元，节约设备投资1×10^7元。

5.2.6 墙材行业碳中和转型路径

1. 大力发展装配式建筑

随着现代工业技术的发展，建造房屋可以像机器生产那样，把预制好的房屋构件运到工地组装起来。通过工厂制作好建筑构件或部件（如楼板、墙板、楼梯、阳台、机电管道、装配式内装等）运输到施工现场，再经可靠的连接方式在现场组合安装。

装配式建筑根据预制构件的生产材料主要分为预制装配式混凝土结构、钢结构、木结构建筑等，采用了标准化设计、工厂化生产、装配化施工、信息化管理、智能化应用等现代工业化的生产方式。采用装配式建筑技术，可以提高生产效率，减少现场浪费和排放，节能环保，符合国家大力发展绿色建筑的要求。我国自2013年开始大力推进装配式建筑的发展，随着政策驱动和市场内生动力的增强，装配式建筑相关产业发展迅速。

大力发展装配式建筑有利于大幅降低建造过程中的能源资源消耗。据统计，相对于传统的现浇建造方式，可节水约25%，降低抹灰砂浆用量约55%，节约模板木材约60%，降低施工能耗约20%，并有利于减少施工过程造成的环境污染影响；显著降低施工粉尘和噪声污染，减少建筑垃圾70%以上，还能显著提高工程质量和安全；以工业化代替传统手工湿作业，既能确保部品部件质量，提高施工精度，大幅减少建筑质量通病，又能减少事故隐患，降低劳动者工作强度，提高施工安全性；提高劳动生产率，缩短综合施工周期25%～30%。现场施工与工厂生产相比，生产效率明显提高。[95]

截至2020年，全国共创建国家级装配式建筑产业基地328个，省级产业基地908个。据统计，2020年，全国31个省、自治区、直辖市和新疆生产建设兵团新开工装配式建筑共计$6.3 \times 10^8 m^2$，较2019年增长50%，占新建建筑面积的比例约为20.5%。[96]

我国建筑领域碳排放核算还处于起步阶段，当前建筑碳排放测算主要使用实测法、物料衡算法以及排放系数法，由于建筑业还属于粗放管理阶段，缺少系统的统计方法，所以权威的统计数据相对较少。根据数据可得性和统计工作量，住房城乡建设部科技发展促进中心采用排放系数法对混凝土现浇建造和混凝土装配式建造两种方式的碳排放进行了对比分析（表5-14），装配式建造方式较传统现浇建造，每$1m^2$减少碳排放24.31kg；2020年全国装配式建筑共计$6.3 \times 10^8 m^2$，其中混凝土装配式结构的占68.3%约$4.3 \times 10^8 m^2$，共计减少碳排放$1.04533 \times 10^7 t$[97]。

表5-14 装配式建造与现浇建造碳排放对比表

类型	节约量	碳排放因子	节碳量（kgCO$_2$eq）
钢材	-1.4kg	2.3 kgCO$_2$eq/kg	-3.22
混凝土	$-0.0108m^3$	251 kgCO$_2$eq/m^3	-2.71
挤塑聚苯板（XPS）	$-0.6115m^3$	43.75kg/m^3	-26.75
膨胀聚苯板（EPS）	$1.27m^3$	27.5kg/m^3	34.93
砂浆	$0.366m^3$	469.41kgCO$_2$eq/m^3	17.18

续表

类型	节约量	碳排放因子	节碳量（kgCO$_2$eq）
木材	0.056m^3	146.3kgCO$_2$eq/m^3	8.19
自来水	0.021m^3	0.2592kgCO$_2$eq/m^3	0.0054
电力	1.64kW·h	1.04kgCO$_2$eq/kW·h	1.7
合计			24.31

资料来源：住房城乡建设部科技发展促进中心《装配式混凝土建筑综合效益实证分析研究》，王广明，刘美霞。

根据住房城乡建设部科技发展促进中心的研究分析，表5-15为2020—2025年我国PC结构建筑新建面积测算，预计到2025年装配式建筑占新建建筑比例可达31.4%，其中混凝土装配式结构新建面积可达$6.06 \times 10^8 m^2$，可以减少碳排放1473.186万t。

表5-15 2020—2025年我国PC结构建筑新建面积测算

年份（年）	2017	2018	2019	2020	2021	2022	2023	2024	2025
新建建筑面积（$1 \times 10^8 m^2$）	24.5	28.8	31.2	31.8	32.5	33.1	33.8	34.4	35.1
YOY（%）	6.99	17.18	8.48	2.00	2.00	2.00	2.00	2.00	2.00
新建装配式建筑面积（%）	6.52	10.05	13.40	16.40	19.40	22.40	25.40	28.40	31.40
新建装配式建筑面积（$1 \times 10^8 m^2$）	1.6	2.89	4.18	5.22	6.3	7.42	8.58	9.78	11.03
YOY（%）	40	81	45	25	21	18	16	14	13
PC结构占比（%）	60	62	65.40	63.16	60.92	59.05	57.70	56.35	55.00
赔偿结构新建面积（$1 \times 10^8 m^2$）	0.96	1.79	2.73	3.30	3.84	4.38	4.95	5.5	6.06

资料来源：住房城乡建设部科技发展促进中心。

2020年面对突如其来的新冠肺炎疫情，钢结构装配式技术的武汉火神山医院仅用10d时间就建成了总建筑面积$7.99 \times 10^4 m^2$，可容纳1600张床位的负压传染病医院。让人们见证了钢结构装配式技术快速、高效的建造方式。

近年来国家相关部委联合出台了《关于推进新型建筑工业化建筑发展的若干意见》和《智能建造与建筑工业化协同推进的指导意见》，提出要大力发展钢结构建筑，鼓励公共建筑优先采用钢结构，积极推进钢结构住宅和新农房建设。

装配式钢结构建筑工厂预制生产效率高，现场安装速度更快，现场湿作业少，施工质量更容易得到保证；在抗震性能方面，由于钢结构的延性特定，具有更好的抗震性能；钢结构与混凝土结构相比较自重更轻，仅为混凝土结构的50%~60%，因此基础施工成本更低；钢结构易回收的特点，使得它在建筑生命期结束后的循环利用方面比混凝土更加方便和高效。以大量使用钢结构建筑的北美为例，其回收率可达到70%，绿色环保。钢结构的高强特点，梁柱截面可以设计得更小，仅占建筑面积的3%，可获得更多的使用面积。

装配式建筑具备很多优势，在此基础上可以继续开展对材料和技术体系方面的深入研究，进一步减少目前装配式体系存在的用钢量和混凝土用量高于现浇建造方式的现状，进一步提高装配式建筑在节能减排方面的作用。

2. 固废资源化利用作为建材生产替代原材料前景广泛

全世界每年大约会使用 $3.2\times10^{10}\sim5\times10^{10}$ t 砂子，这个用量比自然再生率要高，预计到 21 世纪中叶，需求可能会超过供给，砂石的过度开采也带来了环境和生态的危机。

2018 年以来，中国多地砂石骨料供给相继告急，"一砂难求"近乎常态。数据显示，河南建筑用砂年需求量约在 2.1×10^8 t，而全省经批准许可的河砂开采量仅有 4×10^7 t 左右，缺口达 80% 以上；福建 2019—2021 年年均建设用砂量预测 1.1×10^8 m^3，而缺口却达 75%。部分地区砂石价格涨幅近 100%。不得已之下，广东、福建、浙江、江苏、海南等沿海地区已开始从马来西亚、朝鲜等国家大量进口砂石。

我国砂石年用量超过 2×10^{10} t，约占全球总量的 50%。但目前国内砂石市场总体表现为供不应求，与 2018 年相比，2019 年的供需矛盾更为突出。[98]

我国的城市化进程迅猛发展，随之而来的是每年产生的千万吨甚至是上亿吨的建筑垃圾。建筑垃圾是指个人、建设单位或施工单位对各类建筑物、构筑物等进行铺设、建设或拆除过程中所残留下来的弃土、弃料、渣土、余泥及其他废弃物。据测算，每 1×10^4 m^2 建筑施工面积平均产生 5.5×10^2 t 建筑垃圾，建筑施工面积对城市建筑垃圾产量的"贡献"率为 48%。

一边是砂石材料供应短缺，另一边是大量的工业固废物占用了大量的土地资源及可能产生的二次污染。固体废物的无害化处置和资源化应用研究工作也必将引起全社会的高度重视和深入的研究。

党的十八大以来，我国把资源综合利用纳入生态文明建设总体布局，不断完善法规政策、强化科技支撑、健全标准规范，推动资源综合利用产业发展壮大，各项工作取得积极进展。2019 年，大宗固废综合利用率达到 55%，比 2015 年提高了 5 个百分点，其中，煤矸石、粉煤灰、工业副产石膏、秸秆的综合利用率分别达到 70%、78%、70%、86%。"十三五"期间，累计综合利用各类大宗固废约 1.3×10^{10} t，减少占用土地超过 1×10^6 亩（1 亩 $=666.67 m^2$，余同），提供了大量资源综合利用产品，促进了煤炭、化工、电力、钢铁、建材等行业高质量发展，资源环境和经济效益显著，对缓解我国部分原材料紧缺、改善生态环境质量发挥了重要作用。[99]

粉煤灰、矿渣、钢渣、建筑垃圾等经过简单处理即可大量使用的工业或建筑废弃物，经过多年的研究和实践已经广泛使用于预拌混凝土的生产中。据统计数据，2019 年仅预拌混凝土生产就综合利用各类固体废弃物约 4×10^8 t。[100]

大宗工业固废中的煤矸石、粉煤灰、工业副产石膏等作为建材的原材料替代物，经过多年的研究和实践已经得到了积极的改善，如粉煤灰的资源化利用已经达到相当高的水平。根据粉煤灰的特性进行分级应用，等级高的优质粉煤灰作为优质的掺和料应用于商品混凝土的生产或用于粉煤灰水泥的生产；质量其次的粉煤灰用于大掺量建材的生产，如粉煤灰 AAC（加气混凝土砌块）、粉煤灰 ALC（粉煤灰加气板材）、高强粉煤灰蒸压砖等产品。在局部火电厂、化工厂分布较少的区域，粉煤灰已经作为重要的建材原材料大量替代了天然原材料，并出现了供不应求的局面。

随着分选技术的日益成熟和天然原材料日趋紧张的现状，煤矸石的资源化利用也由初期单一的煤矸石烧结砖为主，向精细资源化的方向发展，根据煤矸石的不同分类，加工成矸石骨料、精品矸石砂、矸石面烧结砖等建材产品。煤矸石通过改性后生产用于土壤改良的掺和料。

随着天然砂石材料的紧缺及环保治理要求的进一步深入，固废物中存在大量的微小颗粒级的如冶金尾矿、河湖清淤底泥、工程渣土等也逐渐进入到资源化利用的研究范围内。由于微小颗粒容易附着重金属及混有影响耐久性的大量的微生物有机质，对这类固废物的资源化应用需要进行前期处理后才能更好地进行资源化应用。前期处理主要包括减量化和无害化处理。

减量化是通过专业的泥水分离设备，将固废物进行筛分分离处理，按照不同的粒径进行分离，将0.075mm以上属于砂、石等级的颗粒分离出来，小于0.075mm的微颗粒是主要附着重金属等有害物质的载体，通过分离后使得下一步无害化处理的固废物数量大大减少，可大大降低下一步无害化处理的成本，同时由于按粒径进行了分离，在最后的资源化过程中将原始固废物的无序级配的形式优化为按需级配的科学配比方式，保证固废物资源化产品的高质量。

对于分离出的底泥或尾矿中污染物需要进行无害化处理。无害化处理通过化学和物理的方式对污染物或重金属进行钝化和固封处理。以污染河道中淤泥底泥为例，第一步固封是针对污泥中重金属离子通过适用的药剂，使得重金属钝化降低活性后，在制作污泥再生混凝土制品过程中，水泥凝胶通过层间置换和吸附的形式，再次固封重金属离子。图5-80为污泥颗粒物无害化处理。

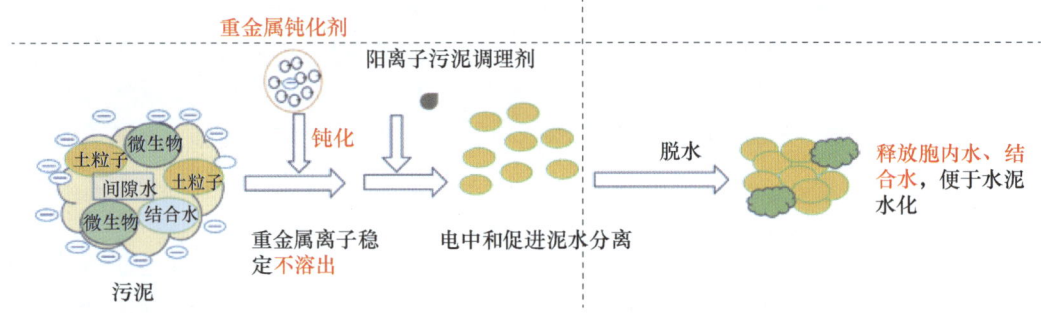

图5-80 污泥颗粒物无害化处理
（资料来源：王浩院士技术团队）

经过无害化处理后的固废物可以广泛应用于城市建设的透水砖、路沿石、挡土墙、护坡护岸砌块，图5-81为淤泥资源化建材产品。

图5-81 淤泥资源化建材产品
（资料来源：王浩院士技术团队）

2021年12月，工业和信息化部印发《"十四五"工业绿色发展规划》，明确提出："大宗工业固废综合利用率达到57%，主要再生资源回收利用量达到4.8×10^8 t。"[101] 全面提高资源利用效率的任务更加迫切。受资源禀赋、能源结构、发展阶段等因素影响，未来我国仍然会面临天然原材料的短缺和固废物快速增加的双重挑战，要依托《中华人民共和国固体废物污染环境防治法》等法律法规，大力推进大宗固废源头减量、资源化利用和无害化处置等协同发展的模式，助力"双碳"目标的顺利推进。

5.2.7 新型建筑材料助力低碳减排

1. 超高性能混凝土 UHPC

超高性能混凝土（Ultra-High Performance Concrete，UHPC）包含两个方面：超高的耐久性和超高的力学性能（抗压、抗拉及高韧性）。UHPC 的推广使用可以大幅减少材料使用，延长结构寿命，从而节约全生命周期材料的碳排放。

由于 UHPC 超高耐久性，发明初期应用在核废料的密封储存，核废料半衰期需300年。建筑如能大量使用 UHPC，寿命将从现在的50年延长至100年或更久。通过技术和材料创新延长建筑的生命期，是未来建筑领域长期减排的一个途径。

1) UHPC 性能及特征

超高耐久性：UHPC 特殊配方可把材料分子有规律地排列，使其制成品有极低的穿透性，使得材料在极端环境如潮湿、冰冷、冰雹、海边和极端化学工厂都有良好的性能。UHPC 与钢筋微纤维的低孔隙度可以防止腐蚀和氧化，损坏时，UHPC 具有自愈能力，利用空气中的湿度进一步水化反应进行"再生"，使微裂缝重新愈合。因此 UHPC 能够保持其初始强度甚至在高侵蚀的环境中也能使用。它的抗冲击能力和耐磨可媲美花岗岩材料，测试表明 UHPC 是传统混凝土的100倍（有些标准甚至1000倍）因而比传统的混凝土更耐用。

优越的工作性能：UHPC 可抵御外力和自然环境的破坏，如摩擦、火、冻融、冰雹等，使它成为一种高效的外部隔热材料，且有着高效防水性能。UHPC 的轻量化使它可以大面积地安装。而耐久性与极低的维护需求符合全生命周期评估特征。

2) UHPC 的用途

(1) 建筑领域

目前，建筑设计领域（区别于结构领域），主要使用纤薄建筑构件，利用 UHPC 的抗折强度，一般抗折强度大于 25MPa，通过小掺量的耐碱玻璃纤维、聚乙烯醇纤维、钢纤维的加入，一般 UHPC 可以达到抗压强度大于 120MPa。

(2) 工程领域

UHPC 自研发成功以来，便引起桥梁界的极大兴趣和高度重视。在桥梁工程中，UHPC 已大量应用于主梁结构、拱桥主拱、华夫板桥面结构、桥梁接缝及旧桥加固等方面。

UHPC 桥梁结构的应用和推广方面，马来西亚目前处于世界领先水平，仅马来西亚一国就已经建成93座（2016年年底）UHPC 桥梁，均应用于主梁结构。北美洲（加拿大和美国）约有188座采用 UHPC 材料的桥梁，其中约10座应用于主体结构，其余178座应用于桥面板接缝等局部构造。2016年，中国约32座桥梁采用 UHPC 材料，5

座主体结构（主梁、拱券）采用 UHPC 材料，其余 27 座主要用于钢-UHPC 轻型组合桥面结构、现浇接缝、维修加固等方面，近两年来 UHPC 在中国的桥梁建设领域，得到了快速发展（图 5-82、图 5-83）。

图 5-82　保利长大英德北江四桥预制箱梁首节段浇筑成功
（资料来源：2020 年中国超高性能混凝土（UHPC）技术与应用发展报告 CCPA-UHPC 分会）

保利长大英德北江四桥的施工：中国首次将大体量 102 米跨度 UHPC 用于简支箱梁的生产，是 UHPC 在桥梁领域的重大突破 2020 年湖南和广东两省就建造了 20 座 UHPC 人行天桥。

图 5-83　UHPC 人行天桥
（资料来源：2020 年中国超高性能混凝土（UHPC）技术与应用发展报告 CCPA-UHPC 分会）

3）UHPC 的未来发展

随着 UHPC 材料的发展与设计规范的逐渐完备，凭借其优良的力学与耐久性能，未来会在各种工程应用受到重视与推广。相关的应用将在如下领域得到更广泛发展：

（1）装配式建筑

UHPC 除用于湿接缝结构连接具有技术和经济优势外，使用 UHPC 生产部分构件如楼梯、阳台、轻质"三明治"保温墙板，可以减小构件质量、减小建筑整体自重、降低运输吊装安装施工成本等方面获得经济性，并提升装配式建筑质量。这类构件与装配式钢结构建筑结合应用，可形成相互补充的装配建筑体系。

目前装配式建筑的新技术体系中，也有利用UHPC的材料特性进行免拆模装配式体系的研究，即在工厂内通过预制的方式生产出空腔预制墙体，预制层只有10～20mm的厚度，同时构造钢筋也预制在构件中，在结构受力设计方面，完全按照现浇混凝土结构设计。由于预制厚度薄，构件质量轻，便于运输、安装。

（2）创新建筑与结构

UHPC为水泥制品、工程结构的性能改善、寿命提升，为创造开发新产品和新结构，为工程结构连接及维修加固等提供了性能更好的材料，在更高层次上满足对产品、对结构、对工程的需求，如轻质高强、高耐久或长寿命、免维护、美观、防火、绿色低碳、低资源消耗等，对推动行业向高质量、环境生态友好方向发展，对水泥制品和工程结构升级换代具有重要意义。目前，法国在UHPC创新结构和建筑应用方面走在世界前列。

（3）结构维修加固

瑞士UHPC应用的主要领域为维修加固，已形成最具市场竞争力的桥梁维修加固技术体系，其技术经济优势也在世界范围获得验证、认可和应用。世界许多国家包括我国都面临大量桥梁老化问题，需要维修加固或更换。日本如今就着力发展UHPC桥梁维修加固技术。我国已经开展了UHPC维修加固研究和应用，但还集中在混凝土桥梁方面，还有大量老化的码头、隧道、水利水电、建筑等混凝土结构，同样面临老化、存在结构缺陷及不能满足现在对结构承载能力或抗震性要求等各种各样的问题。UHPC维修加固技术与方法具有技术和经济优势，还会在更多工程领域和更大范围获得应用，有很大的市场发展空间。

2. 碳纤维混凝土

C^3-碳纤维混凝土复合材料项目是目前德国建筑领域最大的研究项目之一，德国联邦科教部提供资金支持。自2014年以来，经过140多个合作伙伴的联合协作，碳纤维复合材料已在61个联合项目和300多个独立项目中得到研发。

由Henn设计完成的全球首个碳纤维混凝土建筑Cube位于德累斯顿理工大学Fritz-Foerster-Platz的中心地带，建筑面积220m²，是一座多功能实验楼，屋顶采用大跨度扭曲设计，跨度达24m，通过工业化预制完成，建筑内部融合实验室和多功能活动空间，增进科研人员的交流与合作。建筑本身也是试验台，用于收集和观察该建筑的各种使用信息（图5-84）。

Cube实验楼的设计实现了屋顶和墙体合二为一的无缝融合，显示碳纤维的流畅和可编织特性，为未来建筑形式创新提供了新思路。碳纤维增强混凝土坚固、耐用、低碳、环保的特性，对未来建筑设计的发展，会产生革命性的影响（图5-85）。

1）碳纤维增强混凝土的概念

碳纤维增强混凝土是一种复合产品，由可提供强度和刚度的碳纤维和可将纤维保持在一种基质中的聚合物组成（图5-86）。纤维可以是微纤维或大纤维，材料可合成或天然获得。目前行业研究共识是：碳纤维增强混凝土可显著增加建筑结构的寿命。

图 5-84　德累斯顿理工大学全球首个碳纤维混凝土建筑 Cube（一）
（资料来源：欧洲混凝土 2021 年度会议）

图 5-85　德累斯顿理工大学全球首个碳纤维混凝土建筑 Cube（二）
（资料来源：欧洲混凝土 2021 年度会议）

建筑碳纤维由石油基聚丙烯腈（PAN）制成，也可由木质素制成，木质素是造纸过程中废弃物衍生的有机聚合物。另外，德国慕尼黑工业大学一直在探索用藻油生产碳纤维的方法。

图 5-86 碳纤维增强混凝土
（资料来源：SYSPRO 高品质联盟）

2）碳纤维增强混凝土复合 C^3 材料和传统钢筋混凝土的对比

科研团队通过对碳纤维和高性能混凝土的综合研究，最终开发出 C^3 复合材料这种轻质、坚固的创新环保建材，通过研究，如图 5-87、图 5-88 所示，可减少 52% 的资源消耗和 76% 的碳排放。如果能够在德国全面使用，理论上可以减排 2.3×10^8 t 碳排放。

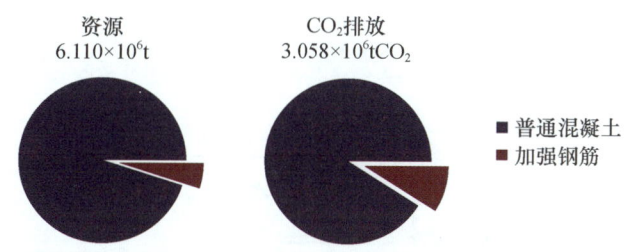

图 5-87 钢筋混凝土的资源消耗和 CO_2 排放（2017）

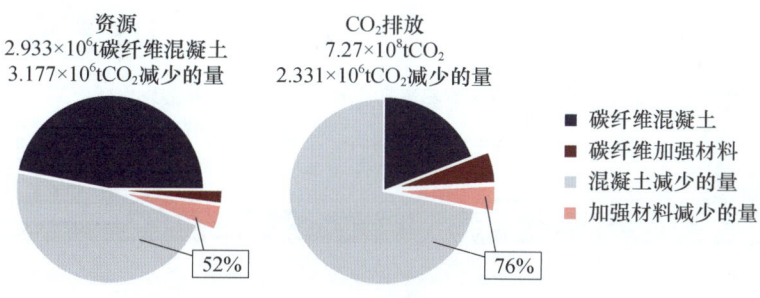

图 5-88 通过碳纤维混凝土潜在的节约

碳纤维增强混凝土与普通钢筋混凝土在资源使用量和碳排放量的对比（以德国目前钢筋混凝土使用量全部替代为例）。

5.3 建筑能源使用技术

5.3.1 光储直柔[102]

建筑是能源电力消费的主体之一。截至 2018 年，建筑运行过程所消耗的商品能源达 1×10^9 t 标准煤，占全国能源消费总量的 22%，其中建筑运行的电力消费量达 1.7×10^{12} t kW·h，占全社会总用电量的 26%。建筑用电消费量仍在快速增长，近 5 年建筑用电量的年均增速超过了同期全社会总用电量的平均增速。

在低碳发展成为全球共识的背景下，我国为实现《巴黎协定》的 2℃目标乃至更严格的 1.5℃目标，建筑领域需要达到 2 个"90%"的目标，即建筑用能量中电比重 90%和建筑用电量中非化石电的比重 90%。建筑领域电气化也成为未来确定的发展趋势，为适应高比例的可再生能源结构及建筑周边分布式发展，建筑电气化已成为未来建筑确定的发展趋势。建筑电气化不仅要提高建筑电气化率，还要发展新型建筑配用电系统，其中"光储直柔"技术是关键。

光储直柔新型建筑配用电应具备 4 项新技术：光、储、直、柔。其中"光"和"储"分别指分布式光伏和分布式储能，未来会越来越多地应用于建筑场景；"直"指建筑配用电网的形式发生改变，从传统的交流配电网改为采用低压直流配电网；"柔"则是指建筑用电设备应具备可中断、可调节的能力，使建筑用电需求从刚性转变为柔性。图 5-89 为新型建筑配用电系统。

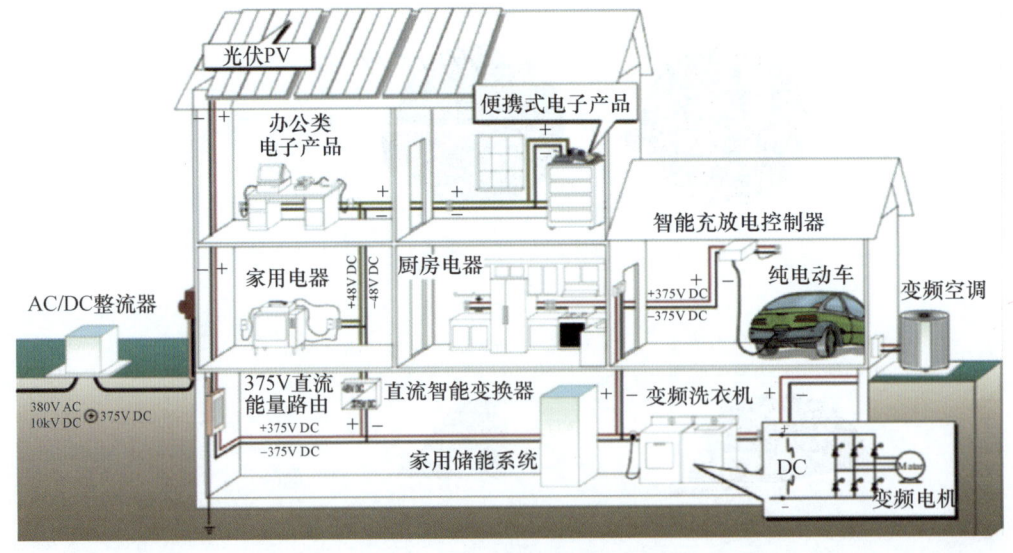

图 5-89 新型建筑配用电系统

（资料来源：李叶茂，李雨桐，郝斌，等．低碳发展背景下的建筑"光储直柔"配用电系统关键技术分析［J］．供用电，2021，38（01）：32-38．）

1. "光"

太阳能光伏发电是未来主要的可再生电源之一，而体量巨大的建筑外表面是发展分布式光伏的空间资源。2018年建筑面积超过$6\times10^{10}\,m^2$，屋顶面积超过$1\times10^{10}\,m^2$，估计可安装超过800GW的屋顶光伏，年可发电量超$8\times10^{11}\,kW\cdot h$。因此，把太阳能的利用纳入建筑的总体设计，把太阳能设施作为建筑的一部分，将建筑、技术和美学融为一体，是未来建筑和能源系统的融合发展趋势。

光伏组件成本的快速下降使得光伏建筑一体化变得更加可行。与10年前相比，晶体硅光伏组件的效率提升了6%，2018年已有超20%效率的光伏组件实现商业化；同期光伏组件价格降低94%，2018年已不到2元/W。而且与光伏电站相比，建筑光伏通过与建筑设计、施工同时进行，或安装在已有建筑屋面，可节省土地租赁等一系列建设维护费用，比集中式光伏电站更具经济优势。在新材料方面，碲化镉、铜铟镓硒等新型光伏电池技术在国内外也处于快速发展阶段，未来光伏的转换效率和经济性有望进一步突破。考虑到低碳发展机遇和技术拐点的即将到来，未来光伏将会越来越多地应用在建筑中，并且成为建筑的重要组成部分。光伏建筑兼具绿色、经济、节能、时尚等优势。

2."储"

在未来的电力系统中，储能是不可或缺的组成部分。电池储能技术具有响应速度快、效率高、安装维护要求低等优点，是电力系统的灵活性资源和备用电源。截至2018年，中国已投运的电化学储能项目规模达$1.07\times10^6\,kW$。国家发展改革委能源所发布了《中国2050年光伏发展展望（2019）》研究预测中国2050年的电化学储能容量有望达到$3.2\times10^8\,kW$。

电力系统的储能需求不只来自电源侧和电网侧，负荷侧同样需要储能。建筑中应用的储能属于表后储能（behind-the-meter energy storage），指在用户所在场地建设，接入用户内部配电网，以用户内部配电网系统平衡调节为特征，通过物理储能、电化学电池或电磁能量存储介质进行可循环电能存储、转换及释放的设备系统。随着分布式光伏和电动汽车与建筑配用电系统的融合发展，储能有利于提高建筑配用电系统的可靠性，同时允许建筑以电厂的角色参与电力系统的辅助服务。

储能电池技术成本已开始降低和收益已开始增加，因此未来建筑对于储能电池的需求会越来越大。成本上得益于电动汽车和电源电网侧储能的快速发展，储能电池的成本在近年快速降低。例如，目前磷酸铁锂电池的初投资价格已经低于1.5元/$kW\cdot h$，考虑使用寿命和效率后的单位度电储存成本已经低于0.7元/$kW\cdot h$。目前很多城市的电力峰谷差已经高于0.8元/$kW\cdot h$，特别是随着灵活性资源逐渐稀缺，未来电价峰谷差逐渐拉大，电池储能的收益会逐渐增加。经济性会成为建筑储能市场化发展的驱动力。

建筑储能技术还处于初级发展阶段，真正储能配置在建筑内部还比较少。从电动汽车和电网储能借鉴来的电池设计和管理技术也需要与建筑场景的特殊需求相结合，例如更多考虑建筑电池的热安全问题。锂离子电池对温度非常敏感，其最佳工作温度范围为20~40℃，在该范围内电池的工作性能较好，安全性能良好，可使用循环次数也相对较高。北京市颁布的《用户侧储能系统建设运行规范》中要求控制在0~45℃。因此，电池布置如何与建筑设计结合保证电池散热，电池控制如何与建筑负荷特性匹配，防止过热事故发生，都是储能电池应用于建筑场景所必须解决的关键问题。此外，德国Voltstorage公司已推出$1.5kW/6.2kW\cdot h$家用钒液流电池产品，配合家用光伏系统即可实现能源自给。目前推出的产品尺寸为580mm×580mm×1406mm，可通过多个产品串联提高储能系统功率与容量。我国家用储能钒电池产品市场有待突破。

3. "直"

随着建筑中电源和负载的直流化程度越来越高，直流配用电可能是一种更合理的形式。电源侧的分布式光伏、储能电池等普遍输出直流电。用电设备中传统照明灯具正逐渐被 LED 替代，空调、水泵等电机设备也更多考虑变频的需求，此外还有各式各样的数字设备，都是直流负载。建筑内部改用直流配用电网，可以取消直流设备与配电网之间的交直变换环节，同时放开配用电系统对电压和频率的限制，从而提升能效、提高可靠性、降低变换器成本、控制设备并离网和电力平衡更加简单等优势。

直流建筑的配用电系统结构，在建筑入口处设有 AC/DC 整流器，其将外电网的交流电整流为直流电为建筑供电，或者在建筑电力富余时将直流电逆变为交流电对外电网供电。而建筑内部通过直流电配电网与所有电源和电器（设备）连接。当电源或电器（设备）的电压等级与配电网电压等级不同时，需设置 DC/DC 变压器。

早在 21 世纪初就已经有学者意识到可再生能源和电器直流化的发展趋势，提出了将直流微电网技术应用于建筑场景。直到今天，建筑低压直流配用电技术在国内外已经有了大量的研究。据不完全统计，国内外实际建成运行的直流建筑项目已有 20 余个，涵盖了办公、校园、住宅和厂房等多个建筑类型，配电容量在 10～300kW 之间。

未来随着"光"和"储"在建筑中的应用，低压直流配电技术将在建筑中得到持续关注和研究；同时随着标准的建立和更多家电设备企业的参与，建筑低压直流配电的生态环境也会逐渐成形。直流建筑联盟发布的《直流建筑发展路线图 2020—2030》中预测直流配用电技术将拉动每年 7000 亿元的市场规模。

4. "柔"

建筑用电设备往往具有可中断、可调节的特性。例如空调和供热系统可以利用建筑围护结构的蓄热特性和人对温度波动的适应性来进行短期负荷功率调节，为电力系统提供一定程度的灵活性；洗衣机、洗碗机等也都具有延时启动、错峰工作的功能。建筑设备的可调节性能为电力系统所用，寻找建筑用户体验和电网灵活性需求之间的平衡，成为一种潜在的灵活性资源。

事实上，建筑设备的灵活性已经受到国内外学者的广泛关注，例如 IEAEBC 的 Annex67 项目就围绕建筑柔性用能开展了一系列研究，包括用户调节意愿调研、控制策略优化、设备调节效益分析、可调节程度评价等。

然而，由于缺乏有效的激励机制，目前需求响应技术还主要停留在理论研究和模拟仿真阶段，实际工程应用较少。未来电力市场化改革的深入推进可能会调动起建筑设备柔性调节的积极性，一方面用户参与电力市场交易的门槛会越来越低，参与其中的建筑用户会越来越多；另一方面电网辅助服务市场、电力容量市场逐步开放，建筑设备柔性调节的收益更加多样。

"光储直柔"技术并非全新的技术，但在建筑领域集成应用却是全新的探索。尤其在低碳发展背景下，可再生能源高比例渗透，建筑节能理念转变为"光储直柔"技术的发展创造了机遇和场景。目前"光储直柔"在建筑中集成应用仍然面临着技术不成熟、标准不完善、产品不完备等问题，要想实现工程应用和大规模推广，未来还有待更广泛深入的研究、跨学科跨部门的流程和大量实践经验的积累。

5.3.2 分布式微电网[103]

采用分布式发电供能技术，有助于充分利用各地丰富的清洁与可再生能源，向用户提供绿色电力，是实现我国减排目标的重要发展方向。基于可再生能源的分布式微电网技术能够节省投资，提高能源利用效率，加大可再生能源结构比重，解决无电缺电地区人口供电问题，故推进可再生能源技术的产业化发展，是提高电力系统可靠性和灵活性的主要方式。

近年来，智能电网成为能源领域的研究热点与重点。微电网是智能电网的重要组成部分，是由分布式电源、储能装置、能量变换装置、相关负荷和监控、保护装置汇集而成的小型发配电的自治系统，能实现自我控制、保护和管理。既可以与大电网并网运行，也可以孤立运行。微电网是未来分布式发电供能系统的高级应用形式。微电网与常规配电网和供电网的最大区别在于它可以在保证电能质量的前提下独立运行。

目前国内对单一可再生能源技术及其控制研究已经比较成熟，但对多种可再生能源技术的集成应用技术，以分布式可再生能源为基础的微电网的基础理论和工程实践问题的研究还很不成熟，处于刚刚开始阶段。可再生能源资源的不稳定性决定了基于可再生能源的微电网供能系统面临更多的科学问题及工程应用难题。

美国是最早发展分布式发电的国家之一，全球大多数商用分布式发电设备是由美国提供的。美国在2001年颁布了IEEE-P1547/D08《关于分布式电源与电力系统互联的标准草案》，并通过了有关的法令让分布式发电系统并网运行和向电网售电。2009年，时任美国总统奥巴马提出在美国发展智能电网的倡议，并大力推动发展可再生能源的普及利用。日本因为资源不足，较早开始使用分布式能源系统，且十分重视其与大电网的相互关系，制定了《分布式电源并网技术导则》。

微型电网概念提出后立即受到各国重视，将其视为分布式发电无缝集成到现有电力系统的重要组织方案和技术。微型电网的研究已经有了较大的发展。

美国能源部和国家可再生能源实验室（NREL）资助威斯康星大学、橡树岭国家实验室、劳伦斯伯克利国家实验室等研究机构开展微型电网研究，并于2003年在威斯康星大学建成了一个小规模的微电网实验室，总容量约为80kV·A。威斯康星大学实验和测试在微型电网不同运行状态下的多种分布式电源控制器。橡树岭国家实验室和劳伦斯伯克利国家实验室则主要开展微电网能量管理系统（EMS）的研究，其结果未能够得到实现和应用。

欧盟各国特别注意采用以可再生能源为主体的分布式发电技术的应用。如德国、荷兰等利用安置在屋顶的太阳能光伏发电系统，开发零排放的供电系统；英国大量采用天然气为发电燃料的楼宇式热电联产（BCHP），用于医院、酒店、写字楼、学校、政府机构等；在欧洲开展的MicroGrid计划，相继在希腊、德国、西班牙等7个国家、14个组织建立不同规模的微电网实验平台。其中德国太阳能研究所（ISET）建成的微电网实验室规模最大，容量达到200kV·A，并在其实验平台上设计安装了简单的能量管理系统。

在我国，由于可再生能源的分布式发电微电网没有大电网并网系统专人负责的高水平维护，其应用环境差异很大，对其可靠性要求很高，目前还处于理论研究及试验阶段。

对于可再生能源分布式微型电网，多能源互补的网络结构也是研究的新课题。在国内外，采用风能、光能和生物质能等多能源作为模块，进行能量互补网络体系结构的研究，受到了研究人员越来越多的重视。

2005年，浙江大学电气工程学院的孙可、韩祯祥、曹一家等对于微型燃气轮机系统在分布式发电中的应用进行了研究，给出了系统的几类动态模型，对整体控制方式与实现手段进行了分析，对于微型燃气轮机在分布式发电系统中的协调运行，建立了理论依据。

新能源微型电网中各发电单元的发电容量与地区地理环境或农业生产规模有直接的关系。风能和太阳能是随机性很强的能源，可以和生物质能发电系统作为稳定能源与太阳能、风能发电系统组建微型电网。其控制参数因地区而异，因季节而不同。可再生多能源分布式微型电网的应用，需要发电电源之间的优化设计与协调（柔性）控制，即微型电网电源之间的网络体系结构。特别是存在风光自然能源的微型电网中，电网的电压稳定和供电可靠性对电网电源之间的连接方式、电网各环节组成方式提出了更高的要求。

5.3.3 相变建筑储能技术[104]

相变储能技术能解决建筑节约能源问题，主要是空间、时间和强度不匹配的能源高效利用。

1. 建筑相变储能材料

相变储能材料具有独特性能，在一定温度下材料本身状态发生变化，外界环境温度改变，能把剩余热量储存或释放出来，达到调节保持温度的目的。按使用方式不同，可将相变储能材料分为潜热、显热和化学反应三种。显热和化学反应储能材料储能率低，需外界环境的诱导，制作工艺也复杂，运用领域较少，潜热材料的储能利用率高，设计灵活，广泛应用于建筑业。

按材料组成可分为：有机相变材料、无机相变材料和复合相变材料。有机相变储能材料在固态成型方面有优势，不发生无相分离和过冷现象，主要包括多元醇、石蜡、脂肪酸及高分子有机物等，这些材料的腐蚀性和毒性小，性能稳定，原材料较易获得，经济成本较低。而无机相变储能材料通常的储能方式是固液相融，主要包括有熔融盐、结晶水合盐、熔融盐、金属及其合金等无机物。单独使用会在施工中出现一些问题，为了克服相变材料在使用时出现的问题，可以采用一些复合工艺将两种及两种以上的相变材料复合配制。复合形式一般是相变材料混合和定形相变材料。

2. 相变储能技术的应用情况

相变储能一般应用在暖通空调领域，主要分两大类：一类是将相变材料和围护结构连接在一起，比如相变顶棚、相变墙板和相变地板；另一类是相变供暖的空调系统。这些材料性能的检测方式主要包括以下几个方面：运用红外光谱技术分析相变材料的相容性；用差示扫描法测试相变材料的温度和潜热；利用投射电镜检测相变材料的形态。

1) 相变围护结构的研究与发展

日本、土耳其、加拿大、美国、中国等国家都在深入研究相变墙板，尤其是加拿大Concordia大学建筑研究中心的Feldman D.、Hawes D.、Banu D.、Athienitis A. K.等专家筛选并物性测试了相当多的相变材料，之后仅仅选择几种适合的相变材料，如硬脂酸丁酯。同时也研究了一些普通的建筑材料吸收相变材料的情况，分析了相变建筑材料的兼容性和稳定性，做了实际测试试验，尤其测试了相变墙板的火焰阻力和烟火生成。还在被动太阳房中对相变墙板使用情况进行了测试。试验证明，相变墙板的最高温度整体下降了 4℃，这个数字意味着相变材料凝固放热量占总供热负荷的 15%。

2) 供暖空调相变系统的研究与发展

空调相变供暖系统主要有两类：电采暖系统和太阳房供暖系统。太阳房又可分为被动式和主动式两种。被动式优势是不用任何机械动力就能吸收热量，通过空气自然循环流动给室内供暖。太阳房的结构简单、无须动力、清洁干净、自然舒适、经济成本低、安全故障少、维护容易等，缺点是昼夜温差大。其可利用相变材料避免这一缺点，白天的时候储存吸收的热量，到晚上温度低的时候，相变材料就自动由液态凝固成固态，并放出大量的热量，缓解了室内昼夜温差过大的缺点。主动式太阳房则是利用动力进行热循环，为室内供暖或供冷，包括循环泵、辅助锅炉、集热器、蓄热槽、管道、换热器和自动控制设备等，这样可以解决降温和热能回收问题，节约能源，提高利用率。

随着建筑节能标准要求的逐渐提高，相变储能技术应用潜力增大，性能稳定、蓄放热能力强的相变材料成为研究的主要方向，并通过多物理过程、多相态系统的动态性能研究系统性的评估性能，并进一步研究储能系统的自主运行。

相变储能材料最大优点是根据周围环境的改变而达到恒温目的，合理运用建筑相变储能技术，具有经济性、高效性和环保性。

5.3.4 清洁供暖

落实清洁供暖，本质上是在满足建筑室内采暖热舒适的条件下消耗最少的化石能源、形成最少的污染物排放，这就要求从建筑末端、集中供热管网和供暖热源等环节分别努力，通过建筑保温技术降低对热量的需求，通过高效和智能的输配系统降低输配过程损失和过量供热损失，通过选择高效清洁热源最终实现清洁取暖。

清洁供暖"宜气则气，宜电则电"的原则实质反映的是因地制宜的理念。应针对大城市（有集中供热管网，建筑密度高）、小城镇（有集中供热管网，建筑密度低）和乡村（无集中供热管网，建筑密度低）各自的建筑特性、供暖负荷需求、能源禀赋和分布、热源和管网设施现状等特点，综合考虑环境治理、能源发展目标、经济发展水平等因素设计与之适应的技术路线。对于乡村，应采用分散采暖方式；对于有集中供热管网的城镇，应选择集中供暖方式。

近年来，我国北方地区城镇供暖面积持续增长，至 2020 年已达 $1.31\times10^{10}\,\mathrm{m}^2$；单位面积供暖能耗降低，但总能耗持续增长，2020 年为 $9.1\times10^9\,\mathrm{tce}$，约占建筑总能耗的 1/4。城镇建筑供暖面积中，市县区的供暖面积约为 $1.1\times10^{10}\,\mathrm{m}^2$，其中集中供暖占比为 88%，分散采暖占 12%。

基于城市清洁供暖现状，结合城市集中供暖和清洁供暖矛盾的特点，清洁供暖技术应对热源、热网、供暖末端整个供暖系统进行统筹考虑，达到能源效率整体最优化。措施如下：

第一，提升建筑物及采暖末端能效，降低供暖负荷需求，从源头控制供暖能耗和污染物排放：一方面提升新建建筑节能设计标准，另一方面对既有建筑加强节能改造。

第二，推进输配系统的全面升级：一是提升供暖装备水平，改造老旧管网；二是建议修改供热相关标准和规范，调低供回水温度设计值，推行楼宇式换热站，推进低温供暖；三是提高管网运行水平，按需供暖，消除供暖系统水力、热力不平衡现象，避免过冷或过热；四是建立供热管网数字信息化管理平台，采集、监测、分析、运用供热系统运行关键参数，进一步提升管理水平。

第三，推进清洁热源建设和改造。一是以超低排放燃煤热电联产为主，充分利用热电联产余热（包括乏汽余热和烟气余热），有条件的宜进行"热电协同"技术改造，按"热电协同"方式运行，提升火电灵活性；二是充分利用城市周边的低品位工业余热、污水余热等；三是建设跨区域的长距离输送管网，热网互联互通，从而改善余热热源与热量需求之间地理位置不匹配的矛盾使余热更高效、更可靠地得到利用；四是鼓励建筑低密集区尽可能增加可再生能源供暖的比例（如深层地热、浅层地热、污水源、空气源热泵和太阳能采暖等）。[105]

5.3.5 绿色住宅的固碳技术

建筑业的碳排放量占人类排放总量的40%～50%，住宅又以量大面广而成排碳大户。为减小温室气体对全球气候影响，住宅的绿色低碳已成为未来发展的必由之路。

1. 绿色住宅的固碳机制

"绿色建筑是指在建筑的全寿命周期内，最大限度地节约资源（节能、节地、节水、节材），保护环境和减少污染，为人们提供健康、适用和高效的使用空间，与自然和谐共生的建筑"[摘自现行《绿色建筑评价标准》（GB/T 50378）]。符合上述特征的住宅可称作绿色住宅。从碳排放角度看，绿色住宅首先应满足低碳减排的要求，以减轻对地球环境的影响。

低碳是个系统问题，一些建筑选用先进的保温材料、太阳能光电池板、Low-E幕墙玻璃等来节能减排，而这些材料的生产、运输、维护和降解中的碳排放量却很少有人加以全面研究和论证。最近国际上提出的"碳足迹"和"碳中和"等概念，就是要全程跟踪产品的碳排放，并通过经济、技术和管理措施保障回收大气碳排放的问题。

减排与固碳是维系大气碳平衡的两种手段：减排是通过高效技术手段和生活方式减少人类生活的总排碳量；固碳则是强调消耗大气中的CO_2气体，使之转化为其他形式的碳存在。两者的目标都是降低大气中的温室气体浓度，建立良性碳平衡，减少人类生活对地球环境的影响。

固碳也叫碳封存，是增加除大气之外的碳库的碳含量的措施，包括生物固碳和物理固碳。生物固碳就是利用植物的光合作用，提高生态系统的碳吸收和储存能力，从而减少CO_2在大气中的浓度，减缓全球变暖趋势。物理固碳过程包括分离和去除烟气中的CO_2，加工矿物燃料产生的H_2，或将CO_2长期储存在开采过的油气井、煤层和深海中等。

生产耗能和排碳是不可能完全避免的，节能减排只能减缓温室气体的排放速度，却不能阻止温室气体不断增加的趋势。就算完全不使用化石能源，对于整个地球生态系统而言，人类社会依然是个高耗能、高排放的社会系统，还会破坏地球的碳平衡。自然界通过植物、藻类、海洋、化石等来完成固碳，保持大气中的碳循环，但这一自然平衡已被人类工业生产生活所破坏，因此，人工参与固碳是未来维持大气碳平衡不可缺少的重要环节。

2. 绿色住宅的固碳技术

1) 生物固碳技术

绿色住宅的生物固碳技术开发与应用，主要包括以下三个方面：

(1) 增加和保护植物群落

绿色住宅区建设中，要积极采取管理和技术措施，保护区内原有绿地、林木、湿地等生态系统的长期固碳能力。绿色住宅和住宅小区的平面布局中应巧妙结合场地中的林木、水体，并宜形成植物群落带，增加植物种群的繁育能力。

(2) 高效植物品种、种植方式与技术，增加植物固碳效率

不同绿色植物的固碳差别很大，传统住宅区内往往只强调绿地面积和视觉景观，对绿色植物的固碳效率问题考虑较少。国内一项研究发现多年生乔灌草种植结构的固碳水平最高，其他依次为灌草型、草坪型和草地，因此绿色住宅区的室外场地宜复合布置乔灌草，少做草坪和硬质广场。

无土栽培技术是一种高效率的种植技术，特点是不占用空间，清洁高效，非常适合住宅绿化。可用在住宅客厅、活动室、阳光花园、阳台等处，不但美观实用，使家人享受种植和品尝无公害蔬菜的乐趣，丰富业余生活，也可有效地促进住宅内外环境的减排效能。

(3) 立体绿化，增加有效绿地面积

住宅的屋顶和墙面是可附加绿化的立体层面，不可忽视种植屋面实质上是人工生态系统的建设，是城市建设过程中对自然的必要补偿。实施种植屋面不会破坏自然生态，特别是应用草炭混合基质的绿化技术，增加建筑的外保温隔热效果，并可有效截留雨水，缓解城市热岛效应。Steven Holl 设计的北京现代 Moma 是屋顶生态绿化的佳例，整个住宅群设计浑然一体，高层住宅的屋顶花园也通过连接体连通，增加了绿地有效面积，也丰富了社区景观。垂直绿化是利用建筑物墙面或支撑物扩大种植面积的一种绿化方式。未来在高层林立的住宅区，墙面需要采取特殊的嵌种方法，结合幕墙式种植和预制板式种植，可望取得更好的种植效果。

2) 建筑固碳材料

建筑固碳材料是指在生产、使用、废弃和再生循环过程中以与生态环境相协调，吸收或消耗 CO_2，起到碳封存作用的建筑材料。不论新型还是传统建筑材料，只要按照长效环保、低碳节能的理念进行改良和适当应用都有良好的低碳、固碳效能。

(1) 新型生态建筑材料

科技进步也带来建筑材料的革新，以健康、节能、低碳为特征的"生态友好型"建筑材料方兴未艾。

澳大利亚生态技术公司宣布开发一种能够吸收 CO_2 的新一代生态水泥，这种生态水泥替代传统水泥将有可观的固碳效果。麻省理工学院生物工程师们利用转基因酵母将 CO_2 成功转化为有用的建筑材料。目前，这一探索正在向产业化推进。生态玻璃、环保油漆、健康涂料等一系列新型建材正在不断走入绿色住宅中，这些新型生态材料究竟效果怎样，还有待实践的验证和制定统一的标准。

英国的学者正在探索使用细胞材料制造建筑材料，这种单核细胞可以吸收大气中的 CO_2 并转化为珊瑚状坚硬的含碳化合物，从而起到保护建筑结构的作用。未来以这种材

料覆盖的建筑可做到负碳排放。

（2）轻质建筑材料

瑞典的一项研究显示，传统建筑材料混凝土、砖、玻璃、钢铁等，密度大，结构安全需要消耗大量材料及生产这些材料需要产生大量碳排放，轻质建筑材料轻质砌块、岩棉、矿棉等有利于建筑减重，减少气候影响，生产材料过程中的温室气体排放也相对较少。所以应提倡采用轻质建材，但应注意一些轻质建材可能有一定毒性，要在安全检验的基础上慎重使用。

（3）木材、植物纤维材料

木材重量的一半是碳元素，树木本身可以通过光合作用贮碳造养。但树木砍伐造成了森林贮碳的流失，其中因热带雨林砍伐造成的 CO_2 排放量约占人类向大气排放的 CO_2 总量的 20%。在树木的生长过程中，碳元素一直贮存在植物体内，但当树木死亡或腐烂后，植物体内的碳元素就会因分解作用排放到大气中。

建筑中使用的木材是可再生资源，可将木材内含的碳元素转化为建筑材料固化在建筑中。树皮、竹子、藤类、麦秆等植物纤维合成材料也可增加建筑材料的固碳效果，避免因在自然界氧化分解释放更多的 CO_2。我国森林过去因长时间过量砍伐，木材资源稀缺，在新建筑材料中合理利用树皮、麦秆、刨花锯末、木片、树叶等对固碳有十分积极的作用。

（4）地方建筑材料

因地制宜地采用地方建筑材料好处是节约运输成本，降低交通碳排放。从建筑整体风格上，就地取材的建筑容易融入地域文化，形成地域建筑风格，成为地域景观和旅游资源的一部分。地方性建筑材料更能适应当地气候条件和自然资源的限制，有强大的生命力。

3）建筑废品再造

从固碳的角度来看，旧建筑和建筑垃圾从物质构成成分来看，富含大量碳，废弃和分解它们更要消耗大量能源，释放更多的 CO_2。我国每年排放的建筑垃圾达 1×10^8 t 以上，并以 8% 的速度在增长，有效利用建筑垃圾不但节约能源，也有利低碳减排、保护环境。

建筑垃圾作为新建筑骨料或合成成分，已经有了初步成效，一些优秀的建筑师开始尝试采用旧建筑砖瓦来实现建筑的绿色环保理念。建筑废品利用不但绿色环保，其美学价值也被进一步挖掘出来。

4）典型案例分析

英国伦敦 BedZED（贝丁顿）社区是 2000 年建于英国的一个大型"零碳社区"，在不牺牲现代化生活模式和全面系统地采用节能减排措施基础上，BedZED 住宅区的基本设计理念是系统地利用地球可再生资源，提供可持续发展的新型绿色住宅区范例。

住宅区采用多层次绿化系统，固碳减排、美化环境。社区建材绝大部分都在半径 35km 的范围内取得，有机材料和地方性材料的选择为社区低碳建设和减排创造出有利条件。根据社区第一年的监测数据，贝丁顿每家住户一年的水电费支出可减少 3847 英镑。与其他社区相比，住户的采暖能耗降低 88%，用电量减少 25%，用水量只相当于英国平均用水量的 50%，汽车行驶里程为全国平均水平的 65%，减少 CO_2 排放达 1.471×10^2 t。

6

世界优秀节能减排城市及社区规划设计

6.1 德国埃斯林根氢能源社区（Weststadt）

德国埃斯林根市在市中心建造一个新区，占地约 $1 \times 10^5 \, m^2$，包括 500 套公寓及当地大学的一栋大楼，还包括一个用于生产绿氢的电解槽。目标是住户居住及出行更加气候中性。社区名字叫"新西部社区"（Weststadt），项目是德国联邦经济部和研发部"太阳能建筑/节能城市资助计划"的六个节能示范项目之一，社区居住密度与柏林市内街区类似。根据设计定义：气候中性社区的每位社区居民每年 CO_2 排放量不超过 1t。评估的内容包括：由建筑运行产生的排放，即采暖、制冷、照明、生活热水、个人用电及个人出行部分，不包括新建筑的建造隐含碳排放（图 6-1、图 6-2）。

图 6-1 新西部社区（Weststadt）（一）
（资料来源：EGSPlan 公司）

碳足迹设定每年排放 1t CO_2 是根据生活居住部分实现减排 85% 的气候目标设定的，目前德国每人每年平均与建筑运行相关的碳排放约为 4.5t/a。"我们需要在今天建造的每一座建筑中，将建筑运行的碳排放量减少 80% 或更多，来避免对既有建筑运行造成

图 6-2 Weststadt 社区（二）
（资料来源：EGSPlan 公司）

进一步的压力。"项目的科学顾问诺伯特·菲斯（Norbert Fisch）教授说。项目于 2017 年启动，由 10 个项目合作伙伴参与。一期住户已经入住社区，整个社区屋面覆盖 2.5MW 光伏板。该项目理论上是严谨和符合逻辑的，但设计师、供应商及政府部门仍需要通过实际项目案例来学习如何改进设计方案。[106]

2050 年，德国须安装 500GW 以上的光伏和风力发电系统，才能实现 CO_2 减排 80% 的碳中和目标。这样的可再生能源装机容量，每年会产生很多局部时间的电力产能过剩，需储能技术配套，绿氢是储能关键技术，通过氢储能，用于出行和建筑用电用能等（图 6-3）。

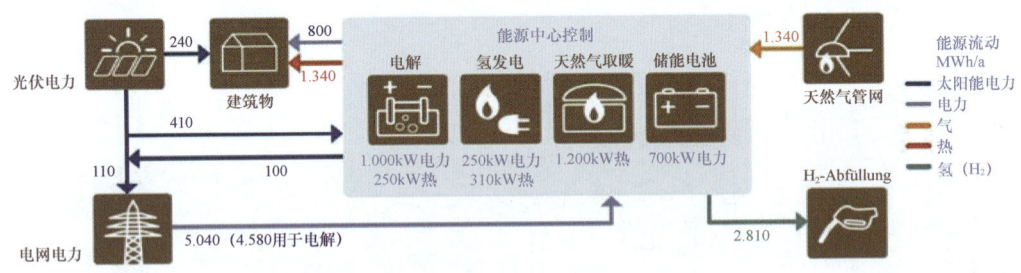

图 6-3 新西部社区 Weststadt 能源方案
（资料来源：EGSPlan 公司）

新西部社区项目屋顶的光伏发电，首先满足住户用电需求，多余电力在储能电池做短期存储，能源链条末端用于电解制氢。目前社区每天最多可生产 400kg 的氢气，氢气在 1MPa 压力容器中短暂储存，然后被用于以下 4 个方面：

（1）向中压燃气管道输送，在技术上最容易的，但目前没有经济意义；

（2）氢气压缩到 70MPa，用拖车运到附近的工业企业和加油站，在那里销售氢气；

（3）设置氢气加气站，用于未来的燃料电池汽车；

(4)通过热电联产装置将氢气转化回电能。

在电解过程产生的废热,以55~60℃的温度输送到供热网络。因此可以将电解效率从55%提高到90%。

为实现气候中性,新城区每$1m^2$的成本增加200~250欧元,包括光伏系统、电解槽、电池、能源管理设备及充电站。目前每年可以提供绿氢50~60t,氢气还没有统一价格,取决于不同的氢气来源和生产方式。通常是每千克6~8欧元,电解产生每千克氢气的废热也可以带来0.55欧元的收益。项目的气候中性和短期成本中性还不能同时实现,气候中性需更多投资才能实现,政府须以社会可接受的方式为气候中性提供资金,如第一步可以在碳排放交易中引入CO_2价格。

6.2 瑞士2000瓦社区

近200个缔约方在巴黎世界气候大会通过《巴黎协定》,达成全球气温升幅控制在2℃以内(较工业化前水平)的目标。意味着人均年碳排放不能超过1t。根据苏黎世联邦理工学院的研究,这相当于人均能源消耗必须控制在2000W以内,或一年吃80kg牛肉,或者开车5000km[107]。根据瑞士2000瓦社会职能中心的数据(图6-4),2011年全球人均消耗的能源$2.5×10^3$W,中国人均消费$2.549×10^3$W,而美国则高达上万瓦,瑞士人均5270W,"2000瓦"的概念,对于瑞士而言,相当于其20世纪60年代的耗能水平(图6-4)。

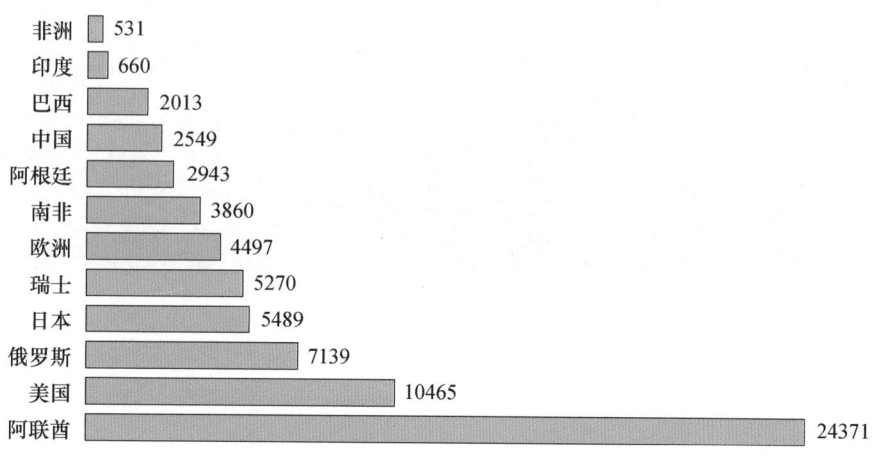

图6-4 天然能源消费(2011年)(单位:瓦)

(资料来源:2000瓦社会职能中心)

苏黎世联邦理工学院开发了"2000瓦社区"模型,该模型出发点是:如果全球想维持一种可持续发展、合理的能源供应,那么每人能源消耗不应高于2000W。既要环保又要舒适,需要调和矛盾。"2000瓦社区"就是在这样的理念基础上,居民们既可享受高品质的生活,又可将能耗降至较低水平,无论是能源消耗还是碳排放量,都是可持续发展的。为了降低碳排放且维持社区的持续发展,瑞士众多社区已将建成"2000瓦社区"列为首要解决措施。[3]目前这类社区均由私营开发商兴建,拥有2000W这一标准，开发商能更快得到施工许可证，周围居民对施工噪声等方面影响也会更宽容。瑞士全国境内已经在伯尔尼、卢塞恩、苏黎世、巴塞尔等 7 个城市建设了 9 处 "2000 瓦社区"。据调查，每个 "2000 瓦社区" 都能因地制宜，伯尔尼的斯道克尔南区 Stöckacker Süd 采用太阳能板和热泵供暖和热水；卢塞恩的罗斯利马特区 Rösslimatt 利用当地卢塞恩湖的热能，使用远程热能中心供热。

巴塞尔的艾楞玛特西区 Erlenmatt 是瑞士首批 "2000 瓦社区" 之一（图 6-5），有 574 套公寓（包括 63 套养老公寓和 56 个护理房间），一座餐厅、一所小学、一座现代化体育馆和其他各类设施。获得瑞士首批获得 "2000 瓦社区" 认证的小区还有位于苏黎世西南城区的 "绿城" Greencity，总占地面积约 16 万 m^2，包括 67000m^2 办公面积，77000m^2 居住用地，8000m^2 商店、餐饮、幼儿园及学校。可容纳约 2000 名住户，提供约 3000 个工作岗位（图 6-6）。

图 6-5　巴塞尔的 Erlenmatt 西区
（资料来源：losinger-marazzi.ch）

"绿城" 社区在设计中考虑了私用功能和公共功能的混合布局。社区规划中有意把居住空间和工作场所连接在一起，建筑密集布局使人们能在小区内能获得新的城市生活和休闲享受。在规划中也考虑办公区中容纳不同规模的企业，使面向未来的企业能在这里共同施展技能，因此，这里共生着刚起步的创业公司和活跃于全球的跨国大公司。对企业雇主及其员工来说，社区有诸多的咖啡厅和餐厅等社交场所，有很多休闲和休息的公共设施，同时交通便利，可以居住在与工作场所直接相邻的环境中，为表达自我，建立社会网络，建立群体和形成社会协同效应提供了理想条件。

绿城社区有自己的水利发电设施、光伏电池设施、热储存装置、热泵等。所有设施一起发挥作用，以达到降低能耗，保证清洁供能的目标。这里，除可持续的能源供给，用户也会通过智能能耗网络的能耗 App 来监控和指导自己的能源消耗行为。

图 6-6 苏黎世的"绿城"Greencity 社区
(图片来源:FengLu-Pagenkopf)

位于温特陶 Winterthur 市中心区的奥劳赫霍夫 Eulachhof 项目是瑞士第一个投入使用的零耗能建筑,同时也是"2000 瓦社区"之一。据开发商介绍,项目位于市中心的旧城改造区,对市内或大苏黎世区工作的人们都有吸引力。人们步行就很快能走到附近的火车站,乘坐快速市郊铁路线,而不必开车上下班。对于租户来说,以 4.5 房户型为例,这种户型套内净使用面积为 $106m^2$,月净租金 1900 瑞士法郎,比周边 1800 瑞士法郎左右的普通住宅均值略高。但该户型如含供暖、热水在内的月杂费只有 130 瑞士法郎,而常规建筑因能耗高,月杂费大约在 250 瑞士法郎。因此,该建筑的总租金水平与普通住宅相当。项目已被安联保险公司和瑞士养老金保险机构联合购买,充分展现其良好的长期商业价值。

6.3 丹麦哥本哈根北港(Nordhavn)

丹麦首都哥本哈根常被称为世界上最幸福的城市,而北港新区的前身是一个拥有独立街区、运河和小岛的自由港。这里曾集中了大部分哥本哈根的传统产业如航海业、海上运输和传统工业。北港新区发展规划始于 2008 年,计划在 40～50 年内完成全面开发。充分开发后,北港新区将拥有 $4×10^6 m^2$ 的建筑容量,并为 4 万名居民提供居住和工作空间,以及众多城市休闲空间和公共设施。新城的目标定位为"展示城市如何在不损失生活质量、福利和民主的前提下,帮助改善气候条件"。因此该区域在能源领域碳中和的基础上，还能够向哥本哈根其他地区输出可持续能源。它将为环境、社会与可持续发展定义新的标准，稳固哥本哈根作为环保大都市及可持续发展领先城市的地位（图6-7、图6-8）。

图 6-7　丹麦哥本哈根北港卫星图

（资料来源：cityup.org）

图 6-8　丹麦哥本哈根港实景图

（资料来源：COBE）

项目中的社会、经济与环境可持续发展密不可分。这里提到的可持续性不仅仅是能源的可持续供应或是一两个可持续建筑，而是成为在这里生活的成千上万居民的日常生活中的一部分。重中之重是如何平衡这些元素，提供一个整体的解决方案。

北港新城的社会性与可持续性开发将贯彻"5分钟原则"，即保证居民可以在5分钟之内可以到达所有的设施，包括学校、托儿所、商店和地铁。这个原则将确保多元化城区紧密相连。项目主管索伦·汉森解释："哥本哈根市为实现可持续交通采取的方法是鼓励使用自行车和公共交通工具。我们因此为当地居民提供可代替汽车出行方法，并保证走路或骑车5分钟之内就能乘坐公共交通工具。"

在能源方面，通过区域制冷、区域供暖和地热能等能源形式，结合太阳能及供热储存设施，将这里打造成碳中和城区。这里有世界最大的供热储存设施，可以把夏天的余热储存起来，供冬天使用。

可持续性城区的开发面临三个挑战。第一个挑战是时间因素，可持续解决方案需要更多的研究时间，也需要更多的过程参与者。一个可持续发展的城市应该像其他城市一样提供舒适与发展机会。同时，可持续发展的城市还要更加环保。只有开发之初重点就放在可持续发展上，目标才可能实现；第二个挑战是创造舒适生活。哥本哈根市政府有关部门表示："创造一个可持续发展城市的挑战并不是为居民创造生活，而是创造高品质的生活"；第三个挑战是如何平衡所有元素。这包括太阳能电池、加热站、转废为能、水消耗、交通、文化活动、管理城市用水及气候适应等，所面临的挑战是定义人与人之间如何互动，并创造灵活的可持续空间，满足每种需求等。

6.4 瑞典哈马碧生态城（Hammarby）

新城建设成为很多国家的主要发展战略之一，为实现产业升级、驱动经济及解决人口问题带来新的思路与可能性。在新城开发建设中，生态城越来越成为世界的共识，它体现了社会、经济、自然协调发展的新型社会关系。瑞典斯德哥尔摩东南城区的"哈马碧"作为生态城市的成功实践区，为全世界瞩目。习近平主席还曾在访瑞期间专程对这里进行过考察。[108]

"哈马碧"（Hammarby），瑞典语意为"邻水而建的城市"，原位于首都斯德哥尔摩南城的滨水工业区，距离市中心约15km。哈马碧生态城1996年开始重新规划，2000年破土动工，瑞典申办2004年奥运会时拟将其建成奥运村，申奥失利后决定将其建成一个集节能环保、可持续发展为一体的现代化样板新城。生态城规划面积约2km^2（约合3000亩），共建造11000套住宅，可供2.6万人居住，另外建造为1万人提供就业的商用面积。新城人口密度参照世界城镇化人口控制标准，即每1km^2 1万人，每人100m^{2}用地。[109]在哈马碧居住的居民，必须签署一份生态环保合约。作为一座新城，哈马碧最大意义是其自身的生态环境系统。在这里，城市功能、交通、建筑和绿地、水循环、能源和垃圾处理等被纳入有机的体系中，有序、协调运作。其生态目标是：每户公寓拥有15m^{2}绿地，能源主要使用可再生能源和生物质能源，人均用水降低一半，普通垃圾减少15%，有害废弃物减少50%，80%的厨余垃圾处理后回田作为肥料或用于生物质发电。

哈马碧生态城将综合目标分解成方方面面的具体目标，主要涵盖污水处理、雨水管理、节能与可再生能源、废弃物与资源回收、交通、绿色空间等，并研究相应策略（图6-9）。

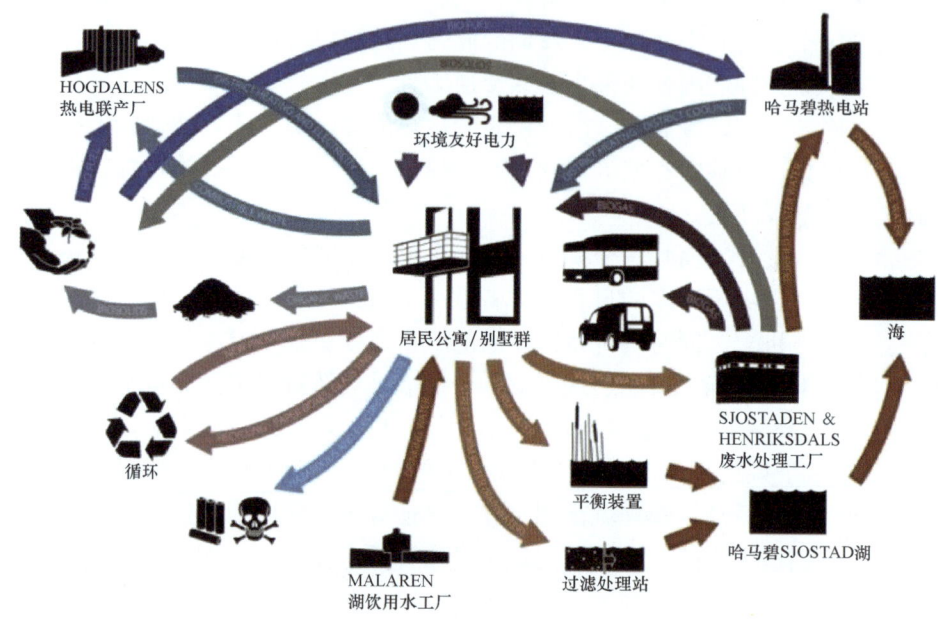

图6-9 哈马碧生态城综合目标
（资料来源：https：//www.thepaper.cn/newsDetail_forward_7798436）

6.4.1 垃圾自动回收系统

在哈马碧生态城的每个居民楼下，都摆放着颜色各异的垃圾桶。这些垃圾桶实际是地下垃圾回收管道的入口，通过地下真空抽吸系统进入回收的网络系统。这个垃圾回收系统的设计遵循一个基本原则，即"就近源头分拣""就近街区回收间""就近地区环保站"三个层级。与此同时，不是所有的垃圾都可以通过垃圾回收系统来自动回收，居民在垃圾出家门前要做详细的分类，厨余垃圾、可燃垃圾、报刊废纸等可就近投放到楼道或楼前的垃圾真空抽吸口，可回收再利用的旧包装、旧衣服、空瓶和电子垃圾送至街区垃圾站，而危险品和有害垃圾如燃料、油漆、电池和化学品则送到社区垃圾站（图6-10）。

通过垃圾分类分别把可燃垃圾送往热电厂发电，把厨余垃圾送到肥料厂转化为有机肥料，将电池、化学品、油漆等有害垃圾送到专门的处理厂进行无害化处理。通过真空自动抽吸系统每天定时通过地下真空管道抽取分类好的垃圾，送到社区垃圾中心自动分装入垃圾集装箱。这样可以避免垃圾车进入居民区，可以防止垃圾装运过程中的二次污染。

6 世界优秀节能减排城市及社区规划设计

图 6-10 哈马碧生态城垃圾回收系统
（资料来源：https://www.thepaper.cn/newsDetail_forward_7798436）

6.4.2 节水措施及水分类处理系统

每个家庭都倡导安装低用水量的抽水马桶、高标准的洗碗机和洗衣机，并且在水龙头上安装空气阀门，从而有效降低家庭生活用水量。在水分类处理的过程中，哈马碧将生活废水和自然水源（如雨水和雪水）进行区别处理。

6.4.3 资源循环利用系统

整个城市规划预期目标，是未来哈马碧普通社区居民的能源供给，都通过自身的资源循环利用系统来实现，如热电厂和地下垃圾回收系统及污水处理系统相结合，生产热力与电力。过程中的废弃物残渣可用于生产生物燃料，来供给哈马碧的城市公共交通和新能源汽车。建筑物的设计不仅考虑到节能，而且通过安装在外墙和房顶的太阳能板来产生能量，解决家庭部分能源需求。

在城区的实施过程中，政府主导，提出要求，然后主动与企业探讨，找到那些愿意根据项目目标进行技术和商业模式创新的企业，共同形成对策。这个过程也成就了一批有创新能力和意愿的企业,为项目成功做出了很大贡献。在不断实践中哈马碧也获得了其成功的商业模式:多层次的公共部门与私营机构的伙伴关系,共同收获品质带来的价值。

公共部门:公共部门的投入有两类:一是地方城市政府直接投入规划和管理、土壤污染治理、基础设施建设,将这个工业废弃地建成有吸引力的社区和休闲目的地,政府最主要的收益是税收和地租;二是国家中央政府通过科研经费、专家关注和政策支持等非直接形式进行的投入。

私营部门:私营部门包括开发建设单位和运营商、供货商等。为满足更高的要求,项目综合造价增加约5%,但额外投资顺利地从市场得到了回报。由于区域的综合吸引力,近10~15年间,该区房地产价值,是斯德哥尔摩同期建设的新建筑中提升幅度最大的。尽管房价稍贵,购房者仍趋之若鹜(图6-11)。

图6-11 瑞典哈马碧城风光

(资料来源:https://www.sohu.com/a/327398294_100145053)

6.5 德国柏林西门子城

柏林历史悠久的工业园区"西门子城"即将转型成为一个集工作+生活融合的创新城市。

西门子计划2030年在柏林建成"西门子城2.0",计划总投资6亿欧元,用于建设创新园区。这是西门子历史上在柏林最大的单笔投资。该项目占地70hm^2。西门子计划把公司现有大型工业区转变为现代化城市园区,并与学术界、商界合作,加强关键技术和创新领域的研发(图6-12、图6-13)。

图 6-12 西门子城 2.0 落成仪式

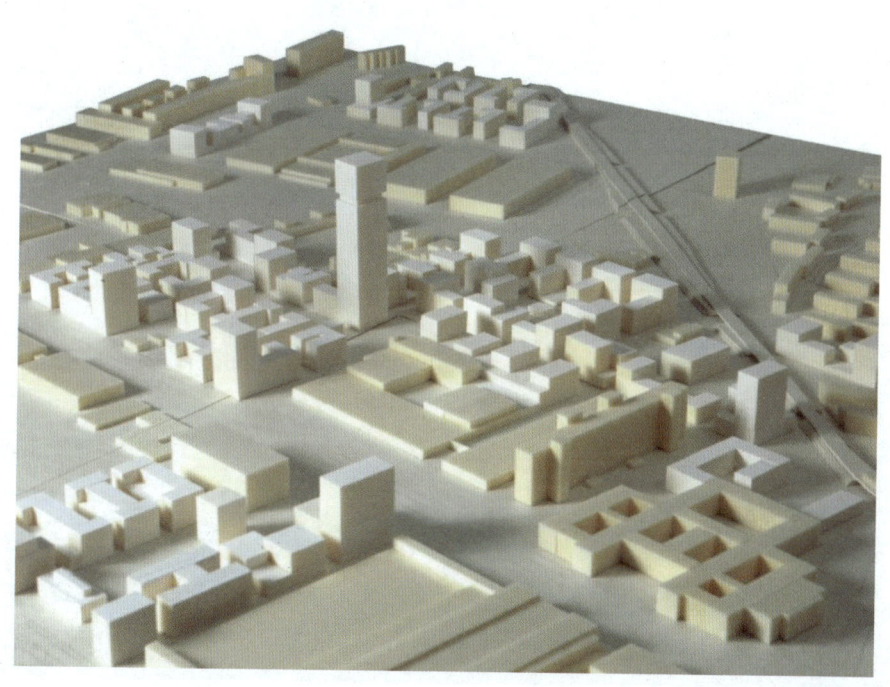

图 6-13 西门子城模型

西门子总部位于德国慕尼黑,但公司最初在柏林成立,故柏林西门子所在区域被命名为"西门子城"。这个基地经过多年发展,已从单纯的工业基地,发展成现在大规模的工业及生活综合性区域,在此工作的员工数量超过 1 万人。西门子总裁兼首席执行官乔·克泽尔表示:"西门子城 1897 年成立时的理念就是把工作、科研和生活空间结合起来。直到今天,这种理念已为工业化和城市化带来根本性的改变。工作、学习和居住比以往更加紧密融合,不同空间不断增加的连通性将创造出新的生态系统。"[110](图 6-14、图 6-15)。

图 6-14　西门子城概念图（一）

（资料来源：Siemens 官网 https://press.siemens.com/global/de/feature/siemensstadt-20）

图 6-15　西门子城（1930 年）

（资料来源：Siemens 官网，https://new.siemens.com/de/de/unternehmen/konzern/geschichte/specials/siemensstadt.html）

"西门子城"可以与我国曾经大厂的厂区加生活区类比，如"重庆钢铁厂"，也曾经拥有电影院、小学、中学、大礼堂、医院，堪比一座城市。但重庆钢铁厂已搬离重庆主城，旧地盘释放出来做了商业开发。而远在柏林的西门子城的土地，仍为西门子公司掌握，并提出与时俱进的计划，打造"西门子城2.0"的智慧园区（图6-16）。

图 6-16 西门子城概念图（二）
（资料来源：Siemens 官网）

该园区配有研究设施、企业初创空间，物流中心及西门子在全球范围内最大的全新生产设备，将提供面向可再生能源、交通、数字基础设施等领域的产品。园区中闲置空间将会得到合理利用，打造高品质社区的工程也在同时进行，建设中的约 2750 套公寓、幼儿园、学校、公共绿地、餐饮、酒店、零售等配套服务设施将为此地创造完善的工作＋生活环境。而附近一条曾经被废弃的铁轨计划将重新启用，建设完成后，即可在 40min 内将旅客送达至柏林新机场（图 6-17）。

图 6-17 西门子城概念图（三）
（资料来源：Siemens 官网，https：//press.siemens.com/global/de/feature/siemensstadt-20）

柏林的旧机场泰格尔机场（Tegel Airport）也成为影响该项目的重要条件之一。在被新建的勃兰登堡机场（Brandenburg airport）取代之后，泰格尔机场将转型成为一座科技中心（ITHub）。而泰格尔机场的"城市科技共和国"（Urban Tech Republic）发展项目与"西门子城2.0"仅相距6km，通过协同在柏林西北部地区将形成一条科技走廊。根据城市规划师预估，两个项目带动的科技走廊将为此地创造2万个就业机会，并为2.5万人提供住房。

6.6 英国诺丁汉大学化学系碳中和实验室项目

英国诺丁汉大学化学系碳中和实验室是在英国高等教育基金委员会（HEFCE）诺丁汉运动的影响下，由葛兰素史克公司（GlaxoSmithKline）捐赠1200万英镑、沃夫森基金会捐赠75万英镑资金支持，作为2010年首次宣布的"绿色化学"承诺的一部分，将建筑和可持续化学的研究结合，打造一个能够解决全球问题和塑造未来的新业界中心。

建筑项目使用面积4199m^2，在诺丁汉大学的朱比利校区建设，项目最终获得BREEAM INC竣工认证杰出Outstanding级别，得分94.1%，项目不仅设计独特，而且在每个阶段都考虑了可持续性（图6-18）。

图6-18 英国诺丁汉大学碳中和实验室
（资料来源：https//www.breaam.com/case-studies/education/glaxosmithkline）

建筑实现自然通风，新风进气和排气通过屋顶安装的集风装置供应和控制；建筑由可再生低碳能源提供运营能源，如45%屋顶面积铺设光伏板和采用可持续生物质燃料CHP热电联产系统，该建筑除自身运营外，可产生多余的可再生能源，用于校园其他办公楼供暖，并通过25年时间来抵消建筑过程中的隐含碳排放，建筑还使用LED照明系统，平均耗能5.4W/m^2，建筑的整体能源系统获得LEED能源绩效满分，主要能源系统都安装分能表记录能耗，包括供暖、生活热水、冷却、风扇、照明、小电源、IT室、电梯和实验室，后续会通过持续三年的测量、验证和分析研究进一步节约能源的可能性；在项目实现低碳的同时，通过CIBSE AM11进行热模拟，保证建筑内高水平的热舒适和居住满意度；项目通过单独使用节水装置、安装渗漏检测系统、绿色屋顶种植耐旱植物及主要用水系统单独安装水表分表计量用水量，实现每人每年耗水量仅为 5.47m³，与建筑数据库基准线相比，水使用效率提高了 64%；项目建筑资源效率高于 BREEAM 效率基准，建筑垃圾产生量为 3.8t/100m²；项目聘请生态学专家为屋顶设计了一整套绿色屋顶方案，提升了生物多样性；项目主体结构为木结构，木材方案通过可持续 PEFC 和 FSC 认证，创新方案获得 2016 年度木结构建筑奖"Structural Timber Award"；项目鼓励使用公共交通网络，设立巴士站，连接多个诺丁汉地区主要交通枢纽，提供自行车设施，并在设计中没有增加新停车位，进一步鼓励更多使用公共交通工具；项目也考虑了气候变化后百年一遇的洪水及泄洪速率及减少地表水流失等因素。

6.7 英国曼彻斯特联合集团总部大楼项目

天使广场一号是位于英国曼彻斯特北部联合集团总部的一座新办公楼，由 3DReid 公司 2007 年开始设计，2010 年 7 月 BAM 建筑公司主承包，2012 年 12 月完工，总投资 1.05 亿英镑，地上 14 层，地下 2 层，占地 46500m²，建筑面积 30500m²，联合集团总部的 12 个部门 3000 多员工在此办公，成为曼彻斯特最大的标志性商业办公楼，也是英国第一个获 BREEAM"杰出"评级的办公建筑，得分 95.6%，该建筑同时还获得了英国 A⁺ 能效证书。

这座 16 层的建筑由柔和的弧形墙体组成的三面结构，每层连接白色混凝土阳台，中间是通高中庭的自然光系统，阳台的后面是大型的、无柱的开放式办公楼层，能够最大化利用中庭系统的自然采光，办公室面积也可以自由分割。外立面由双层全玻璃结构组成，顶部百叶窗结构可以在夏天打开，循环空气，冬天关闭变成保温体系。10 层开始有阶梯露台作为屋顶。综合能源系统包括机房热回收系统、低温照明系统、能量回收反馈的电梯系统和可再生能源的灵活使用系统，热电联产装置可以使用从合作农场送来的生物质植物油，能源系统的目标是比过去的能源成本下降 40%~60%。可持续中水、雨水回收系统，可满足项目 30% 的厕所用水使用（图 6-19）。

图 6-19 天使广场一号

（资料来源：https://www.designbuild-network.com/projects/one-angel-square）

6.8 英国伦敦 Fenchurch 街 20 号商业综合体项目

芬彻奇街（Fenchurch）20 号，位于伦敦金融城中心商业建筑东部集群边缘的一处狭长矩形地块上，整体建筑为 38 层 160m 高的商业综合体项目，2004 年由 Rafael Viñoly 设计工作室和 Adamson 联合体开始设计，建筑面积 $30000m^2$，不同于传统建筑，该建筑顶层楼板面积向上扩大，顶部三层建成面积比占地面积更大的空中花园，成为伦敦第一个空中免费绿地和建筑 360 度观景平台。该建筑拥有英国最大的绿色墙面系统，可提供生态环境系统中急需的植物和昆虫物种，并帮助鸟类提供筑巢的重要栖息地。该建筑 2014 年完工，获得 2015 年度伦敦国际地产大赛的高层商业地产金奖。该建筑弯曲的轮廓，补充了东部塔楼群现有弧形，并与泰晤士河形成更清晰的联系，成为伦敦的新地标项目（图 6-20）。

图 6-20 空中花园一角
（资料来源：https：//www.ianvisits.co.uk）

由于高节能及低碳综合技术，建筑获得 BREEAM 认证杰出级别，得分 86.6%。建筑垂直立面百叶窗在东西立面上提供遮阳，并随着建筑的扇形曲线展开，覆盖屋顶和空中花园。南北立面大量采用玻璃，最大限度拓宽视野，同时北立面上层的幕墙延伸到拱形屋顶的百叶窗，还能提供横跨整个空中花园的大型城市窗口，整个立面体系的导热系数，由火灾救援搜救队相同的热成像技术来测量，最终确认使用严格的热损失性能标准。建筑能够最大限度利用自然和可再生资源，减少有害排放，如在英国商业建筑中第一个采用氢燃料电池热冷电联产发电系统，为建筑产生 300kW 的低碳、低排放电力，每年可减少 270t CO_2 排放，屋顶安装太阳能光伏板，主要由夏季发电，每年可产生 $2.73×10^4$ kW·h 的绿色电力（图 6-21）。

图 6-21 伦敦芬彻奇（Fenchurch）大街上的建筑
（资料来源：https://www.sre.co.uk/award/20-fenchurch-street-london）

项目采用大量的可再生材料，96.4%的建筑垃圾循环再造利用，如所有挖掘出来的材料都根据《克莱尔工作守则》重新分类，作为场外土地复垦项目的填充物使用，废弃木材托盘和包装，成为纪念品制造商的材料。混凝土和钢结构符合 BRE 全球标准 BES 6001 的建筑产品责任可持续采购认证，木材采购通过 FSC 进行认证，确保从负责任管理的森林中获取木材产品，能够提供环境、社会和经济效益。在施工过程中设立实时噪声及粉尘监测站，协助工地实时监测噪声及空气质量，并与伦敦金融城政府及南岸大学合作，将数据分析用于编写伦敦金融城建筑空气质量管理报告。

6.9 新贝利的索尔福德中心 A3 地块

A3 地块项目是英国城市基金（ECF）在新贝利索尔福德中心（Salford Central）项目的一个 12 层的投资办公楼，建筑面积 $1.6\times10^4\,\mathrm{m}^2$。ECF 在该项目的愿景是尽可能实现可持续发展，提高能源和碳效率，增加生物多样性，并对社会产生积极影响。项目由 Make 公司设计，Bowmer & Kirkland 总承包，Cundall 公司作为可持续发展顾问，预计 2023 年 3 月完工。

该项目最终目标是实现建筑运行的净零碳，按照英国绿色建筑委员会 UKGBC2030 年净零碳行动的净零碳框架进行设计。建筑设计也采用 WELL 健康标准，提高办公人员入住健康、福祉和生产力。

建筑设计包括欧洲最大的绿墙，计划种植 35.5 万株植物，预计可消除空气污染物，降低城市温度，改善生物多样性，也为用户提供和自然亲近的健康福利，建筑的采光面积达外墙的 60%。该建筑能显著增加社会价值，社会投资回报率（SROI）至少 1:2（图 6-22）。

建筑能源系统设计能够满足 $35\mathrm{kW\cdot h/(m^2\cdot a)}$ 的能源目标，并符合 A 级能效证书（EPC）等级。保温措施按照被动房标准设计，气密性等级为 $2\mathrm{m}^3/\mathrm{h}/\mathrm{m}^2@50\mathrm{Pa}$，而

图 6-22　零碳建筑——欧洲最大的绿墙

(资料来源：https://www.woolgarhunter.com/)

目前的建筑规范指标为 $10m^3/(h·m^2)$@50Pa。整栋建筑实现无燃烧的全电气化。在植物围护结构的上方安装光伏区域，生产部分建筑能源，天花板安装空气源热泵提供建筑的低碳加热和冷却，安装 CO_2 热泵提供高效低碳热水。室内温度智能设定更宽的加热和冷却值，智能通风系统与 CO_2 传感器相连按需通风，这些措施在实现降低能耗的同时保持室内舒适环境。

建筑施工方案通过 RICS 方法对建筑全生命周期碳排放及建材隐含碳排放进行评估，结构方案通过早期碳分析进行优化。使用回收钢材用于建筑钢筋，使用超过 50% 水泥替代物的低碳混凝土用于下部结构，使用超过 30% 水泥替代物的低碳混凝土用于上部结构，采用高循环利用比例的材料用于外围护结构，天花板裸露节约材料，楼梯采用回收楼梯循环利用等早期的研究计划，能够减少 25% 以上的隐含碳排放，目前设计能够实现 $500kg\ CO_2/m^2$。

该建筑成为首批在英国使用 NABERS 绿标验证的建筑之一，目标是 Nabers5.5 星评级，Well 白金级，也会申请 BREEAM 杰出建筑评级。

6.10　迪拜 2020 世博园可持续发展区

在全球新冠肺炎疫情的肆虐下，原定于 2020 年举行的迪拜世博会推迟至 2021 年 10 月 1 日—2022 年 3 月 31 日举行，这不仅是发生新冠肺炎疫情后的第一次世博会，也是在中东地区举办的首届世博会。

迪拜 2020 世博会以"沟通思想，创造未来"为主题，为疫情阻隔的世界带来一阵清风，其目标是成为最可持续的世界博览会，并出版年度可持续发展报告。世博会创造

6 世界优秀节能减排城市及社区规划设计

"机遇""流动性""可持续性"三个风格迥异主题馆、180个国家场馆及阿联酋场馆，全球有190个国家参加，约2500万人参观。人类大规模活动永远不可能完全环保，但它向数千万观众展示了未来可能的生态解决方案，激励他们采取行动，保护环境，尤其是可持续发展馆的独特创新理念及对可再生能源的有效利用，成为迪拜世博会的一大亮点（图6-23）。

图 6-23　迪拜 2020 世博会
（资料来源：https://www.expo2020dubai.com/）

在可持续方面，迪拜2020世博会有四个主要目标，旨在对国家、区域和全球环境做出贡献：

（1）可持续发展的实践，即保留可持续基础设施和科技前沿；
（2）促进迪拜和阿联酋的可持续发展；
（3）提高公众意识和社会参与可持续原则和可持续生活；
（4）开发可扩展的可持续解决方案促进经济发展。

迪拜2020世博会通过以下创新方案来实现其可持续发展目标：

（1）清洁能源生产；
（2）减少用水量；
（3）自然解决方案；
（4）减少碳足迹；
（5）使用可持续建筑材料；
（6）减少浪费；
（7）鼓励可持续旅游。

图6-24是可持续发展区中心的可持续发展馆，被命名为"Terra"，是拉丁语"大地"的意思，位于世博会主入口之一的显要位置。整体建筑面积 $1.7 \times 10^4 \mathrm{m}^2$，为可持续发展馆正中心提供 $6000 \mathrm{m}^2$ 的展示面积，建筑由英国Grimshaw建筑设计所总设计，获得LEED白金级认证及LEED零碳能源和LEED零水耗证书，设计寿命为100年，

能够实现能源和水系统自给自足。整个场馆采用钢结构，97%的钢材来自再生钢材，钢结构材料会产生 $1.785×10^4$ t 隐含碳排放，将由可再生能源的供应在未来的建筑使用过程来中和，能源系统由中间宽 130m 椭圆形能量"树冠"及周边 18 棵直径 15～18m 不等的"能量树"组成，顶部覆盖 4912 块太阳能光伏电池板，每年可提供 4GW·h 的电力，足够为 90 万部手机充电。"能量树"支架采用复合碳纤维材料，可以根据太阳的方向实时调整"树冠"的角度，像一朵朵面向太阳盛开的向日葵，提升发电效率。

图 6-24　迪拜世博会可持续发展馆（Grimshaw Architects' Sustainability Pavilion）
（资料来源：https://www.dezeen.com/）

建筑"能量树"的设计原型灵感来自阿拉伯大沙漠中抗干旱的牧豆树（Ghaf Tree），显示建筑的本地特色，建筑充分结合阿联酋阳光充足和天气潮湿的气候特点，建造环绕场馆漏斗形状的水塔及场馆内部 6 个不同的水循环系统，主"能量树冠"同时也是露珠和雨水收集的"水资源树"，能有效吸收雨水和潮湿空气里的水分，18 棵小"能量树"是辅助水源收集装置，收集的水资源会循环利用，配合创新的灌溉技术，为场馆周围的绿植提供用水，使整个可持续发展馆的用水量降低 75%。

沙漠腹地展出这些技术，能够引发人们对生活方式的进一步思考，如图 6-25 展出的独立自然环境和各种人的行为对其产生的影响，探索人类如何更好地与自然相处。

该建筑最终被地产商 Emaar Properties 开发，2022 年 3 月底迪拜世博会结束后改建为博物馆，主要展出科学和可持续性实践。世博会结束后，该区域会继续发展其可持续理念，在此建立具备综合用途的全球最智慧可持续城市社区，回用 80% 的世博会建筑材料和所有 LEED 白金和金级建筑，通过汇聚全球思想，拥抱技术和数字创新，继续吸引企业和人们来工作、生活、参观和享受。

位于可持续性展区内的国家馆也充分体现人与自然和谐共生的多个主题。

新加坡馆由新加坡 WOHA 建筑设计所总设计，图 6-26 通过 8 万株垂直栽培和 1770 株悬挂植被创造出美轮美奂三维空中花园。该设计整体思路是在沙特气候条件下探索植物生态降低建筑的气候影响，建筑屋顶安装 517 片太阳能光伏板，在展览会期间

6 世界优秀节能减排城市及社区规划设计

图 6-25 可持续发展馆展出自然环境和各种人为影响

(资料来源：https://www.dezeen.com/2021/10/06。Grimshaw tops Dubai Expo Sustainability Pavilion with giant "energy tree")

提供 161MW·h 的电力，并安装海水淡化系统，每天通过地下打水，并淡化生产 40m³ 淡水，可以灌溉所有的植物及建筑喷雾降温等用水，在沙漠中打造出能够自循环的沙漠绿洲。新加坡馆是迪拜 2020 世博会最小的展馆之一，但秉持新加坡"国小思想大"的特征，其整体设计为观众提出了建筑与生态及生物多样性共生的进一步思考。

图 6-26 迪拜世博会新加坡馆

德国馆由德国联邦经济事务和能源部（BMWi）负责，由柏林的 LAVA 建筑设计所总设计，面积 $4.6×10^3 m^2$；建筑高度 27m，设计三大展区，由一组垂直组装悬挂的立方体组成，顶部是浮云覆盖的屋顶，由 900 根钢杆组成的"吹动森林"支撑，通过这种松散、多孔体积堆叠创建的整体相互联系，营造出交流知识、想法和创新的开放场所，场馆通过"创新型的风能系统""智能模块化农场"和"生物多样性实验室"三个板块的展示，促进人们思考如何应对全球气候变化带来的挑战（图 6-27）。

图 6-27　迪拜世博会德国馆外景效果图

（资料来源：German Pavilion Expo 2020 Dubai/Björn Lauen；NUSSLI Group）

德国馆建筑的可持续性原则是使用最少的材料来创造最大的体积，三个立方体巧妙地堆叠在基座上，在中心形成一个巨大的四维景观空间。由于当地气候原因，设计参考了当地四合院风格，即封闭的外观，面向内部空间立面和房间相互开放。堆叠的立方体，具有被动房设计特征，即减少阳光直射影响，产生自然阴影，减少热负荷和优化室内气候，通过智能装置最大限度减少空调的使用，屋顶进一步创造了阴凉和舒适，是一朵漂浮的"技术云"，由900根垂直钢杆的动态布置及支撑，组成一个自适应体系，似风中摇曳的森林，通过智能技术，光线由小开口进入室内，能够根据阳光需求程度逐渐变化角度，在中庭形成类似于阳光穿透森林的树叶，并通过镜子反射直射屋顶的阳光，创造不断变化的光影体验（图6-28）。

图 6-28　迪拜世博会德国馆内景效果图

（资料来源：German Pavilion Expo 2020 Dubai/Björn Lauen；NUSSLI Group）

展馆的垂直方向包括底部的景观层、中部的展览层和顶部漂浮的"云层",其"呼吸系统"由图 6-29 展示层包裹的梯形不透明的单层 ETFE 膜及外立面 1.5m 宽的玻璃部分组成,可以打开或关闭,使建筑能够自然"呼吸",减少对空调的需求,并能够应对世博会期间的不同天气条件,如沙尘暴或凉爽的日子。展馆从炎热的室外到室内的过渡也经过仔细考量,建筑师设计了一个过渡空间。中央大庭由空调展览空间制造的冷空气进行制冷,从而减少能源使用,提高参观者的舒适度。

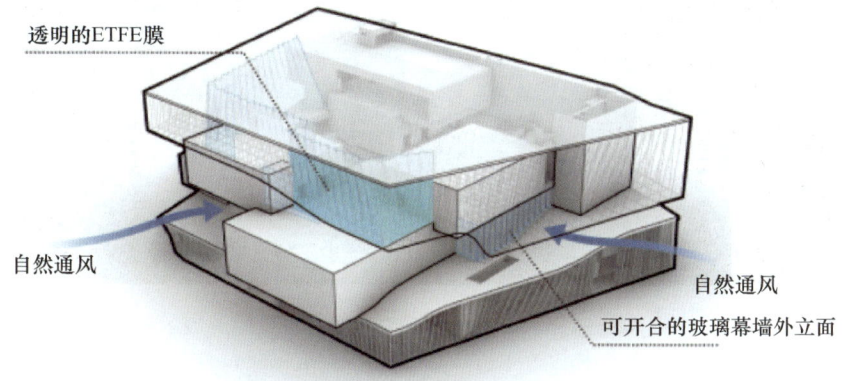

图 6-29 迪拜 2020 世博会德国馆自然空调调节系统示意图

(资料来源:German Pavilion Expo 2020 Dubai/Björn Lauen;NUSSLI Group)

设计的可持续性也充分展现了减少资源消耗的循环经济,从建筑全生命周期出发,从设计到拆除(DfD)"废弃物矿山""减少灰色能源"等多方面可持续和可重复使用的建筑材料概念的应用,使得世博会结束后,95%的建筑材料将被重新利用,作为其他建筑使用,如钢柱拆除后会重新加工成不同的几何形状来应用(图 6-30)。

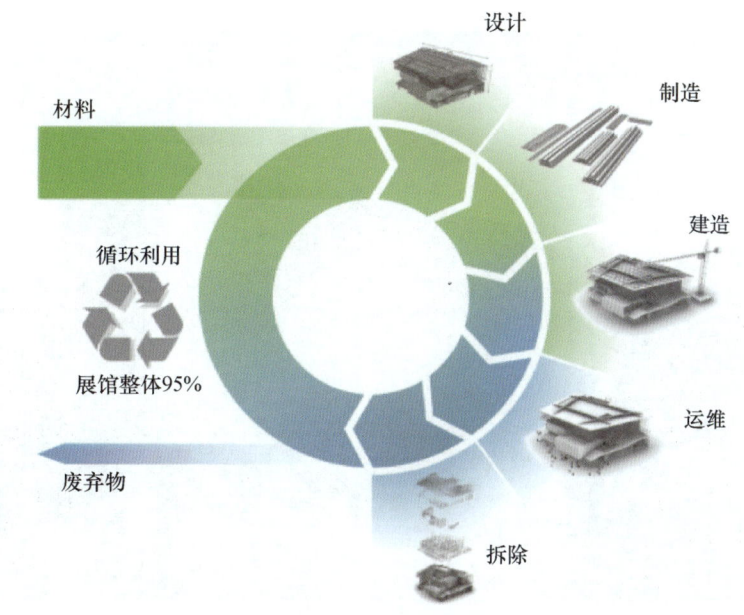

图 6-30 迪拜世博会德国馆可循环设计概念

(资料来源:German Pavilion Expo 2020 Dubai/Björn Lauen;NUSSLI Group)

德国馆可持续性也展出了创新型风能的使用，如图 6-31 所示。

图 6-31　迪拜世博会德国馆创新型可再生能源展示

（资料来源：German Pavilion Expo 2020 Dubai/Björn Lauen；NUSSLI Group）

迪拜 2020 世博会荷兰馆将艺术、建筑和技术融为一体，由 V8、Expomobilia、Kossmann Dejong、Witteveen＋Bos 建筑事务所联合设计。如图 6-32 所示，长方形建筑中心是一个巨大的锥形结构，上面覆盖着同心的植物环，形成自我循环的微型气候生态圈及生态圈内共同生活的生物群落，气候循环系统可以收集水、能量、制造雨水、生产食物和建立一个微型生态圈。生态圈模型通过真实尺寸展示"耗水量、能量转换和食物短缺的解决方案"，生态圈相当于一个立体农场，表面覆盖着可食用植物，如蘑菇生长，锥形结构有助于调整锥体内部温度和湿度，每 1d 可收集 800L 空气中的水分，用于灌溉植物。

图 6-32　迪拜世博会荷兰馆外景

（资料来源：https://www.dezeen.com）

在展馆内能够感受降雨和小气候,也能品味荷兰泥土的味道,味道由天然材料发出,主要原料是天然玉米淀粉组成的含菌生物质大分子材料制成。展馆建筑设计也体现循环经济、拆解与利用的理念,所有原材料都是当地采购或者租赁,会重新再利用或者归还当地所有者,生物元素也将全部回归自然(图6-33)。

图6-33 迪拜世博会荷兰馆内景
(资料来源:https://www.dezeen.com)

通过"沟通思想、创造未来"的迪拜世博会主题口号,人们在可持续展区还能够看到更多值得深思的未来技术,描绘着更多人与自然在不远的将来能够和谐共生的美好愿景。

参考文献

[1] ARRHENIUS S. On the Influence of Carbonic Acid in the Air upon the Temperature of the Ground [OL]. https://www.degruyter.com/document/doi/10.12987/9780300188479-028/html.

[2] MYLES R ALLEN, TOM GABRIEL JOHANSEN, ELVIRA POLOCZANSKA, et al. IPCC Special Report on Global Warming of 1.5℃ | UNFCCC [EB/OL]. [2021-12-09]. https://www.ipcc.ch/sr15/.

[3] WORLD BANK. The Little Green Data Book 2007 [R]. Washington, DC: World Bank.

[4] US DEPARTMENT OF COMMERCE N. Global Monitoring Laboratory-Carbon Cycle Greenhouse Gases [EB/OL]. [2021-12-08]. https://gml.noaa.gov/ccgg/trends/.

[5] NATIONAL CENTERS FOR ENVIRONMENTAL INFORMATION N. State of the Climate: Global Climate Report for Annual 2020 [R/OL]. (2021-01) [2021-12-08]. https://www.ncei.noaa.gov/access/monitoring/monthly-report/global/202013#:~:text=The%20global%20annual%20temperature%20has,2.30%C2%B0F)%20above%20average.

[6] HANSEN J, SATO M. Global warming acceleration [OL]. www.columbia.edu/~jeh1/mailings/2020/20201214_GlobalWarmingAcceleration.pdf.

[7] IEA. Global Energy Review: CO_2 Emissions in 2020 [OL]. https://www.iea.org/reports/global-energy-review-2020.

[8] NERILIE ABRAM, NATHALIE HILMI, ANNA PIRANI, et al. Special Report on the Ocean and Cryosphere in a Changing Climate— [EB/OL]. [2021-12-14]. https://www.ipcc.ch/srocc/.

[9] NULLIS C. 2020年将成为有记录以来最暖的三个年份之一 [EB/OL]. (2020-12-02) [2021-12-14]. https://public.wmo.int/zh-hans/media/%E6%96%B0%E9%97%BB%E9%80%9A%E7%A8%BF/2020%E5%B9%B4%E5%B0%86%E6%88%90%E4%B8%BA%E6%9C%89%E8%AE%B0%E5%BD%95%E4%BB%A5%E6%9D%A5%E6%9C%80%E6%9A%96%E7%9A%84%E4%B8%89%E4%B8%AA%E5%B9%B4%E4%BB%BD%E4%B9%8B%E4%B8%80.

[10] FAO, IFAD, UNICEF, et al. 世界粮食安全和营养状况 [OL]. [2021-12-08]. http://www.fao.org/documents/card/en/c/ca9692zh.

[11] 王硕. 我们为什么要应对气候变化? [N]. 人民政协报, 2015-12-03.

[12] CONTRIBUTION OF WORKING GROUP I TO THE FIFTH ASSESSMENT REPORT OF THE INTERGOVERNMENTAL PANEL ON CLIMATE CHANGE. AR5 Climate Change 2013: The Physical Science Basis—IPCC [EB/OL]. [2021-12-14]. https://www.ipcc.ch/report/ar5/wg1/.

[13] MERCATOR RESEARCH INSTITUTE ON GLOBE COMMONS AND CLIMATE CHANGE, GIPPNER O. The 2℃ target: a European norm enters the international stage—following the process to adoption in China [J/OL]. International Environmental Agreements: Politics, Law and Economics, 2016, 16 (1): 49-65.

[14] IPCC. IPCC宣讲会 [EB/OL]. [2021-12-08]. http://www.cma.gov.cn/2011wmhd/2011wzbft/2011wzxzb/yixianrong_1405_1/.

[15] MERCATOR RESEARCH INSTITUTE ON GLOBE COMMONS AND CLIMATE CHANGE. Remaining carbon budget-Mercator Research Institute on Global Commons and Climate Change（MCC）[EB/OL]．[2021-12-08]．https：//www. mcc-berlin. net/en/research/co2-budget. html.

[16] BP. Energy Outlook 2020 edition [R]．

[17] IEA. World Energy Outlook 2020 [R]．

[18] EUROPEAN COMMISSION. 2020 Climate & Energy Package [EB/OL]．[2021-12-10]．https：//ec. europa. eu/clima/eu-action/climate-strategies-targets/2020-climate-energy-package_en.

[19] EUROPEAN COMMISSION. DIRECTORATE-GENERAL FOR ENERGY. Energy：roadmap 2050 [M/OL]．LU：Publications Office，2012 [2021-12-10]．https：//data. europa. eu/doi/10. 2833/10759.

[20] 曾静静．欧盟委员会制定《2050年迈向具有竞争力的低碳经济路线图》[OL]．[2021-12-14]．http：//119. 78. 100. 173/C666/handle/2XK7JSWQ/268388？mode＝full&submit_simple＝Show＋full＋item＋record.

[21] EUROPEAN COMMISSION. 2030 climate & energy framework [EB/OL]．[2021-12-10]．https：//ec. europa. eu/clima/eu-action/european-green-deal/2030-climate-target-plan_en.

[22] EUROPEAN COMMISSION. COMMUNICATION FROM THE COMMISSION The European Green Deal：COM（2019）640 final [R/OL]．Brussels（2019-12-11）．https：//eur-lex. europa. eu/legal-content/EN/TXT/？uri＝CELEX%3A52019DC0640&qid＝1659670797369.

[23] CARBON BRIEF. Analysis：Just four years left of the 1.5C carbon budget-Carbon Brief [EB/OL]．[2021-12-14]．https：//www. carbonbrief. org/analysis-four-years-left-one-point-five-carbon-budget/.

[24] 《电力发展"十三五"规划》新闻发布会 [EB/OL]．[2021-12-14]．http：//www. nea. gov. cn/xwfb/20161107zb1/index. htm.

[25] IEA. World Energy Model Documentation [R/OL]．Paris：IEA，2021. https：//www. iea. org/reports/world-energy-model.

[26] IEA. Net Zero by 2050 [R/OL]．Paris：IEA，2021. https：//www. iea. org/reports/net-zero-by-2050.

[27] IRENA. Global Renewables Outlook：Energy transformation 2050（Edition：2020）[R]．Abu Dhabi：International Renewable Energy Agency，2020.

[28] OPEC. World Oil Outlook 2020 [R/OL]．[2021-12-10]．https：//www. opec. org/opec_web/en/publications/340. htm.

[29] EQUINOR. Energy Perspectives 2020 [R]．Equinor ASA，2020.

[30] NEDO. NEDO氢能源白皮书 [R]．日本新能源与产业技术综合开发机构（NEDO），2015.

[31] FUEL CELLS AND HYDROGEN JOINT UNDERTAKING. Hydrogen roadmap for sustainable path to Euro energy transition [J/OL]．Fuel Cells Bulletin，2019（3）：13.

[32] MCKINSEY. Road map to a US hydrogen economy [J/OL]．Fuel Cells Bulletin，2020（11）：12.

[33] BELLONA. Hydrogen in steel production：what is happening in Europe-part one-Bellona. org [EB/OL]．（2021-03-04）[2021-12-14]．https：//bellona. org/news/climate-change/2021-03-hydrogen-in-steel-production-what-is-happening-in-europe-part-one.

[34] ZHANG P. China has built 118 hydrogen refueling stations [EB/OL]．（2021-07-01）[2021-12-14]．https：//cnevpost. com/2021/07/01/china-has-built-118-hydrogen-refueling-stations/.

[35] EVTANK. EVTank发布《中国加氢站建设与运营行业发展白皮书（2021年）》[EB/OL]．（2021-07-01）[2021-12-14]．https：//www. sohu. com/a/474939914_121155505.

[36] 王利宁．2050年中国能源展望（2019版）[R/OL]．https：//eneken. ieej. or. jp/data/8166. pdf.

[37] 胡静文．《德国国家氢能战略》及《欧盟氢能战略》深入解读-几何四驱 [EB/OL]．（2020-08-01）[2021-12-14]．http：//www. whybeta. com/？p＝5563.

[38] 中华人民共和国发展和改革委员会，中华人民共和国农业部. 全国农村沼气发展"十三五"规划［EB/OL］.（2017-02-11）［2021-12-14］. https：//www. ndrc. gov. cn/fggz/fzzlgh/gjjzxgh/201706/W020191104624275144242. pdf.

[39] 韩扬眉. 科学网送寒迎春：沼气行业焕发"朝气"［N/OL］. 中国科学报，2019-11-26［2021-12-14］. https：//news. sciencenet. cn/sbhtmlnews/2019/11/351442. shtm.

[40] 中电联规划发展部. 中国电力行业年度发展报告 2020［EB/OL］.［2021-12-14］. http：//www. chinapower. com. cn/zx/zxbg/20200615/22414. html.

[41] DICKE M. 德国沼气工程技术及其在中国的应用前景［R］. 德国农业协会，2010.

[42] 德国水协 DWA 的"污水处理厂 BIZ-1.1—污水处理厂协调组. 32. Leistungsvergleichkommunaler Kläranlagen（第 32 次污水处理厂效果比较）［J］. 德国水协 DWA 专业刊物《污水与垃圾》，2020（11）.

[43] 安静. 城市垃圾填埋与沼气化技术的现状与发展［N/OL］. 中国新能源网，2016-11-29［2021-12-14］. https：//newenergy. in-en. com/html/newenergy-2286219. shtml.

[44] 中国投资咨询网. 我国生物质资源开发利用状况分析［EB/OL］.（2016-07-20）［2021-12-14］. https：//www. solidwaste. com. cn/news/243325. html.

[45] 谢光辉，张宝贵，刘宏曼，等. 世界主要国家生物液体燃料政策-研究报告［R/OL］. 中国农业大学，国家能源非粮生物质原料研发中心，2014. https：//www. efchina. org/Attachments/Report/reports-20140501-zh/reports-20140501-zh.

[46] OECD. The Bioeconomy to 2030：Designing a Policy Agenda［M/OL］. Paris：Organisation for Economic Co-operation and Development，2009.［2021-12-14］. https：//www. oecd-ilibrary. org/economics/the-bioeconomy-to-2030_9789264056886-en.

[47] 中电联规划发展部. 中国电力行业年度发展报告 2020［EB/OL］.（2020-06-12）［2021-12-14］. https：//www. cec. org. cn/menu/index. html？591.

[48] 周良虹，黄亚晶. 国外生物柴油产业与应用状况［J］. 可再生能源，2005（04）：62-67.

[49] 郑国香，刘瑞娜，李永峰. 能源微生物学［M］. 哈尔滨工业大学出版社，2013.

[50] 何凤苗，雷昌菊，江香梅. 生物质能源：生物柴油研究进展［J］. 江西林业科技，2007（01）：45-49.

[51] 孟中磊，蒋剑春，李翔宇. 生物柴油制备工艺现状［J］. 生物质化学工程，2007（02）：59-65.

[52] UNITED NATIONS GENVIRONMEN PROGRAMME，GLOBAL ALLIANCE FOR BUILDINGS AND CONSTRUCTION. 2020 Global Status Report for Buildings and Construction：Towards a Zero-emissions, Efficient and Resilient Buildings and Construction Sector-Executive Summary［J/OL］. 2020［2021-12-14］. https：//wedocs. unep. org/xmlui/handle/20. 500. 11822/34572.

[53] 中国建筑节能协会. 中国建筑能耗研究报告（2019）成果发布［EB/OL］.（2020-05-30）［2021-12-14］. http：//www. igreen. org/index. php？m=content&c=index&a=show&catid=15&id=13351.

[54] 清华大学建筑节能研究中心. 中国建筑节能年度发展报告 2020（农村住宅专题）［OL］.［2021-12-14］. https：//book. douban. com/subject/35110990/.

[55] 胡姗，张洋，燕达，等. 中国建筑领域能耗与碳排放的界定与核算［J］. 建筑科学，2020，S2（36）：288-297.

[56] 中电联电力发展研究院. 中国电气化发展报告 2019［R］.

[57] 国家电力规划研究中心. 我国中长期发电能力及电力需求发展预测［N/OL］. 中国能源报，2013-02-20［2021-12-14］. http：//www. nea. gov. cn/2013-02/20/c_132180424. htm.

[58] 陆培丽，沈恩阳. 五大电力集团碳达峰时间及峰值测算［EB/OL］.（2021-03-22）［2021-12-14］. http：//www. taiheinstitute. org/Content/2021/03-22/1611400201. html.

[59] 住房和城乡建设部科技与产业化发展中心. 建筑领域碳达峰碳中和实施路径研究 [M]. 中国建筑工业出版社, 2021.

[60] 杨秀, 张声远, 齐晔, 等. 建筑节能设计标准与节能量估算 [J]. 城市发展研究, 2011, 18 (10): 7-13.

[61] 国家统计局城市社会经济调查司. 中国城市统计年鉴 (2018 汉英对照) [M]. 北京: 中国统计出版社, 2019.

[62] 人民网. 建筑翻新助力欧盟绿色增长 (国际视点) [EB/OL]. (2020-10-28) [2021-12-14]. http://env.people.com.cn/n1/2020/1027/c1010-31907367.html.

[63] EUROPEAN COMMISSION. In focus: Energy efficiency in buildings [N/OL]. European Commission-European Commission, 2020-02-17 [2021-12-14]. https://ec.europa.eu/info/news/focus-energy-efficiency-buildings-2020-feb-17_en.

[64] 王庄林. 让我们再"低碳"一点 [N]. 中国经济导报, 2009-08-04.

[65] STEVEN N, YOUNG, E. 美国建筑节能标准政策 (AnIntroductiontoU.S. PoliciestoImproveBuildingEfficiency): A133 [R]. 华盛顿特区: ACEEEDC, 2013.

[66] 于宏源, 张潇然, 汪万发. 拜登政府的全球气候变化领导政策与中国应对 [J]. 国际展望, 2021, 13 (02): 27-44, 153-154.

[67] 住房和城乡建设部标准定额研究所. 新型城镇化背景下中国建筑节能顶层设计: G-1307-18660 [R]. 住房和城乡建设部标准定额研究所, 2015.

[68] 美国能源之星. Energy Star-Scope of Service-Beide [EB/OL]. [2021-12-14]. http://www.atllab.org/en/sview-64.html.

[69] KEEBLE B R. The Brundtland report: "Our common future" [J]. Medicine and war, 1988, 4 (1): 17-25.

[70] 生意社. 美国建筑节能对中国的启示 [EB/OL]. (2009-05-26) [2022-02-21]. http://www.qianjia.com/html/2009-05/26_30131.html.

[71] 中国建设报. 美国: 建筑节能措施: 建筑英才网 [EB/OL]. (2007-10-24) [2022-02-21]. http://news.buildhr.com/1193194177/51149/1/0.html.

[72] 佚名. 美国能源之星认证介绍 [EB/OL]. [2022-02-21]. http://www.dgjiuqi.com/NewsView.asp?ID=1431.

[73] 李昂, 常纪文. 国务院发展研究中心公共管理与人力资源研究所, 等. 日本推进绿色低碳城市建设的经验与启示 [N/OL]. 中国经济时报, 2016-07-04.

[74] 张中祥, 张钟毓. 全球气候治理体系演进及新旧体系的特征差异比较研究 [J]. 国外社会科学, 2021 (05): 138-150, 161.

[75] 周杰. 日本"零能耗建筑"发展战略及其路线图研究 [C]. 北京: 世界知识出版社, 2016: 37-84, 264-265.

[76] 世界环境与发展委员会. 我们共同的未来 [M/OL]. 王之佳, 等, 译. 吉林人民出版社, 1997 [2022-02-22]. https://book.douban.com/subject/1196937/.

[77] 徐伟, 张时聪, 陈曦, 等. 近零能耗建筑规模化推广政策、市场与产业研究 [R].

[78] CBMF. 建筑材料工业二氧化碳排放核算方法 [J/]. 中国建材, 2021 (04): 63-65.

[79] 水泥可持续委员会. Getting Numbers Right [R/OL]. GNR, 2014. https://www.wbcsd.org/.

[80] IEA. Technology Roadmap-Low-Carbon Transition in the Cement Industry [R/OL]. Paris: IEA, 2019. https://www.iea.org/reports/technology-roadmap-low-carbon-transition-in-the-cement-industry.

[81] 俞海勇, 杨辉, 张贺, 等. 水泥生命周期碳排放研究 [J]. 四川建材, 2017, 43 (1): 1-3.

[82] HOENIG V,TWIGG C. Development of State of the Art Techniques in Cement Manufacturing: trying to look ahead [J]. World Business Council for Sustainable Development/Cement Sustainability Initiative-European Cement Research Academy,2009,4.

[83] MALHOTRA V M. High-performance high-volume fly ash concrete [J]. Concrete International,2002,24 (7):30-34.

[84] IEAGHG. DEPLOYMENT OF CCS IN THE CEMENT INDUSTRY:2013/19 [R/OL]. (2013-12-19). https://ieaghg.org/docs/General_Docs/Reports/2013-19.pdf.

[85] 麦肯锡研究院. "中国加速迈向碳中和"水泥篇：水泥行业碳减排路径-McKinsey Greater China [EB/OL]. [2021-12-14]. https://www.mckinsey.com.cn/%e4%b8%ad%e5%9b%bd%e5%8a%a0%e9%80%9f%e8%bf%88%e5%90%91%e7%a2%b3%e4%b8%ad%e5%92%8c%e6%b0%b4%e6%b3%a5%e7%af%87%ef%bc%9a%e6%b0%b4%e6%b3%a5%e8%a1%8c%e4%b8%9a%e7%a2%b3%e5%87%8f%e6%8e%92/.

[86] MARKETANDRESEARCH. BIZ. Global Market for Hydrogen Fueling Stations,2021:5350926 [R/OL]. [2021-12-15]. https://www.researchandmarkets.com/reports/5350926/global-market-for-hydrogen-fueling-stations-2021? utm_source=BW&utm_medium=PressRelease&utm_code=w33mhh&utm_campaign=1510051+-+Global+Market+for+Hydrogen+Fueling+Stations%2c+2021+-+Distribution+of+Stations+Will+Be+More+Even+by+2035%2c+but+APAC+Will+Continue+to+Lead+the+Market%2c+Followed+by+Europe&utm_exec=joca220prd.

[87] 陈济,李抒苡,李相宜,等. 碳中和目标下的中国钢铁零碳之路 [R/OL]. https://www.sustainablefinance.hsbc.com/-/media/gbm/sustainable/attachments/china-steel-zero-carbon-road.pdf.

[88] 李晋梅,尹靖宇,武庆涛,等. 平板玻璃企业碳排放计算依据对比及实例分析 [J]. 玻璃,2017,44 (09):3-6.

[89] 孙晓峰,王均光,宁可. 我国日用玻璃行业碳排放现状及碳中和路径研究 [EB/OL]. (2021-06-24) [2022-02-22]. http://mp.weixin.qq.com/s?__biz=MzI5MzM2MzI4MQ==&mid=2247485682&idx=1&sn=f200e7572473ecd4566e1347163e3633&chksm=ec7203ccdb058ada557a5e88b1a5f47fa894e6ea798a4ae4d170ede8ca8840f3fd76f9d71230#rd.

[90] 周科朝,何勇,李志友,等. 铝电解惰性阳极材料技术研究进展 [J]. 中国有色金属学报,2021,31 (11):3010-3023.

[91] Anon. How aluminium is produced [EB/OL]. [2022-02-22]. https://aluminiumleader.com/production/how_aluminium_is_produced/.

[92] Anon. Sustainable Aluminium from Start to Finish. [2022-02-22]. https://aluminiumleader.com/focus/sustainable_aluminium_from_start_to_finish/.

[93] 中国建筑材料联合会. 中国建筑材料工业碳排放报告（2020年度）[R/OL]. [2021-12-14]. http://www.cbmf.org/cbmf/yw/7063198/index.html.

[94] 陶瓷资讯-公众号. 陶瓷企业窑炉燃料"煤改气"技术措施及效益分析 [EB/OL]. (2019-06-10) [2022-02-22]. https://www.chinaceram.cn/news/201906/10/107591.html.

[95] 编者. 中国装配式建筑发展报告（2017装配式建筑系列专题）[M]. 北京：中国建筑工业出版社,2017.

[96] 中华人民共和国住房和城乡建设部. 住房和城乡建设部标准定额司关于2020年度全国装配式建筑发展情况的通报 [EB/OL]. (2021-04-01) [2022-02-22]. http://www.yueyang.gov.cn/jsj/54027/54029/54058/54073/54183/content_1803825.html.

[97] 王广明,刘美霞. 装配式混凝土建筑综合效益实证分析研究 [J/OL]. 建筑结构,2017,47

（10）：32-38.

[98] 陈尧. 解困"砂荒"：胡幼奕：推进机制砂石行业高质量发展［EB/OL］. （2020-01-07）［2022-02-22］. https：//www. 163. com/dy/article/F29IN4I40531A8Q0. html.

[99] 中华人民共和国发展和改革委员会. 关于"十四五"大宗固体废弃物综合利用的指导意见 发改环资〔2021〕381号［EB/OL］. （2021-03-18）［2022-02-22］. http：//www. gov. cn/zhengce/zhengceku/2021-03/25/content_5595566. htm.

[100] 中国混凝土与水泥制品协会. 混凝土是我国工业固废资源化的扛鼎产业［J］. 江西建材，2020（05）：227.

[101] 中华人民共和国工业和信息化部. "十四五"工业绿色发展规划［OL］.（2021-11-15）. http：//www. gov. cn/zhengce/zhengceku/2021-12/03/content_5655701. htm.

[102] 李叶茂，李雨桐，郝斌，等. 低碳发展背景下的建筑"光储直柔"配用电系统关键技术分析［J］. 供用电，2021，38（01）：32-38.

[103] 周青，谢小林. 基于可再生能源的分布式微电网技术发展现状与趋势浅析［J］. 绿色建筑，2011，3（06）：59-61.

[104] 袁艳平，向波，曹晓玲，等. 建筑相变储能技术研究现状与发展［J］. 西南交通大学学报，2016，51（03）：585-598.

[105] 方豪，夏建军，林波荣，等. 北方城市清洁供暖现状和技术路线研究［J］. 区域供热，2018（01）：11-18.

[106] PROF DR-ING MANFRED NORBERT FISCH. Green Hydrogen-From Vision to Reality in Forty Years［EB/OL］//Steinbeis Transfer-Magazin.（2021-06-01）［2021-12-15］. https：//transfer-magazin. steinbeis. de/？p=10353&lang=en.

[107] 任丹妮. 瑞士新型"2000瓦社区"究竟是什么？［EB/OL］.（2016-03-05）［2021-12-15］. https：//www. thepaper. cn/newsDetail_forward_1439371.

[108] 睿途旅创. 全球可持续发展生态城典范，瑞典哈马碧是如何做到的？［EB/OL］.（2019-07-17）［2021-12-15］. https：//www. sohu. com/a/327398294_100145053.

[109] 国际生态经济协会. IEEPA案例：瑞典哈马碧生态城垃圾循环理念及模式［EB/OL］.（2020-06-16）［2021-12-15］. https：//www. thepaper. cn/newsDetail_forward_7798436.

[110] MÜNZEL M. Bauen für die Zukunft—Die Siemensstadt［R/OL］. Berlin：Siemens Historical Institute，2019. https：//assets. new. siemens. com/siemens/assets/api/uuid：c91014c8-86cd-4f08-97fa-3a131c5ea225/103-201912-zeitreisen-1-siemensstadt-deutsch. pdf.